本教材第2版曾获首届全国教材建设奖全国优秀教材一等奖

"十二五"普通高等教育本科国家级规划教材

新编21世纪心理学系列教材

实验心理学

第3版

白学军 等 编著

Experimental Psychology

中国人民大学出版社
·北京·

内容简介

实验心理学是心理学及应用心理学专业学生的必修基础课，也是心理学最重要的方法论课程。本教材第2版是“十二五”普通高等教育本科国家级规划教材，同时荣获首届全国教材建设奖全国优秀教材一等奖。

本教材在汲取国内外同类教材精华的基础上，以学生实践能力培养为目标，构建了独有的内容体系。全书包含三大类内容，分别为基础理论、实验设计、具体应用。第一类包括第一、二、七、八章，主要介绍了科学研究的目的，心理学研究的程序和伦理规范，变量的操纵、测量、控制，以及心理物理学方法和反应时法的原理；第二类包括第三、四、五、六章，内容涉及实验设计的各种形式，如准实验设计、被试间设计、被试内设计、混合设计和单被试设计等；第三类包括第九、十、十一章，具体呈现了实验心理学家如何将心理学实验原理运用于注意、记忆和阅读等重要领域的研究之中。

为了适应新的教学需要，本次修订增加了国内外最新的研究成果，特别是中国心理学家研究的最新成果；丰富了心理学经典实验；用二维码形式将实验设计与心理统计相结合，以使学生更好地理解实验设计与心理统计间的关系；配有更为丰富的教学资源，以方便教师的教学。

本教材可作为心理学、应用心理学专业本科生教材，也可供相关专业的学生以及研究者参考使用。

主要作者简介

白学军 天津师范大学二级教授、博士生导师，天津师范大学副校长。国务院学位委员会心理学学科评议组成员，教育部高等学校心理学类专业教学指导委员会副主任，全国普通高等学校学生心理健康教育专家指导委员会副主任。中国心理学会会士，中国心理学会原理事长，天津市社会科学界联合会副主席。享受国务院政府特殊津贴，入选国家顶尖人才、国家“万人计划”哲学社会科学领军人才。获得全国五一劳动奖章、中国心理学会学科建设成就奖等。其组织编著的《实验心理学（第2版）》获首届全国教材建设奖全国优秀教材一等奖，建成两门国家一流课程和一门教育部课程思政示范课，领衔教育部课程思政教学名师团队。

第3版前言

党的二十大报告指出：教育、科技、人才是全面建设社会主义现代化国家的基础性、战略性支撑。这对教育高质量发展提出了更高的要求。本书第2版出版以来，已被许多高校选为实验心理学教材，供本科教学使用。同时，本书也成为第二批“十二五”普通高等教育本科国家级规划教材，2022年获首届全国教材建设奖全国优秀教材一等奖。

为了适应新的教学需要，我们对本书的相关内容进行了修订。主要做了以下五个方面的工作：第一，对第2版中一些内容表述不清晰、不准确的地方进行了修改，使读者更加容易理解。第二，替换了第2版中一些旧的内容，增加了国内外最新的研究内容，特别是中国心理学家们研究的最新成果，突出了中国文化特色和我国心理学研究的最新成果。第三，增加了心理学经典实验，因为心理学历史上的经典实验就像陈年老酒，历久弥新，它们以独特的思想、创新的研究方法、严密的实验过程，揭示了心理活动的规律，从而惠及后世。第四，为了让学生将实验设计与心理统计更好地结合起来，在第三至六章设计了二维码内容，读者通过扫码可以看到实验设计相对应的统计方法并按其进行实际操作。[①] 第五，进一步完善教学辅助资源建设，在提供各章PPT的基础上，后续将完成各章配套的练习题，以利于学生对所学内容的复习和自我检查。特别是自我检查，是提高学习效果的最佳策略之一。

实验心理学是心理学专业和应用心理学专业学生的必修基础课。学习这门课，一方面能使学生系统掌握开展心理学实验研究的基本原理、基本方法、基本操作，另一方面还能使学生培养科学的思维方式，特别是学会如何操作好自变量、如何控制额外变量，并选择敏感的因变量，解决实验研究中存在的各种小问题，提高研究的科学性和研究水平。

党的十八大以来，以习近平同志为核心的党中央高度重视心理学科的发展，作出了

---

① 相关数据文件可登录人大出版社官网 www.crup.com.cn，搜索本书书名进行下载。

一系列重要的指示批示，为心理学，特别是实验心理学发展指明了方向和根本遵循。例如，2016年5月，在哲学社会科学工作座谈会上，习近平总书记提出“要加快完善对哲学社会科学具有支撑作用的学科”，其中就有心理学；8月，在全国卫生与健康大会上，他指示“要加大心理健康问题基础性研究，做好心理健康知识和心理疾病科普工作，规范发展心理治疗、心理咨询等心理健康服务”；12月，在全国高校思想政治工作会议上，他强调“要培育理性平和的健康心态，加强人文关怀和心理疏导”。2017年10月，习近平总书记在党的十九大报告中提出：加强社会心理服务体系建设，培育自尊自信、理性平和、积极向上的社会心态。2022年10月，习近平总书记在党的二十大报告中提出：重视心理健康和精神卫生。

如何充分发挥心理育人功能，培育担当民族复兴大任的时代新人，这是新时代给每一位心理学工作者出的一道必答题。实验心理学是教人们如何开展科研的心理学实验，在教学过程中，不仅要培养学生对心理现象探究的好奇心、求知欲，更重要的是要培养他们的科学家精神和诚实守信的科研作风，实现习近平总书记在2023年2月21日中央政治局第三次集体学习时提出的：激发青少年好奇心、想象力、探求欲，培育具备科学家潜质、愿意献身科学研究事业的青少年群体。

对于心理学专业和应用心理学专业的学生而言，在本科期间，只有学好实验心理学，系统掌握开展心理学实验研究的本领，才能打好从事心理学科学研究的坚实基础。对于教师而言，一方面需要给学生讲清心理学实验的原理和方法，另一方面在教学方法上要强调让学生“做中学”。

参与本书写作和修改的各章作者是：第一章至第六章，白学军和周四红；第七章，潘运（博士，贵州师范大学教授）；第八章，康廷虎（博士，西北师范大学教授）；第九章，杨海波（博士，天津师范大学教授）；第十章，张锦坤（博士，福建师范大学教授）；第十一章，臧传丽（博士，天津师范大学教授）。此外，实验设计与心理统计二维码内容由张琪涵（博士）编写。参与本书编写的作者们大多已成长为教授和博士生导师，并成为所在单位学科负责人。

在本书修订过程中，中国人民大学出版社的张宏学编辑付出了大量的心血。张琪涵博士对全书的统计部分进行了重新梳理，还有许多在读博士研究生们参与书稿的校对工作，在此一并表示感谢。

由于本人水平有限，书中不足之处请大家批评指正。

白学军

2023年11月24日

第1版前言

1879 年，德国心理学家冯特首创心理学实验室，采用自然科学的方法来对心理现象进行研究，标志着科学心理学的诞生。美国心理学史专家波林对冯特的这项工作给予了高度评价："把实验法应用于心理问题是心理研究史上无可比拟的、伟大的、杰出的事件。"

实验心理学是指应用自然科学的实验方法来研究心理现象和行为规律的科学。换言之，实验心理学是在控制实验条件的情况下对心理和行为进行研究的一门科学。实验心理学强调用科学实验的方法对心理过程进行客观和量化分析研究，以确保研究的科学性。因此，实验心理学属于心理学的基础学科之一。

在我国心理学一百多年的发展历程中，实验心理学的学科发展一直备受重视，这主要表现在以下几个方面：第一，引进和翻译国外著名的实验心理学教材；第二，系统介绍国外先进的心理学实验方法；第三，引进国外大型的心理学实验仪器设备；第四，研制并生产国产心理学实验仪器；第五，编制各具特色的实验心理学教材；第六，建立教学型和研究型的心理学实验室。这一系列的工作，大大促进了我国心理学事业的发展和研究水平的提高。

撰写本教材时，我们注意继承以往实验心理学教材的优点，也重视借鉴国外教材的精华，取长补短，力求做到既注重基本概念、基本原理、基本程序、基本操作的系统性，又注重培养和提高读者将自己所学应用于实践的能力。同时，我们还特别关注了近年来我国心理学工作者研究的成果，使读者在学习过程中，能够掌握如何运用实验的方法来开展研究，提高自己的心理学研究水平。

本书主要由四部分组成：第一部分为实验心理学内容的概述，重点阐述了实验心理学的本质和变量的控制，包括第一章和第二章；第二部分为实验设计，介绍了各种实验设计的概念、原理、程序和具体应用，包括第三章、第四章、第五章和第六章；第三部分为基本的实验方法，即心理物理学法和反应时法，包括第七章和第八章；第四部分为具体应用，介绍了几个重要领域的心理学实验研究，包括第九章、第十章和第十一章。

本书中的部分内容源自我为硕士研究生和博士研究生上课时的讲解，我根据他们的反馈对内容进行了修改。

自从承担本书的编写任务以来，我一直在积极地查阅相关资料，参考了前辈和同行已出版的实验心理学教材，并从中获得了很多的启示，在此表示真诚的感谢。

近年来，由于我承担了大量的学科建设和教学科研工作，书稿编写的任务一拖再拖。为了早日完成本书，我邀请了从事实验心理学教学的人员参与本书的编写。各章编写人员如下：第一章至第六章，白学军和周四红；第七章，潘运（博士，贵州师范大学副教授）；第八章，康廷虎（博士，西北师范大学副教授）；第九章，杨海波（博士，天津师范大学副教授）；第十章，张锦坤（博士，福建师范大学副教授）；第十一章，臧传丽（博士，天津师范大学讲师）。书稿由我统一审阅并反复修改，最终才得以完成。

在本书的编写过程中，中国人民大学出版社的龚洪训编辑和张宏学编辑给了我很大的鼓励并为本书出版付出了大量心血，对他们的工作在此表示感谢。

由于本人水平有限，书中不足之处，敬请批评指正。

白学军

2012年3月5日

目录

第五章 被试内设计和混合设计

第六章 单被试设计

第七章 心理物理学方法

第八章 反应时法

第九章 注 意

第十章 记 忆

第十一章 阅 读

第一章
实验心理学概论

【教学目标】

通过本章学习应实现的目标有：第一，掌握实验心理学的研究对象，理解学习实验心理学的目的；第二，了解实验心理学的产生与发展；第三，系统掌握心理学实验的程序，特别是提出研究问题、确立实验假设、选择实验被试、实施实验方案；第四，掌握实验报告的撰写步骤；第五，正确认识心理学实验中要遵守的研究伦理，提高遵守实验伦理的意识和觉悟。

【学习重点】

实验心理学的含义以及实验心理学的发展；心理学实验的程序；撰写心理学实验报告的步骤及要求；开展心理学实验应该遵守的伦理原则。

第一节　实验心理学的研究对象

一、实验心理学的含义

在英文中，“心理学”（psychology）一词由“psycho”和“logy”组成；在拉丁语中，“psycho”指心灵或灵魂的，“logy”是“研究”或“关于……的学问”，所以心理学被界定为研究人的心灵或灵魂的一门学科。由于人的心灵或灵魂不能被直接观察到，所以如何使心理学研究科学化，让心理学成为一门科学，是心理学家需要回答的重要问题。

1879 年，德国心理学家冯特（Wilhelm Wundt，1832—1920）在德国莱比锡大学建立了世界上第一个心理学实验室，并采用自然科学的方法来对心理现象进行研究，这标志着科学心理学的诞生。美国心理学史专家波林（E. G. Boring，1886—1968）对冯特的这项工作给予了高度评价，认为这是“心理学研究史上无可比拟的、伟大的、杰出的事件”。

“实验心理学”（experimental psychology）这个概念最早是 1862 年冯特在其所著的

《对感官知觉理论的贡献》一书中使用的（引自波林，1950/1981）。当时，冯特把“实验心理学”当作他创建的新心理学的代名词，目的是区别于以前用思辨的方法开展的心理学研究。由此可以看出，实验心理学的建立使心理学摆脱了哲学思辨的范畴，成为一门独立的学科。实验心理学引入自然科学的研究方法，让心理学家有了收集数据的新手段，促进了心理学科学化的迅速发展。

那么，什么是实验心理学呢？目前心理学界普遍的看法是：实验心理学是指应用自然科学的实验方法来研究心理现象和行为规律的科学。换言之，它是在控制实验条件的情况下，对个体的心理和行为进行研究的一门学科。实验心理学强调用科学实验的方法对心理过程进行客观化和定量化的分析研究。因此，实验心理学属于心理学的基础学科之一。

拓展阅读

心理学研究方法的比较

表1-1列出了在心理学研究中所使用的主要方法的特征、优点与缺点，从中可以看出，心理学研究方法具有多样性的特点。

表1-1　各种心理学研究方法的比较

方法	特征	优点	缺点
观察法	对行为进行系统的描述	可以记录所发生的各种行为；在不干预的情况下能够获取自然发生的行为的情况	费时；不同观察者之间不容易达成一致，需要细致的培训；观察者有可能干扰正在正常发生的事情；很难获悉和编码整个活动过程
个案法	对单个个体或少数个体进行深入的描述	可以深入分析个体的复杂和特殊经验	缺乏广泛的适用性；结论反映的可能是研究者的偏见；难以重复
访谈法	这是一种面对面进行的交流，每个人可以充分地表达他的想法或观点	能获得详细的一手资料，且方法灵活；能够充分了解他人的想法或观点	很容易受调查者偏见的影响；过于依赖被试的自知力
调查与测验法	对很多被试进行大规模调查或标准化测验	样本量大；能对各群体进行标准化比较，不需要细致的培训；灵活性强	措辞和呈现问题的方式都会影响回答；回答可能与行为的联系不紧密；对某些群体来说，测验缺乏有效性
实验法	操纵某些条件，另一些条件则保持恒定，然后对因果关系进行分析	可以检验因果假设；可以对特殊的变量进行隔离和控制；可以评价实验处理的效果	实验室结果可能会缺乏生态学效度；不能控制对内部效度产生威胁的所有因素；主要研究单向的因果关系模式

资料来源：B. M. 纽曼，P. R. 纽曼，2003/2005.

二、实验心理学教材的结构

通过对国内外实验心理学教材的结构与体系进行分析，可以将其概括为三种：第一种主要讲心理学实验方法；第二种既讲心理学实验方法，又讲实验方法在具体心理学领域中的应用；第三种通过讲心理学实验的具体应用来让读者明白心理学实验的方法与步骤。

（一）主要讲心理学实验方法的教材

这类教材专门讲解实验中的变量、实验因素的控制、实验设计、实验结果的分析、实验报告的撰写等内容。英文版教材中具有代表性的是迈尔斯和汉森（Myers & Hansen, 2005）的《实验心理学》；中文版教材中具有代表性的是黄一宁（1998）的《实验心理学：原理、设计与数据处理》。

其中，迈尔斯和汉森《实验心理学》一书的目录如下：

第一部分　导论
第一章　实验心理学与科学方法
第二章　研究道德
第三章　超越实验：非实验设计
第四章　超越实验：调查与访谈
第五章　超越实验：相关与准实验设计
第六章　假设的提出
第二部分　方法
第七章　实验的基础
第八章　问题解决：控制额外变量
第九章　被试间设计的基础
第十章　被试间因素设计
第十一章　被试内设计
第十二章　被试内设计：小样本
第三部分　结果：数据处理
第十三章　为什么需要统计
第十四章　分析结果
第四部分　讨论
第十五章　得出结论：寻找结果背后的东西
第十六章　撰写研究报告

这种结构体系的教材，其优点是能对研究者在进行心理学实验过程中所出现的各种情况进行详细的讨论。这种教材对于那些将来要从事心理学科学研究的学生来说，获益比较大，因此，学习这种教材时必须下功夫研读。其缺点是对学生的要求比较高，要在学习研究方法和统计学的基础上开始学习。

（二）既讲心理学实验方法又讲具体应用的教材

这种实验心理学教材在介绍实验心理学基本原理的基础上，还会选择一些主要的心理学领域来说明实验方法是如何应用的。代表性教材有杨治良所著的《实验心理学》(1998)、郭秀艳所著的《实验心理学》(2004) 和朱滢主编的《实验心理学》(2016) 等。其中，朱滢主编的《实验心理学》一书的目录如下：

这种结构体系的教材，其优点是既有利于教师教学，又有利于学生学习和掌握实验心理学的基本原理和方法，特别是有利于学生的学以致用。该教材还有一个特点是增加了现代心理实验研究的新方法，即眼动实验法、脑认知成像技术。

通过对国内外已公开出版的实验心理学教材结构进行分析，可以发现，这种结构体系的实验心理学教材所占比例最大。因此，本教材也采用这种结构体系。

（三）主要讲心理学实验具体应用的教材

这种结构体系的教材从各个心理学领域的具体实验入手，使读者通过学习具体的实验研究，逐渐掌握实验心理学的基本原理和流程。有代表性的教材是赫葆源等编写的《实验心理学》(1983)。其目录如下：

第八章　颜色视觉
第九章　形状知觉
第十章　空间知觉
第十一章　学习
第十二章　记忆

这种结构体系的教材，其优点是详细介绍了心理学家是如何运用实验的方法开展无数个心理学实验，以及所获得的关于人心理规律和特点的重要知识。其缺点是对实验心理学的一般原理、流程以及实验设计中相关变量的操纵与控制介绍得比较少，没有突出纲举目张，学生概括能力培养不足。

三、为什么要学习实验心理学

对于心理学专业和应用心理学专业的学生来说，为什么一定要学习实验心理学这门课呢？不学习实验心理学这门课，是否可以？

要回答好这些问题，首先需要讲明白什么是科学、非科学方法与科学方法有什么区别。

（一）什么是科学

英文中“科学”（science）一词源于拉丁语“scientia”，其意思是知识。通常人们谈到“科学”一词时，对其的认识是，它是一种严谨、完整的系统和思维方式。科学，不但有严格规范的研究方法，而且有系统的理论基础（时东陆，2007）。

今天，人们所使用的“科学”一词包括两方面的含义：科学的内容和科学的过程（Myers & Hansen，2005）。科学的内容是已知的事实、规律、定律等，如从《基础心理学》中学习过的遗忘曲线、韦伯定律等。科学的过程是一种活动，即人们采用科学而系统的方法来收集数据，发现事物之间的关系，并对某种现象提出理论解释。

（二）非科学方法与科学方法

1. 非科学方法

在没有形成科学方法之前，人们对各种现象进行观察，并试图提出自己的解释。回顾科学发展史，在真正的科学方法建立前，人们常用三种方式来观察和解释现象。

（1）迷信权威。人们会对某些受人尊重的、著名的、有影响的权威人物产生信任，并相信他们对某些现象的解释是正确的，即表现出一种“爱屋及乌”的心理。然而，一方面，依靠这种方式所获得的知识存在很大的局限；另一方面，权威人物的解释也不一定完全正确。最典型的例子有二：第一，关于宇宙观。早期占统治地位的是“地心说”，主张地球是宇宙的中心，地球是静止不动的，其他的星球都环绕着地球运行。1543 年波兰天文学家哥白尼（M. Kopernik，1473—1543）发表的《天体运行论》提出“日心说”，主张地球是球形的，即如果在船桅顶放一个光源，当船驶离海岸时，岸上的人们会看见亮光逐渐减弱，直至消失；地球是运动的，并且24小时自转一周；因为天空比大地大得太多，如果无限大的天穹在旋转而地球不动，实在是不可想象；太阳是不动的，而且在宇宙中心，地球以及其他行星一起围绕太阳做圆周运动，只有月亮环绕地球运行。布鲁诺（G. Bruno，1548—1600）因为宣传哥白尼的学说而被当时的权威处死。但随着科学的进步，事实证明当时权威的观点是错误的。第二，关于燃烧的本质。1703年德国化学家施塔尔（G. E. Stahl，1659—1734）在总结了前人关于燃烧的观点后提出燃素学说，主张火是一种由无数细小而活泼的微粒构成的物质实体。这种微粒可以和其他的元素结合形成化合物，也能够以游离的形式存在。大量的微粒聚焦在一起就会形成明显的火焰，这些微粒弥漫在大气之中便给人以热的感觉。由这种微粒构成的火的元素称为“燃素”。施塔尔的燃素说曾统治化学界达百年之久，直到科学燃烧的学说建立之后，人们才知道其是谬误的。

当然，权威的观点在一定程度上也是正确的。对于权威的观点，应该持科学的态度，对其加以批判地吸收，决不能盲从。

（2）个人经验。在日常生活中，个人会根据自己的经验总结出一些规律。因此，有时人们会根据个人经验来研究心理学。然而，更多的时候这种方法是不可靠的。原因有二：第一，个人经验具有特殊性，代表性较弱。第二，心理规律不能仅凭个人的外部行为而得出。如果仅凭个人的外部行为推断其心理活动的规律，容易被假象迷惑。典型的例子有两个：第一，目击证人证词可靠性方面的个人经验。根据个人经验，人们总结出凡事“眼见为实，耳听为虚”，这在一定条件下是正确的，但是有时则不然。例如，在早期的司法审判过程中，法官对目击证人的证词，在判决时常常会毫不怀疑地采纳。但是，洛夫特斯（Loftus）和帕尔默（Palmer）（1974）研究发现：目击证人对于律师所提问题的回答，随着时间的推移，其报告的内容会发生变化。如果律师在对目击证人提问时故意歪曲事实，那么目击证人的回答会出现一些律师置入的错误信息。由此揭示目击证人所说的内容不可靠，会受到干扰，即也不一定“眼见为实”。第二，多次回忆能提高记忆效果方面的个人经验。对于如何才能记住某个材料，人们常用的办法是多次回忆，因为人们根据自己的经验发现，对某个事物或事件的回忆次数越多，人们记得就越牢固，这表明回忆具有促进作用。但是有研究发现，个体如果对先前学习过的部分材料做提取练习，就会遗忘与练习相关的其他材料，即所谓提取诱发遗忘现象。提取诱发遗忘现象通常采用提取练习范式进行研究。该范式包括三个阶段，即学习阶段、提取练习阶段和测试阶段。在学习阶段，安排被试学习一系列类别-样例词对（如“水果-橘子”）。在提取练习阶段，给被试呈现类别-词干线索（如“水果-橘__”），要求被试对其中一半类别对应的样例进行提取练习。该阶段涉及三种不同类型的项目：第一类是类别和样例都获得提取练习的项目，称为练习项目（RP+）；第二类是类别获得提取练习但样例没有获得提取练习的项目，称为未练习项目（RP－）；第三类是类别和样例均没有获得提取练习的项目，称为基线项目（NRP）。在测试阶段，间隔2～20分钟后，要求被试对先前学过的所有类别-样例执行类别线索回忆测试。如果RP项目的回忆成绩显著低于NRP项目，就认为发生了提取诱发遗忘（Anderson，Bjork，& Bjork，1994）。白学军和刘旭（2014）以64名大学生为被试，通过考察项目强度和测试顺序对提取诱发遗忘的影响发现，只有高强度的项目才会导致提取诱发遗忘；当控制由测试顺序所产生的输出干扰效应时，高强度项目仍然会导致提取诱发遗忘。可见，多次回忆不一定能提高记忆效果。

（3）注意凝视。注意凝视，是指连续呈现的特定信息会被人们当作正确的内容而接受。在这种情况下，人们会完全忽视正确的知识或观点。最典型的例子是关于不同人种聪明程度的说法。例如，在西方社会，人们普遍存在这样的刻板印象，即白人要比黑人聪明。这种信息反复出现在各种媒体上，使人们形成对黑人的种族偏见。然而，这种观点并不正确。实际上，白人与黑人的聪明程度无差异。

以上这三种方式均存在弊端。其中，迷信权威存在很强的盲目性，个人经验和注意凝视则存在主观性和片面性。

2. 科学方法

（1）什么是科学方法。

科学方法（scientific method）是一套通过实证证据来探寻真相的方法。科学方法需要人们既坚持实证方法，又要有怀疑态度。

第一，实证方法强调通过直接观察和实验的方法来研究问题，这是科学方法最重要的特点。从这个意义上说，心理学家把能直接观察的行为和经验作为主要的研究对象。

第二，怀疑态度是指要像研究者一样思考，即用怀疑的眼光看待那些关于行为和心理过程的研究结论。科学家对研究结论常见的态度是：既希望“眼见为实”，又需要一遍一遍地证实，特别喜欢在自己所选择的条件下来证实已有发现。心理学家之所以喜欢持一种怀疑的态度，其原因是他们知道，人的心理和行为很复杂，一种心理现象常常是由多种因素交互作用而产生的，而要找出所有影响因素通常是一项非常艰巨的任务。此外，心理学家也认识到，科学是一种人类的活动，而人类在活动中难免会犯错误，人类的推理并不总是正确无误的。因此，科学家对“新发现”和不同寻常的结论持怀疑态度，甚至对那些已经发表的研究也持怀疑态度。

（2）科学方法的特点。

科学方法具有客观性、可重复性和可控性三个特点。

1）客观性。科学方法最主要的特点是客观性。这表现在心理学实验过程中，就是要求各个环节都要客观。具体来说，被试取样要有代表性，实验材料要进行严格的控制，使用的测量仪器应该具有较高的精度且性能稳定，研究结果的记录要准确无误，对所获得数据的统计分析方法要正确，对结果的解释要依据科学的理论，概括的结论既不能夸大也不能缩小。

2）可重复性。科学研究的过程和结果应该是可以重复的，即能够接受公开的检验。可重复也称为自我校正，即一项已完成的实验研究，在他人重复或检验后，如果发现其存在缺陷或错误，需要研究者及时地对其加以修正。

有一些心理学实验研究所发现的现象，经过人们的重复得到了证实，从而扩大了该发现的影响力。这方面典型的例子是皮亚杰（J. Piaget）的儿童液体守恒实验（见图 1－1）。有三只杯子 A、B、C，其中 A 和 B 是同样大的，C 的直径比 A 和 B 小一些，但更高。在 A 与 B 两只杯子中倒入同样多的液体。当着幼儿的面，将 A 杯子中的液体倒入 C 杯子中。这时问幼儿："B杯子中的液体与C杯子中的液体一样多吗?"皮亚杰的研究发现，幼儿对此问题的回答是否定的。许多研究者看完皮亚杰的实验结果后，怀疑该结果的可靠性。于是，他们按皮亚杰的实验程序重复液体守恒实验。实验结果都支持了皮亚杰的观点，即幼儿还没有掌握液体守恒规律。

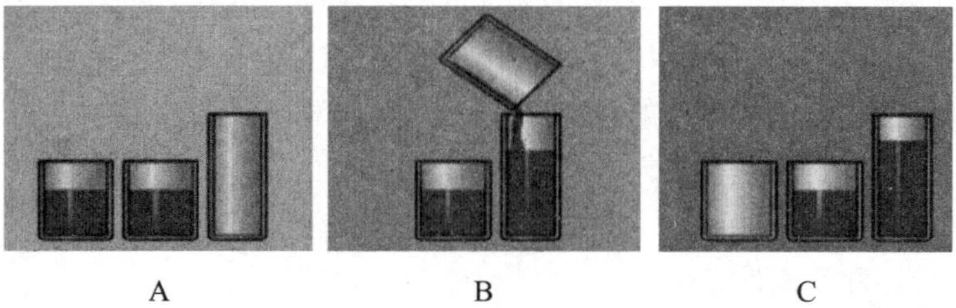

图1-1 液体守恒实验

另一些心理学实验结果，虽然没有被后来的研究者完全重复出来，但却促进了人们对该心理现象的深入研究。例如，布罗德本特（D. E. Broadbent，1926—1993）提出了注意的早期选择模型，主张过滤器是按"全或无"的方式工作的，即信息要么通过、要么不通过，其观点得到了双耳分听实验的支持。但是，特瑞斯曼（A. Treisman，1935—2018）采用追随程序，结果发现过滤器不是按"全或无"的方式工作的，而是允许部分非追随耳的信息通过。后来，特瑞斯曼根据其大量的实验结果，提出了注意的中期选择模型，即注意的过滤器是按"衰减"方式工作的。

3）可控性。科学方法中最受重视的特征是可控性。所有的科学家都是想尽各种办法来控制影响实验结果的因素，从而确保自己研究所得出的结果是可靠的，并符合客观现实。在心理学实验中，控制有两个层次的含义：第一，研究者直接操纵感兴趣的因素以判断其是如何发挥作用的，即对自变量进行操纵；第二，研究者直接操纵可能影响研究结果的因素来判断其作用，即对额外变量（无关变量）进行控制。

在心理学实验中，对变量的可控性越强，研究得到的实验结果就越可靠。例如，有这样一项研究，研究者通过控制目标单词与插入单词之间的间隔，实现操纵被试复述单词次数这一变量（Craik & Watkins，1973）。例如，在词表"girl，book，hand，good，year，half，what，people，garden，grace"中，要求被试运用听觉记住词表中最后一个以"g"字母开头的单词。研究者的具体操纵过程如下：

第一，当"girl"这个单词呈现后，被试复述一次；由于被试并不知道该词表中最后一个单词，所以，当"book"这个单词出现时，又有一次复述的机会；当"hand"这个单词出现时，又有一次复述的机会，即"girl"这个单词被复述了3次。

第二，当"good"这个单词出现时，被试知道"girl"不是最后一个以"g"字母开头的单词，所以不再复述"girl"，而开始复述"good"。从词表中可以看出，对于"good"一词被试有5次复述的机会。

第三，当"garden"这个单词出现时，被试知道"good"不是最后一个以"g"字母开头的单词，于是开始注意"garden"一词。但是，随后又出现了"grace"这个单词，因此被试只有一次机会复述"garden"一词。

从上面的介绍可以看出，在整个实验过程中，被试对单词的复述次数是完全由研究者所操纵，即被试在实验过程中事先不知道每个单词要复述几次。结果发现，简单复述一次与简单复述多次，被试对单词记忆的成果是相同的。这个实验结果表明简单重复不能提高个体对单词的记忆效果。

综合所述，实验的方法能揭示心理现象背后的原因，从而促进人们对心理现象本质的认识。因此，对于心理学专业的学生来说，一方面，不学习实验心理学，就无法掌握探究心理现象产生原因的科学方法，易被伪科学或非科学的东西迷惑；另一方面，不能利用心理规律来生活，就不能体会到科学进步给人类带来的好处。

拓展阅读

科学研究是一个快乐的过程

为什么说科学研究是一个快乐的过程呢？主要原因是：第一，科学研究是探索未知世界、追求真理的过程，其魅力在于透过事物表面的纷繁杂乱，与天地对话，探知、思考、发现宇宙万物演化的规律。第二，迷人的未知，既是科学研究的难点，也是兴奋点。第三，寻求真理、解决问题本身就是极富挑战性的一件事。它给人带来的愉悦，源于看到科学世界的美妙、设想得到印证的满足感，在于漫漫求索中终见光明的缤纷和绚烂。科学研究享受的是内在、思维上的，在探求、了解自然方面取得突破的永恒的快乐。一些高层次的科学发现，其带来的审美快乐足以与最伟大的艺术创作相媲美。第四，科学研究本来就源自人们内心对世界的好奇。兴趣是研究的动力，是“我要知道”，而不是为了某种外在目的。因为发自内心的好奇，愿意把所思所想与别人分享，科学研究就不再是压力，而是对自身情感、心性的满足。从内心生发的研究快乐，根源上是对知识、真理的主观审美渴求。

资料来源：思南．科研，快乐更能激发潜能．人民日报，2016-05-06（18）.

第二节　实验心理学的产生与发展

一、实验心理学的产生

任何一门学科的产生都不是偶然的，而是经历了一段相当长时间的准备和孕育的结果。实验心理学的产生也是如此，它的产生有着深厚的哲学思想背景和科学发展原因。

（一）实验心理学产生的哲学思想背景

在19世纪中叶之前，心理学隶属于哲学。随着时代的发展，特别是工业革命的开始，新的哲学思想对实验心理学的产生有了直接的影响。其中具有代表性的有笛卡儿和洛克的哲学思想。

1. 笛卡儿的哲学思想

笛卡儿（R. Descartes，1596—1650）是法国著名的哲学家、数学家、生理学家。第一，他提出了“我思故我在”这句哲学名言。“我思故我在”的意思是说：我唯一可以确定的事就是我自己思想的存在，因为当我怀疑其他时，我无法同时怀疑我本身的思想。第二，他提出了心身二元论的观点，认为心理（或灵魂）与躯体（或物质实体）之间存在明确区分。他主张心理与躯体是分离的，但它们也是相互作用的。心理与躯体之间的交流是通过位于大脑中的松果腺实现的。笛卡儿提出，松果腺的作用是将躯体的刺激传递给灵魂，并将灵魂的冲动传导给躯体。灵魂对躯体的控制是通过神经中感觉和运动冲动的简单机械联系来实现的；不同感觉和运动冲动的联系直接受松果腺活动的控制。第三，他提出了人有三种观念的思想，即先天的、外在的和自己制造出来的观念。关于这三种观念，笛卡儿是这样说明的：“我具有一种将我们一般称为事物、真理或思想的东西设想出来的能力，这种能力是我的一种先天的能力；像人听到声音、看见太阳，这些感觉是来自外在的东西；像美人鱼、飞马等怪物是我的心理虚构出来的东西，即自己制造出来的。”

2. 洛克的哲学思想

洛克（J. Locke，1632—1704）是英国经验主义哲学家。他的观点主要包括三个方面：第一，白板论。主张我们可以假定人的心理如白纸似的，没有一切标记，没有一切观念。第二，观念来自经验。主张归根结底，知识都是源于经验的。第三，两种观念说（简单观念和复杂观念）。同一客体可能会引发若干不同的简单观念，而我们能同时看到物体的运动和颜色，或者同一只手既能感受到柔软又能感受到温暖，这是将简单观念联系起来的结果。观念的联结是经验作用的结果。他认为，心灵能够做到：（1）把若干简单观念结合成一种复杂观念；（2）把两种简单观念拼凑到一起，考察二者之间的关系；（3）把简单观念与伴随它们存在的其他观念分离开来，即抽象的过程。

（二）实验心理学产生的科学发展原因

美国心理学史专家波林认为，实验心理学是从实验生理学中发展出来。这主要是因为在 1800—1879 年间，实验生理学在以下九个方面的研究取得了重大进展。

1. 感觉神经和运动神经

感觉神经和运动神经是同类的还是不同类的？盖仑（C. Galen，129—216）认为，感觉神经和运动神经是不同类的。他提出，来自感觉器官的信息会沿着一条神经传入，然后沿着别的神经反射到肌肉上。后来，贝尔（C. Bell，1774—1842）和马戎第（F. Magendie，1783—1855）发现，一条混合神经的感觉纤维通过背部神经根进入脊髓，同一神经的运动纤维则通过腹部神经离开脊髓。这为后来神经生理学区分出感觉神经元和运动神经元奠定了基础。

2. 特殊神经能学说

缪勒（J. Müller，1801—1858）提出特殊神经能学说（theory of specific nerve energy），主张人的各种感觉神经存在着质的差异，每种感觉神经都具有特殊的能量，只能产生一种感觉，而不能产生另外的感觉。例如，光刺激作用于眼睛，让人产生视觉；声波刺激作用于耳朵，让人产生听觉；等等。但是，用电流刺激眼睛，用物体按压眼球，也能产生光亮的感觉；同样，用电流和机械刺激作用于人的耳朵，也会产生声音的感觉。缪勒根据不同刺激作用于同一感觉神经产生相同的感觉，以及同一刺激作用于不同的感觉神经产生不同的感觉这一事实，得出结论：感觉的性质不取决于外界物体的性质，而取决于感觉神经的特殊能量，即感觉仅仅是感觉神经特殊能量释放的结果。

3. 视觉与听觉

在视觉方面，1856 年，德国著名的物理学家和生理学家赫尔姆霍兹（H. von. Helmholtz，1821—1894）提出了三原色学说，主张在自然界存在红、绿、蓝三种原色，它们按不同比例混合而产生各种各样的颜色。相应地，在人的视网膜上有三种神经细胞，它们分别存在感受红色、绿色和蓝色的色素。这些感光色素受到刺激后就会分解，导致各自的神经细胞产生不同的神经冲动传向大脑，大脑中这些神经冲动经过不同比例的混合就会产生不同的颜色感觉。

在听觉方面，1863 年，赫尔姆霍兹提出了听觉共鸣学说，主张听觉是由声音的不同频率与耳蜗内基底膜上相应的纤维发生共鸣而产生的。基底膜上短的纤维感受高频率的声音，长的纤维感受低频率的声音。

4. 颅相说

德国解剖学家和脑科学家加尔（F. J. Gall，1758—1828）创立了颅相学（Phrenology）。在希腊语中，颅相说的意思是研究心灵。颅相说是关于人的心理与头颅形状之间关系的理论，主张心理可以区分为相对独立的机能，性格和智力可被简化为 27 种机能，如繁殖力、敏感、勇猛、道德感、智慧、上帝观、自尊、狡猾、盗窃冲动、诗歌才能以及受教育的能力。这些机能分别与大脑的特定表面区域对应。颅骨把脑包裹得如此紧密以致颅骨外形就能反映脑的表面偏差。发展较好的能力会在颅骨上显出小的隆起，发展不好的能力可能导致凹痕。因此，通过对颅骨的测量与触摸检查，就能揭示一个人潜在能力的大小。虽然颅相说一直没有得到研究结果的支持，但其提倡的大脑机能定位思想促进了现代大脑心理功能定位的研究。

5. 脑机能的定位

1861 年，法国神经学家布洛卡（P. P. Broca，1824—1880）报告了他所治疗的一位特殊病人的情况。这位病人不能说话，其他一切正常。该病人去世后，布洛卡对其大脑进行了解剖，结果发现在病人左脑额叶的第二和第三个前回的后部，有一个充满液体的、小鸡蛋大小的坏死部分。后来，其他研究者证实了此发现。为了纪念布洛卡的贡献，此区域以他的名字命名，即布洛卡区（Broca's area）。布洛卡区（左半球）受损的人有时会丧失说话或语言理解的能力，而右半球受损的人很少会这样。之后，也有人研究发现了大脑皮层运动区所在的位置。

6. 反射动作

17 世纪，笛卡儿提出了反射的思想。但直到 1736 年，阿斯特律克（J. Astruc，1684—1766）才首次提出“反射”这个概念，认为反射涉及感觉神经、运动神经和中枢神经三个部分，并指出随意动作和反射动作的区别。之后，缪勒把反射概念引入生理学体系，认为反射动作也需要大脑的参与。1863 年，谢切诺夫（I. Sechenov，1829—1905）

出版了《脑的反射》一书，证明了有些反射动作确实是大脑机能的反映。遗憾的是，当时谢切诺夫的这一思想没有对欧洲生理学产生相应的影响。

7. 神经冲动的电性质

1780 年，意大利生理学家伽伐尼（L. Galvani，1737—1798）用两根金属棒分别连接青蛙腿的神经，结果发现两根棒接触会引发青蛙的踢腿动作。这一发现证明神经冲动具有电的性质。1827 年，欧姆（G. S. Ohm，1789—1854）提出了他的简单电路法则。1831 年，法拉第（M. Faraday，1791—1867）发现电磁感应现象，并提出用于测量神经刺激感应电流的方法。

8. 神经冲动的传导速度

缪勒相信，神经冲动的传导也许是即时的，否则也一定是很迅速的，并且认为其传导速度可以达到光速。1850 年，赫尔姆霍兹测量了青蛙的神经传导速度，发现其速度只不过是每秒 50 米，即每小时不到 100 英里（1 英里约合 1.6 千米）。之后，还有人发现神经活动存在不应期，即在一个短暂时期内其不能兴奋。神经冲动传导速度的发现使人们逐渐认识到反应是需要一定时间的。

9. 人差方程

人差方程是指两个人反应时差异的等式。天文学家最早发现，人的反应时存在着个体差异。1796 年，英国格林威治天文台的皇家天文学家马斯基林（N. Maskelyne，1732—1811）辞退了他的助手金内布鲁克（D. Kinnebrook），原因是金内布鲁克观察到星体通过的时间比马斯基林观察到的慢。1794 年，他们二人的观察从没有过分歧。但从 1795 年 8 月开始，金内布鲁克所记录的时间比马斯基林慢 0.5 秒。马斯基林提醒其助手要对此种误差加强注意，且对其加以纠正，但是数月之后，这种误差却有增无减，到 1796 年 1 月竟然达到 0.8 秒。马斯基林认为助手工作失职并将其辞退。这一历史事件促使后来许多科学家对该问题进行研究，并进一步促成了反应时的测量方法的发明。

（三）实验心理学的创立

19 世纪，欧洲成为实验心理学的诞生之地。几位实验心理学的开山鼻祖都是德国人。他们采用量化的方法来探讨心理学问题。其中，最有代表性的人物是韦伯、费希纳、艾宾浩斯和冯特等。

有一个有趣的问题是：为什么实验心理学诞生于德国而不是其他欧洲国家？美国心理学史专家舒尔茨（D. P. Schult，2014）提出如下解释。

首先，德国的思想发展历史为实验心理学铺平了道路。德国的实验生理学已经牢固地建立起来，且发展水平远远超过英法两国。

其次，德国人比英国人和法国人更加细心，热爱精确分类和描述工作。英国人和法国人喜欢用演绎和数学方法来研究科学。德国人则重视对观察到的事实进行认真的、彻底的、谨慎的搜集，他们偏好采用分类或归纳的方法。

再次，英国和法国的科学发展局限于物理和化学这两个可以用定量方法研究的领域，且对应用科学方法研究复杂的人类心理表示怀疑。德国的科学发展则是让科学家对上述两个领域之外的学科进行探讨。特别是当时人们普遍怀疑能否用科学的方法来研究心理，德国学者则把科学工具应用于探讨和测量心理生活各个方面。

最后，德国大学的教育改革突出了学术自由的原则，大学教授可研究自己选择的问题。同时，当时德国经济发展好，支持大学建立起一流的实验室，让思想变成了现实。

1. 韦伯

韦伯（E. Weber，1795—1878）生于德国的威登堡，1815 年获德国莱比锡大学的博士学位，并且终生在该大学教授解剖学和生理学，主要的研究兴趣是感官生理学。他对触觉的实验研究，促使心理学研究对象与哲学的联系大大减弱。因此，舒尔茨（1981）认为，韦伯将心理学与自然科学联系起来，为在心理学研究中使用实验方法铺平了道路。韦伯的主要贡献有：

（1）两点阈限。韦伯采用实验法测定皮肤上两点辨别的准确度。通过研究，他发现了两点阈限，即皮肤刚好能感觉到有两个点时这两个点之间的距离。具体做法是：在遮蔽被试视觉的情况下，让他们报告接触其皮肤的是一个点还是两个点。结果发现，当两点距离很近时，被试通常报告只能感觉到一个点；随着两点之间距离的增加，被试能报告出是两个点。该项研究被认为开创了心理物理学研究的先河，因为皮肤接受刺激是生理的作用，而被试辨别出刺激是一点或两点则是心理现象。

（2）韦伯定律。韦伯运用实验法探讨了动觉，即由身体各部分的肌腱紧缩和松弛所产生的感觉。其中最典型的就是用手区分物体的重量。具体的做法是：给被试呈现两个重物，一个是标准重物，一个是比较重物。让被试报告比较重物的重量是否与标准重物相同。通过大量实验，韦伯发现两个重物重量的最小可觉差与标准刺激重量之比是一个固定不变的常数。换言之，如果标准刺激的重量是 40 克，且加 1 克就能使被试辨别出其较重，即最小可觉差是 1 克，那么当标准刺激的重量是 400 克时，则需要加 10 克才能使被试辨别出其较重，即最小可觉差是 10 克。

2. 费希纳

费希纳（G. T. Fechner，1801—1887）是德国物理学家、哲学家、心理学家和美学家。1817 年，年仅 16 岁的费希纳考入德国莱比锡大学学习医学专业，其后半生都是在莱比锡度过的。费希纳是一位在多个领域都有出色研究成果的学者，先后当了 7 年的生理学家、15 年的物理学家；病了 12 年后，又当了 14 年的心理物理学家、11 年的实验美学家。在这期间，他还当过 40 年的哲学家。在这些头衔中，名望最高的是心理物理学家。1860 年，他的《心理物理学纲要》出版，将物理学的数量化测量方法引入心理学，形成感觉测量、心理实验的方法和理论，为冯特建立实验心理学奠定了基础。费希纳的主要贡献是：

（1）费希纳定律。费希纳在探讨心身关系问题时，对韦伯定律进行了修正与补充，发展出了费希纳定律，即在绝对感觉阈限之上，物理刺激引起的主观感觉强度与刺激本身强度的改变呈对数关系。换言之，刺激强度呈几何级数增加（即 1，2，4，8，16，…），而引起的感觉强度则按算术级数增加（即 1，2，3，4，5，…）。

（2）心理物理学实验的方法。费希纳在进行心理物理学实验时所创造的方法，现在仍被实验心理学家采用，主要有三种：第一，极限法。即设定一个标准刺激，然后逐渐改变一个比较刺激的强度，让被试凭感觉判断其比标准刺激更强或更弱。通过这一程序，就能获知较强-相等-较弱三个刺激强度之间的界限。第二，恒定刺激法。即选定少数几个刺激，并使之保持恒定不变，然后将每个刺激向被试呈现多次，要求被试判断是否能感觉到刺激或与某一个标准值进行比较，最后通过统计分析来计算阈限。第三，调整法。即先设定一个标准刺激，然后让被试自行调整一个比较刺激。当被试主观上认为比较刺激的强度与标准刺激相等时，停止调整。这时，主试检查被试的结果，从而得到两个刺激实际强度之差，并据此计算阈限。

3. 艾宾浩斯

艾宾浩斯（H. Ebbinghaus，1850—1909）是最早采用实验方法研究人类高级心理活动的心理学家。1850年，艾宾浩斯生于德国波恩附近的巴门市。17岁时，他进入波恩大学研究历史与语言学，之后在哈雷大学和柏林大学学习。在学校学习时，他将兴趣转向哲学。1873年，他在波恩大学完成了《哈特曼的无意识哲学》的博士学位论文并获得哲学博士学位。1877年，艾宾浩斯读了费希纳的《心理物理学纲要》，坚定了他用实验方法研究记忆的信心。1879年，他开始对记忆进行系统研究。1880年春天，艾宾浩斯将其研究记忆的报告寄给柏林大学哲学系，赫尔姆霍兹教授对其研究给予高度评价。随后，艾宾浩斯成为柏林大学的讲师，1886年升任副教授。1883年，他在柏林大学建立了心理学实验室。1894年起，他在布累斯劳大学任教授，1905年起在哈雷大学任教授，1909年因病去世。

艾宾浩斯于1885年出版的《论记忆》一书，是其运用实验法研究高级心理过程的成果。主要贡献有三：

（1）对记忆的量化研究。记忆的好坏，既有质的区别，也有量的差异。严格的、科学的实验研究要求对记忆进行数量化的分析。那么，怎样才能对记忆进行量化研究呢？艾宾浩斯发现，识记材料的长短，与学习所用时间、学习后到开始回忆所间隔的时间有密切关系。对于学习的材料，人们不仅有是否记住的差别，还有记住多少的差别。艾宾浩斯用节省法或重学法，对个体记住多少进行了测定，从而促进了记忆量化研究的进程。

（2）遗忘曲线。艾宾浩斯以无意义音节为实验材料，自己作为研究对象即被试，得到了自己记忆无意义音节在不同时间间隔下所保持的成绩。在艾宾浩斯的实验中，记忆的保持是用节省的百分比来表示的，即重新学习无意义音节所需要的时间与最开始学习所需时间相比的百分数，结果如图1-2所示，并依此绘制出了遗忘曲线。结果发现，刚刚记住的无意义材料在最初几小时内的遗忘速度很快，但两天后就慢了下来，以后更慢。

（3）联想实验。艾宾浩斯用精巧的实验设计，探讨了直接联想和间接（远隔）联想、顺序联想和反向联想。他发现，学习不仅可以使识记材料中紧邻的项目之间形成联系，还能使远隔的项目之间形成联系。项目之间的联系是双向的，即不仅有从第一项到第二项或从第一项到第三项的正向联系，还有从第二项到第一项或从第三项到第一项的反向联系。他还发现，不仅有意识记的各个项目之间可以形成联系，与这些项目存在原有联系的项目之间也可以形成联系。

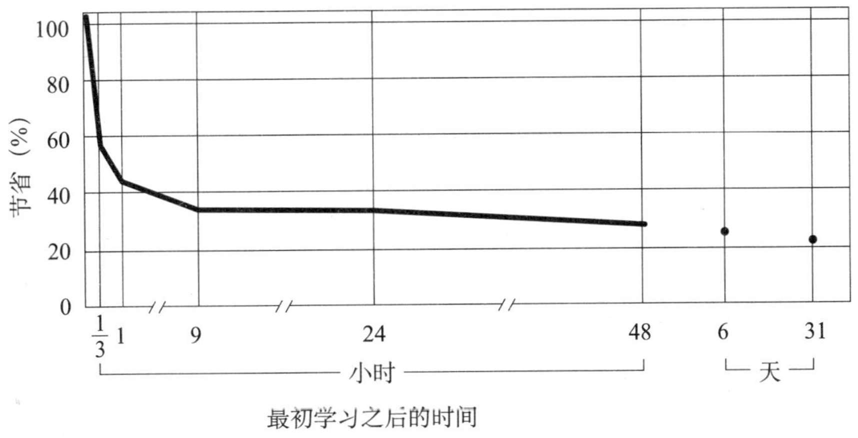

图 1-2　遗忘曲线

资料来源：夏克特，等，2015：534.

4. 冯特

冯特（W. Wundt，1832—1920）是实验心理学的创始人。他出生于德国巴登的一个牧师家庭，自幼就养成一种好学深思的习惯。19 岁，他进入图宾根大学学习；第二年秋，他又转入海德堡大学继续学习医学和哲学，毕业后留校任教，教授生理学课程。1856 年春，冯特到柏林大学跟随当时被誉为“生理学之父”的缪勒学习并研究生理学，同年返回海德堡大学。他先后获得医学、哲学两个博士学位，1857 年任海德堡大学生理学讲师。1858 年，冯特开始担任著名生理学教授赫尔姆霍兹的助手。1864 年，冯特升任副教授。1874 年，冯特到苏黎世大学担任哲学教授，这时他的学术兴趣从生理学转向心理学。从 1875 年起，冯特在莱比锡大学担任哲学教授长达 40 多年，致力于心理学方面的研究。1874 年他出版的《生理心理学原理》一书，被生理学界和心理学界推崇为不朽之作，也有人将其称为心理学的独立宣言书。1879 年，冯特创建了世界上第一个正式的心理学实验室（德文叫“心理学研究所”或“心理学院”）。1881 年，他创办心理学专门刊物《哲学研究》，用以发表莱比锡大学的心理学实验论文报告，1903 年该刊更名为《心理学研究》。1889 年，他被任命为莱比锡大学校长。他于 1920 年去世，享年 88 岁。冯特的主要贡献有：

（1）心理学的研究对象。冯特提出，所有科学都是研究经验的，心理学作为一门科学，研究对象也是经验，但其研究的是直接经验而不是间接经验。间接经验提供给我们的是关于某种东西的情况，而不是经验本身。当人们看到一朵花时说“这花是红的”，人们关心的主要是“花”，而不是正体验着“红”这一事实。但是在冯特看来，看花时的直接经验不在于对象本身（即“花”），而在于体验（即“红”）。所以，冯特认为，直接经验是经验本身，它不受任何较高水平解释的约束，也不为这些解释所左右。

（2）内省法。冯特认为，心理学是一门关于经验的科学，所以心理学的研究方法主要是观察经验。因为一个人只能观察到自己的经验，所以心理学的研究方法应该是自我观察或内省（introspection）。内省是一个人对自身心理过程的检查与观察。内省依赖于意识经验，而意识经验是个人的且不为他人所知的。

冯特在使用内省法时，制定了严格的规则：第一，观察者必须能确定内容过程是在什么时候引起的；第二，观察者必须处于准备状态或紧张的注意状态；第三，必须能重复地观察几次；第四，必须能根据控制刺激的作用来改变实验条件。其中，第四条规则是最关键的，即改变刺激条件，使观察者观察被试经验的变化（舒尔茨，1981）。

（3）心理学的目标和要素。冯特提出，心理学的目标有三个：第一，分析意识过程的基本要素；第二，发现这些要素是如何联系的；第三，确定这些要素的联系规律。

冯特认为，心理可以分解为各项要素，复杂的心理过程都是由这些要素组合而成的，但具有与构成要素不同的新的性质。心理要素结合成复杂的过程有一定的规律，心理学的任务就是用实验的内省法分析出这些心理要素，并寻找如何合成复杂心理过程的规律。

冯特通过研究提出，最基本的心理要素包括感觉和情感。感觉是直接经验的客观方面，是由外部刺激作用于感官所产生的客观要素。情感是直接经验的主观方面，它伴随感觉这一客观要素而产生，是客观要素的主观补充。感觉包括视觉、听觉、嗅觉、味觉、触觉等。情感包括三个维度，即兴奋-抑制、紧张-松弛、愉快-不愉快，具体见图1-3。

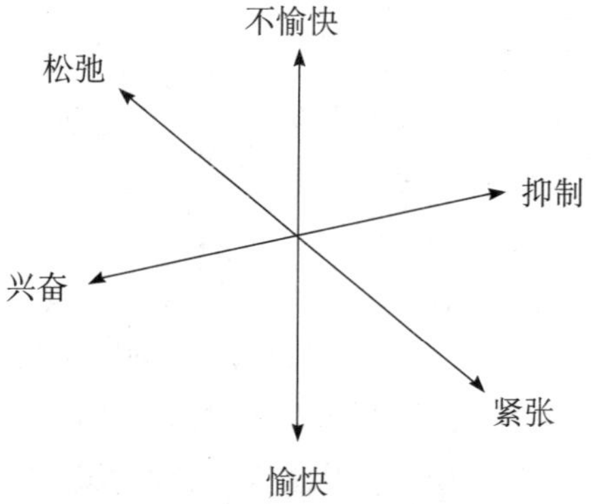

图1-3 情感三维度说

（4）心理要素结合的原则。冯特提出，心理要素结合的原则主要有三条：原则一，心理生成物原则。即心理复合体具有新的特征，而并非原有要素的简单相加。原则二，心理关系原则。即心理复合体内各要素具有内在的关系。每一个心理要素都通过与其他心理要素的关系获得其意义。原则三，心理对比原则。即心理要素中的一些对立成分存在由于对比而加强的趋势，这一点在情感方面表现得最为明显。

总之，正是冯特开创性的工作，使心理学成为一门独立的学科。墨菲和柯瓦奇（G. Murphy & J. K. Kovach，1972/1980）认为："在冯特创立他的实验室之前，心理学像一个迷路者，时而敲敲生理学的门，时而敲敲伦理学的门，时而敲敲认识论的门。1879年，冯特确立心理学为一门实验科学，心理学有了一定的活动区域，有了名称。"

二、实验心理学的发展

（一）行为主义

1913年，美国心理学家华生（J. B. Watson，1878—1958）发表了《一个行为主义者眼中的心理学》一文，标志着行为主义心理学的诞生。华生在该文中，首先批判了构造主义心理学对意识和心理内容的重视。他提出，如果心理学家将心理学的研究对象看成意识，这是一种自欺欺人的做法，因为意识和灵魂是一样东西，只是一种假设，其本身是不可捉摸和不可证实的。心理学家以这种东西作为心理学的研究对象，必然导致混乱不清和主观化。华生还说过，心理学家绝不使用意识、心理状态、心理、内容、内省和意象等这些词。

华生试图将心理学建成一门纯粹意义上的自然科学，认为在心理学中，所有暧昧不清的东西都应该被抛弃。因此，他主张心理学应该研究人人都认可的东西，即行为，并提出心理学是一门行为的科学。

华生主张，有什么样的刺激就有什么样的行为，用公式 $R=f(S)$ 来表示。在该公式中，R 代表行为，S 代表刺激。这样，就使心理学可以进行可操作的实验研究，从而促进了心理学研究的客观化。但是，华生的行为主义心理学完全把人类复杂的心理现象归结为简单的刺激-反应的结果，有明显的简单化倾向。

到 20 世纪 40 年代，新行为主义诞生，代表人物是托尔曼（E. C. Tolman，1886—1959），他提出了认知地图的概念。斯金纳（B. F. Skinner，1904—1990）提出了操作性条件作用学说，用公式表示为 $R=f(S, A)$，其中 S 是刺激，A 是中介变量。

与华生的旧行为主义主张不同，新行为主义者认为在刺激与反应之间还存在着中介变量，即有机体的内部过程是由观察到的行为反应间接推断出来的。

自行为主义心理学诞生起，在长达 50 年的时间里，无论是旧行为主义者还是新行为主义者，他们都将人当作动物来看待，其体系都是刺激-反应。行为主义心理学家的研究对象主要是动物，对高级的复杂心理过程较少开展研究。所以，到 20 世纪 60 年代，关注认知过程的认知心理学兴起后，对行为主义心理学产生了巨大的冲击。

坎特威茨（B. H. Kantowitz，1997/2001）等就行为主义心理学在当代心理学界中的地位，提出了与众不同的观点。他们认为："当前很流行的说法是行为主义正在衰落。心理结构在心理学中甚至在动物行为的研究中被重新提起。但是，这些心理结构是和可观察到的反应紧密联系在一起的。在实验心理学的所有领域，行为主义都产生了广泛的影响，至今仍然以多种形式方兴未艾。"

（二）实验心理学的扩展

在第二次世界大战期间，欧美许多实验心理学家从事不同的职业。有的心理学家开展了公众舆论和宣传的研究，帮助军方协调海陆空三军的关系。有的心理学家参与了复杂飞行器中驾驶员的座舱以及仪表盘的设计。还有心理学家参与了人员选拔测验的设计工作，编制了一批测量结果可靠的心理测验或量表。大批心理学家从实验室中走出来，开展一系列的应用研究，不但促进了心理学研究成果向实践的转化，而且推动了心理学研究者进行深入的实验研究。

对心理规律认识越清晰，应用起来也就越管用。在第二次世界大战期间，人因学（或工程心理学）作为一门独立的学科正式形成。

同时，实验研究方法所探讨问题的领域也不断扩大。到第二次世界大战结束时，实验社会心理学和实验儿童心理学的研究成果受到了学术界的高度重视。

（三）认知心理学

行为主义心理学用刺激-反应来揭示人的心理活动，缺少中间过程，认为大脑是一个黑箱子，人类无法认识其功能。随着科学技术的进步和新研究方法引入心理学研究中，人们迫切想了解人类心理活动的规律，即想把产生心理活动的大脑从黑箱子变为灰箱子，进一步来了解其内部机制。

认知心理学是顺应现代科学技术发展而产生的，主要受到了信息论、控制论、系统论和计算机科学以及心理语言学发展的影响。1967年，奈瑟（U. Neisser，1928—2012）出版了《认知心理学》一书，标志着认知心理学的诞生。奈瑟认为，认知心理学研究信息经感觉输入的转换、加工、储存、恢复、提取与使用的过程。他还将认知心理学的研究内容划分为视认知、听认知、记忆与思维高层次心理过程三大部分。认知心理学家主张心理学应该研究人的内部心理过程，这一观点与行为主义心理学相对立。但是，人们不能直接观察内部心理过程，只能依靠输入（刺激）和输出（反应）来推测内部发生的过程，因此，认知心理学家要采用客观科学的研究方法，把人脑看作类似于计算机的信息加工系统，通过正确而巧妙的实验设计，观察信息的输入和输出，从而推测个体的内部心理过程。

到20世纪80年代，完整的认知心理学体系基本形成。在这个体系下，人类认知系统的基本特征主要是：第一，人脑是一个符号运算系统，人类的大脑具有接收、储存、加工和运用符号的能力。第二，人类的认知系统是一个多阶段、多层次和信息传递的系统。第三，人类的信息加工能力是有限的。第四，人有一个能够习得与发展有效认知策略的系统。第五，人是一个能够通过新旧图式整合、建构、重构来获得知识的系统。第六，人是一个不断发展的监控认知系统。

（四）认知神经心理学

认知神经科学（cognitive neuroscience）是一门由认知科学和神经科学交叉而成的新兴学科，整合了心理学、认知科学、计算机科学、神经科学等领域的内容，从基因-脑-行为-认知角度来阐明认知活动的脑机制。认知神经心理学（cognitive neuropsychology）是认知神经科学的一个重要分支，研究脑损伤患者的认知活动模式。研究脑损伤患者保持完整或损害的认知特征具有重要的价值。首先，脑损伤患者的认知活动常可用认知心理学的理论来解释，这些理论对正常认知活动所涉及的过程或机制进行了规范。其次，来自脑损伤患者的相关证据有助于检验认知心理学家提出的理论或模型是否正确。如果不正确，可以进行修改，并提出新的理论或模型。换言之，认知心理学与认知神经心理学之间会产生双向的影响。前者影响后者，而后者也可影响前者。目前的现实情况是，认知心理学对认知神经心理学的影响更大。随着研究的深化，后者对前者的影响也会越来越大。例如，阿特金森和谢夫林（Atkinson & Shiffrin，1968）提出，长时记忆与短时记忆之间存在着重要的差别，短时记忆中的信息只有通过复述才能形成长时记忆。后来，沃林顿（E. Warringtoon）等人发现，脑损伤患者被试的短时记忆受到严重损害，长时记忆则保持完整，这一结果支持了上述观点。

绝大多数认知神经心理学家认可以下观点（艾森克，基恩，2020：8－9）：

第一，认知系统具有模块化的特点，即认知系统由相对独立的认知过程或模块组成。每个模块从某种程度上说都独立于其他模块而工作。在通常情况下，大脑损伤只会损害大脑某一部分模块所承担的功能。

第二，大脑的生理组织与心理结构之间存在具有重要意义的对应关系，即心-脑同形观。

第三，研究脑损伤患者的认知功能可揭示正常人的认知机制。

第三节　心理学实验的程序

心理学实验的程序是指在进行心理学实验时，在实验的各阶段实验者和被试应该完成的任务。合理安排实验程序是心理学实验的重要内容，也是确保一项实验研究取得成功的关键。

拓展阅读

科学研究的过程

从最初的研究思想到最后的结果报告，研究过程有许多至关重要的步骤，具体如图1－4所示。

（1）形成研究思想与假设。研究过程的第一步是确定研究者想研究的问题。研究思想的来源有很多，如观察生活中的现象或阅读心理学专业刊物。研究者一旦确定了要研究的行为，就必须以别人能够实证地检验它的方式来表述研究问题。为了理性地使用科学方法，研究者需要提出一个明确的、清晰的、可以检验的假设。要想形成假设，就需要演绎推理，即从一般思想推出具体的假设。

（2）选择研究设计。研究者确定了研究的问题，形成研究假设之后，必须确定一项设计，以便能够解决要研究的问题。研究设计包括决定做一项相关研究还是一项实验研究。在做出这个决定之后，研究者还必须考虑许多实际的问题，如需要的设备、应该准备的实验材料、实验室、实验仪器等。如果有必要，还需要做一项小规模的预研究，这项研究也称领航研究，目的是确保选择的研究程序和材料可靠。

（3）选择被试。研究者设计完研究方案之后，就需要决定是选用人类参与者（目前，为了尊重研究对象，称研究对象为参与者，但“被试”一词大家更为熟悉，就是指实验对象）还是使用动物被试。还需要决定如何获得被试，以及如何使用被试。这其中务必要考虑到是否符合伦理原则。

（4）确定观测什么与合适的测量指标。明确自己要观测什么，这将由研究已确定的要考察的题目或问题来决定。

（5）实施研究计划。研究者可正式让被试参加研究，观察与测量被试在完成实验任务时的行为反应，并准确、完整地记录数据以备后面分析。

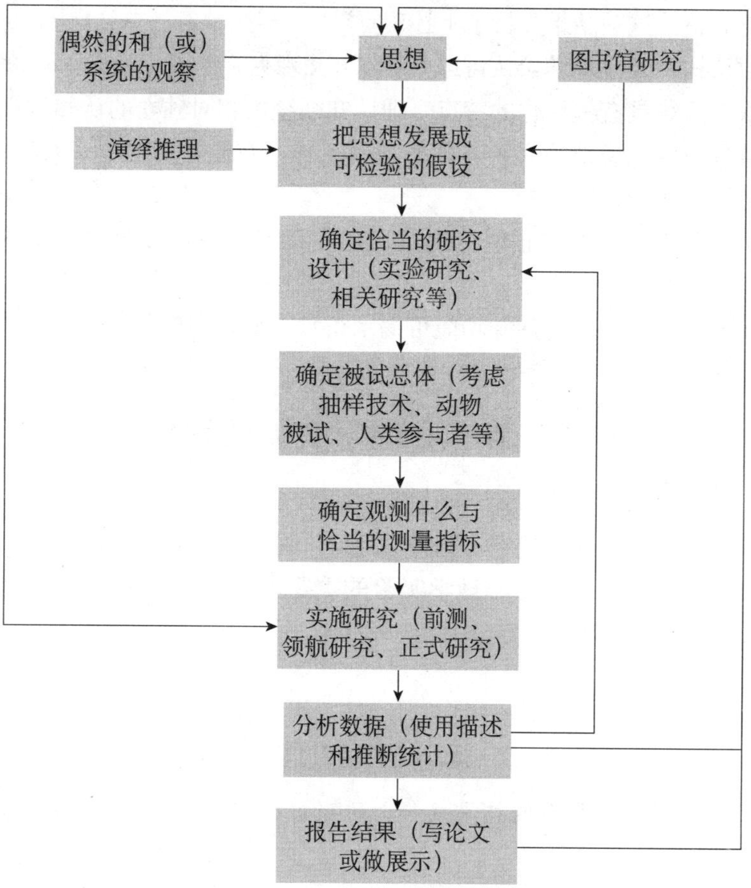

图1-4　科学研究过程：从研究思想到结果报告

(6) 分析数据。收集完数据之后，研究者需要将数据汇总。分析数据的过程需要研究者做一系列的决策。研究者可以用多种方法来分析数据。需要指出的是，研究者必须根据数据的性质来选择统计分析方法，既要对数据进行描述性统计，也要计算推断统计量。

(7) 报告研究结果。分析完数据，研究过程就进入最后一步了。这时，研究者需要赶快准备撰写一份实验报告，并按发表的论文格式进行撰写，同时，还可以准备一份可在学术会议上张贴或展示的报告。

(8) 再次启动研究过程。报告研究结果通常不是研究的最后一步。也许前一个项目的研究任务已经完成，还有新问题需要进一步探讨。这样，又开始一项新的研究。

资料来源：博登斯，阿博特，2005/2008.

心理学实验的程序通常包括以下几个步骤：提出问题、形成假设、选择被试、实施实验、解释结果与检验假设、撰写报告。

一、提出问题

(一) 如何提出问题

提出研究问题是实验心理学研究的第一步。研究者可以从不同角度受到启发，发现自己要研究的问题。常用的提出研究问题的方法是：理论之间的争论、实际需要、个人经验和文献回顾。

1. 理论之间的争论

在实际生活中，经常存在这样一种情况，就是对同一种心理现象，人们有不同的理论观点。因此，根据理论争论开展实验研究是一种常见的方法。

例如，为什么短时记忆中的信息会发生遗忘？一种观点是痕迹消退说，另一种观点是干扰说。痕迹消退说主张短时记忆中信息的遗忘主要受时间影响，即间隔时间越长，遗忘的越多；干扰说主张短时记忆中信息的遗忘主要受插入材料数量影响，即插入的间隔材料越多，遗忘的也越多。沃尔夫（N. C. Waugh）和诺曼（D. A. Norman）根据上述理论之间的争论，设计了如下实验：给被试呈现一串数字的材料，如39174652187368※。其中，※表示一个纯音，※前的数字8是探测目标。8在整个材料中出现两次，一是在数字串前面的某个位置，二是在※前。要求被试报告出前一个数字8之后的数字7。两个8之间间隔的数字个数从1到12，呈现的时间间隔分为4个/秒和1个/秒。结果发现，无论是快速呈现还是慢速呈现，被试的正确回忆率都随干扰项目的增加而降低；正确回忆率并未因数字呈现速度不同而有很大的区别。此结果表明，短时记忆中信息发生遗忘的主要原因是材料的干扰而不是记忆痕迹消退。

2. 实际需要

在社会生活过程中经常会出现一些重要的问题，需要人们通过严格的实验来揭示其背后的原因。例如，在一些犯罪案件中，只要有目击者，犯罪嫌疑人被判刑的机会就会大大增加，因为法官会把目击证词作为指控被告的证据。但是在回忆犯罪的细节时，目击者常常会犯一些错误。这是一个非常严重的问题，因为目击证人提供了不正确的目击证词，这可能会使法官做出错误的判决，使许多无辜的人蒙受不白之冤。

现实中的情况是，目击证人可能要多次上法庭，接受律师的提问。其间，律师提出的问题会对目击证人的记忆产生影响吗？洛夫特斯（E. Loftus）认为，在事故发生之后，提问的方式会影响目击证人的记忆，换言之，人们混淆了自己在一场事故中看到的真实情况和从别人那里听说到的情况（引自安德森，2012）。洛夫特斯给被试看两辆车相撞的事故录像，之后，问被试一些问题。第一组被试的问题是：那辆车撞毁另一辆车时，你估计车速有多快？第二组被试的问题是：当两辆车相互碰撞时，车子开得有多快？结果发现，第一组被试回答的平均速度为每小时约40.83公里，第二组被试回答的平均速度为每小时约34公里。一周之后，再问被试是否看到了撞碎灯的玻璃等问题。尽管事实上根本没有灯的玻璃被撞碎，但是第一组被试中却有32%的人回答“有”，第二组被试中则只有14%的人回答“有”。这一结果表明，目击证人的记忆是非常不牢固的，很容易受到事后不正确提问的歪曲。

3. 个人经验

在日常生活中，人们经常会遇到一些心理学现象或心理学问题。例如，人们似乎不愿意在集体活动中倾尽全力。民间俗语“一个和尚挑水吃，两个和尚抬水吃，三个和尚没水吃”，就是对这一现象的形象概括。

社会心理学家拉塔内对此非常感兴趣。为了确定这种个人经验的普适性程度，他和同事于 20 世纪 80 年代开展了一系列研究，并将这一现象定义为社会浪费。研究结果显示，社会浪费存在于诸多集体工作之中，也存在于众多文化背景之下，甚至儿童之间也存在社会浪费的现象。进一步挖掘其背后机制发现，社会浪费现象是由集体工作中的“责任扩散”引起的。当人们独立工作时，工作责任明确指向自己，因此个人理所当然地认为自己应该对所从事的工作负责；然而，集体工作时，工作责任没有明确指向自己，个人便不会认为工作责任应该由自己承担，而倾向于将责任扩散给其他人，故不会倾尽全力。拉塔内对这一现象的反复探究充分肯定了这一个人经验的普遍意义。

4. 文献回顾

任何科学研究都是在前人的基础上展开的。因此，在进行实验研究之前，系统地查阅文献是非常关键和必要的。查阅文献的目的在于，让研究者明确针对某一问题目前已进行了哪些研究，这些研究采用了什么方法，目前的研究进展如何，取得了怎样的结果等。对于重要的前人文献还需进一步深入分析，确定其研究质量、结果的可靠性及推广性等，尤其需要注意已有研究的结论中相互矛盾的地方、方法学方面的不足，以及某些重要但被忽略的问题，从而以前人为基石，寻找突破口，提出新的理论假设，开展创新性研究。

例如，白学军、马杰、李馨等人（2019）开展的对发展性阅读障碍儿童的新词习得及其改善的研究。在该研究中，关心的问题是在阅读前人文献基础上提出来的。发展性阅读障碍指个体无明显脑损伤、精神障碍等器质性病变，具有中等或以上智力水平，与同龄人享有同等教育，但字词识别效率低下的一种学习障碍。通过阅读已有文献，可以发现发展性阅读障碍儿童的阅读发展存在两种模式：（1）阅读发展的滞后模式，表现为发展性阅读障碍儿童的阅读水平与年龄较小的儿童相类似；（2）阅读的变异模式，表现为发展性阅读障碍儿童的阅读行为与任何年龄段的正常儿童（包括同年龄及年龄较小的儿童）都不相似。为了探讨发展性阅读障碍儿童的新词习得是滞后还是变异的发展模式，研究者同时选取生理年龄匹配和年龄较小的阅读能力匹配儿童作为对照组，采用重复学习新词的实验范式。结果发现：与正常儿童相比，发展性阅读障碍儿童的新词习得较为缓慢，主要表现为新词习得早期加工的延迟和晚期加工效率的低下。实验结果支持了阅读发展的滞后模式。

拓展阅读

如何阅读研究报告

阅读研究报告的过程是让人思考的过程。只有边阅读边思考，才能使自己从所读的研究报告中获得最大的益处。阅读研究报告时通常需要思考下面的问题。

引言

作者的目的是什么？

实验要验证的假设是什么？

如果我来验证这个假设，我会怎样设计实验？

方法

我用的方法比作者的好吗？

作者的方法确实能验证假设吗？

实验的自变量、因变量和控制变量各是什么？

根据实验的被试、仪器或材料和程序，我对实验结果的预测是什么？

结果

作者的结果意外吗？

我如何解释这些结果？

从我对结果的解释中，能得出的启发和应用是什么？

讨论

谁的解释能更好地说明数据，是我的还是作者的？

在结果的启发和应用方面，谁的讨论更有说服力，是我的还是作者的？

资料来源：坎特威茨，罗迪格，埃尔姆斯，1997/2001.

（二）问题的特点及评估

1. 问题的特点

心理学实验所研究的问题与日常生活中遇到的问题是不同的。心理学实验所研究的问题具有以下三个特点（舒华，张学民，韩在柱，2006）：

（1）可检验性。在心理学实验中，如果所要研究的问题可以用客观的方法加以检验，则该问题是一个好的问题，即所选的问题是一个值得研究的问题；如果要研究的问题不能用客观的方法加以检验，则所选的问题就不是一个真正好的问题。例如，8 岁儿童的计算能力比 80 岁老人的好吗？这个问题可以用标准化的数学计算题来检验，因此，该问题属于好的问题。80 岁老人的第六感比 8 岁儿童强吗？第六感是指能够通过正常感官之外的通道接收信号，并预知将要发生的事情的能力，这种能力与个体以往经验积累所得的推断无关。这个问题在目前（将来估计也不会）科学技术条件下没有办法用客观方法加以检验，因此，该问题属于不好的问题。

（2）可行性。在心理学实验中，提出的研究问题应该具有可行性，即在现有的人力、物力和财力的条件下，可对问题进行研究。也就是需要考虑针对该问题的研究方法与手段是否成熟，研究的变量是否明确，对变量进行操纵是否可行，是否有合适的仪器来记录反应的结果，是否有合适的统计方法来处理数据。例如，在一百年前，如果有人想要知道，在日常生活中人的大脑中的哪些区域会参与对问题的思考或对某种情感的加工，这个问题的研究缺乏可行性，因为那时还没有成熟的研究手段和仪器设备，特别是无创伤地测量人脑活动表现的技术，如现在我们所知的功能性磁共振成像技术（fMRI）、正电子发射断层扫描技术（PET）、脑磁图（MEG）和功能性近红外光成像技术（fNIRS）。而在今天，上面提到的脑成像技术发展越来越成熟，该问题的研究可以成为现实。

（3）揭示变量之间的关系。在心理学实验中，提出的问题应该尽量指出变量间的关系。这是因为如果提出的问题包括变量之间的关系，将有利于研究者进行实验设计。例如，“材料的性质和学习时间对儿童长时记忆效果的影响”这样的问题，就明确地包含变量之间的关系。其中，材料的性质和学习时间是自变量，而长时记忆的效果是因变量。

2. 问题的评估

在心理学实验开始之前，一定要对研究问题进行评估。经过综合评估，研究者可以认识到目前要研究的问题是否值得去研究。

（1）研究问题的意义。在进行心理学实验之前，研究者需要对所研究问题的理论意义和实践意义进行评估。当然，有时候研究的问题可能仅有理论意义或仅有实践意义，这样也可以进行实验研究。如果研究的问题既没有理论意义又没有实践意义，则应该停止对该问题的实验研究。

（2）研究问题的新颖性。在进行心理学实验之前，研究者需要对研究问题是否新颖进行评估，并要明确研究是验证性研究还是创新性研究。有时开展验证性研究是必需的，但大量的重复研究则没有必要。因此，建议研究者最好开展创新性研究或原创性研究。

二、形成假设

（一）假设的含义及种类

在心理学实验中，假设（hypothesis）是研究者对实验条件与行为之间的关系的陈述。由于正式实验还没有开始，所以假设是研究者对自变量与因变量关系的预期。如果实验结果支持了假设，那么它就有可能对理论有贡献，研究者可以依此进行因果关系的推理。假设是研究者对问题进行操作化的结果。问题与假设之间的区别在于：假设可以直接进行检验，问题则不能直接进行检验。只有将问题转化成假设，实验设计才能进行。

假设有两种：（1）析因性假设（causal hypothesis），是为了解释、控制行为而建立的假设，主要目的是解释自变量与因变量之间的因果关系。（2）描述性假设（descriptive hypothesis），是为了描述、预测行为而建立的假设，主要目的是鉴别某一行为发生的情境，并预测它在什么时候发生。在这种假设中，自变量与因变量之间不存在因果关系，只是一种相关关系。

（二）假设的特点

在开展心理学实验时，假设应该具备以下几个特点。

1. 精确性

假设一定要用准确的语言（最好是操作性的语言）来陈述，不能用含糊的或模棱两可的语言来陈述。在心理学实验中，不符合精确性要求的假设常常包括“可能”“大概”“也许”等词。通过假设陈述的精确性程度，可以看出研究者对所研究问题的把握性有多大。

2. 合理性

假设是对研究中两个或两个以上变量关系的预测。这种预测不是无根据的或凭空想象出来的，而是建立在已有理论或已有研究基础之上的。例如，根据记忆的深层加工观点：在记忆过程中，个体智力活动投入越多，记忆效果越好；反之，记忆效果越差。基于此可提出“记忆时对所要记忆的材料既动脑筋又想办法，其记忆效果要比既不动脑筋又不想办法的好”假设。在一项实验中，要求被试阅读成对联想材料，一种词对存在语义相关，如“郁金香-鲜花”词对，另一种词对存在押韵，如“现活-鲜花”。结果发现，语义相关词对的回忆率为 81%，押韵词对的回忆率是 70%。

3. 可证伪性

在心理学实验中，研究者所提出假设的真伪性应该能通过一定的方法来加以判别。例如，对于“智商越高的人，解决问题的速度越快”的假设，要想对其真实性加以检验，首先是对被试的智商进行测量，根据测量的结果，选择智商高的人组成高智商组，选择智商低的人组成低智商组。其次，选择难度相同的问题，要求由高智商组和低智商组的人来完成。最后，根据两组人解决问题所需要的时间，比较他们正确解题的速度是否有差异。如果两组人在解题速度上有差异，则假设得到支持；反之，则假设被否定。

需要指出的是，心理学实验中的任何假设最终只有两种命运：一种是被证明为正确的假设；另一种是被证明为错误的假设。假设如果被实验证明是正确的，则可作为科学命题被采用。假设如果被证明是错误的，就需要修正或放弃；然后提出新假设，通过反复实验，最后判定假设是否正确。由此可见，在实验过程中提出假设是一个关键的环节。但同时还需要注意，在具体的实验过程中，特别是在观察、记录和分析实验数据时不能带有假设，否则会出现实验者偏差。

（三）假设的陈述

在心理学实验中，假设的陈述可分为三种类型：综合式、分析式和矛盾式（史密斯，戴维斯，2003/2006）。

综合式陈述是一种或对或错的陈述。例如，对于“受虐待的儿童自尊水平低”这一假设，它可能是正确的，也可能是错误的。

分析式陈述是一种总是正确的陈述。例如，“我在完成 A 任务”，或“我不在完成 A 任务”。这种假设的陈述总是正确的，因为你或者在完成 A 任务，或者不在完成 A 任务，没有别的可能性。

矛盾式陈述是一种总是错误的陈述。例如，“我在完成 A 任务而我又不在完成 A 任务”。这种假设的陈述总是错误的，因为你不可能在完成 A 任务的同时又不在完成 A 任务。

（四）形成假设的方法

1. 演绎推理法

演绎推理是指从一般到特殊的推断过程。具体来说，根据心理学的一般规律或原理，对某一特定心理现象进行预测，这样形成的假设大多属于应用类研究假设，即将某一原理或理论推广应用到某一具体的领域之中。例如，发展心理学家皮亚杰通过研究发现，幼儿还不能完成守恒任务，并据此概括出幼儿认知发展的特点。这一观点后来引发了大量的跨文化研究，许多发展心理学家都想进一步验证此观点是否具有普遍性。

2. 归纳推理法

归纳推理是指从特殊到一般的推断过程。具体来说，从大量的研究结果中概括出某一类心理现象的共同规律。例如，有人收集不同国家婴儿发出的最早的声音，结果发现，不同国家婴儿发出的最早声音是“ma ma”。基于此，研究者概括出：“‘ma ma’这个声音是婴儿发出的最早声音。”这样形成的假设具有很强的概括性和理论性。因此，在进行基础研究时，常用这种方法来形成假设。

（五）三种常见的非科学假设

区分随意的非科学假设和严谨的科学假设的一个重要指标是可检验性。如果某一假设不可检验，那么它对于科学假设来说是无用的。

有研究者提出三种类型的假设是不具备可检验性的（肖内西，泽克迈斯特，泽克迈斯特，2005/2010）：第一种是所用到的关键概念没有被恰当定义的假设；第二种是循环假设；第三种是受个人观念影响而没有得到科学界承认的假设。

第一种：如果假设提及的概念没有被恰当地定义，那么此假设就不可检验。例如，有一个假设：如果一个人想刺杀总统或别的名人，那么这个人的心理一定是异常的。这种假设是不可检验的，除非能就“心理异常”的定义达成一致。现实的情况是，心理学家和精神病学家对“心理异常”这一专业名词的认识还没有达成一致。到目前为止，“心理异常”这一概念还没有可接受的、统一的操作性定义。

第二种：循环假设也是不可检验的。当某一事件被用来解释事件本身时，就会产生循环假设。例如，一个 8 岁男孩上课不注意听讲，且阅读困难，是因为他有注意缺陷多动障碍（ADHD），因为 ADHD 本身就是用无法集中注意力来定义的，换言之，这个假设在于男孩无法集中注意力是因为他本身就无法集中注意力。因此，这是一种循环假设。

第三种：根据不被科学界承认的观念而做出的假设也是不可检验的。科学的特点是可观察、可证实或证伪。“人类的暴力行为源自魔鬼的指令”这一假设就是不可检验的，因为科学界不会把“魔鬼”当作研究对象，所以它不在科学探究领域之内。

三、选择被试

（一）被试的含义

在心理学实验中，被试是研究者要研究的对象。这个对象既可能是人，又可能是动物。无论是选择人还是选择动物作为实验的被试，都必须坚持所选择的对象具有代表性这一原则。没有代表性，或被试选择上存在一定的偏差，都会直接影响实验结果。

目前，在国际心理学界，已将“被试”（subject）改称为“参与者”（participant）。英国心理学家彼得·哈里斯（2004/2009）给出的理由是：“直到最近，有些心理学家仍然将实验的参与者称为被试。但是这种用法现在已不再被接受，主要是这一术语与事实不符，那些心理学实验的参加者首先是我们的同道中人，而不是实验中‘纯粹’被支配的客体，因此这种叫法是不合适的。”

在我国心理学界，由于大家已习惯于将实验研究对象用“被试”一词来描述，所以本书仍然沿用“被试”，而没有改为“参与者”一词。对于每一位学习实验心理学的老师和学生来说，我们必须在实验过程中尊重研究对象即“被试”。如果你要写文章投学术刊物或进行国际学术交流，需要注意使用参与者而不是被试。

（二）如何选择有代表性的被试

要想选择有代表性的被试，首先要确定研究对象的总体是什么。总体是指研究对象所代表的整体。在具体的心理学实验中，将总体作为对象进行研究是不可能实现的。因此，需要从总体中选择一部分来代表总体，即样本。那么，如何保证选取的样本能代表总体呢？有这样几种方法。

1. 简单随机法

简单随机法是指从目标总体中随机逐个选取个体，直到达到要求的样本数量为止。换言之，按随机数对应的个体来抽取样本。例如，已知某校有两万名大学生，研究者想要考察该校生源地为西部地区的大学生的某一心理特点。经查阅学生的档案，发现学校中有 3 000 名大学生来自西部地区。如果想从中选取 300 名学生作为被试，第一步，研究者需要先将这 3 000 名西部地区的大学生逐一编号；第二步，从中随机抽取 1 名；第三步，再从剩余的大学生中抽取 1 名。依此类推，直到够 300 名大学生为止。

2. 系统随机法

系统随机法是从总体中按固定间隔抽取被试的方法。例如，在上面的例子中，先将符合要求的 3 000 名西部大学生逐一编号，然后每隔 10 名抽取 1 名。这样，研究者可以很快地抽取到所需要数量的被试。

3. 分层随机法

分层随机法是根据总体情况，先将被试进行分层，再随机抽取被试的方法。这种方法可以保证根据总体的实际情况抽取出具有代表性的样本。例如，前面提到的 3 000 名符合要求的大学生中，男女大学生的比例是 1∶1，但用系统随机法抽取的样本中，男女生的性别比例变为 2∶3，这样就出现了偏差。为了克服这一缺点，在抽样之前，先将总体人群按男女大学生分成两组，然后从两组中各抽取 150 人。该方法抽取的样本最具有代表性。

4. 等组匹配法

等组匹配法是先按某一标准选出被试，然后将他们按同样的标准分别分配到各组之中的方法。例如，在一项训练记忆的实验中，首先，要测量被试的记忆成绩；其次，根据测量的记忆成绩，找出成绩相同的两个被试；最后，将他们分别分配到实验组和控制组之中，以此来考察实验中所采用的训练措施是否管用或有效。即两个记忆成绩相同的人，一个人接受训练，另一个人不接受训练，如果接受记忆训练的人的记忆成绩比不接受记忆训练的人要好，则表明记忆训练起作用了；如果两个人的成绩相同，则表明记忆训练没怎么起作用。

5. 方便取样法

方便取样法是通过抽取最方便得到的被试来完成取样的方法。例如，在前面提到的研究中，选择出 300 名大学生可能会涉及多个院系，实施起来很困难。因此，可选择有代表性的院系进行取样。这种取样方法可能会存在偏差，但在实际操作中简单易行。

6. 个案取样法

个案取样法是针对一些特殊问题来选择有代表性的个案加以研究的方法。这种方法常用于认知神经心理学的实验研究之中。例如，有一个名叫 H. M. 的人患有癫痫，为了控制病情，27 岁时在医院里接受了外科手术，医生将他大脑中的双侧内侧颞叶、杏仁核以及大部分海马组织切除。手术后，虽然 H. M. 的癫痫症状缓解了，但是他却失去了形成新的长时记忆的能力。例如，如果要他记忆一个数字 5，然后分散他的注意力，那么他不但立即忘却要记忆的数字 5，而且连被要求记忆数字这一事实也忘了。换言之，他的短时记忆信息不能进入长时记忆之中。对 H. M. 研究了一辈子的加拿大神经心理学家米尔纳（B. Milner，1918—　）说，H. M. 每次见到她都会问她的名字。H. M. 活了 82 岁，在他手术后 50 多年里，其名字出现在数万篇已发表的科学论文中。H. M. 成为 20 世纪“最伟大的”被试。

四、实施实验

（一）操纵和控制变量

实施实验是心理学实验中一个重要的环节。在实施实验的过程中，一定要注意对变量加以操纵和控制。这里所讲的操纵和控制既包括对自变量和因变量的操纵和控制，也包括对额外变量的操纵和控制。

自变量是研究者所操纵且对被试反应产生影响的变量。

因变量是研究者通过操纵自变量引起被试做出某种特定反应的变量。

额外变量是研究者在实验中需要加以控制的变量，这些额外变量会对实验结果造成影响或干扰。

由于操纵和控制变量是心理学实验中的一个关键问题，我们将在第二章对此进行深入探讨。

（二）测量反应

对于被试反应的测量是实验过程中的一个关键环节。

常用的反应指标包括正确率、错误率、速度、频率、强度等。选择什么样的反应指标，需要研究者依据具体的实验需求来确定。反应指标选择是否合适，直接影响到实验最后能否成功。此外，选择了不合适的反应指标，会导致对被试的反应测量不准确，从而导致实验的失败。例如，在研究个体阅读能力的实验中，一般是用理解正确率和阅读速度作为反应指标；在研究个体阅读策略的实验中，一般是用使用某种策略的频率作为反应指标。如果研究者想研究阅读能力，但是以使用某种策略的频率作为反应指标，那么就会因反应指标选择不恰当导致实验失败。

（三）记录数据

心理学实验是在控制因素条件下进行的观察。因此，实验进行时，必须对观察所得数据进行记录。在记录过程中要注意如下几点（沈德立，1984）：

第一，要分清观察到的事实和主试的解释。一般主要记录事实。至于主试的解释，虽然记录，但是不能将其与观察结果相混淆。

第二，要分清有把握的和没有把握的内容。某些确知其有问题的材料，可以不记录，但也不可任意选择。不要只记录说明假设的结果，而不记录与假设有矛盾的结果。这是一个科学研究的态度问题。

第三，实验进行的时间、地点以及足以影响实验的条件都应记录下来，被试的基本情况及其当前与过去的表现也应记录和了解。这对于实验后期的结果分析有一定的帮助。

第四，尽量做到随时记录，即在实验进行时记录。最好不要事后追忆，如果必须这样做，要加以说明。

第五，对于以人为被试的实验，如果能用言语反应的，就利用言语反应，不要认为只有动作反应才是最科学的。

第六，能用数字记录反应的，就尽量用数字。但也不能一律追求数字记录。

第七，应尽量使用事先印制好的表格来记录，并争取利用专门的仪器设备，例如录音机、录像机和计算机等，以保证记录的精确性。

第八，改动记录的数字时，一定要把原来的数字划去另写，切忌在上面涂改。

第九，实验结束后，要和被试进行谈话，询问其在实验进行过程中的体验并对之加以记录，以作为资料参考。

（四）收集与整理数据

1. 收集数据

在心理学研究过程中，所能收集到的数据包括四种：

（1）计数数据。计数数据（enumeration data）是按个体的某一属性或反应属性进行分类记录的数据。这种数据只能反映被试间存在质的不同，不涉及量的差异。例如，某人的性别是男还是女，某道题的回答结果是正确还是错误。

（2）计量数据。计量数据（measurement data）是用测量所得到的数值大小来表示的数据。例如，某名教师的年龄是多少岁，某个儿童的身高是多少厘米，某名运动员的体重是多少千克，某位科学家的智商是多少，等等。

（3）等级数据。等级数据（ranked data）是用心理量表法所获得的数据。例如，根据学习的成就动机量表测量的结果，可将学生对学习的成就动机分为强、中等和弱等。

（4）描述数据。描述数据（descriptive data）是非数量化的数据。在研究个体心理时，量化数据固然非常重要，但描述数据同样重要。为了说明问题，不但要有量化数据，而且要有描述数据，因为描述数据可以补充说明量化数据，使量化数据的说服力更强。

2. 整理数据

在心理学研究中，对最后所获得的数据要加以整理，主要包括以下步骤（查子秀，1989）：

（1）评分。根据标准答案，对原始记录逐一进行评定，给出分数或评出等级。

（2）检查。对已经评定完的原始记录要逐一进行检查，将不合格的记录抽取出来不用；对有缺漏的（如性别、年龄等被试相关信息未填写的）要填补清楚，然后清点全部材料的总数。

（3）对原始数据（raw data）进行分类。对原始数据进行分类是指将在性质上相同的数据归到一起，形成一类，如按人的年龄、性别、智力水平等进行分类。此外，也可根据实验自变量的不同水平进行分类，如在研究个体短时记忆容量时，识记材料分为文字的和非文字的。其中，文字的材料还可以分为有意义联系的材料和无意义联系的材料，非文字的材料也可以分为有意义的非文字材料和无意义的非文字材料。

五、解释结果与检验假设

在收集和整理完心理学实验数据之后，研究者就应该将实验结果与已知的事实或理论知识联系起来，以解释和说明实验结果对于研究开始时提出的假设证实的情况。

如果假设得到了证实，这个假设的可信度就提高了。假设进一步发展，就有可能形成理论或模型。如果实验结果没有支持假设，研究者就需要回到先前的研究阶段，对所获得的数据进行认真分析，重新考虑自己提出的假设，并对其进行修改，再对这个修改后的假设进行检验。

有时，在心理学实验中，虽然研究者所提出的假设是正确的，但是在整个实验过程中，实验的某一环节没有控制好，导致实验研究最终失败了。如果发生这种情况，研究者就必须找出发生错误的环节并及时地加以纠正。

六、撰写报告

关于心理学实验报告的撰写，国外比较知名的规范性指导手册是《美国心理学会出版手册》（*Publication Manual of the American Psychological Association*）（第七版）（2020）。2002年，中国心理学会编写的《心理学论文写作规范》由科学出版社出版，2016年又修订出版了第二版，标志着中国心理学界有了自己的实验报告写作规范。根据此规范，心理学实验研究报告的结构包括：标题、作者及所属机构、摘要、前言、方法、结果、讨论、参考文献、附录等内容。

（一）标题

标题是论文的主题，一般要用概括论文核心内容的简明句子。标题的特点是言简意赅、概念明确、层次分明、直观醒目。标题的字数一般不超过20个汉字。实验报告的标题最好明确指出研究中自变量与因变量的关系。

（二）作者及所属机构

论文的作者应在发表的作品上署名。署名者可以是个人作者、合作作者或团体作者。

署名的作用有以下几个：第一，拥有著作权的声明。第二，表示文责自负的承诺。所谓文责自负，即论文一经发表，署名者对作品负有责任，包括政治上、科学上和法律上的责任。如果文章中存在剽窃、抄袭的内容，或者有政治性、技术性错误，署名者应负完全的责任。署名即表明作者愿意承担责任。第三，便于读者与作者联系。读者若需向作者询问、质疑或请教，可以直接与作者联系。署名即表明作者有同读者联系的意愿。

署名的原则是：第一，本人应是直接参加课题研究的全部或主要部分的工作，并做出主要贡献者；第二，本人应为作品创作者，即论文撰写者；第三，本人对研究数据、概念和结果解释具有答辩能力，并为论文的直接责任者。

作者单位及其通信地址是作者的重要信息之一。一般在发表作品时，应尽可能注明作者的详细工作单位和通信地址，包括所在城市名称、邮政编码和电子邮箱，以便读者与作者联系。如果是其他国家，还应注明国家名称。

（三）摘要

摘要是作者对论文内容的简短而全面的概括，目的是让读者能够迅速总览论文的主要内容。摘要既要具有高度的信息浓缩性，又要具有可读性，还要结构完整、篇幅简短以及独立成篇。

好的摘要应具备如下特征：

第一，准确性。摘要应能准确反映论文的研究目的和内容，不应包含论文中没有出现的内容。如果该研究主要是在以前某项研究的基础上进行的，是对以前研究的扩展，就应该在摘要中注明以前研究的作者姓名和年份。将摘要与论文的层次标题进行对比是核实摘要准确性的有效方法。

第二，独立性。摘要应自成一体，独立成篇，所以要对特殊的术语、所有的缩写（计量单位除外）、省略语做出说明，拼写出实验和药品的名称（药品名要采用通用的名称）。新术语或尚无合适中文术语的，可采用原文或译出后加括号注明原文的格式。在引用其他出版物时要标上作者的姓名和出版日期（在论文的参考文献表中要充分说明文献资料的出处）。

第三，简练而具体。摘要中的每一个句子都要能最大限度地提供信息，且尽可能做到简练。中文摘要的长度一般不超过 300 字。摘要的开头要提供最重要的信息（但不要重复题名）。它可以是目的或论题，也可以是结果或结论。摘要里只需包括 4 个或 5 个重要的观点、结果或含义即可。需要指出的是，为了促进中国心理学界取得的研究成果与国际同行进行交流，中国心理学会主办的《心理学报》和《心理科学》开始要求作者撰写长的英文摘要。

第四，非评价性。报告研究结果而不是对研究结果进行评价，不要在摘要中对论文内容做诠释和评价（尤其是自我评价）。

第五，连贯性和可读性。采用条理清晰、措辞有力的形式写作。尽可能地使用第三人称来取代第一人称。避免使用缺乏实质信息的“万金油”语句（如“具有一定的理论意义和实践意义”，或者“由此推断……”）。

实验研究报告的摘要应该包括的内容有：第一，研究的问题，如果可能，用一句话表达；第二，被试，详细说明重要特性，例如数量、类型、年龄、性别、种类等；第三，实验方法，包括仪器、数据收集程序、工具名称、药剂的使用剂量和方法（特别是当使用的药剂是一种新药剂或者对研究很重要时）；第四，结果，包括统计检验的显著性水平；第五，结论、含义或应用。

（四）前言

前言部分常包括提出问题、说明背景、阐明目的和理论基础三部分内容。

1. 提出问题

在正文的开始部分用一段文字提出所要研究的具体问题并描述研究策略。在开始着手前言的写作时，要明确下面的内容：研究的问题是什么？假设和实验设计与研究的问题之间有什么关系？该研究有何理论意义？该研究与所属领域以前的研究有何关系？要解决什么理论问题？如何解决？

好的前言用一段或两段文字来回答这些问题，通过总结相关的论据和数据，清楚地告诉读者做了什么及为什么要这么做。

2. 说明背景

提出问题后，需要对以前的相关文献进行讨论，但不必进行彻底的历史性回顾。对先前的研究工作进行学术性的回顾既能够展现适当的历史状况，也是对他人研究工作的认可。

说明背景时要注意的问题有：第一，要重点突出，避免面面俱到；第二，读者已了解的东西，不要用过多的文字介绍，尽量做到言简意赅；第三，不介绍一般性意义的研究工作；第四，应该公平地对待有争议的问题，不能有偏见；第五，不要引用一些与上下文无关的权威观点来支持个人的立场或证明自己的研究。

3. 阐明目的和理论基础

提出问题和说明背景情况后，接下来就要说明具体的研究。在前言的最后一段，要定义变量并对假设做一个正式的说明，这些有助于提升论文的清晰度。在写前言的结束语时，要记住以下的问题：我打算控制哪些变量？我期望得到什么样的结果以及为什么我期望这样的结果？应该明确“为什么我期望它们”这个问题背后的逻辑，清楚地说明每一个假设的理论基础。

（五）方法

1. 被试

如果选择人作为研究对象即被试，应报告取样和分组的程序、被试的性别和年龄等主要人口统计学特征。当某一特定的人口统计学特征作为实验的一个变量或对于解释结果非常重要时，研究者应具体描述这一特征，例如国籍、民族、教育水平、健康程度、母语等。

如果以动物作为研究对象即被试，应报告它们的种类、编号或者其他的具体证明资料。例如，应介绍提供者的姓名和地址以及饲养地，列出动物的数量、性征、年龄、体重和生理状况。

描述被试的总量以及分派到每一个具体实验条件下的具体数量。如果部分被试没有完成实验，应说明没有完成实验的被试的数量，并说明被试没有完成实验的原因。

2. 实验设备

对实验设备的描述要突出以下几点：(1) 生产厂家；(2) 型号；(3) 生产年代；(4) 设备的重要技术参数或指标；(5) 使用过程中的操作流程。

3. 实验程序

实验程序部分说明研究过程中实验实施的步骤，也就是研究者是如何做实验的；一般需要包括指导语、分组情况、具体的实验操作，还应对实验设计中的随机化、平衡抵消和其他实验控制特点进行描述。如果指导语非同寻常或者指导语本身是实验操作的变量，那么在这种情况下需要逐字逐句地把指导语全部写出来，否则只需对指导语做简要说明即可。

（六）结果

在报告实验结果时，需要先对数据进行整理，然后对数据进行统计分析。把实验结果报告出来是结果部分的主要任务。在结果部分，首先要简单说明主要的结果或发现，然后尽量详细地报告数据以验证结论。报告所有相关的结果，包括那些与假设相矛盾的结果。一般不需要报告单个被试的数据或者原始数据，除非是个案设计或者单样本研究。

结果一般采用表或图的方式呈现，这样有利于读者理解实验的结果。

（七）讨论

首先，要对研究结果进行评估，并解释研究结果的意义。要讨论研究结果与初始假设之间的关系，即假设是否被支持或否定，要说明为什么，讨论结果的可推广性，从理论上对有关结果进行讨论，其中所得结论的有效性是讨论部分的重点。

其次，在讨论的开始部分，应清楚地说明是否支持所提出的初始假设，还应说明研究结果与其他研究的异同，以及它们是如何证明结论的。但是，不要简单地重新组织说明或重复已经说明过的观点。每一个新的陈述都应有利于说明作者的立场，并有助于读者对问题的理解。可以对研究存在的缺点进行讨论，但不必详细讨论每一个缺点。应该接受而不是掩饰负面的结果。

最后，讨论中应避免无谓的辩论以及琐碎无力的理论比较。对理论进行推测并展开讨论，需要满足以下条件：(1) 理论被实验数据证实；(2) 论点与实验数据或者理论有密切的逻辑关系；(3) 表述简洁。如有可能，还需指出研究有何理论意义和实践意义、有何改进，或提出新的研究问题。

（八）参考文献

参考文献指研究者为撰写或编写论著而引用的有关资料。按规定，在各类型出版物中，凡是引用前人或他人的观点、数据和材料等，都要对它们在文中出现的地方予以标明，并在文末列出参考文献表。如果引用了他人的观点而不标注，这种行为从学术上讲是不道德的，必须坚决反对。

需要指出的是，参考文献的质量能够反映一项研究报告的水平。参考文献越新，越是高水平刊物上的报告，越表明研究的问题是现在心理学界研究者们关注的热点。

（九）附录

附录是正文的补充部分，必要时才呈现。

有些论文需要对某些材料进行必要而详细的描述，但如果这些材料较为复杂或琐碎，放在正文中会破坏内容的连贯性，并分散读者对论文本身的注意力。为了解决此问题，作者有必要把这些材料作为附录放在正文的后面。附录有两个作用：一是为读者提供更详细的信息；二是排版印刷时更加灵活。只有当附录有助于读者了解、评估或者重复这项研究时，附录才被采用。

常见的附录包括数学证明、大型表格、实验材料、问卷或其他调查工具、计算机程序等。

第四节　心理学实验中的伦理问题

一、心理学实验中的伦理原则

（一）应该遵守的伦理原则

在心理学实验研究过程中，应尊重被试的权利，使自己的研究在人类普遍的伦理原则下进行。这里的被试既包括人，又包括动物。

目前，由于中国心理学会还没有制定心理学研究过程中相关的伦理原则，所以我们在这里引用美国心理学会所制定的心理学研究的伦理原则。

该原则认为，每位心理学家在完成研究任务时，都应当深入思考如何更好地为心理科学和人类幸福做贡献。心理学家应当权衡投入多大的人力和物力，才能保证选定的课题得以完成。一旦做出研究决定，心理学家必须着手调查被试，并且尊重和关心他们的尊严和利益。

具体伦理原则包括以下 10 条（坎特威茨，罗迪格，埃尔姆斯，1997/2001）：

第一，研究者在计划一项研究时，有责任认真评估适宜该研究的伦理准则。这种评估应当从科学和人类的价值出发，充分考虑实验因素存在的不足。因此，寻求伦理准则和保护人类被试免受伤害的种种措施，理所当然成了研究者应尽的义务和职责。

第二，研究者考虑的首要伦理准则是，根据公认的标准，考察被试是否可能处于危险之中。

第三，研究者在研究工作中有责任自始至终地遵守并贯彻伦理准则。研究者也有责任使项目合作者、助手、学生和雇员接受道德教育，因为他们也应尽相应的义务和责任。

第四，除了最低限度的危险之外，研究者应在被试参与研究之前，与被试达成清楚和公平的协议，以澄清每个人的义务和责任。研究者有责任在协议中以个人名义做出保证和承诺。研究者要告诉被试所有关于研究项目的特点，以及可能影响被试乐意参与研究的程度。研究者还要解释被试希望了解的其他情况。但是，片面强调保护被试的利益和尊严而不惜泄露全部研究计划也是不足取的。由于儿童和残疾被试有理解和（或）交流上的困难，所以有这类被试参与的研究应当采取特别的保护措施。

第五，由于方法学的要求，研究者可能有必要在研究工作中使用隐瞒或欺骗技术。研究者在进行此类研究之前特别应该做到：（1）根据研究的科学、教育或应用价值确定是否使用这些技术；（2）思考是否有替代方案，而不必采取隐瞒或欺骗的方式；（3）应尽可能给被试提供充分的解释。

第六，在任何时候，研究者都应尊重被试终止或退出实验研究的自由。当研究者相对被试而言是权威或处于主控地位时，研究者就需要深思熟虑，因为他们有保护这种自由的责任。

第七，研究者要保护被试免遭因研究过程引起的肉体和精神上的不适、伤害和危险。如果存在这样的风险，研究者应预先将风险事实通知被试。如果研究可能给被试造成严重的或持久的伤害，那么该研究程序只能废弃。除非在因使用这种程序不当才会给被试造成更大的伤害的情况下，或者除非研究会有更大的利益，并全部通知被试且取得每个被试自愿同意的情况下，才能使用这种带有风险的研究程序。被试应当被告知，如果研究过程中出现应激、潜在伤害、相关问题或忧虑，可以在适当的时候与研究者取得联系。

第八，研究完成并获得数据后，研究者应向被试提供所有易于理解的研究真相，尽量消除被试可能产生的任何误解。当科学和人文方面的价值需要推迟强调或隐瞒时，研究者有监督研究的特殊职责，以确保被试不会受到伤害。

第九，当研究过程给被试造成未曾预料的后果时，研究者有责任查明、排除或纠正这些后果，包括其长期影响。

第十，研究过程中获悉的有关被试的信息是保密的，除非事先得到被试的同意。当其他人有可能接触这些信息时，研究者应当向被试解释这种可能性与计划的保密性是研究程序的一部分，以得到被试的同意。

拓展阅读

《关于进一步加强科研诚信建设的若干意见》（2018 年 5 月 30 日）内容摘要

科研诚信是科技创新的基石。近年来，我国科研诚信建设在工作机制、制度规范、教育引导、监督惩戒等方面取得了显著成效，但整体上仍存在短板和薄弱环节，违背科研诚信要求的行为时有发生。为全面贯彻党的十九大精神，培育和践行社会主义核心价值观，弘扬科学精神，倡导创新文化，加快建设创新型国家，现就进一步加强科研诚信建设、营造诚实守信的良好科研环境提出以下意见。

一、总体要求

（一）指导思想。全面贯彻党的十九大和十九届二中、三中全会精神，以习近平新时代中国特色社会主义思想为指导，落实党中央、国务院关于社会信用体系建设的总体要求，以优化科技创新环境为目标，以推进科研诚信建设制度化为重点，以健全完善科研诚信工作机制为保障，坚持预防与惩治并举，坚持自律与监督并重，坚持无禁区、全覆盖、零容忍，严肃查处违背科研诚信要求的行为，着力打造共建共享共治的科研诚信建设新格局，营造诚实守信、追求真理、崇尚创新、鼓励探索、勇攀高峰的良好氛围，为建设世界科技强国奠定坚实的社会文化基础。

（二）基本原则

——明确责任，协调有序。加强顶层设计、统筹协调，明确科研诚信建设各主体职责，加强部门沟通、协同、联动，形成全社会推进科研诚信建设合力。

——系统推进，重点突破。构建符合科研规律、适应建设世界科技强国要求的科研诚信体系。坚持问题导向，重点在实践养成、调查处理等方面实现突破，在提高诚信意识、优化科研环境等方面取得实效。

——激励创新，宽容失败。充分尊重科学研究灵感瞬间性、方式多样性、路径不确定性的特点，重视科研试错探索的价值，建立鼓励创新、宽容失败的容错纠错机制，形成敢为人先、勇于探索的科研氛围。

——坚守底线，终身追责。综合采取教育引导、合同约定、社会监督等多种方式，营造坚守底线、严格自律的制度环境和社会氛围，让守信者一路绿灯，失信者处处受限。坚持零容忍，强化责任追究，对严重违背科研诚信要求的行为依法依规终身追责。

（三）主要目标。在各方共同努力下，科学规范、激励有效、惩处有力的科研诚信制度规则健全完备，职责清晰、协调有序、监管到位的科研诚信工作机制有效运行，覆盖全面、共享联动、动态管理的科研诚信信息系统建立完善，广大科研人员的诚信意识显著增强，弘扬科学精神、恪守诚信规范成为科技界的共同理念和自觉行动，全社会的诚信基础和创新生态持续巩固发展，为建设创新型国家和世界科技强国奠定坚实基础，为把我国建成富强民主文明和谐美丽的社会主义现代化强国提供重要支撑。

二、完善科研诚信管理工作机制和责任体系

（四）建立健全职责明确、高效协同的科研诚信管理体系。（略）

（五）从事科研活动及参与科技管理服务的各类机构要切实履行科研诚信建设的主体责任。（略）

科研机构、高等学校要通过单位章程或制定学术委员会章程，对学术委员会科研诚信工作任务、职责权限作出明确规定，并在工作经费、办事机构、专职人员等方面提供必要保障。学术委员会要认真履行科研诚信建设职责，切实发挥审议、评定、受理、调查、监督、咨询等作用，对违背科研诚信要求的行为，发现一起，查处一起。学术委员会要组织开展或委托基层学术组织、第三方机构对本单位科研人员的重要学术论文等科研成果进行全覆盖核查，核查工作应以 3～5 年为周期持续开展。

（略）

（六）学会、协会、研究会等社会团体要发挥自律自净功能。学会、协会、研究会等社会团体要主动发挥作用，在各自领域积极开展科研活动行为规范制定、诚信教育引导、诚信案件调查认定、科研诚信理论研究等工作，实现自我规范、自我管理、自我净化。

（七）从事科研活动和参与科技管理服务的各类人员要坚守底线、严格自律。科研人员要恪守科学道德准则，遵守科研活动规范，践行科研诚信要求，不得抄袭、剽窃他人科研成果或者伪造、篡改研究数据、研究结论；不得购买、代写、代投论文，虚构同行评议专家及评议意见；不得违反论文署名规范，擅自标注或虚假标注获得科技计划（专项、基金等）等资助；不得弄虚作假，骗取科技计划（专项、基金等）项目、科研经费以及奖励、荣誉等；不得有其他违背科研诚信要求的行为。

项目（课题）负责人、研究生导师等要充分发挥言传身教作用，加强对项目（课题）成员、学生的科研诚信管理，对重要论文等科研成果的署名、研究数据真实性、实验可重复性等进行诚信审核和学术把关。院士等杰出高级专家要在科研诚信建设中发挥示范带动作用，做遵守科研道德的模范和表率。

评审专家、咨询专家、评估人员、经费审计人员等要忠于职守，严格遵守科研诚信要求和职业道德，按照有关规定、程序和办法，实事求是，独立、客观、公正开展工作，为科技管理决策提供负责任、高质量的咨询评审意见。科技管理人员要正确履行管理、指导、监督职责，全面落实科研诚信要求。

三、加强科研活动全流程诚信管理

（八）加强科技计划全过程的科研诚信管理。（略）

（九）全面实施科研诚信承诺制。（略）

（十）强化科研诚信审核。科技计划管理部门、项目管理专业机构要对科技计划项目申请人开展科研诚信审核，将具备良好的科研诚信状况作为参与各类科技计划的必备条件。对严重违背科研诚信要求的责任者，实行“一票否决”。相关行业主管部门要将科研诚信审核作为院士增选、科技奖励、职称评定、学位授予等工作的必经程序。

（十一）建立健全学术论文等科研成果管理制度。科技计划管理部门、项目管理专业机构要加强对科技计划成果质量、效益、影响的评估。从事科学研究活动的企业、事业单位、社会组织等应加强科研成果管理，建立学术论文发表诚信承诺制度、科研过程可追溯制度、科研成果检查和报告制度等成果管理制度。学术论文等科研成果存在违背科研诚信要求情形的，应对相应责任人严肃处理并要求其采取撤回论文等措施，消除不良影响。

（十二）着力深化科研评价制度改革。推进项目评审、人才评价、机构评估改革，建立以科技创新质量、贡献、绩效为导向的分类评价制度，将科研诚信状况作为各类评价的重要指标，提倡严谨治学，反对急功近利。坚持分类评价，突出品德、能力、业绩导向，注重标志性成果质量、贡献、影响，推行代表作评价制度，不把论文、专利、荣誉性头衔、承担项目、获奖等情况作为限制性条件，防止简单量化、重数量轻质量、“一刀切”等倾向。尊重科学研究规律，合理设定评价周期，建立重大科学研究长周期考核机制。开展临床医学研究人员评价改革试点，建立设置合理、评价科学、管理规范、运转协调、服务全面的临床医学研究人员考核评价体系。

四、进一步推进科研诚信制度化建设

（十三）完善科研诚信管理制度。（略）

（十四）完善违背科研诚信要求行为的调查处理规则。（略）

（十五）建立健全学术期刊管理和预警制度。（略）

科技部要建立学术期刊预警机制，支持相关机构发布国内和国际学术期刊预警名单，并实行动态跟踪、及时调整。将罔顾学术质量、管理混乱、商业利益至上，造成恶劣影响的学术期刊，列入黑名单。论文作者所在单位应加强对本单位科研人员发表论文的管理，对在列入预警名单的学术期刊上发表论文的科研人员，要及时警示提醒；对在列入黑名单的学术期刊上发表的论文，在各类评审评价中不予认可，不得报销论文发表的相关费用。

五、切实加强科研诚信的教育和宣传

（十六）加强科研诚信教育。（略）

（十七）充分发挥学会、协会、研究会等社会团体的教育培训作用。（略）

（十八）加强科研诚信宣传。（略）

六、严肃查处严重违背科研诚信要求的行为

（十九）切实履行调查处理责任。自然科学论文造假监管由科技部负责，哲学社会科学论文造假监管由中国社科院负责。科技部、中国社科院要明确相关机构负责科研诚信工作，做好受理举报、核查事实、日常监管等工作，建立跨部门联合调查机制，组织开展对科研诚信重大案件联合调查。违背科研诚信要求行为人所在单位是调查处理第一责任主体，应当明确本单位科研诚信机构和监察审计机构等调查处理职责分工，积极主动、公正公平开展调查处理。相关行业主管部门应按照职责权限和隶属关系，加强指导和及时督促，坚持学术、行政两条线，注重发挥学会、协会、研究会等社会团体作用。对从事学术论文买卖、代写代投以及伪造、虚构、篡改研究数据等违法违规活动的中介服务机构，市场监督管理、公安等部门应主动开展调查，严肃惩处。保障相关责任主体申诉权等合法权利，事实认定和处理决定应履行对当事人的告知义务，依法依规及时公布处理结果。科研人员应当积极配合调查，及时提供完整有效的科学研究记录，对拒不配合调查、隐匿销毁研究记录的，要从重处理。对捏造事实、诬告陷害的，要依据有关规定严肃处理；对举报不实、给被举报单位和个人造成严重影响的，要及时澄清、消除影响。

（二十）严厉打击严重违背科研诚信要求的行为。坚持零容忍，保持对严重违背科研诚信要求行为严厉打击的高压态势，严肃责任追究。建立终身追究制度，依法依规对严重违背科研诚信要求行为实行终身追究，一经发现，随时调查处理。积极开展对严重违背科研诚信要求行为的刑事规制理论研究，推动立法、司法部门适时出台相应刑事制裁措施。

相关行业主管部门或严重违背科研诚信要求责任人所在单位要区分不同情况，对责任人给予科研诚信诫勉谈话；取消项目立项资格，撤销已获资助项目或终止项目合同，追回科研项目经费；撤销获得的奖励、荣誉称号，追回奖金；依法开除学籍，撤销学位、教师资格，收回医师执业证书等；一定期限直至终身取消晋升职务职称、申报科技计划项目、担任评审评估专家、被提名为院士候选人等资格；依法依规解除劳动合同、聘用合同；终身禁止在政府举办的学校、医院、科研机构等从事教学、科研工作等处罚，以及记入科研诚信严重失信行为数据库或列入观察名单等其他处理。严重违背科研诚信要求责任人属于公职人员的，依法依规给予处分；属于党员的，依纪依规给予党纪处分。

涉嫌存在诈骗、贪污科研经费等违法犯罪行为的，依法移交监察、司法机关处理。

对包庇、纵容甚至骗取各类财政资助项目或奖励的单位，有关主管部门要给予约谈主要负责人、停拨或核减经费、记入科研诚信严重失信行为数据库、移送司法机关等处理。

（二十一）开展联合惩戒。加强科研诚信信息跨部门跨区域共享共用，依法依规对严重违背科研诚信要求责任人采取联合惩戒措施。推动各级各类科技计划统一处理规则，对相关处理结果互认。将科研诚信状况与学籍管理、学历学位授予、科研项目立项、专业技术职务评聘、岗位聘用、评选表彰、院士增选、人才基地评审等挂钩。推动在行政许可、公共采购、评先创优、金融支持、资质等级评定、纳税信用评价等工作中将科研诚信状况作为重要参考。

七、加快推进科研诚信信息化建设

（二十二）建立完善科研诚信信息系统。（略）

（二十三）规范科研诚信信息管理。（略）

（二十四）加强科研诚信信息共享应用。（略）

八、保障措施

（二十五）加强党对科研诚信建设工作的领导。（略）

（二十六）发挥社会监督和舆论引导作用。（略）

（二十七）加强监测评估。开展科研诚信建设情况动态监测和第三方评估，监测和评估结果作为改进完善相关工作的重要基础以及科研事业单位绩效评价、企业享受政府资助等的重要依据。对重大科研诚信事件及时开展跟踪监测和分析。定期发布中国科研诚信状况报告。

（二十八）积极开展国际交流合作。（略）

（二）如何才能遵守伦理原则

1. 加强职业道德修养

在开展心理学实验时，研究者必须牢记自己的研究对象是人或动物，不是无生命的物体。在选择方法和程序时，不能只考虑对所要研究的问题是否有利，还应考虑所用的方法对个体（人或动物）的心身是否会产生不良影响。

在心理学研究的历史上，曾多次发生违反伦理原则的事件。例如，行为主义心理学家华生为了验证其提出的S－R观点，以婴儿为被试，在婴儿抚摸小白鼠时突然敲击铁棒使其发出很大的声音，多次重复后，该婴儿只要见到白色绒毛的东西就害怕。华生的行为明显违背了避免伤害的原则。

2. 增强法律意识

从事心理学实验研究的人一定要有法律意识，时刻注重维护被试（人或动物）的合法权益，特别是被试的隐私权。例如，有时为了研究个体心理发展的某些原因，可能要追溯其过去的生活史和父母对被试的养育史。这时要注意所提出的问题是否会侵犯被试的隐私权，是否会对被试的心理产生不利影响。《中华人民共和国民法典》第一千零三十二条规定：自然人享有隐私权。任何组织或者个人不得以刺探、侵扰、泄露、公开等方式侵害他人的隐私权。隐私是自然人的私人生活安宁和不愿为他人知晓的私密空间、私密活动、私密信息。第一千零三十三条规定，除法律另有规定或者权利人明确同意外，任何组织或者个人不得实施下列行为：（一）以电话、短信、即时通讯工具、电子邮件、传单等方式侵扰他人的私人生活安宁；（二）进入、拍摄、窥视他人的住宅、宾馆房间等私密空间；（三）拍摄、窥视、窃听、公开他人的私密活动；（四）拍摄、窥视他人身体的私密部位；（五）处理他人的私密信息；（六）以其他方式侵害他人的隐私权。

二、心理学实验中的几个伦理问题

（一）知情同意与欺骗

知情同意指在心理学实验研究中，被试有权利了解实验的目的和内容，且在自愿同意的情况下参加实验。在实验之前，研究者将自己的研究目的、研究程序、研究的特点以及可能出现的问题都要向被试事先讲清楚。凡是没有事先向被试讲清楚这些内容就开展实验研究的行为，都应该被看成是不道德的。

有时，研究者遇到的难题是不能将实验的真实目的提前告诉被试，因为如果被试知道了实验的目的，实验的结果可能会受到影响。在这种情况下，研究者就需要非常谨慎地处理这个问题。如果实验程序可能会给被试带来心理或生理上的伤害，在这种情况下仍进行自己的实验，这就是不道德的。当然，如果实验所获得的结果对整个人类有非常重大的意义，而且对被试的伤害可控制在较低限度，这时可使用欺骗的手段来进行实验，但是实验结束后应该采取措施消除对被试的不良影响。

下面是一份知情同意的协议书（引自史密斯，戴维斯，2003/2006），在进行心理学实验时应该让被试阅读并签字。

知情同意协议书

请你阅读这份协议。如有任何问题，请直接向实验者询问，他们都会很乐意为你解答。

心理学系（院）为保护参加实验研究及相关活动的被试的利益，现提供以下信息，请你决定是否愿意参加该项研究。即使你同意参加实验，你也可以在任何时候自愿退出；而且即便你退出，你也不会因此受到任何责备。

为了研究人们阅读时的知觉广度，我们请你完成下面的实验。整个实验不超过25分钟。

“我已阅读以上文字，充分了解该项研究的实施程序。我有机会向实验者询问有关实验程序和风险的任何问题。我了解实验中存在的潜在威胁，并且自愿接受。我也知道自己可随时退出实验，且不会受到任何谴责。”

被试

年　　月　　日

（二）自愿参与

自愿参与指被试有权在实验进行的任何时候中止参与实验。换言之，被试应该知道自己参加实验是自愿的，而不是被强迫的。有时，我们看到一些心理学研究者在进行实验时告诉学生，参加本实验可以获得自己所教课程的学分。在这种情况下，会存在对学生的一定程度的强迫。如何防止这一现象发生呢？教师应该事先告诉学生：参加实验可能获得学分；在实验过程中，中止参加实验也不会影响他们获得自己所教课程的学分。

（三）保密

保密指研究者对被试在实验过程中的一切表现要严格控制，不得泄露。在实验过程中，可能涉及被试的一些个人信息，如智商得分、性格特征、经济收入、个人婚姻状况、情绪状况等，不经过被试允许，这些个人信息不能泄露给他人。

三、研究动物被试的伦理问题

在心理学实验中，即使是用动物作为研究对象，也需要认真考虑伦理问题，因为动物也是有生命的，必须尊重动物的生命。具体应该做到以下几点（史密斯，戴维斯，2003/2006）：

第一，在实验过程中，动物被试的获取、使用与处理应该遵守有关的法律法规。

第二，在实验过程中，要尽量减少动物被试的疾病和痛苦。

第三，在实验过程中，应该人道地对待动物被试。

第四，在实验过程中，应该接受监督，实验者应该知道如何照顾、饲养和处理动物。

第五，在实验过程中，如果需要对动物进行手术，应在麻醉状态下进行，尽量减少感染，并将手术后的疼痛降到最低限度。

第六，在实验过程中，当需要结束动物被试的生命时，尽量快速且没有痛苦。

四、实验后应遵守的伦理原则

在心理学实验结束后，在发表研究结果之前，研究者依然需要遵守伦理原则。

（一）不能剽窃他人的成果

剽窃是指在没有指明出处的情况下使用他人的成果（史密斯，戴维斯，2003/2006）。在大学里，有许多学生在完成论文时，可能会出现一些剽窃行为。在更多的时候，大学生中出现的剽窃行为可能是出于无知，因为老师也没有告诉他们什么是剽窃。

为了防止剽窃行为的发生，需要注意：

第一，论文中任何出现作者原话的地方都要用引号标出，并指明作者的名字以及出版时间、出版单位和页码。

第二，不应把原始材料里的内容改编后作为自己的观点。

第三，如果作者基本上运用的是自己的语言，但观点和论据来自其他作者，那么可省略引号，但需要在括号里标明，例如，“××××××（白××，1999）”。

第四，对二手资料也需要标注。

第五，除了一般常识外，需要对引用的第一个观点和论据加注。

（二）不伪造数据

伪造数据是指实验研究人员故意更改或凭空捏造实验数据。在心理学史上，伪造数据最有名的案例是英国心理学家伯特（C. Burt，1883—1971）。伯特在20世纪50年代早期与同事合作，先后公布了对21对、30对和42对分开抚养的同卵双生子的研究结果，结果发现，分开抚养的同卵双生子智商的相关系数比在一起抚养的异卵双生子智商的相关系数大。伯特推断，遗传因素在决定智力的作用上要比环境因素大。1956年，他又给出了53对分开抚养的同卵双生子的数据，发现其智力的相关系数是+0.77。这一数据与其先前公开发表文章中的数据完全一致。伯特去世多年后，有研究者通过对比发现，伯特生前所公布的一系列实验的数据完全相同，这种现象是很不正常的，因而怀疑其研究结果造假（引自霍瑟萨尔，2003/2015）。

概念术语

实验心理学	科学	非科学方法	注意凝视
假设	析因性假设	描述性假设	被试
简单随机法	系统随机法	分层随机法	方便取样法
自变量	因变量	额外变量	计数数据
计量数据	等级数据	知情同意	自愿参与
保密			

本章要点

实验心理学是指应用自然科学的实验方法来研究心理现象和行为规律的科学。实验心理学这个概念是1862年冯特在其所著的《对感官知觉理论的贡献》一书中首次提出来的。

实验心理学教材，其结构体系主要有三种：第一种主要讲心理学实验方法；第二种既讲心理学实验方法，又讲实验方法在具体心理学领域中的应用；第三种通过讲心理学实验的具体应用来让读者明白心理学实验的方法与步骤。

科学方法的特点是客观性、可重复性和可控性。

实验心理学产生的哲学思想背景是笛卡儿和洛克的哲学思想；实验心理学产生的科学发展背景是1800—1879年间实验生理学研究取得的9个方面的重大进展。

19世纪的欧洲是实验心理学的诞生之地。几位实验心理学的开山鼻祖都是德国人。他们采用量化的方法来探讨心理学问题。其中，最有代表性的人物是韦伯、费希纳、艾宾浩斯和冯特等。

进入 20 世纪，实验心理学的发展受到行为主义心理学的重视；之后，认知心理学的出现促进了实验心理学的进一步发展；近年来，实验心理学已对认知神经心理学产生影响并被广泛应用。

心理学实验的程序通常包括以下方面：提出问题、形成假设、选择被试、实施实验、解释结果与检验假设、撰写报告。

提出研究问题通常的途径有：理论之间的争论、实际需要、个人经验和文献回顾。

假设是研究者对实验条件与行为之间关系的陈述，也是研究者对问题进行操作化的结果。

被试是研究者要研究的对象。该对象既可能是人，也可能是动物。

实施实验是心理学实验中一个重要的环节。在实施实验的过程中，一定要注意对变量加以操纵和控制，也包括对额外变量的控制。

心理学实验研究报告的结构包括标题、作者及所属机构、摘要、前言、方法、结果、讨论、参考文献、附录等方面。

在心理学实验研究过程中，应尊重被试的权利，使自己的研究在人类普遍的伦理原则下进行。

心理学实验中的几个伦理问题包括知情同意与欺骗、自愿参与和保密。

心理学实验结束后应遵守的伦理原则包括不能剽窃他人的成果和不伪造数据。

推荐阅读

- 夏克特，等．心理学：第 3 版．上海：华东师范大学出版社，2015.
- 霍瑟萨尔．心理学家的故事．北京：商务印书馆，2015.
- 郭秀艳．实验心理学．2 版．北京：人民教育出版社，2019.
- 坎特威茨，罗迪格，埃尔姆斯．实验心理学：理解心理学的研究：第 9 版．上海：华东师范大学出版社，2010.
- MYERS A，HANSEN C H. Experimental psychology. 7th ed. Cengage Learning，2011.
- MORNING B，Research methods in psychology evaluating a world of information，W. W. Norton & Co.，2017.
- 史密斯，戴维斯．实验心理学：勘破心理世界的侦探：第 6 版．北京：机械工业出版社，2017.
- 舒华，张学民，韩在柱．实验心理学的理论、方法与技术．北京：人民教育出版社，2006，
- 舒尔茨．现代心理学史：第 10 版．北京：中国轻工业出版社，2014.
- 朱滢．实验心理学．5 版．北京：北京大学出版社，2022.

第二章

心理学实验中的变量及其控制

【教学目标】

通过本章学习应实现的目标有：第一，掌握心理学实验中变量的含义及类型、自变量及控制，特别是自变量应具备的条件；第二，理解因变量的含义及类型，掌握如何选择因变量，熟练地掌握因变量控制的方法；第三，理解额外变量的含义、类型及控制的方法；第四，正确认识实验的效度和信度的含义，掌握效度的类型和信度的类型。

【学习重点】

心理学实验的变量及含义；自变量的本质及操纵方法；因变量的本质，以及如何更好地控制因变量；心理学实验中额外变量的含义，以及控制额外环境变量、额外社会变量、额外个人特征变量和额外情境变量的方法；实验的效度和信度的本质及其影响因素。

第一节　变量概述

一、变量的含义

变量（variable）是心理学实验研究的基本单元，指那些可以变化的事物或能够以不同形式出现的事物。在心理学实验中，变量指具有两种及以上取值的事件或行为。如以场认知方式作为变量时，其取值为场依存方式和场独立方式两种水平；以态度作为变量时，其取值为态度的强弱，可分为完全同意、部分同意、不知道、部分不同意、完全不同意五种水平。

二、变量的种类

（一）相关变量和因果变量

根据变量之间关系的性质，可将变量分为相关变量和因果变量。

1. 相关变量

相关变量（relative variable）是指研究中存在着相关关系的变量。这类变量在发展变化和数量大小方面存在一定的关系，但不能确定它们之间哪一个是因、哪一个是果。

2. 因果变量

因果变量（cause-effect variable）是指研究中存在因果关系的变量。在这类变量中，前一个变量是后一个变量变化的原因，后一个变量是前一个变量变化的结果或效应。

（二）主体变量与客体变量

根据研究对象的性质，可将变量分为主体变量和客体变量。

1. 主体变量

主体变量（subjective variable）是指存在于研究对象主体自身的变量，如性别、年龄、教育水平、性格、情绪、动机、态度、兴趣等。

2. 客体变量

客体变量（objective variable）是指存在于研究对象主体以外的变量，如文化特征（集体主义文化和个体主义文化）、他人行为（积极行为和消极行为）等。

（三）直接测量变量和间接测量变量

根据变量是否可直接测量，可将其分为直接测量变量和间接测量变量。

1. 直接测量变量

直接测量变量（directed measurement variable）指研究者可直接测量到的变量，如年龄、身高、体重、教育水平、学业成绩、学习时间等。

2. 间接测量变量

间接测量变量（undirected measurement variable）指研究者无法直接测量，但可间接观测到的变量，如个体的兴趣爱好、成就动机、态度、价值观等。

（四）操作性变量和非操作性变量

根据研究者对变量主动操作的程度，可将变量分为操作性变量和非操作性变量。

1. 操作性变量

操作性变量（operative variable）是指研究者能加以操作的变量，如刺激呈现时间是长还是短、学习环境是安静还是吵闹、奖赏次数是多还是少。

2. 非操作性变量

非操作性变量（non-operative variable）是指研究者不能操作、只能选择的变量，如被试的年龄、生理成熟水平、性别、民族、家庭结构和父母职业等。

第二节　自变量及控制

一、自变量的含义

自变量（independent variable）是研究者所操纵且对被试反应产生影响的变量。自变量的变化水平完全取决于研究者的操纵程度。

在心理学实验中，自变量的代名词是“处理”或“处理变量”。每一项心理学实验的目的都是揭示自变量在心理或行为中的效应，因此选择自变量是研究者需要做出的最重要的决定之一。

例如，研究者的研究目的是探讨词频对阅读的影响。在这项实验中，研究者要操纵的自变量是词频的高低。

如果研究者的研究目的是想知道看过暴力电视节目的儿童是否比没有看过暴力电视节目的儿童有更多的攻击行为，那么自变量（暴力电视节目）就需要很好地进行界定，即：什么是暴力电视节目？周日晚上的足球赛能算暴力电视节目吗？拳击比赛能算暴力电视节目吗？包含武打内容的电视节目能算暴力电视节目吗？战争题材的电视节目能算暴力电视节目吗？等等。在这项实验中，研究者必须对暴力电视节目给出明确的定义，因为上面提到的电视节目，有人认为是暴力电视节目，有人则认为不是暴力电视节目。

二、自变量的种类

（一）根据自变量的操作水平划分的种类

根据自变量的操作水平，可将自变量分为操作性自变量和选择性自变量（安德伍德，肖内西，1975/2005）。

1. 操作性自变量

操作性自变量是指研究者可直接操纵的变量，即自变量可很好地被量化并且是可以控制的。例如，在动作技能形成的实验中，练习的时间是研究者要操纵的自变量。换言之，让被试每周练习5小时或让被试每周练习10小时，以比较不同的练习时间是否影响动作技能达到的水平。如果每周练习10小时，被试的动作技能水平高于每周练习5小时的，那么说明每周练习时间会影响动作技能的水平。反之，如果两组动作技能水平没有差异，表明练习时间不影响动作技能的水平。

2. 选择性自变量

选择性自变量是指研究者依据被试自身特征选择的变量。常见的选择性自变量有智商、性别、民族、性格、气质、激素水平、身高、年龄、身体健康状况等。

（二）根据自变量的来源划分的种类

根据自变量的来源，可将自变量分为作业或任务自变量、环境自变量、被试自变量和暂时性被试自变量四类（金志成，何艳茹，2005）。

1. 作业或任务自变量

在大多数实验中，被试被要求完成某种作业或任务，例如配对联想任务、斯特鲁普（Stroop）任务等。如果在实验过程中，将作业或任务中的某个特征当作自变量来操纵，则该自变量被称为作业或任务自变量。例如，在配对联想任务中，根据词频，可将词表中的词分为高频词和低频词；在使用 Stroop 任务时，可将任务分为要求被试读字或读色两种。

2. 环境自变量

在实验中，如果作业或任务保持不变，只改变实验环境中的任一特征，这种发生变化的环境特征就被称为环境自变量（environmental independent variable）。常见的环境自变量包括温度、湿度、亮度、噪声等。最常使用的环境自变量是时间，例如在启动实验中，自变量是启动刺激到目标刺激之间的时间间隔，即刺激呈现的不同步性（stimulus onset asynchrony，SOA）。最短的 SOA 可设为 0，而后，SOA 可设为 30 毫秒、60 毫秒、90 毫秒、120 毫秒等。

3. 被试自变量

被试自变量是指被试的一种持久性的特质，常见的有年龄、性别、民族、视敏度、神经质、社交性、内外倾等。

4. 暂时性被试自变量

通过暂时改变被试的状态，使其与自然状态不同。例如，桑菲等人（2021）为了探讨急性饮酒对年轻人记忆功能的影响，在实验中招募 29 名健康志愿者，让他们饮低、中、高三种浓度的白酒，然后比较他们在饮酒前和饮酒后 30 分钟大脑记忆功能的变化。该实验是通过让被试饮不同浓度的白酒来暂时改变他们的身体状态。

三、自变量的控制

在心理学实验中，对自变量的控制需要注意以下几点（周谦，1994）：

第一，自变量的操纵要严密。在自变量操纵过程中，研究者用来呈现刺激的仪器、设备的性能要稳定和可靠，且能通过某种办法监测其在整体实验过程中不发生错误。

第二，自变量类型的操纵不能太多。在实验研究过程中，研究者常会选择不同类型的自变量。一般自变量的类型控制在两至三种之内。单一类型的自变量一般应用于单因素实验研究；几种类型的自变量的组合是由几个单一类型的自变量组成的，一般应用于多因素实验研究。

第三，自变量操纵的水平数。在实验研究过程中，自变量的水平数越多，实验设计就越复杂，对结果的分析与解释也越困难。因此，研究者应该在广泛查阅相关资料的基础上，确定实验研究的自变量的水平数。

四、自变量应具备的条件

自变量是研究者操纵的、能够引起被试心理状态和反应产生变化的条件或因素。但是，作为一名研究者必须明白，有一些条件或因素不适合作为实验的自变量。自变量必须具备以下条件（金志成，何艳茹，2005）：

第一，自变量本身是能够变化的。一是自变量必须有质的变化，如不同的教学方法、不同的指导语、不同的性别等；二是自变量必须有量的变化，如呈现刺激的强度由弱到强的变化、呈现刺激的时间从短到长的变化等。

第二，自变量应该能够引起因变量发生改变。如果一个自变量的作用或效应无法在因变量上表现出来，研究者必须考虑选择的自变量可能不恰当或不合适，需要重新选择自变量或重新对自变量进行操纵。

第三，自变量应该是研究者能够直接操纵的。研究者必须牢记，如果自己不能对自变量加以操纵的话，那么在选择自变量时一定要小心谨慎。在心理学实验中，有时候研究者无法根据实验目的直接获得合适的自变量，特别是直接获得的自变量不太明确或不能加以量化。例如，研究者想探讨疲劳对一个人反应速度的影响。在这项实验中，疲劳程度是研究者想要的自变量，虽然大家都明白疲劳的含义，但如何量化疲劳却是一个大难题。如果研究者不能对疲劳的含义加以明确地界定，那么实验的结果就无法与他人研究的结果进行比较。为了避免此种情况出现，研究者需要根据自己的目的，给自变量下一个操作性定义（operational definition）。例如，将“疲劳”定义为个体从事某种体力劳动的时间。换言之，研究者对疲劳的操纵是通过改变被试的劳动时间来界定的。

拓展阅读

操作性定义提出的目的是什么

操作性定义是由美国物理学家布里奇曼（P. W. Bridgman）于 1932 年提出来的，其目的是让研究者之间能进行更清晰、更准确的交流，确保研究者在实验方法上标准化和保持一致性。如果研究者用这种方式来定义自变量，那么其他研究者在重复其研究时，只要沿用其界定的自变量就行。布里奇曼主张，操作性定义指一个概念应该由测量它的程序来定义。操作性定义由于能使研究者之间进行清晰且有效的交流，一经提出就得到了学术界的认同。1935 年，美国实验心理学家史蒂文斯（S. S. Stevens）在《心理学概念的操作性定义》一文中，首次将“操作性定义”这一概念从物理学引入心理学。这一思想很快被当时占主导地位的新行为主义心理学流派的学者接受。之后，操作性定义就成为心理学研究的基本原则；特别是在《实验心理学》这类最能代表心理学“科学性”的教材中，操作性定义构成了不可或缺的部分（舒育跃，等，2019）。

在实验研究过程中，自变量一般有两种定义：一种定义是对概念的日常描述，另一种定义是对概念进行实验实施的操作性定义。操作性定义是在具体实验过程中对自变量的精确含义的界定。通常的操作性定义方法是根据可观察的操作性和程序性来界定的。其中，操作性是描述在实验中如何操纵和控制变量的，程序性是描述在实验中是如何做的。操作性定义最大的优点是从可观察的层面对自变量进行描述。

需要指出的是，操作性定义与词典中通常所说的定义有很大的区别。例如，在词典中“焦虑”被定义为“一种对将来或不确定事件的忧虑或痛苦不安的状态”。这个定义对于人们日常生活中的交流是没有任何问题的。但在实验研究中，它却没有告诉我们研究者所确立自变量的不同水平是什么，也没有告诉其他人，哪一种程序会让人变得焦虑不安或者感到不焦虑。只有操作性定义才能给其他人提供这些信息。例如，有研究者认为，“高焦虑”和“低焦虑”的操作性定义分别是：(1) 高焦虑是在实验过程中对被试施加电击刺激且电击刺激会让其感到痛苦；(2) 低焦虑是在实验过程中不对被试施加电击刺激，或施加电刺激但不会让其感到痛苦。

第三节　因变量及控制

一、因变量的含义

因变量（dependent variable）是研究者想要测量的变量，是由自变量变化所引起的被试的反应。在实验过程中，研究者最关心的变量就是因变量（沈德立，白学军，2004）。

因变量不但指被试所产生的任何可被研究者观察到的外显活动（如肌肉的活动），而且指被试所产生的任何不能被直接观察到的生理、情绪和意识的内隐活动（如血压的升高）。外显活动是研究者能直接观察和测量的，例如，在动物学习的实验中老鼠学习走迷宫时的错误次数，在母婴互动过程中婴儿面部表情的变化。内隐活动是研究者不能直接观察和测量，只能凭借各种精密仪器来观察和测量的。例如，通过血压计来测量被试血压值的变化，可以测量被试目前内心的紧张程度。如果血压升高，则表明其内心很紧张；如果血压正常，则表明其内心较放松。

二、因变量的种类

因变量是被试对刺激做出反应的变量，研究者希望以此来推断其要研究的心理过程。因此，首先要明确因变量有哪些类型。

（一）客观性因变量和主观性因变量

根据因变量客观性的程度，因变量可分为客观性因变量和主观性因变量。

1. 客观性因变量

客观性因变量是指被试的行为反应能看得见和观察到。它一般包括以下几种类型（郭秀艳，2019）：

(1) 反应的正确性。在心理学实验中，被试反应正确的次数或正确率，即反应的正确性。例如，在问题解决的实验中，被试正确答对问题的数量；在技能形成的实验中，被试熟练掌握某个动作所要练习的次数。

（2）反应的难度。在心理学实验中，研究者首先要求确定被试完成任务所设定的难度等级，然后测量被试能够通过何种等级，以此推断其达到的水平。例如，在推理问题中，研究者可根据推理时要考虑的因素数量，首先将问题分为低难度（即只考虑一个因素）、中难度（即同时要考虑两个因素）、高难度（即同时要考虑三个因素）三种水平，然后让被试完成推理问题，以推断其所能够达到的水平。

（3）反应的速度。在心理学实验中，研究者要求被试完成一定量的题目，看被试在单位时间内完成题目的数量，以确定其反应的速度。例如，在注意稳定性研究中，研究者让被试完成数字划消任务（即见到事先规定的数字“5”，就用线“/”画一下）。被试划消的正确率越高且用时越短，则表明其反应的速度越快；反之，被试划消的错误率越高且用时越长，则表明其反应的速度越慢。

（4）反应的幅度（或强度）。在心理学实验中，所呈现的某种刺激引起被试的反应变化，即反应的幅度（或强度）。例如，在恐惧情绪实验中，呈现恐惧刺激后诱发出被试脑电波在振幅上的变化。恐惧情绪刺激的唤醒度越低，诱发出被试脑电波的振幅就越小；恐惧情绪刺激的唤醒度越高，诱发出被试脑电波的振幅就越大。

2. 主观性因变量

主观性因变量是指被试反应不能直接观察到，需要被试报告出来。具有代表性的主观性因变量是被试的口头报告。

口头报告是被试在实验过程中对自己心理活动进程所做的描述；或者是在实验结束后，研究者向被试提出问题，要求其回答所得到的内容。在心理学实验中，研究者一定要注意记录被试口头报告的内容，因为这些内容有助于研究者了解被试的内心活动，特别是他们在解决问题过程中所采用的策略。

（二）单因变量和多因变量

根据在实验过程中因变量数量的多少，因变量可分为单因变量和多因变量。在具体的研究过程中，研究者记录单因变量还是多因变量，主要取决于增加其他因变量是否会有利于对所研究问题的认识。如果多增加一个因变量，能够深化对研究问题的认识，则研究者应该毫不犹豫地采用多个因变量。

（1）单因变量是指在实验中，研究者只测量被试的一种反应。例如，在利用事件相关电位（event-related potentials，ERPs）技术来研究读者如何理解歧义句时，研究者一般只分析N400这一指标，因为根据前人研究结果，N400被认为是与语义加工有关的脑电波。

（2）多因变量是指在实验中，研究者同时测量被试的两种或两种以上的反应。例如，在动作技能形成的实验中，实验任务是要求被试看着镜子画五角星（即镜画）。如果研究者仅记录被试用多长时间（即反应时）学会画五角星，用这一结果来说明其动作技能形成过程，说服力显然是不强的；如果研究者既记录用多长时间学会画五角星，又记录被试所犯的错误次数，用这两个结果来说明其动作技能形成过程，说服力会更强些，因为采用反应时间和错误次数两项指标能更好地描述动作技能的形成过程。

三、选择因变量指标时要考虑的问题

在选择因变量指标时，需要考虑以下几个问题（游旭群，2005）：

第一，有效性。有效的反应指标要能代表反应的性质及自变量和因变量的关系。为了确保指标具有较高的效度，研究者在设计实验时，应该对指标本身的意义、指标变化的含义、利用该指标对所研究的问题能解决到什么程度及有何局限等，要有一个清晰的认识。

第二，客观性。客观性的反应指标要能通过一定的方法和仪器准确地测量并记录下来。例如反应时、反应次数和反应量等。

第三，可量化。指标的可量化是指被试的反应要能够量化。即便是质的指标，也需要将其数量化，如分为等级。

第四，可靠性。指标的可靠性是指对反应的测量是可信的，至少应该达到这样的标准，即对同一组被试测量两次，被试的反应结果应该基本上是一致的。如果对同一个被试测量两次，被试的反应结果差异很大，那么说明指标的可靠性较低，需要对指标进行修改。

四、因变量的控制

因变量的控制与自变量的控制是不同的。自变量的控制是以操纵的准确性为目的，因变量的控制则强调要能精确、客观地测量因变量的变化。因变量的控制要注意以下两点。

（一）反应控制

反应控制是指在实验过程中让被试的反应确实发生在研究者感兴趣的因变量上。这是因为在完成实验任务时，被试的反应会有很大的差别，很难保证所有的反应都能恰如其分地体现在研究者感兴趣的因变量的变化上。因此，在实验过程中，研究者必须要将被试的反应控制在研究者所设想的方向上。在以人为被试的心理学实验中，这种控制通常是通过指导语来实现的。例如：在高淇和白学军（2018）研究中英文流行音乐对大学生中英文不熟悉词汇记忆影响的实验中，指导语分为两部分。在中文部分："请完成一个记忆再认任务。你将看到 10 个不认识的汉字和它的拼音，每个字呈现 5 秒，随机呈现 2 次。请你努力记住这些字和它的拼音，并在呈现完毕后立刻将桌上的纸翻过来，填写每个字对应的拼音。再认时间为 2 分钟，按空格键开始实验。"在英文部分："请完成一个记忆再认任务。接下来，你将看到 10 个不认识的英文词和它的翻译，每个词呈现 5 秒，随机呈现 2 次。请你努力记忆这些词和它的翻译，并在词呈现完毕后立刻将桌上的纸翻过来，填写每个翻译对应的英文词。再认时间为 2 分钟，按空格键开始实验。"在具体实验过程中，检验指导语是否真的达到研究者的目的，最好的办法是编写好指导语后进行预实验。根据预实验结果，就能分析出指导语是否达到了对被试反应控制的目标。

（二）避免出现天花板效应或地板效应

在心理学实验中，因变量的有效性是非常重要的。因此，研究者在确立因变量指标时，一定要认真、仔细地研究因变量指标的本质是什么，其变化范围有多大，存在什么样的局限性。如果研究者不在实验之前对因变量进行认真思考和仔细研究，实验结果会出现天花板效应（ceiling effect）或地板效应（floor effect）。这两种效应的出现，表明研究者所选择的因变量变化范围太小、灵敏度太低，不能测量出被试的真实反应。

（1）天花板效应。它是指被试的反应超过了测量尺度的最大值。天花板效应的出现是由于实验任务过于简单，导致在自变量的不同水平上被试都取得了最好的结果，且结果没有什么差别。例如，研究者要求被试学习一篇短文，并将被试分为三组，要求第一组学习一遍，第二组学习两遍，第三组学习三遍。过一段时间检查被试的学习效果，结果发现三组被试对这篇短文回忆的正确率都在95%以上，且成绩没有差异。换言之，在这项实验研究中，研究者确立的回忆正确率这一指标不够敏感。

（2）地板效应。它是指被试的反应低于测量尺度的最小值。地板效应的出现是指研究者的实验没有获得任何有意义的结果。导致地板效应的原因有二：一是研究者要求被试完成的任务难度太大，结果是被试在不同水平自变量条件下取得的成绩相同或相近，且没有差异。例如，使用三种新词学习方法来教低年级小学生学习非词，结果三种学习方法下他们的学习成绩都很差，且各年级差异不显著。二是研究者给被试任务的呈现方式太怪异，被试暂时利用自己已有知识无法作答，导致成绩太低。

防止在实验中出现天花板效应和地板效应的方法主要有二：第一，尝试通过实验设计来避免出现极端的反应。如果被试的反应接近因变量指标的上限值或下限值，就需要对实验任务（即自变量）进行修改。第二，进行预实验。在完成实验设计之后，研究者应该开展小规模的预实验，检验被试的反应是否接近因变量指标的上限值或下限值。如果实验结果出现了这种情况，研究者就需要对实验任务进行修改。

研究者必须牢记：在实验中所设计的任务和反应指标应该能使被试的反应情况分布在指标的中等范围内。只有这样，才能全面、详细地分辨出被试的反应。

第四节　额外变量及控制

一、额外变量的含义

额外变量（extraneous variable），也称无关变量，是指在实验中除自变量以外可能对因变量产生影响的变量。

在任何时候，被试的行为反应都会受到内、外环境因素的影响。在实验过程中，虽然研究者重点关注自变量对因变量的影响，但是在具体的实验环境中，还存在其他因素可能对因变量产生影响。研究者如果不对这些与实验无关的变量进行适当的控制或处理，就无法确定因变量的变化是否由自变量的不同水平所导致。换言之，研究者无法确定自变量与因变量之间存在何种关系。如果研究者无法确定自变量与因变量之间的关系，那么所进行的实验就是一项失败的实验。

因变量与自变量以及额外变量之间的关系可用公式表示为：

$$Y = f(X, EV_1, EV_2, EV_3, EV_4, \cdots, EV_n)$$

式中，Y 代表因变量，X 代表自变量，EV 代表额外变量，n 代表额外变量数。

要想获得自变量与因变量之间确定的函数关系，研究者必须对 EV_1，EV_2，EV_3，EV_4 等额外变量进行控制。

例如，智商（IQ）与工作记忆能力（WM）的函数关系可用公式表示为：

$$WM = f(IQ)$$

但是，工作记忆除受被试的智商影响外，还受被试的年龄（EV_1）、教育水平（EV_2）、材料的性质（EV_3）等因素的影响，这样，公式就变为：

$$WM = f(IQ, EV_1, EV_2, EV_3)$$

研究者如果不对年龄、教育水平、材料的性质等因素加以控制，就没有办法获得工作记忆与智商之间确定的函数关系。因此，研究者需要做一系列的工作。首先，为了消除年龄因素的影响，需要选择同一年龄的被试来测定其工作记忆；其次，为了消除教育水平因素的影响，需要选择教育水平相同的被试来测定其工作记忆；最后，为了消除材料性质因素的影响，需要选择同一性质的材料来测定其工作记忆。如果在实验中将年龄、教育水平和材料性质等因素的控制做到完全一致，那么就能确定工作记忆与智商之间的关系。

拓展阅读

如何识别额外变量

在一项心理学实验中，如何确定哪些因素属于额外变量呢？

最简单的方法是通过查阅文献来确定，或用因素型实验来确定。

如果做不到上面这一点，该怎么办呢？这时，研究者只能根据已有的理论、知识和经验来分析，确定一个心理学实验中需要控制的额外变量有哪些，即哪些变量是必须控制的、哪些变量不用控制。例如，在知觉实验中，被试的社会关系、实验前一天吃了什么食物、参加了什么样的活动等变量，因为对实验结果影响有限，所以没有必要对其加以控制。

在心理学实验中，根据研究者的分析，所确定的额外变量，有些是科学的或正确的，有些是非科学的或不正确的。那么，能不能对额外变量的控制是否成功、额外变量的确立是否正确进行鉴别呢？回答是肯定的。一般是通过实验结果误差离散程度的高低来鉴别。当实验结果误差离散程度比较低时，研究者的分析是正确的，可以认为实验中的额外变量被充分地控制了。相反，如果实验结果误差离散程度较高，研究者的分析可能存在问题，可以认为实验中的额外变量没有得到很好的控制。如果出现这种情况，研究者就要认真分析额外因素或无关的因素是什么。

如果经过认真分析，有些额外变量还是难以确定和控制，就要中止实验；或者，研究者要重新思考从其他角度来设计实验，或等到找出控制这些变量的新方法和技术时再进行实验。

资料来源：孟庆茂，常建华，1999.

二、额外环境变量及控制

（一）什么是额外环境变量

在心理学实验中，额外环境变量（extraneous physical variable）是指实验室的噪声水平、分心物的数量和实验室内的温度高低等。在实验过程中，这些变量都是研究者需要控制的额外环境变量。额外环境变量有不同的形式，最常见的形式是由环境的物理特征引起的（金志成，何艳茹，2005）。

例如，完成某一项实验需要一周的时间。在第一天实验时，实验室周围没有噪声，环境很安静。在第二天和第三天实验时，情况也是如此。但是，从第四天起，研究者进行实验时，由于学校要在对面实验室安装空调，有很大的噪声产生，空调安装工程持续了三天，到第六天才结束。最后一天实验时的情况与第一天相同。通过上面的描述可以看出，从第四天出现的噪声就成了影响实验结果的额外变量，研究者需要对此加以控制。

（二）额外环境变量的控制

控制额外环境变量的常用方法有三种：消除法、恒定法、平衡法（郭秀艳，2019）。

1. 消除法

消除法是指将影响实验结果的额外环境变量去除掉的方法。消除法是控制额外环境变量最简单、最有效的方法，能够确保实验是在“非常单纯”的条件下完成的。

在前面的例子中，如果研究者意识到噪声会干扰实验结果，那么就需要采取措施将噪声消除掉。常用的方法有四种：

第一种，研究者要求对方停止施工，或者告诉施工人员在不做实验时进行施工。

第二种，研究者改变自己实验的安排，待施工完成后再开展实验。

第三种，研究者把实验安排在具有隔音功能的实验室中进行。把实验安排在隔音的实验室中进行是最好的消除额外环境变量的方法。

第四种，在实验室门外挂上一个“正在进行实验，请勿打扰”的牌子，以免他人不知道正在进行实验而误入实验室，从而对实验结果产生干扰。

从理论上讲，在实验过程中应该将所有的额外环境变量都消除掉，这样才能确保实验结果的纯粹性。但是，在具体的实验研究过程中，完全消除额外环境变量是很困难的，有时可能因条件的限制，无法将实验室环境中的额外变量消除掉。例如，实验室没有隔音功能，无法消除外界噪声；或者实验室内没有安装空调，无法使实验室内的温度保持在恒定温度；或者实验室窗户没有安装遮光窗帘，中午的太阳光直接照射实验室，室内光线过强，而下午的太阳光斜照实验室，室内光线又较弱，特别是遇上阴天，实验室内光线会更弱。此外，实验室墙面的颜色也可能会影响实验结果，虽然这一无关因素很简单，但是研究者没有办法消除，因为不可能为做某一个实验而把实验室墙面重新粉刷颜色。

当在实验过程中，研究者遇到自己不能将这些无关因素消除的情况时，可以采用恒定法来加以控制。

2. 恒定法

恒定法是指研究者要尽可能将各种额外变量保持在相同的水平上的方法。在心理学实验研究过程中，如果研究者无法将额外变量消除掉，那么应该考虑使额外变量在各种实验处理条件下保持相同。

例如，研究者为了完成某项研究，能做到为了保证实验效果而改变实验室墙面的颜色，即将实验室墙面重新粉刷。但是，如果进行系列实验，这样做就不符合实际情况，也影响其他实验的进行。这时，研究者可以不重新粉刷实验室墙面，但能做到的是所有被试都在同一实验室中完成实验任务，这样就能保证所有的被试在相同颜色的实验室内完成实验任务。同时也要保证实验室光线，以及被试完成实验任务时所坐的椅子、地毯等都保持相同。恒定额外变量还包括实验程序相同。例如，在实验之前，研究者要将指导语完整地写出来，按照缩写的指导语读给被试听。通过这样做，确保被试在统一要求条件下完成实验任务。

对于测试时间、测试的地点和实验程序等许多环境变量，不需要很大努力就可以使它们保持恒定。研究者的最终目的是控制额外变量对实验结果的影响，所以最好不要出现这种情况：实验都已经做完了，在分析数据时才发现自己事先没有对某一额外变量进行控制。

恒定法的缺点有二：第一，实验结果不能推广到额外变量的其他水平上。例如，在实验研究中，如果选择的被试是智力超常儿童，那么在将研究结果推广到同年龄智力一般儿童时可能会存在问题；如果选择的被试是性格外向的人，那么在将研究结果推广到同年龄性格内向的人时可能会存在问题。第二，可能会存在自变量与被恒定的额外变量之间的交互作用。例如，如果研究者是一位高大、英俊的男博士或是一位美丽、可爱的女博士，被试的性别正好与研究者的性别不同，根据异性相吸的原理，高吸引力的研究者可能会让被试在实验过程中出现分心。在这种情况下，自变量与被恒定的额外变量之间会出现交互作用（金志成，何艳茹，2005）。

3. 平衡法

平衡法是指研究者将额外变量的影响平均分配给所有组，以达到组间平衡的控制方法。

在心理学实验过程中，有时研究者既不能使用消除法来控制额外变量，也不能使用恒定法来控制额外变量。例如，研究者想在隔音室里让每位被试完成实验，但是限于条件又无法做到，在这种情境下研究者能做什么呢？有时，额外变量与自变量会一起系统地变化，如果研究者在整个实验中既不能消除额外变量，又不能保持额外变量的恒定，在这种情况下就很难确定额外变量是否会对实验结果产生影响。关键问题是额外变量变化的方式。如果额外变量与自变量的变化水平相关，这就比较麻烦，因为额外变量与自变量混淆在一起了。例如，在 A 间实验室让被试接受处理 A，在 B 间实验室让被试接受处理 B。研究者是按一定的顺序或系统地来控制处理条件这一变量的变化的。但是，研究者并不能确定不同实验室是否会对实验结果产生影响。假如出现这种情况：A 组被试在 A 间实验室中的表现要比 B 组被试在 B 间实验室中的表现好。在这种情况下，对于既不能消除又不能恒定的额外变量，就可以采用第三种方法，即平衡法来控制。

（1）被试间平衡法。被试间平衡法最简单的形式是选择两组被试：第一组被试接受处理 A 的作用；第二组被试接受处理 B 的作用，其他方面都与前一组相同。如果在额外变量上，两组得到了平衡（如表 2－1 所示），那么研究者就能暂时得出这样的结论：两组之间的差异是由自变量所引起的。

表 2－1　平衡额外变量

第一组	第二组
处理 A	处理 B
额外变量 1	额外变量 1
额外变量 2	额外变量 2
额外变量 3	额外变量 3
额外变量 4	额外变量 4
额外变量 5	额外变量 5

以前面所讲的受实验室墙面颜色影响的实验为例，采用被试间平衡法安排被试的过程如表 2－2 所示。

表 2－2　在两种处理（A 和 B）条件下平衡测试房间的效应

在绿色房间参加测试的被试	在红色房间参加测试的被试
S_1（A）	S_7（A）
S_2（A）	S_8（A）
S_3（A）	S_9（A）
S_4（B）	S_{10}（B）
S_5（B）	S_{11}（B）
S_6（B）	S_{12}（B）

说明：各有一半被试被随机安排到每间实验室中。在每间实验室中随机安排一半被试接受处理 A，另一半被试接受处理 B。

首先，将一半被试随机安排到第一间实验室（绿色房间），将另一半被试随机安排到第二间实验室（红色房间）。其次，随机安排一半被试接受实验处理 A，随机安排另一半被试接受实验处理 B。这样就能将额外变量的影响完全控制住了。

（2）被试内平衡法。为了克服额外的环境变量对实验结果的污染，可以通过平衡任务顺序的方式，抵消掉随时间的环境变化带来的影响。例如，在一项视觉任务中，被试需要先后完成两种实验条件 A 和 B 下的任务。由于早上的室内光线弱于中午，所以实验条件执行顺序的先后不可避免地伴随着室内光线的强弱变化。此时，可以通过被试内平衡法在不同条件之间平衡掉光线变化带来的影响，即每名被试按照 ABBA 或 BAAB 的顺序完成实验任务。

三、额外社会变量及控制

除了对影响实验结果的环境变量进行控制外，研究者还需要对主试与被试的关系这一社会变量（social variable）加以控制。影响实验结果的两个重要社会变量是要求特征和实验者偏差（迈尔斯，汉森，2001/2006）。

（一）要求特征

1. 要求特征的含义

要求特征（demand characteristic）是指在实验过程中被试会自发地对研究者的实验目的产生某种假设，然后他们会以满足该假设的方式做出反应。

要求特征这一现象的发生表明，在开展心理学实验时，被试不是消极被动地参与实验和完成实验任务的。在整个实验过程中，他们总会以某种动机或态度来参与实验和完成实验任务。他们的动机和态度会影响实验结果，从而成为额外社会变量。

在心理学实验过程中，被试参与实验时可能会按一个“好被试”的标准来行动，虽然他们没有意识到自己的这种行为动机会对实验结果产生影响。

2. “好被试”现象

“好被试”现象（good subject phenomenon）是指在实验过程中，被试根据自己对实验目的的假设而努力使自己的行为符合研究者的要求，让自己成为研究者眼中的好被试。

“好被试”现象是在一项有关社会变量因素影响实验结果的研究中发现的，它使研究者意识到要求特征会干扰实验结果（引自迈尔斯，汉森，2001/2006）。

具体的实验分成两个阶段。第一阶段：首先，实验者发给每个被试 2 000 张纸，要求被试对每一张纸上的 224 个随机数字做加法计算；其次，实验者将被试的手表拿走，并告诉被试要连续完成任务，直到他们需要停下来为止；最后，在 5.5 小时后，实验者停止了实验，因为大多数被试仍然毫无疑问地、坚持不懈地进行着计算。第二阶段：首先，实验者要求被试每完成一张纸的计算任务，就把该张纸撕成至少 32 小块；其次，被试再进行下一张纸的计算任务，完成后要将这张纸撕成至少 32 小块；最后，重复上述动作。

结果发现，被试能够坚持完成这样枯燥无味的任务达几小时。

整个实验结束后，实验者询问被试：“如此长时间地坚持完成实验任务的原因是什么?”被试回答：“既然实验者要求我们这样做，肯定有这样做的理由。”

对上述结果产生的原因，实验者是这样解释的。如果在校园里遇到一个熟人，要求他现在做 10 个俯卧撑，他一定会问实验者这样做的目的是什么、为什么要求他这样做。而在实验室里，被试都会产生一定的预期，他们想当然地认为，自己一定要根据实验者的要求来行动，实验者的要求都是有其用意的，从而导致人们在实验室里做一些他们在其他地方不会做的事情。

拓展阅读

霍桑效应

“霍桑”一词源自美国西部电气公司坐落在芝加哥的一家工厂的名称。霍桑效应（Hawthorne effect）是 1927—1932 年间由哈佛大学乔治·埃尔顿·梅奥（George Elton Mayo）教授通过持续研究，根据对结果的分析提出来的一种心理现象。最早的霍桑效应有两层含义：一是让职工将自己心中的不满发泄出来；二是由于职工受到额外的关注而引起绩效增加或努力提升。现在，霍桑效应是指那些意识到自己正在被别人观察的个体具有改变自己行为的倾向。

实验是从 1924 年开始，到 1932 年结束。在这将近 8 年的时间里，前后共进行过两次实验。第一次是从 1924 年 11 月至 1927 年 5 月，实验是在美国国家科学委员会主持下进行的；第二次是从 1927 年至 1932 年，由梅奥教授主持进行。整个实验研究前后经过了四个阶段（沈莹，韩丽华，2018）。

阶段一：照明实验

照明实验的目的是探讨照明条件的变化（即光的强度）是否影响生产效率。这项实验持续时间为两年半。在实验开始时，研究者设想，提高照明度会使工人的生产量上升，随着照明度的下降，生产量会逐渐下降。但实验结果是：照明条件的变化并没有导致生产效率的变化；相反，与过去相比，在整个实验过程中，无论何种情况下，生产效率都提高了。

阶段二：福利实验

1927 年，梅奥接受邀请并组织一批哈佛大学的教授成立了一个新的研究小组，实施第二阶段的福利实验。实验的目的是想探究改善福利和工作时间等条件对生产的影响。梅奥选出 6 名女工在单独的房间从事继电器装配的工作，在实验过程中逐步增加一些福利措施，如缩短工作日、延长休息时间、免费供应茶水等，观察她们在福利条件变化背景下的生产量情况。实验者原来设想参加实验的女工们的产量会随着福利待遇的提高而增加、随着福利待遇的降低而减少。于是，在实验进行了两个月后，各种福利措施被取消。但实验的结果仍与研究者的设想相反：产量不仅没有下降，反而继续上升。经过深入地了解分析发现，被特邀参加实验的人之所以受到激励，产生较强的工作积极性，提高产量，主要是由于参与此实验产生的自豪感、积极参与管理事务的责任感、融洽的人际关系，以及管理人员对女工的积极关注。实验结果表明，导致产量增加的因素并不是福利条件和工资制度，而是人际关系，良好的人际关系比福利条件更重要。

阶段三：访谈实验

梅奥等人在霍桑工厂组织了大规模的态度调查，在从 1928 年 9 月到 1930 年 5 月一年多的时间里进行了两万多次谈话。按规定，在谈话中，研究人员要耐心倾听工人的各种意见和不满，并做详细的记录，不准反驳工人们的不满意见和训斥工人。工人们在这种环境下畅所欲言、心情愉快、因备受关注而士气大振，谈话实验收到了意想不到的效果，工厂的产量大幅度提高。梅奥等人对结果分析后提出：工人们长期以来对工厂的管理制度和方法、对管理人员都积下了许多不满，无处发泄，谈话活动使他们将这些不满都发泄出来，因而使他们感到心情舒畅，产量也得以大幅度提高。

阶段四：群体实验

梅奥等人在这个实验中选择了 14 名男工在单独的房间里从事绕线、焊接和检验工作，对这个班组实行特殊的计件工资制度。实验者设想，实行这种奖励办法会使工人更加努力工作，以便得到更多的报酬。但是，实际获得的结果却与设想的不同：产量只保持在中等水平，每个工人的日工作量都差不多，而且工人并不如实报告自己的工作量，存在隐瞒前一天的超产用以弥补后一天的减产，使自己的工作量与别人保持一致的现象。深入调查还发现，这个班组为了维护他们的群体利益，自发形成了一些规范。他们约定：谁也不能干得太多，突出自己；谁也不能干得太少，影响全组的产量。此外，他们还约定：不准向管理者告密。如果违反这些规定，轻则挖苦谩骂，重则拳打脚踢。

通过进一步的调查发现，工人们之所以维持中等水平的产量，是担心产量提高后管理部门会改变现行奖励制度或裁减工人，使部分工人失业或惩罚绩效低的工人。这一实验表明，工人为维护群体内部的团结，可以放弃个人利益来保证群体的利益。梅奥由此提出组织中存在着“非正式群体”，这种群体有自己的特殊规范，对人们的行为起着调节和控制作用。

可见，在上述实验中工人的行为变化主要来自要求特征的影响，而并非实验处理。因此，在心理学实验中要尽可能避免要求特征对实验结果的污染。

---

3. 控制要求特征的方法

（1）单盲实验。在进行实验研究时，被试可能会根据一些线索，猜测自己参加实验的目的。为了避免这种情况发生，单盲实验（single-blind experiment）是一种非常好的控制要求特征效应的方法。单盲实验是指被试不知道自己接受何种处理的实验。在单盲实验中，研究者让被试处于“盲”的状态，即不告诉他们接受什么样的处理。这是药物效果实验中最常用的一种方法。如果被试认为这是药物，可能他们就会按自己对药物疗效的期望来表现。例如，假设现在要检验一种新药对治疗焦虑的作用。为了对此问题做出回答，研究者给 A 组被试服用治疗焦虑有效的药片，给 B 组被试服用安慰剂（即一种在形状、颜色、味道、大小上与真药相同但没有疗效的“药片”）。为了确保实验的有效性，就需要采用单盲实验，即让两组被试都不知道自己服用的是新药还是安慰剂。如果结果发现两组被试在接受处理后其焦虑症状表现出显著的差异，那么，研究者可以得出结论认为是自变量（即是否服用药物）导致的。如果服用安慰剂的被试也表现出焦虑水平的显著降低，这种现象就被称为安慰剂效应（placebo effect）（张莹，黄希庭，2008）。安慰剂效应是指个体接受惰性物质或程序的治疗对自身状况产生积极预期，从而使症状得到缓解的现象。

由于被试通常知道自己接受的是何种处理，这会导致研究者很少能够测到药物的真正作用（引自迈尔斯，汉森，2001/2006），因此，研究者观测到的通常是与安慰剂效应混合后的主效应。

在下面的实验中，研究者发现存在明显的安慰剂效应。

研究者想知道房间内灯光的照度是否会影响学习，于是，将一半被试安排到正常照度的房间内，将另一半被试安排到照度比正常照度高的房间内，要求被试记忆一些无意义的单词。因变量是被试记忆 10 个单词所需要的时间。

研究者告诉被试“我们想研究学习时房间光线对学习的作用”，并要求被试尽快地学习这 10 个单词。注意，在这个实验中，研究者没有透露自己对被试成绩的期望，也没有告诉被试将在何种条件下学习。但是，被试很可能猜测出实验的假设。他们可能会认为，照度正常或照度偏低时，他们学习所用的时间会长一些；而照度更高时，他们学习所用的时间会短一些。被试的这种期望会随着自变量的变化而改变，最终导致混淆因素影响实验结果。换言之，实验结果的不同可能是被试的期望所导致的，不是真的改变照度水平所导致的。

这种情况怎么办呢？研究者可以尽量少地给被试提供关于实验的信息。研究者可以仅轻描淡写地说：“我们想研究你们的学习能力。”这样，被试可能猜对研究者的真正假设，也可能猜错研究者的真正假设。也许，一些被试猜测这个实验是探讨学习环境安静或吵闹对学习的影响，另一些被试猜测这个实验是探讨椅子不同的颜色对学习的影响，还有一些被试猜测实验是探讨房间墙面的颜色对学习的影响，等等。无论他们猜测的结果是什么，他们在实验中的行为表现都会与其猜测保持一致。这样，虽然每个被试的猜测不同，其行为表现也不同，但是他们的行为不会随自变量的变化而发生系统性的改变。

（2）掩饰情节。另一种控制要求特征效应的方法是采用掩饰情节（cover story）。当创设好某种实验情境时，研究者希望被试尽可能地在实验过程中正常地发挥，不希望出现被试对实验的期望影响到他们所做出的反应的情况。在这种情况下，采用掩饰情节是对要求特征进行控制的最好方法。掩饰情节是指在研究过程中对实验程序进行似是而非但不准确的解释。也就是说，研究者不告诉被试真正的实验假设，目的是不让他们猜测出实验假设。

例如，在一般情况下，人们点头表示同意某事，摇头表示不同意某事。那么，点头和摇头的行为是否会反过来影响人们对于刺激的同意程度？

为了回答此问题，研究者让一些被试在刺激呈现后点头，让另一些被试在刺激呈现后摇头。然后，他们要求被试给出自己对刺激的同意程度。他们预期点头的被试对刺激的同意程度高，摇头的被试对刺激的同意程度低（引自迈尔斯，汉森，2001/2006）。

在这个实验中，被试有很多机会发现实验的简单假设：你要求我摇头是因为你想让我不同意此事，所以我告诉你，我不同意。那么，研究者如何解决此问题呢？这就需要用掩饰情节来解释。换言之，事先给被试关于实验的一个解释，即为什么要点头或摇头，以此防止被试猜出实验的假设。为此，研究者要求被试通过耳机来听一段话（实验刺激），并告诉他们实验的目的是检验耳机的播音质量，即被试在听东西时是否会动头。在这种似是而非的解释下，被试通常无法真正了解实验的真实假设是什么，因此实验结果就能支持研究者所提出的假设。

需要指出的是，掩饰情节包含一定的欺骗性，所以在使用时一定要把握好伦理原则。

（二）实验者偏差

1. 实验者偏差的含义

在实验过程中，实验者自己的一些举动可能已经告诉被试应该做出什么样的反应。被试经常根据主试不经意表现出来的行动来改变自己的行为。设想将要进行一项知觉实验，实验者问："光点在圆形轨道上运动的速度比在正方形轨道上运动的速度快还是慢?"实验者在说到"快"时，不但眼睛稍微睁大了，而且说话的声调也高了一些。这时，大多数被试会报告说：光点在圆形轨道上运动速度更快。这就是实验者偏差（experimenter bias），指实验者自己所做的一些事情与自变量的作用混淆在了一起。实验者给出某些让被试做出反应的线索，或者在不同实验处理条件下，实验者表现出不同的行为，都会产生实验者偏差。例如，在实验处理 A 条件下，实验者对被试很热情和友好；在实验处理 B 条件下，实验者对被试既不热情又不友好。如果实验者的行为是其操纵的实验自变量，实验者这样做是没有一点问题的；但是，如果实验者的行为不是其操纵的实验自变量，这样做就会对实验结果产生影响，即在实验处理 A 条件下，被试感到更自在、更放松，其完成实验任务的成绩要比在实验处理 B 条件下好一些。

实验者还会因为自己对实验结果的不同期望而对被试产生影响。在进行某项实验时，他们可能给接受某个特定程序的被试更多的时间，这一现象被称为罗森塔尔效应（Rosenthal effect），又称皮格马利翁效应（Pygmalion effect）。在各种研究中，都发现了这种自我实现的预言（self-fulfilling prophecy）。

罗森塔尔和福德（Rosenthal & Fode，1963）进行了下面的实验：有 12 名学生，让他们完成一项任务，他们并不知道自己已经成为研究者的被试。对于 A 组学生，实验者告知他们，给他们的是经过特殊方式喂养的老鼠，它们有较高智力水平（即"聪明鼠"），它们能快速学会走迷宫；对于 B 组学生，实验者称给他们的是没有经过特殊方式喂养的老鼠，它们的智力水平较低（即"愚笨鼠"），它们不能快速学会走迷宫。然后，实验者要求两组学生开始训练老鼠来完成任务，其中一项任务是走迷宫。与得到"愚笨鼠"的 B 组相比，得到"聪明鼠"的 A 组报告老鼠所需的学习时间明显变短。事实上，分配给两组学生的那些老鼠都是标准的实验用鼠，且这些老鼠都是随机分配的。A 组学生并不是在说谎，或是实验结果不真实。导致这一结果的原因是他们在训练老鼠时，对其施加的影响显然是无意识的。

拓展阅读

皮格马利翁效应

当期望效应出现在实验室以外的人与人之间的自然交往中时，罗森塔尔称之为"皮格马利翁效应"。在希腊神话中，雕塑家皮格马利翁爱上了自己创作的女子雕像。我们更熟悉的是现代剧作家萧伯纳的作品《皮格马利翁》（其音乐剧版本名为《窈窕淑女》）：由于亨利·希金斯（Henry Higgins）的教育、鼓励和期望，伊利沙·多利特（Eliza Doolittle）才得以才华出众。

罗森塔尔假设：如果小学教师得到学生的某种信息（例如智商分数），他们或多或少地会对学生的潜能发展产生某种期望，这种期望会使他们无意识地对那些可能会成功的学生的行为表现给予更多的鼓励和鞭策。为了检验这一理论假设，罗森塔尔和他的助手雅各布森一起，到橡树小学开展了实验研究。橡树小学坐落在美国某个州的一座大城市的中低收入阶层的社区。

开学初，在橡树小学工作人员的配合下，罗森塔尔对一至六年级的全体学生进行了智力测验（简称TOGA）。选择这项测验的原因在于，它属于非文字测验，学生的分数不依赖于先前接受的阅读、写作和算术技能等方面的训练；而且，更为重要的是，橡树小学的教师对此项测验并不熟悉。罗森塔尔告诉教师，学生所接受的是“哈佛应变能力测验”。在此实验中，必须对教师隐瞒实验的真正目的，这样做的目的是让教师对学生产生一些期望，否则该实验可能会不成功。罗森塔尔进一步对教师解释说，用该测验的成绩可对学生未来学业成就做出预测。换言之，他是要让教师相信：在测验中获得高分的学生，其学习能力在未来将有所提升。实际上，这项测验并不具备这种预测能力。

在橡树小学总共有六个年级，每个年级有三个班。每班有一名教师任班主任，学生共18人（女性16位，男性2位）。每位班主任都得到了一份名单，上面记录着本班在“哈佛应变能力测验”中得分排名前20%的学生。给教师名单的目的是让他们了解在本学年里哪些学生有发展潜力。但是，下面才是罗森塔尔研究的关键：名单上的学生是被完全随机地分配到实验条件下的。这些学生和其他学生（控制组）的唯一区别就是，教师以为他们（实验组学生）会有不同寻常的智力发展表现。

当学年快结束时，罗森塔尔对所有学生再次进行了相同的智力测验（即TOGA），并计算出每个学生智商的变化程度。通过对实验组和控制组的智商变化差异进行检验就可以看出，在现实情境中是否也存在期望效应。图2-1显示了实验组和控制组学生的智商提高情况。

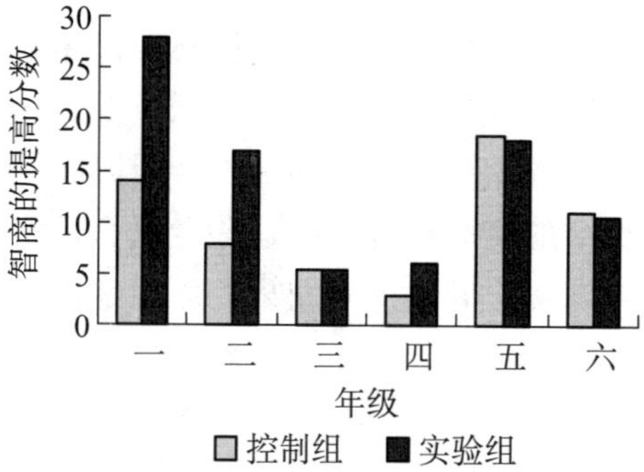

图2-1　一至六年级学生智商的提高情况

从图2-1中可以看出，综合全校的情况来看，那些被教师认为学业上会有显著进步的学生，其智商提高幅度显著高于控制组的学生（分别为12.2分和8.2分）。对图2-1再进行仔细观察发现，这种差异主要是由一、二年级组之间的巨大差异引起的。为了提高说服力，罗森塔尔和雅各布森还对提高的情况做了进一步分析，结果见图2-2。图2-2向我们展示了一、二年级学生中智商分别提高了10分、20分、30分的人数比例。

在这项早期的研究中，罗森塔尔得到了两个主要的结论：第一，已在正式实验室情境中被证明的期望效应，也会在非正式的现实生活情境中起作用；第二，期望作用在低年级中表现得更明显，在高年级中几乎不存在。

对于上述结果，罗森塔尔提出了几种可能的解释：

（1）低龄儿童的可塑性一般较高年级儿童更强。如果事实确实如此，那么研究中低年级儿童变化更大也许仅仅是由于他们比高年级儿童更易变化。与此相关的另一种可能性就是，即使低年级儿童并不具有很强的可塑性，教师也会认为他们是有这种特性的。也就是说，单是这种想法，就足以令教师对学生采取不同的对待方式，从而导致学生发展的结果上的差异。

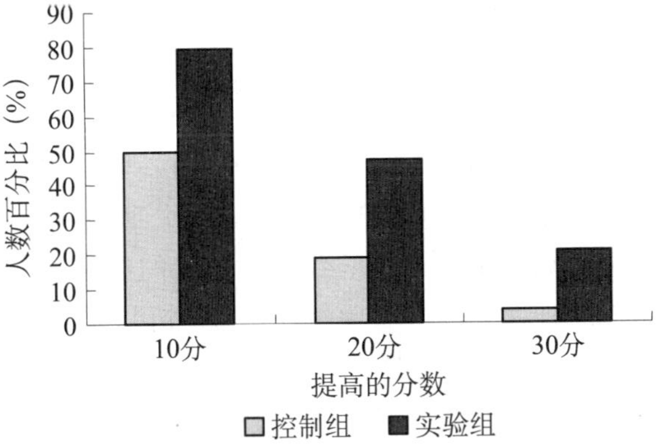

图 2-2　一、二年级学生智商提高人数的百分比

资料来源：霍克，2018.

（2）小学低年级学生还未能在教师的心目中形成牢固的印象。换言之，如果教师没有对学生的能力形成某种固定的认识，那么教师的期望效应就会产生更重大的影响。

（3）在教师把对学生表现的期望传递给学生时，他们在不经意间使用的微妙方式更容易影响和带动低年级学生。

此外，实验者偏差还会通过其他方式表现出来。例如，实验者可能在记录实验数据时出错，或者他们可能会错误地读出被试的反应结果。就像罗森塔尔所说的那样，实验者可能会因特别想获得支持其假设的结果而犯错误。

2. 控制实验者偏差的方法

在具体研究过程中，如何控制实验者偏差呢？

首先，实验者要对实验偏差有深刻的认识。实验者如果对实验偏差有认识，就会在实验过程中注意自己的行为，要确认自己没有做一些会影响数据的事情。

其次，实验者尽量不参与数据收集工作。在实验过程中，实验者要尽可能减少与被试之间的个人接触，以避免无意识的实验者偏差的发生。

最后，运用双盲实验（double-blind experiment）。所谓双盲实验，指参与实验的被试和执行实验人员都不知道被试正在接受哪一种实验处理。双盲实验是最严格的实验，其价值在于实验者如果不知道被试将接受何种实验处理，就不会对被试的反应产生系统性的偏差；同样，被试不知道自己接受的是何种实验处理。这样，任务要求特征和实验者偏差就都得到了控制。

例如，有研究者（Pishkin & Shurley，1983）进行了一项测试两种药物效果的实验，该实验运用了一个安慰剂控制组来控制要求特征和实验者偏差。要完成双盲实验程序需要两名研究者。第一名研究者需要准备药片，并且用某种方式把药片编上号码。第二名研究者需要把药片发给被试，并记录下每个被试所分药片的编号。这个程序确保记录下每个被试所服药片的编号，但是被试和实验者（分发药片并观察反应的那名实验者）都不知道被试接受的是什么样的处理，从而实现了对实验者对于实验处理期望的控制，因为实验者也不知道谁接受了处理、谁接受了安慰剂。同样，在此实验程序中，也控制了要求特征，因为被试不知道他们接受的是药物还是安慰剂。

前面我们介绍了在药物研究中运用安慰剂的单盲实验程序。单盲实验程序通过使被试意识不到自己所处的条件来控制研究中的任务要求特征，但是，单盲实验程序无法控制实验者偏差。当实验者意识到被试接受是药物条件时，他们的无意识行为很可能会影响实验结果。因此，如果有可能，在研究中最好使用双盲实验。

在实验研究过程中，有时会遇到研究者没有足够多的助手，研究者不得不亲自来主持实验的情况。由于实验者了解每一种实验条件，这种情况下实验没有做到真正的双盲。如果遇到这种情况，研究者该怎么办呢?

解决的办法是：第一，给被试标准化的书面指导语；第二，将指导语录音后播放给被试听；第三，如果指导语是亲自读给被试听的，需要提前练习，以确保每次读的声音与语气相同。

四、额外个人特征变量及控制

（一）实验者的特征及控制

（1）实验者人格特征。当面对一名热情、友好的实验者时，被试会积极认真地完成实验任务；当面对一名冷淡、孤僻的实验者时，被试会消极应付地完成实验任务。通过比较发现，热情、友好的实验者能使被试学习速度更快，报告的内容更多，智力测验分数和再适应测验分数更高。换言之，受喜欢的实验者能够改变被试的反应。例如，在访谈研究过程中，受喜欢的研究者收集的资料更多，被试更乐于回答问题，很少会说“我不知道”。

（2）实验者与被试之间关系保持稳定。在实验过程中，实验者与被试之间关系越稳定，实验者对被试的影响越小，实验结果越好。如果在实验过程中，实验者与被试之间关系发生重大变化，即从一般到亲密或从一般到紧张，这种变化就成为额外变量，影响被试反应，从而使实验者更加难以区分出哪些实验效果是由自变量引起的。

（3）实验者指向被试的行为必须保持一致。不允许实验者的行为在各种实验条件下产生系统性的变化。如果实验者的行为在实验条件下和控制条件下是不同的，那么实验的内部效度就会降低。例如，实验者的动机在实验进行过程中会对实验结果产生影响。

由于实验需要多次重复，实验者可能在开始实验时对被试的要求比较高，而随着实验的进行，实验者对被试的要求放松了。如果被试觉察出实验者对实验产生了厌烦情绪，他们对实验做出的反应可能就会不同。

控制实验者额外个人特征变量的方法有三种：第一种，如果条件允许，使用多名实验者，并确保每名实验者在每种实验条件下施测的被试一样多；第二种，减少实验者与被试面对面接触的机会；第三种，在整个实验过程中，严格遵循实验程序。

（二）被试的特征及控制

在实验过程中，关注与被试相关的个人特征变量也是非常重要的。被试的特征在不同的实验条件下系统地变化，可能会对实验的内部效度产生影响。为此，在实验中需要对被试的特征进行控制，常用的方法主要有随机化法和统计控制法。

1. 随机化法

随机化法是指采用随机取样和分组方式来平衡被试间个体差异因素的方法。随机取样是指从所规定的被试总体中随机抽取被试样本。抽取的原则是总体中每个成员都具有相同的被抽中的机会。从理论上讲，这样做可保证抽取到的被试具有一定的代表性。随机分组指为被试随机分配实验的每个处理条件。这样就能确保不同实验处理组的被试特质基本处于相同水平，从而保证不同组被试的实验结果具有可比性。

随机化法的最大优点是控制了被试的个体差异，不管这些差异是已知的还是未知的。例如，被试在参加实验时的情绪状态，如果研究者不能做到让每名被试的情绪状态相同，这种条件下可通过随机化法对这一变量加以控制。其原理是，在每一实验条件下，都分配有情绪状态是积极的、中性的和消极的被试，这样使每一种实验条件下被试的情绪状态大致相同，以此来控制情绪状态这一额外变量。

2. 统计控制法

统计控制法是指采用统计技术控制额外变量的方法。在实验过程中，有时由于实验条件的限制，研究者明知存在某些可能影响实验结果的因素，但又不能从实验中将其完全排除或控制。遇到这种情况时，只能在实验结束后，采用协方差分析或偏相关等统计技术，将这些因素对结果的影响分离出来，以实现对额外变量的控制。

常用的统计控制法有以下两种：

第一，删除极端数据法。对于实验中的某些额外变量，如果不能完全控制，可剔除极端数据，进行统计校正，或根据主试的观察剔除不可靠的数据，以保证实验数据的可靠性。例如，高晓雷等人（2020）在研究藏语阅读过程中，对于读者加工眼睛中央凹（即最大视敏度）注视词时是否会受注视词的词频影响，采用眼动记录仪记录被试阅读目标词的时间，在对数据进行分析前，将首次注视时间短于 80 毫秒或长于 1 200 毫秒的结果删除了。这是因为在词汇阅读任务中，如果首次注视时间短于 80 毫秒，表明读者没有加工目标词；如果首次注视时间长于 1 200 毫秒，表明读者的反应滞后，也是不真实的反应。通过删除极端数据，可以确保研究结果的可靠性。

第二，协方差统计法。一些被试自身特征，如体重、身高、智力水平、营养状况等，可能会对实验结果产生影响，但这些特征因素在具体实验中很难加以控制。对此问题一般可采用协方差统计法来解决。例如，在学生学习动机提高的教学实验中，理想的做法是将各种智力水平的学生匹配后，再将他们分配到实验班和控制班，让他们参加学习动机提高的教学实验。但是，在现实生活中，这是无法做到的，因为学校不可能为了某项心理学实验，把原来的教学班打乱，再重新分班。解决此问题的关键是研究者先收集每名参加实验的学生的智商测验成绩，然后把智商成绩作为协变量，通过统计分析就能分离出这一额外变量在实验中的作用。

拓展阅读

志愿被试的特征

罗森塔尔和罗斯诺出版的《志愿者被试》（*The Volunteer Subject*）一书，全面研究了志愿被试的特征。例如：

（1）与非志愿被试相比，志愿被试往往受过更高的教育。

（2）与非志愿被试相比，志愿被试往往来自更高的社会阶层。

（3）虽然志愿被试一般是智力更高的人，但是当志愿被试参加非典型的实验研究时，则不是这样的。

（4）与非志愿被试相比，志愿被试有更高的赞许需要。

（5）与非志愿被试相比，志愿被试更喜欢社交。

（6）与非志愿被试相比，志愿被试更富有“知觉探索性”，特别是当他们参与应激研究时。

（7）与非志愿被试相比，志愿被试在性研究中表现得更加反传统。

（8）与男性志愿被试相比，女性志愿被试更可能愿意配合研究，但是当实验涉及身体或情绪的应激时除外。

（9）与非志愿被试相比，志愿被试是相对非权威主义者。

（10）与非志愿被试相比，志愿被试有不太顺从的倾向，但当志愿被试是女性或参与的是临床研究时除外。

资料来源：博登斯，阿博特，2005/2008.

五、额外情境变量及控制

额外情境变量（context variable）通常出现于因实验需要而创设的程序之中（Myers & Hansen，2005），例如被试的招募、选择等。大多数额外情境变量可通过事先的计划来控制。下面将集中讨论两种容易产生额外情境变量的情况：（1）被试选择实验；（2）实验者选择被试。

（一）被试选择实验

如果实验的对象是人，研究者可能会从众多心理学系学生中招募一些人作为被试。

在绝大多数大学中，从事心理学研究的人选择的被试主要是自己所教的学生。除此之外，学生被试有时是通过互联网招募来的，有时是通过在校园内张贴相关信息招募来的。通常，学生会留下自己的联系方式，或者与实验者联系了解实验情况，然后确定自己感兴趣的实验，在约定好的时间参加实验。

通常在这一过程中有两点需要决策。首先，如果被试想参加实验，他们有时间时，实验者有时间吗？其次，如果同时进行几项实验，实验者让被试参加哪一项实验呢？在学校里，我们经常看到的情况是，实验者发布招募被试的信息，在信息公告中简单地向被试介绍实验名称、要求、地点、实验所需要的时间和参与实验的报酬等。这其中，实验名称非常关键，如果不仔细地考虑清楚，有时会让被试对实验的理解产生偏差，可能会降低实验的外部效度。

例如，现有心理学研究生培养单位大部分设有基础心理学、发展与教育心理学和应用心理学三个专业。如果某一天，学生看到基础心理学、发展与教育心理学和应用心理学三个专业的教师都在招募被试。其中，基础心理学专业开展的实验是内隐记忆方面的，发展与教育心理学专业开展的实验是儿童阅读理解方面的，应用心理学专业开展的实验是某产品的用户体验方面的。请想一想，在这种情况下，如果你是一名要开展实验的教师，你是否意识到招募的学生被试存在选择参加实验的偏差？如果你是一名学生，要做一名志愿被试，你是否会因为自己的兴趣或偏好选择参加特定主题的实验？

当然，为了避免取样的偏差，实验者可能会告诉被试一个中性的实验名称，例如，用“印象形成实验”或“亲密关系实验”来替代“性经验研究”，因为取样的偏差会极大地降低实验的外部效度。

在实验过程中，如果出现了被试决定不再继续参加实验的情况，就需要记录被试退出实验的原因。

有时候，被试可能因感到参加实验的这一天不方便而不来参加实验，被试可能生病而不能参加实验。根据研究者多次做实验的经验，在实际联系被试时，一般计划联系被试的数量要比实际需要的被试人数多出 10%。

（二）实验者选择被试

在实验设计完成之后，就需要从校园里或校外的社区招募被试，研究者将他们随机安排到每种实验处理条件下。如果没有将招募的被试随机安排到每种实验处理条件下，取样就会存在偏差，从而导致实验结果的推广性下降。如果在实验过程中，研究者使用方便取样法，在推广实验结果时就需要小心。在选择实验的被试时，需要避免一些共同的缺陷。

首先，选择那些你不认识的人作为被试。相比陌生人，实验者与熟人被试之间的互动会更多且更亲密，更容易出现“好被试”现象，从而影响研究结果。其次，无论在实验室情境下还是在自然情境下，都要尽量在实验条件之间随机地分配被试。例如，做实验时，实验者会发现一些被试攻击性较强，另一些被试更友善。实验者通常把更具攻击性的被试安排到容易的条件下，让他们完成容易的实验任务，以便他们早点离开；把友善的被试安排到困难的条件下，让他们完成困难的实验任务。这种操作会增加个体差异对实验结果的污染。

第五节　实验的效度与信度

探讨实验的效度和信度，主要目的是回答这样一个重要问题：如何评价一项心理学实验质量的高低？

心理学实验与其他科学实验是一样的，需要回答两个问题：第一，实验是否有效？第二，实验是否可靠？

一、实验的效度

效度（validity）是指实验方法达到实验目的的程度。库克（T. D. Cook）和坎贝尔（D. T. Campbell）提出了四种实验效度：统计结论效度（statistical conclusion validity）、构想效度（construct validity）、内部效度（internal validity）和外部效度（external validity）（引自米勒，1997/2004）。

（一）统计结论效度

统计结论效度指统计结果揭示出的自变量与因变量之间的关系能真实代表实验研究中自变量与因变量之间关系的程度。代表性程度越高，表明效度越好。

影响统计结论效度的因素主要有二：（1）数据的特点，主要包括数据的类型、分布等。数据的特点决定了研究者应使用何种统计方法来对数据进行统计分析。研究者要根据数据特点的不同，选择不同的统计方法。对于计量数据，应该使用参数检验；对于计数数据，应该使用非参数检验。（2）统计检验的假设。在数据统计过程中，每一种统计方法都有其确定的统计检验假设。因此，研究者在使用某种统计方法对数据进行分析之前，一定要检查数据特征是否符合统计检验的假设。如果能够符合统计检验的假设，就使用该种统计方法；否则，就不能使用该种统计方法，而要选择合适的统计方法。如果研究者用错了统计方法，必然会影响统计结论的效度。

（二）构想效度

构想效度是指实验研究假设和测量指标的理论构想及其操作的有效性。构想效度直接决定了研究者的设想能否用实验的方式来加以验证。

构想效度的重要性表现在三个方面：（1）构想效度要求研究问题的来源具有合理性，即在理论上既具有重要性，又具有独特性；（2）研究的理论构想既要有逻辑上的严谨性，又要有一定的层次性；（3）根据理论构想的具体要求，在研究过程中，研究者要给出自变量和因变量严格的操作性定义。

（三）内部效度

内部效度是指在一项实验中因变量的变化确实由自变量的变化引起的程度。在一项实验研究中，最理想的状态是：在自变量变化时，因变量也随之变化；在自变量保持不变时，因变量也不发生变化。这就能确定是自变量而不是其他变量引起了因变量的变化，表明该实验的内部效度比较高。因此，实验的内部效度与对实验中额外变量的控制有关。实验中额外变量控制越少，实验的内部效度就越低；实验中额外变量控制越多，实验的内部效度就越高。前者使自变量与因变量之间的关系不明确，而后者使自变量与因变量之间的关系明确。主要有八种因素影响内部效度（迈尔斯，汉森，2001/2006）。

1. 历史

历史因素也称为实验的历史。研究者需要时刻反省，是否在实验期间发生的一些外部事件而不是实验自变量本身对实验结果产生了影响。一些发生在实验之前的外部事件可能会影响整个实验的结果。

例如，一项实验的目的是检验两种减肥方法的实际效果。在实验前，研究者将被试的体重进行了一一匹配，确保两组被试的体重是相同的。之后，研究者让被试分别使用两种减肥方法。一周之后，研究者对两组被试的体重进行实际测量。结果发现：使用方法 A 的被试组，平均体重降低了 2 千克；使用方法 B 的被试组，平均体重降低了 4 千克。根据实验结果，研究者可能会得出的结论是：方法 B 的减肥效果好于方法 A。

但是，实验结论真的可靠吗？对于使用方法 A 的被试组中的每个成员，研究者测量体重是在他们吃完午饭后进行的；对于使用方法 B 的被试组的每个成员，研究者测量体重是在他们吃午饭前进行的。在这种情况下，研究者很难得出使用方法 B 的被试组体重减得多是由于减肥方法所导致的这一结论，因为测量的时间不同，A 组是饭后，B 组是饭前，吃饭前后体重不同。

2. 成熟

成熟因素是指被试内在的（身体的或心理的）变化。在发展心理学家开展的长期追踪实验研究中，这个因素需要特别加以注意。例如，斯图尔特等（Stewart et al.，1987）研究了家中的老大（即第一个出生的孩子）在自己同胞弟妹出生前后行为的变化。幼儿在其同胞弟妹出生后的这一段时期里，认知能力明显提高，身体会有明显的发育。所以，研究者需要考虑这些因素所导致的结果，而不仅仅是考虑研究事件所导致的结果。

在以心理学专业的大学生为被试的实验中，研究者还需要关注另一种类型的成熟因素的作用。例如，在实验中选择的大学生被试，有一部分刚开始学习《基础心理学》课程，还有一部分已经学完《基础心理学》课程，那么，已经学完《基础心理学》课程的学生要比刚开始学习《基础心理学》课程的学生更可能猜测出研究者的实验目的和自己所接受的实验处理。

3. 仪器

在实验过程中，研究者需要考虑实验测量仪器的稳定性对实验内部效度产生的影响（Myers & Hansen，2005）。

例如，在一项实验中，研究者确立的因变量是被试所画线段的长度。为了测量线段的长度，研究者使用的工具是一把橡皮做的尺子。研究者可能也没有觉察到，随着使用次数的增加，该尺子的长度会发生变化。在这种条件下，会导致用该尺子测量的结果出现不准确的情况。如果继续使用这把尺子，就会导致研究者对测量结果的低估。对于A组被试，研究者是在尺子还没有变长前测量的；对于B组被试，研究者是在尺子已经变长后测量的。这就会造成系统误差，即出现对B组被试结果的低估。

虽然这只是一个想象的例子，但是该例子能很好地说明测量仪器或工具不稳定所导致的误差。在实际的实验过程中，没有人会使用橡皮尺子来测量长度。但是，测量工具的稳定性会随时对实验结果产生威胁。例如，采用计算机记录被试反应时，如果计算机性能不稳定，记录结果就会不可靠。因此，建议大家在使用计算机来呈现和记录实验结果时，一定要使用大公司生产的品牌计算机，这样才能确保实验结果的准确性。

在以问卷为工具的研究中，也需要考虑使用该工具时出现的一些问题。例如：完成问卷的指导语，是否是用被试易于理解的语言来陈述的？要求被试完成的问卷，每一份印刷的质量是否相同？需要被试在问卷上写出自己的想法时，问卷上是否给被试留了足够的空间？

这些虽然看上去都是小事情，但是能影响被试的反应。如果这些因素对各种实验处理条件下的被试反应产生了系统性的影响，那么实验的内部效度就会大打折扣。

4. 测验经验

如果实验设计是前测-后测设计，且前测-后测使用了相同的测验，那么在此情况下，测验经验就会对实验的内部效度产生影响。

例如，有一项研究探究了广告宣传是否会增进公众对某公司新研发护肤霜的认识。研究者是这样做的：

首先，随机选择一部分消费者，并给他们寄去问卷。问卷的内容是关于其他品牌的护肤霜和本公司新款护肤霜的介绍。

其次，在三个月后，研究者要对针对本公司护肤霜的一系列广告的宣传效果进行评估。研究者又一次给已参加调查的消费者寄去了相同内容的问卷。

结果发现，消费者对新产品的熟悉度提高了。基于此，研究者得出结论：针对公司新产品的广告宣传是成功的。然而，该结论可能存在的问题是，广告宣传可能使被试对在前测中出现的这一产品有了意识，导致这些被试比一般人对其更为敏感。因此，被试对新产品熟悉度的提高可能并不是广告宣传的结果。此外，测试可能使被试产生了要求特征，导致他们对研究者的问题更感兴趣或猜测出了研究者的假设，而前测又正好提供了机会，让被试知道相关信息。所以，在一般情况下，即使没有接受任何实验处理，后测结果也会与前测结果存在差异。

如何克服测验经验对实验结果的影响呢？常用的方法是增加一个无实验处理的控制组。如果实验组的后测结果与控制组的结果有显著差异，那么研究者就可以得到实验组的前后测结果的变化确实是由自变量引起的这一结论。

5. 统计回归

统计回归（statistical regression），又称为向正态分布平均数的回归，经常发生于被试在某种处理条件下具有极端分数的情况下。例如，在第一次测量时，成绩极端高于平均数，那么在第二次测量时，成绩很可能只比平均数高一点（向正态分布平均数的回归）；或者在第一次测量时，成绩极端低于平均数，那么在第二次测量时，成绩很可能只比平均数低一点（也是向正态分布平均数的回归）。

在实验中，统计回归容易导致在实验处理效果上产生假象。例如，某一项实验中，研究者想探究干预措施是否能降低被试的焦虑。在实验中，研究者选择的被试是高焦虑被试。结果发现，在进行干预后，被试焦虑程度的确降低了。基于此结果，研究者得出的结论是，干预措施的确能降低被试的焦虑。但还有一种可能，就是统计回归也能解释上述结果。这个例子说明，当实验分组涉及某些具有极端特征的被试时，统计回归将对实验结果的内部效度产生很大的影响，从而使研究者无法区分是统计回归效应还是自变量所产生的效应。

有两种方法可以控制统计回归对实验内部效度的影响：

第一，匹配法。在实验研究中，尽量选择同质的被试来参加实验。

第二，协方差分析法。即将不同质的因素（如城市儿童和农村儿童）作为协变量，以减少统计回归对实验内部效度的影响。

6. 被试选择

如果研究者没有按照随机方法选择被试，或者没有按随机程序将已筛选的被试分配到不同的实验处理水平之下，那么实验结果可能会因为被试的个体差异而受到影响，导致研究者观察到的因变量效果不是由自变量所引起的。因此，研究者应该严格按照随机方法来选择被试，并按随机方法对被试施加实验处理，从而确保在实验过程中，被试之间的个体差异能被平衡掉。

7. 被试损失率

在实验过程中，经常会出现在自变量的一种处理水平下，退出实验的被试人数比另一种处理水平下多的情况。在这种情况下，被试损失率（subject mortality）威胁实验的内部效度。在撰写实验报告时，研究者要写明被试损失率是多少，以让读者明白该实验中是否存在被试损失率所造成的影响。

如果在一项实验中被试损失率特别高，表明该实验自变量的处理水平可能引起了被试的不愉快、恐惧或烦恼。一旦发生这种情况，研究者要认真考虑实验操作为什么会引起被试的损失。通常会有两种原因：第一，可能是因为自变量处理的重复率过高，导致实验任务过于单调乏味；第二，可能是因为被试看不到自己努力后的结果是什么。研究者还发现，坚持完成实验任务的被试的忍耐力更强。在无意之中，有一个额外变量（即被试的忍耐力）被引入了实验之中，从而影响因变量的结果。

8. 选择交互作用

在实验过程中，被试的各种特征会使实验处理的效果具有特定的含义，从而影响实验和研究结果的普遍性。在这种情况下，被试选择和实验处理之间实际上存在着交互作用，即选择交互作用（selection interaction）。例如，被试的志愿性（是否有义务参加实验）、年龄与成熟、实施实验处理或测定的时机等，这些因素都容易造成被试选择和实验处理之间的交互作用，从而降低研究的内部效度。

（四）外部效度

外部效度是指实验结果的普遍代表性和适用性。近年来，研究者更喜欢用实验的生态学效度（ecological validity）来描述实验的外部效度。

对于任何一项心理学实验的结果来说，研究者最关心的问题是：如果超越该实验结果产生的实验条件，那么该实验结果还真实可靠吗？

1. 外部效度的评价维度

詹金斯（J. Jenkins，1979）用记忆实验的四面体模型（Jenkins' tetrahedral model of memory experiment），提出进行记忆实验要考虑四个因素，即被试、编码活动、事件和提取的条件。在任何一项记忆实验中，一般是选择一至两个因素，其他因素要么随机化，要么恒定。此模型给研究者提供了评价实验结果普遍性的四个维度（引自坎特威茨，罗迪格，埃尔姆斯，2004）：

第一，采用其他被试群体，也能得到同样的实验结果吗？

第二，采用其他类型的实验材料，也能得到同样的实验结果吗？

第三，采用其他类型的测验，也能得到同样的实验结果吗？

第四，采用不同的实验处理方式和不同的自变量操作方式，也能得到同样的实验结果吗？

2. 影响外部效度的因素

影响外部效度的因素主要有三个：

第一，被试之间的概括性。这是指将研究结论适用于其他被试的普遍性或代表性。被试之间的概括性首先取决于被试的代表性。被试的代表性问题一般需要通过随机取样方法来解决，被试选择越随机，越有代表性。其次取决于被试样本量的大小。样本量越大，其代表性越好。最后取决于取样的总体。如果被试的总体是4～6岁的幼儿，那么研究的结论只能推广到4～6岁的幼儿群体中，而不能推广到其他年龄的儿童中。

第二，物种之间的概括性。这是指研究者将从某一种物种获得的结论推广到另一物种时的适用程度。由于受伦理原则的限制，有一些实验不能用人来作为被试，只能用动物作为被试，因此，在将以动物为被试的实验结果推广到人时，研究者就需要考虑动物被试的实验结果是否也适用于人类。有一些以动物为被试的实验结果是适用于人类的，如斯金纳以鸽子为被试开展的操作性条件反射实验，发现不同类型强化下，鸽子学习效果不同，定比间隔强化的学习效果不如不定比间隔强化，定时间隔强化的学习效果不如不定时间隔强化，这一结果也适用于以人为被试的学习。但是，人与动物是不同的，人的心理会受社会文化的影响，如果不考虑此因素，直接把以动物为被试的实验结果推广到人，可能会犯错误。

第三，情境之间的概括性。这是指将从某一实验情境中得到的结论推广到另一种情境中的适用程度。最常见的是将实验室研究所获得的结论推广到一般生活情境之中。此时，研究者需要考虑变量的控制、实验室情境与现场情境的符合程度。当实验室情境准确而全面地抽取了生活情境中的要素时，这两种情境的符合程度就会很高，实验结果的外部效度也会很高。

3. 提高外部效度的方法

目前，研究者用五种方法来提高实验的外部效度，它们分别是综合（aggregation）、多变量设计（multivariate design）、非反应性测量（nonreactive measurement）、现场实验（field experiment）和自然观察（naturalistic observation）。

（1）综合。如果实验是用有限的和人为办法来让被试产生某种行为，那么为了提高实验的外部效度，需要将采用不同方法所做实验的结果进行综合。爱泼斯坦（Epstein，1980）认为，有四种综合方法可提高实验的外部效度：

第一，被试综合（aggregation over subjects），即将大量心理学研究的被试数据进行综合。从一两项研究的被试数据中得出的结论，其普遍代表性可能较弱，但如果结论是从大量研究的被试数据中得出的，其代表的普遍性就会增强，因为被试量越大，越能代表总体。这类研究最常见的例子是元分析研究。

第二，刺激或实验情境综合（aggregation overstimulations or situations），即将不同刺激或实验情境下的结果进行综合。首先，呈现的刺激必须具有代表性和典型性。其次，实验情境也是一个关键的因素。社会心理学家研究发现，与在假期里完成实验任务时相比，被试在平时完成实验任务时更为合作。因此，研究者需要综合各种实验情境下的结果，这样才能确保实验结果的可靠性和代表的普遍性。

第三，多次试验或机会的综合（aggregation over trials or occasions）。增加实验中的试次数量，能增强所得结果的可靠性。

第四，多次测量的综合（aggregation over measures），即使用多种测量程序来提高实验结果的外部效度。如果仅选择一种测量，测量结果的可靠性有时会无法保障。如果采用多种测量，测量结果的可靠性就能得到明显的增强。

（2）多变量设计。在心理学研究中，通常一项实验中只有一个自变量和一个因变量。但是在实际生活中，许多变量是不可拆分的。为了解决这一问题，就需要采用多变量设计来克服单一自变量与单一因变量设计存在的缺陷。随着计算机统计软件的使用，多变量设计在实际研究中得到越来越广泛的应用。

多变量设计具有以下优点：第一，在同一个实验中，研究者可以同时操纵多个（如三个）自变量，其实验效率要高于多次（如三次）只有一个自变量的实验。第二，实验控制更好。在一个多变量实验中，一些额外的变量，如时间、温度等，要比在多个单独实验中更容易恒定。第三，从多变量实验中得出的结论更有价值。第四，研究者可以分析自变量之间的交互作用。

（3）非反应性测量。在实验中减少被试的反应也可提高实验的外部效度。被试的反应属于主观反应，研究者需要对被试的反应进行观察，这可能会导致被试在有人观察和无人观察时行为反应会有不同的表现，从而影响实验的外部效度。

如果实验有明显的要求特征，其结果的适用性就会大打折扣，因为被试的反应可能是研究者在实验室之外无法观察到的。此时，被试会对将要参加的实验在内心产生某种期望。如果实验者无意间给被试提供了他们如何做的线索，那么问题可能就会变得更加严重，被试可能积极地做出某些行为来支持实验者的预期。如果所收集的结果还发现一些被试的反应明显与另一些被试的反应不同，研究者就需要考虑控制另一些被试的社会性和人格方面的变量。

（4）现场实验。提高实验结果外部效度最好的方法就是在实际生活场景中（即实验室外）进行研究。如果怀疑在真实条件下被试的行为会与他们在实验室条件下明显不同，则可以通过现场实验的方式来对此进行检验。现场实验也会面临实验研究中最基本的问题，即需要事先操作一些条件，并严格控制某些额外变量，然后观测相应的心理或行为变化。与实验室研究不同的是，这种观察是在自然条件下进行的。

如果研究涉及复杂的社会影响因素及其变化过程，那么用实验室研究是难以控制和操纵变量的，但采用现场实验就可以避免一些问题。例如，在一项研究中，研究者想了解护士的穿着对住院精神病人行为的影响。被试共38人，年龄在15～59岁。因变量是病人的不适应行为，如攻击、未经许可离开病房等。自变量有三个水平：白色制服、流行服装和普通便服。每种服装各穿6周。结果发现，病人的不适应行为在护士穿着白色制服时出现最多，在护士穿普通便服时次之，在护士穿流行服装时最少。研究者认为，造成这一结果的原因是病人将白色制服与控制、治疗及疼痛相联系，而流行服装很常见，病人不会对其产生消极的联想。

（5）自然观察。米勒（Miller，1977）提倡在心理学研究中使用自然观察法。他认为，自然观察的结果和实验研究结果可以相互补充。采用自然观察法，需要先提出关于某种行为的特定假设，然后利用严格的实验控制方法来检查假设是否正确，之后再将研究结果运用于自然情境下进行检验。

米勒观点的重要性在于：虽然我们常常强调实验的独特性，但也不能将其与其他方法割裂开来。最好的做法应该是将实验法与其他方法结合起来。心理学家研究的目的之一是揭示心理现象的本质。人不可能永远生活在实验室中，所以不能因为强调实验结果的准确性而牺牲实验结果的适用性。

实验的统计结论效度、构想效度、内部效度和外部效度之间是相互联系和相互影响的。其中，统计结论效度实际上是内部效度的特例，它们都涉及研究本身的因果关系和统计检验的可靠性。构想效度则与外部效度有一致之处，即它们的基本点都在于结果的概括性和普遍的代表性。构想效度与外部效度之间的主要差异在于，前者所指的目标总体较难具体确定，后者则往往要求一般化到实际上存在的特定总体、背景和时间等条件。

虽然研究者可以在保证研究内部效度和构想效度的情况下，提高统计结论效度和外部效度，但是研究者必须明白，用于提高某一种实验效度的措施，很可能会降低另一种实验效度。因此，研究者需要确定不同效度的优先顺序，在不同的措施之间做出适当权衡，从而避免不必要的效度损失。从上文可以看出，影响效度的因素虽然是多种多样的，但是大致可以分成四类：与被试有关的因素、测量与具体研究方法方面的因素、研究构思与程序设计的因素、实验条件与不同因素交互作用的因素。因此，研究者在决定了各实验效度的重要程度以后，就可以从被试、测量方法、构思与程序以及交互作用四个方面入手，提高实验的效度。

二、实验的信度

（一）信度的含义

信度（reliability）是指实验结论的可靠性和一致性程度。如果重复进行实验，每次所获得的结果基本一致，那么就说明该实验具有较高的信度。

首先，在实验过程中，如果操作性定义是可信的，那么研究者每次都按操作性定义进行的实验应该能获得相同的结果。例如，根据操作性定义，进行两种实验处理：第一种是“饥饿”；第二种是“不饥饿”。接受“饥饿”处理条件的被试，应该每次都表现出符合“饥饿”的行为。如果实验的被试是动物，那么动物应该表现出积极寻找食物的行为；如果实验的被试是人，那么被试应该报告自己感到饥饿。如果被试只是偶尔表现出饥饿的行为，则表明实验的操作性定义存在一定的问题，需要进行修正。

其次，操作性定义的测量应该是可信的。如果研究者采用几种因变量的定义对其进行测量，那么每次获得的结果应该是相同的。当研究者选择标准化的测量工具（如标准化测验）时，研究者应该确保测量程序是相同的。

（二）信度的种类

在实验研究中，信度包括评分者信度（inter-rater reliability）、重测信度（test-retest reliability）和项目间信度（inter-item reliability）等。

1. 评分者信度

评分者信度是指不同观察者的观测结果之间的一致性。例如，高考时，每名学生的作文得分需要两位及以上的教师评定试卷后给出。通过计算他们评定的结果之间的相关度，就能知道评分结果的可信程度。如果得出相关系数接近于 0，则表明评分结果的可信程度低；如果得出相关系数接近于 1，则表明评分结果的可信程度高。

如果在实验中，两位观察者对同一被试行为的评分的相关度很低，接近于 0，表明评分者对观察结果的评分存在很大差异。如果发生了这种情况，解决的办法是：首先，要求评分者认真学习评分标准，并确保其准确理解了评分标准；其次，要求评分者试评几分；最后，计算两位评分者评分结果的相关值，要求评分的相关值达到 0.9 以上。否则就需要继续学习评分标准，直到评分的相关值达到 0.9 以上。

2. 重测信度

重测信度是指用同一工具对被试的反应进行两次测量所获得的结果的一致性。例如，在智力测验中，如果两次测得的结果比较一致，则说明该测验结果是可信的。通过计算重测信度系数，可以看出某个测验的信度如何。例如，韦克斯勒成人智力量表（第三版）的重测信度系数达到了 0.95。这表明先后两个时间测量同一名成人的智力，其结果是非常接近的。

3. 项目间信度

项目间信度是指在用测验、问卷或其他工具来测量相同变量时，其不同项目所得结果之间的一致性。有两种方法评估项目间信度：第一种是对测验的一种结构用多个项目来测量，这种方法常用于智力测验、焦虑测验。具体计算信度的方法是用分半信度，即将所有项目随机地一分为二，然后计算两部分项目之间的相关系数。如果相关系数较高，则说明项目测量的是同一种结构。第二种是计算全部项目的克龙巴赫（Cronbach）α 系数。这是最常用的考察项目间信度的方法。

（三）影响实验信度的因素

影响实验信度的因素有两种：样本量的大小和统计检验。

1. 样本量的大小

如果实验中的被试是随机选取的，那么样本容量越大，实验结果就越可信。例如，研究者想要评估新冠疫情发生后国民的心理健康表现，我们相信样本容量为 10 万人要比样本容量只有 500 人更能准确地反映出国民的心理健康水平。样本容量越大，该样本对总体的代表性就越强，越能够促进实验的信度提升。

2. 统计检验

在得到实验结果后，研究者会问：实验结果是真的吗？换言之，如果实验重新做一遍，还会得到相同的结果吗？为此，常用的方法就是进行统计检验，也就是计算不同实验条件下的差异是由自变量的改变引起的，还是由随机因素造成的。如果统计检验结果表明，不同实验条件下的差异由偶然因素引起的概率很低，则可认为该结果是由自变量的变化引起的。当统计显著性达到 0.05 或 0.01 时，结果的统计信度非常高，但是仍然会有 5%或 1%犯错误的可能性。因此，在最后得出结论时，研究者一定要小心谨慎，不能过分夸大研究结论。建议大家在写实验报告的结论时，采用这样的格式："在本实验条件下可得出的结论是……"

《概念术语》

变量	相关变量	因果变量	主体变量
客体变量	直接测量变量	间接测量变量	操作性变量
非操作性变量	自变量	操作性定义	因变量
客观性因变量	主观性因变量	单因变量	多因变量
天花板效应	地板效应	额外变量	额外环境变量
消除法	恒定法	平衡法	要求特征
"好被试"现象	霍桑效应	单盲实验	双盲实验
掩饰情节	实验者偏差	皮格马利翁效应	随机化法
统计控制法	效度	统计结论效度	构想效度
内部效度	外部效度	信度	评分者信度
重测信度	项目间信度		

本章要点

变量是指在性质和数量上可以变化、操作或测量的条件、现象或特征。

自变量是研究者所操纵且对被试反应产生影响的变量。自变量的变化水平完全取决于研究者的操纵。自变量的代名词是“处理”或“处理变量”。

自变量的控制需要注意以下几点：自变量操纵的严密性、自变量类型操纵的数量和自变量操纵的水平数。

自变量应具备的条件有：自变量本身是能够变化的；自变量应该能够引起因变量发生改变；自变量应该是研究者能够直接操纵的。

因变量是操纵自变量引起被试做出的某种特定反应。因变量是研究者感兴趣的行为指标。客观性因变量是指能看得见和观察到的行为反应。

在选择因变量指标时，需要考虑以下几个问题：指标的有效性、指标的客观性、指标的可量化和指标的可靠性。

因变量的控制需要注意两点：(1) 反应控制；(2) 避免出现天花板效应或地板效应。

额外变量又称无关变量，是指在实验中除自变量以外可能对因变量产生影响的变量。

额外环境变量包括实验室的噪声水平、实验室里的分心物数量和实验室内的温度高低等。额外环境变量有不同的形式，最常见的形式是由环境的物理特征引起的。控制额外环境变量的常用方法有三种：消除法、恒定法、平衡法。

影响实验结果的两个重要社会变量是：(1) 要求特征；(2) 实验者偏差。研究者可以采用单盲实验或掩饰情节来控制要求特征。实验者偏差是指实验者自身的一些因素与自变量的作用混淆在一起对实验结果所造成的偏差。控制实验者偏差的最好方法是双盲实验。

效度是指实验方法达到实验目的的程度。

统计结论效度指统计结果揭示出的自变量与因变量之间的关系能真实代表实验研究中自变量与因变量之间关系的程度。

内部效度是指在一项实验中因变量的变化确实由自变量的变化引起的程度。影响内部效度的因素主要包括历史、成熟、仪器、测验经验、统计回归、被试选择、被试损失率、选择交互作用。

外部效度是指实验结果的普遍代表性和适用性。近年来，研究者更喜欢用实验的生态学效度来描述实验的外部效度。研究者常采用五种方法来提高实验外部效度，即综合、多变量设计、非反应性测量、现场实验和自然观察。

信度是指实验结论的可靠性和一致性程度。实验研究中的信度主要包括评分者信度、重测信度和项目间信度。

推荐阅读

● MYERS A, HANSEN C H. Experimental psychology. 7th ed. Cengage Learning，2011.

- 肖内西 J，泽克迈斯特 E，泽克迈斯特 J. 心理学研究方法：第 7 版．北京：人民邮电出版社，2020.
- 郭秀艳．实验心理学．北京：人民教育出版社，2019.
- 金志成，何艳茹．心理实验设计及数据处理．广州：广东高等教育出版社，2005.
- 坎特威茨，罗迪格，埃尔姆斯．实验心理学：理解心理学的研究：第 9 版．上海：华东师范大学出版社，2010.
- 博登斯，阿博特．研究设计与方法：第 6 版．上海：上海人民出版社，2008.
- 史密斯，戴维斯．实验心理学教程：勘破心理世界的侦探：第 6 版．北京：机械工业出版社，2017.
- 舒华，张学民，韩在柱．实验心理学的理论、方法与技术．北京：人民教育出版社，2018.
- 桑菲，陈军，敖亚雯，等．急性饮酒对青年人记忆功能相关脑区 CDF 及 OEF 影响的多模态磁共振研究．磁共振成像，2021，12 (1).
- 舒育跃，等．“操作性定义”和“证伪标准”不足以为心理学奠基．心理学报，2019，51 (9).
- 周颖．心理实验室：走近实验心理学．北京：北京大学出版社，2007.
- 沈莹，韩丽华．管理心理学．北京：化学工业出版社，2018.

第三章
相关设计和准实验设计

【教学目标】

通过本章学习应实现的目标有：第一，掌握相关设计的本质，明白相关的含义、相关的类型和相关的表示方法；第二，掌握两种类型相关的计算方法；第三，理解运用相关设计需要注意的问题；第四，理解准实验设计的含义和使用的条件；第五，掌握回溯性研究的模式；第六，掌握不等两组前测-后测设计、时间系列设计、不等两组时间系列设计、相等时间样本设计、平衡设计和修补设计的模式。

【学习重点】

相关设计的含义以及两种类型相关的计算方法；运用相关设计的原因及需要注意的问题；准实验设计的含义及使用条件；回溯性研究的模式；时间系列设计、不等两组时间系列设计、相等时间样本设计的含义和模式；平衡设计和修补设计的含义和模式及需要注意的问题。

第一节　相关设计

一、相关的含义

相关（correlation）是指一个变量的数值变化与另一个变量的数值变化同步（夏克赫，等，2014）。为了寻求同步变化的模式，研究者可以用测量值来发现变量之间的关系，这是一直以来发现变量之间关系的唯一方法。通过运用相关方法，研究者可揭示两个变量之间相关程度的高低。在日常生活中，经常能够观察到存在一定相关关系的现象。俗话说：一分辛苦一分甜。例如，在日常工作中，谁付出的努力更多，谁就会取得更大的成就。

二、相关的类型

（一）正相关、负相关、零相关和曲线相关

依据两个变量的变化方向，可将相关分为以下四种。

1. 正相关

正相关（positive correlation），是指一个变量的值增大，另一个变量的对应值也增大，换言之，两个变量值的变化方向是相同的。例如，一个人的身高越高，其体重就越重；一名学生学习动机越强，其学习就会越努力，其学习成绩也就越好。

拓展阅读

遗传和养育环境对成人人格的影响

为了研究遗传和养育环境对成人人格的影响，研究者常把双生子作为研究对象。双生子有两种类型：异卵和同卵。异卵双生子（DZ）是由两个不同的精子同时使两个卵细胞受精发育而成的（“异”是指两个，“卵”是指受精卵）。这种双生子的亲缘关系并不比其他非双生同胞的亲缘关系更近，换言之，他们平均也仅有一半的基因相同，他们只是碰巧同时受孕。同卵双生子（MZ）是由一个受精卵分裂成两个受精卵发育而成的（“同”是指同一个，“卵”是指受精卵）。因为他们来自同一个受精卵，所以他们的基因是相同的。因此，同卵双生子有时也被称为“全等双生子”。研究同卵双生子是很有趣的，这是因为他们之间的差异不可能是由基因引起的（因为他们的基因是完全相同的）。同卵双生子之间的相似性肯定可以用基因来解释，不过这些相似性也可能与他们相同的经历和环境有关，这种经历和环境上的共享对同卵双生子来说是很常见的。

为了分离出基因对人格的影响，美国明尼苏达大学的一个研究团队找到了许多对双生子，他们中既有同卵的（45对），又有异卵的（26对）。他们都在幼年时被分开抚养。其中同卵双生子分开时平均只有5.1个月大，平均在大约30年后重聚。异卵双生子分开时平均为12.7个月大，平均在大约37年后重聚。研究者给被试施测了加州心理问卷（CPI），然后计算他们的测验结果的相关度，以及遗传度。所谓遗传度，是指某一特质的变异中可由遗传来解释的变异的比例。遗传度的范围是从0（完全由环境决定）到1.00（完全由遗传决定）。结果如表3-1所示。

表3-1 两类双生子在加州心理问卷各分量表上的相关度及遗传度

加州心理问卷分量表	MZ相关	DZ相关	遗传度
支配性	0.53	0.24	0.541
地位能力	0.60	0.39	0.652
自我接纳	0.62	0.11	0.616
主观幸福感	0.59	0.17	0.583
责任心	0.48	0.34	0.626

续表

加州心理问卷分量表	MZ 相关	DZ 相关	遗传度
社会性	0.53	0.39	0.577
自我控制	0.68	−0.28	0.612
宽容性	0.55	0.22	0.602
好印象	0.53	−0.19	0.464
通过服从得到成功	0.44	0.02	0.414
通过独立得到成功	0.62	0.25	0.665

从表 3－1 中可以看出，分开抚养的同卵双生子（MZ）在人格特质上的相关与分开抚养的异卵双生子（DZ）在人格特质上的相关之间差异显著。前者在加州心理问卷各维度上的相关度高；后者在加州心理问卷各维度上的相关度低，个别维度还出现了负相关。从总体上看，遗传度在 0.50 左右变化，这表明从这些被试身上所观察到的人格特质的变异大约一半可以由遗传来解释。

资料来源：谢佛，麦伦斯，2004/2007.

2. 负相关

负相关（negative correlation），是指一个变量的值增大，而另一个变量的值减小，换言之，两个变量的值变化方向是相反的。例如，学生的智商与其解决问题所需要的时间就是一种负相关，即学生的智商越高，其解决问题所需要的时间就越短。

3. 零相关

零相关（zero correlation）是指两个变量值的变化是互相独立的，即一个变量值的变化与另一个变量值的变化无关。例如，学生的头发颜色与学生学习成绩的关系就是一种零相关。人们无法根据学生的头发颜色来预测其学习成绩的好坏。

4. 曲线相关

曲线相关（curve correlation）是指两个变量值之间的关系是一种非直线的关系。最典型的例子是耶克斯-道德森定律，其所描述的动机水平与行为效果之间的关系就是一种曲线相关（如图 3－1 所示）。

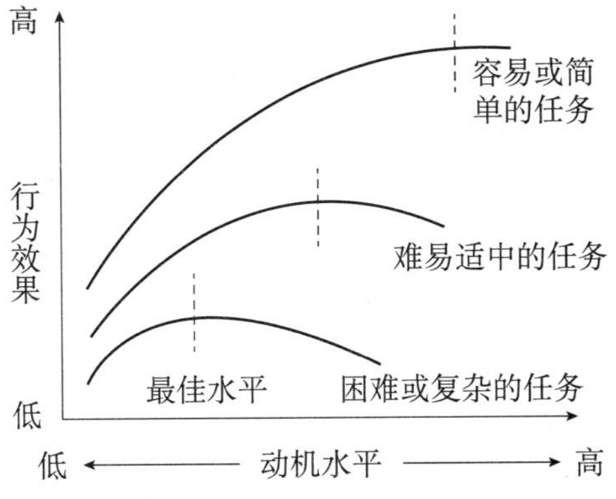

图 3－1 耶克斯-道德森定律示意图

当任务难度适中时，动机处于中等水平，行为效果最好；当任务难度较高时，动机处于适中偏低水平，行为效果最好；当任务难度较低时，动机处于适中偏高水平，行为效果最好。换言之，在日常生活中，要想做好一件事情，一个人的动机水平既不是越高越好，也不是越低越好，而是要根据任务的难度。如果不明白此道理，就会出现好心把事情给办坏的情况。参加高考对于每名考生来说都是一项高难度任务，而且每名考生都想考好；换言之，每名考生的动机水平都处于高的状态。在这种情况下，如果老师和家长继续对考生讲高考非常重要，这将会使他们的动机水平提高到更高状态，其结果将导致考试成绩不理想。

（二）高相关和低相关

依据两个变量相关的程度，可将相关分为高相关和低相关（舒华，张学民，韩在柱，2006）。

1. 高相关

高相关是指两个变量之间的关系非常密切，如大学生的学习成绩和智商之间的关系就属于高相关。当两个变量的变化达到一一对应的程度时，其关系就是确定性关系，这被称为完全相关，即相关系数为1。高相关只表示两个变量关系的密切性比较强。

2. 低相关

低相关是指两个变量之间存在一定的关系但并不密切。低相关表示两个变量关系的密切性比较弱。例如，一个人3岁时的智商与其20岁时的智商之间的相关就是一种低相关。

三、相关的表示方法

研究者在具体的研究过程中，为了更好地说明两组数据或多组数据之间的相关，发展出了三种展现形式：散点图、相关系数、线性回归。

（一）散点图

散点图就是把两个变量分别作为 x 轴和 y 轴，建立平面直角坐标系，并将它们的坐标值绘制到该坐标系中，然后从中分析两个变量之间的相关。图3-2至图3-4分别呈现了三种极端的散点图（鲁尼恩，哈伯，科尔曼，1993/2010）。

从散点图中，我们可以看出两个变量的相关大小和方向。例如，图3-2中的相关系数 $r=0$，即随着一个变量值的增大，另一个变量值既不增大也不减小，属于零相关；图3-3中的相关系数 $r=-1.00$，即随着一个变量值的增大，另一个变量值却同比例地减小，属于完全负相关；图3-4中的相关系数 $r=1.00$，即随着一个变量值的增大，另一个变量值也同比例地增大，属于完全正相关。

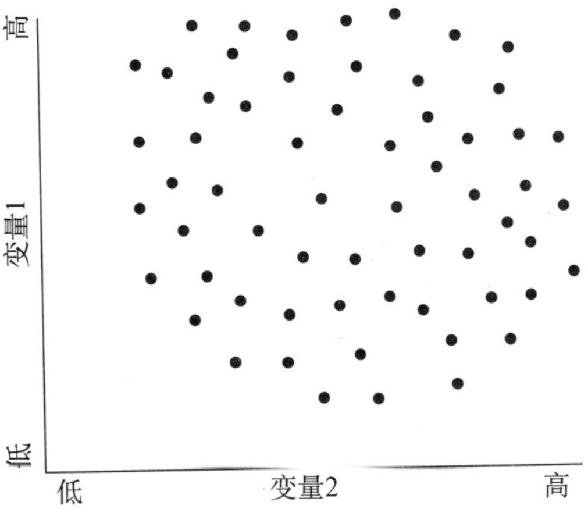

图 3-2　零相关（$r=0$）

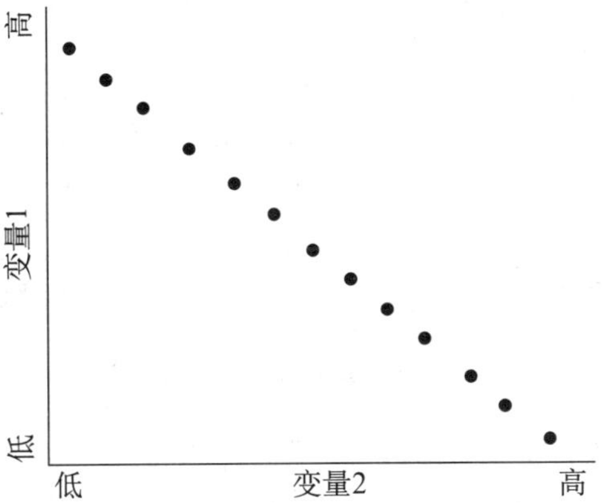

图 3-3　完全负相关（$r=-1.00$）

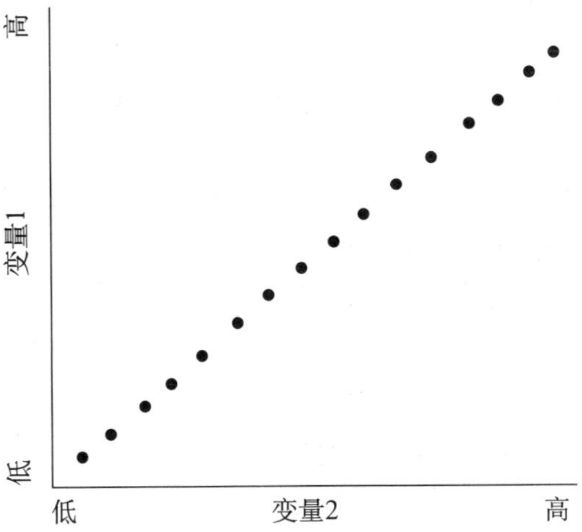

图 3-4　完全正相关（$r=1.00$）

（二）相关系数

1. 相关系数的含义

相关系数（correlation coefficient）是对两个变量的相关大小及方向进行数量化表示的统计量，表明两个变量关系的强度，即是强相关还是弱相关。常用的相关系数的类型有两种：一种是适用于计量数据的相关系数；另一种是适用于等级数据的相关系数。对于一项研究所获得的数据来说，究竟需要计算哪一种相关系数，取决于以下几个因素：第一，用来测量每个变量的量表类型；第二，变量的内在分布特征（即变量是连续的还是离散的）；第三，数据分布的特点。

2. 相关系数的取值范围

相关系数 r 的取值范围是 -1.00～1.00，一般要取小数点后两位数字。r 的正负号表示相关的方向。$r>0$ 表示正相关，$r<0$ 表示负相关，$r=0$ 表示零相关。r 的绝对值越接近于1，相关程度越高，它们之间的关系越密切。具体如图3-5所示。

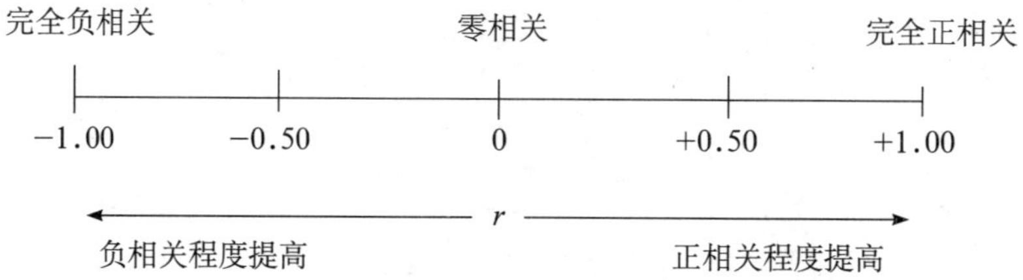

图3-5　相关系数的取值范围

一般来说，相关系数 r 的绝对值在 0～0.19 区间时，为极低相关；相关系数 r 的绝对值在 0.20～0.39 区间时，为低相关；相关系数 r 的绝对值在 0.40～0.69 区间时，为中等相关；相关系数 r 的绝对值在 0.70～0.89 区间时，为高相关；相关系数 r 的绝对值在 0.90～1.00 区间时，为极高相关。

3. 积差相关系数及计算

采用皮尔逊积差相关系数（Pearson's product-moment correlation coefficient）需要满足以下几个条件：

第一，两个变量的总体均呈正态分布或接近正态的单峰对称分布。

第二，两个变量的数据都是连续数据。

第三，两个变量的数据是成对的数据。

第四，两个变量的数据之间是相互独立的。

第五，两个变量之间呈线性关系。

皮尔逊积差相关系数的计算公式为：

$$r=\frac{\sum XY-(\sum X)(\sum Y)/N}{\sqrt{\sum X^2-(\sum X)^2/N}\cdot\sqrt{\sum Y^2-(\sum Y)^2/N}}$$

皮尔逊积差相关

式中，X 和 Y 分别代表两个变量的测定值，N 代表样本容量。

例如，有学者假设儿童的年龄与他们能够正确命名物体的数量之间存在正相关。为了验证其假设，他招募了 10 名儿童，他们的年龄从 5 岁到 14 岁，要求他们完成的任务是尽可能多地说出物体的名称，结果如表 3－2 所示。

表 3－2　10 名儿童和他们能命名物体的数量

儿童	X（年龄）	Y（命名物体数）
1	5	1
2	6	2
3	7	2
4	8	5
5	9	7
6	10	6
7	11	6
8	12	9
9	12	8
10	14	10

将表 3－2 中相应数据代入上述公式，计算出 $r=0.955$。这表明儿童年龄与他们命名物体的数量之间呈现极高的相关。

4. 等级相关系数及计算

当相关数据不能满足参数检验时，就不能再用皮尔逊积差相关系数。常见的等级相关系数有斯皮尔曼等级相关系数（Spearman's rank correlation coefficient）和肯德尔和谐系数（Kendall's coefficient of concordance）。

（1）斯皮尔曼等级相关系数。当两个变量的测定值是等级数据，且它们的总体不一定呈正态分布，样本容量也不一定大于 30 时，这样两个变量的相关系数被称为等级相关系数，也称斯皮尔曼等级相关系数。

斯皮尔曼等级相关

斯皮尔曼等级相关系数的计算公式为：

$$r_R = 1 - \frac{6\sum D^2}{N(N^2-1)}$$

式中，D 为两个变量每对数据的等级之差，N 表示样本容量。

例如，已知 10 名学生的语文成绩等级与阅读成绩等级（如表 3－3 所示），请计算它们之间的相关程度。

表 3－3　10 名学生的语文成绩等级与阅读成绩等级

序号	X（语文成绩等级）	Y（阅读成绩等级）	D	D^2
1	8	8	0	0
2	6	7	−1	1
3	5	4	1	1
4	3	2	1	1
5	2	1	1	1
6	4	5	−1	1
7	7	6	1	1

续表

序号	X（语文成绩等级）	Y（阅读成绩等级）	D	D^2
8	9	10	−1	1
9	1	3	−2	4
10	10	9	1	1
$\sum$				12

将表中相应数据代入上述公式，得到

$$r_R = 1 - \frac{6\sum D^2}{N(N^2-1)}$$
$$= 1 - \frac{6 \times 12}{10 \times (100-1)} = 0.93$$

如果变量是连续变量，在计算时，首先把两组数据分别按大小排成等级，最大值取为等级 1，其他类推。若出现相同的等级，可用它们所占等级位置的平均数作为它们的等级。例如，已知 10 名学生的数学成绩和智商（见表 3－4），请计算它们之间的斯皮尔曼等级相关系数。在表 3－4 中，序号是 5 和序号是 10 的数学成绩等级相同，以它们所占等级位置的平均数作为其等级，即 2.5。

表 3－4　10 名学生的数学成绩和智商

序号	X（智商）	等级	Y（数学成绩）	等级	D	D^2
1	90	3.5	88	4	−0.5	0.25
2	85	7	80	6	1	1
3	70	10	80	6	4	16
4	85	7	79	8	−1	1
5	90	3.5	95	2.5	1	1
6	80	9	70	10	−1	1
7	85	7	75	9	−2	4
8	100	1	98	1	0	0
9	87	5	80	6	−1	1
10	92	2	95	2.5	−0.5	0.25
$\sum$						25.5

将表中相应数据代入上述公式，得到

$$r_R = 1 - \frac{6\sum D^2}{N(N^2-1)}$$
$$= 1 - \frac{6 \times 25.5}{10 \times (100-1)} = 0.85$$

斯皮尔曼等级相关系数为 0.85，表明数学成绩与智商之间存在高相关。

（2）肯德尔和谐系数。当多个变量值以等级来表示时，这几个变量之间的一致性程度被称为肯德尔和谐系数或肯德尔 W 系数。

肯德尔和谐系数可以用来计算两列以上等级变量的相关程度。例如，有研究者想了解在体育比赛中，几位评委对同一组运动员成绩等级评定的一致性程度如何，就需要计算肯德尔和谐系数。

其计算公式为：

$$W=\frac{SS_R}{\frac{1}{12}K^2(n^3-n)}$$

式中，SS_R 为 R 的离均差平方和，$SS_R=\sum R^2-(\sum R)^2/n$，$K$ 为等级变量的列数或评定者数目，n 为被评对象的数目。

肯德尔和谐系数相关分析

例如，7 位评委依据已确定的 4 个维度对某位运动员成绩进行打分，将分数转换为等级后的结果见表 3-5，请计算这 7 位评委对该运动员评价意见的一致性程度。

表 3-5　7 位评委依据 4 个维度打出的分数的等级

评委	维度一	维度二	维度三	维度四	
1	2.5	4	2.5	1	
2	3.5	3.5	1.5	1.5	
3	2.5	2.5	1	4	
4	4	2	2	2	
5	3	4	1.5	1.5	
6	1	2	3	4	
7	2	4	2	2	
R	18.5	22	13.5	16	$\sum R=70$
R^2	342.25	484	182.25	256	$\sum R^2=1\,264.5$

将表中相应数据代入上述公式，得到

$$W=\frac{SS_R}{\frac{1}{12}K^2(n^3-n)}$$

$$=\frac{1\,264.5-\frac{(70)^2}{4}}{\frac{1}{12}\times 7^2\times(4^3-4)}=0.16$$

肯德尔和谐系数为 0.16。这个结果表明 7 位评委的评分意见一致性较低。

5. 相关系数的检验

相关系数的检验主要是确定相关系数是否与 0 存在显著差异。如果以 30 名被试的数据来计算的话，当相关系数的绝对值达到 0.36 时，即可表明其在 0.05 水平上显著；当相关系数的绝对值达到 0.46 时，即可表明其在 0.01 水平上显著。此时，我们可以说变量之间的相关是可信的。

（三）线性回归

1. 线性回归的含义

线性回归（linear regression）是根据个体在一个变量上的得分来预测其在另一个变量上的得分的一种分析方法（鲁尼恩，哈伯，科尔曼，1993/2010）。

回归分析可以预测个体的实际成绩。如果两个变量之间呈现完全的正相关或负相关，那么研究者就能准确地做出预测。如果两个变量之间只呈现中等程度的相关或更低的相关，那么研究者预测的准确性就较差。如果两个变量之间呈现的是零相关，则研究者无法做出预测。

2. 线性回归的价值

相关分析允许研究两个变量之间关系的强度、方向和形式。因此，如前面所提到的年龄和命名物体数量研究，相关分析告诉我们，年龄和能命名物体数量之间存在强烈的正相关关系，即儿童的年龄和能够命名物体的数量是以线性方式一起增长的。然而，相关分析存在一定的局限性，因为它无法解决两个重要问题。

第一，相关分析没有告诉我们，如果一个变量改变一定量，另一个变量会改变多少。

第二，相关分析不允许我们预测在一个变量上有特定得分的人在另一个变量上的得分是多少。

如果我们正在探索的变量之间存在线性关系，就有可能解决上述两个问题。换言之，可以做出两种预测：（1）一个变量将根据另一个变量的已知变化而变化多少；（2）在一个变量上具有给定得分的特定个体，其在另一变量上的得分是多少。这可以通过线性回归来完成。

3. 线性回归方程及计算

线性回归的方程可表示为：

$$Y = a + bX$$

式中，斜率 b 的计算公式为：

$$b = \frac{\sum XY - (\sum X)(\sum Y)/N}{SS_X}$$

如果已知 X 和 Y 两个变量的相关值 r，那么斜率 b 也可以通过以下公式进行计算：

$$b = r\frac{S_Y}{S_X}$$

式中，S_Y 是 Y 变量的样本标准差，S_X 是 X 变量的样本标准差。

常数 a 的计算公式为：

$$a = \overline{Y} - b\overline{X}$$

式中，$\overline{Y}$ 为 Y 变量的均值，$\overline{X}$ 为 X 变量的均值。

上述公式所描述的是 Y 在 X 上的回归。如果直线的斜率是 10，其含义就是 X 每变化 1 个单位，Y 就会变化 10 个单位。a 表示当 $X=0$ 时 Y 的值，也即在 Y 轴上的截距。

当相关系数 $r=1.00$ 时，通过已知的 X 值，可对 Y 的值做出最佳预测。但是在实际研究中，很少能够获得完全相关。因此，必须找到一条能够最佳拟合数据的直线，然后据此做出预测。怎样才能算是最佳拟合呢？即所有的点到该直线距离的平方和最小，这条直线又称回归线（regression line）。

例如，有一所中学的老师想预测学生高考数学成绩，他建立了高考数学成绩 Y 对平时成绩 X 的线性回归方程。随机抽取 10 名同学的数据，如表 3－6 所示。

一元线性回归分析

表 3－6　10 名学生平时数学考试均分和高考数学成绩

学生编号	平时数学考试均分（X）	高考数学成绩（Y）	X^2	Y^2	XY
1	89	92	7 921	8 464	8 188
2	75	82	5 625	6 724	6 150
3	77	76	5 929	5 776	5 852
4	73	78	5 329	6 084	5 694
5	68	70	4 624	4 900	4 760
6	78	84	6 084	7 056	6 552
7	81	83	6 561	6 889	6 723
8	90	85	8 100	7 225	7 650
9	70	75	4 900	5 625	5 250
10	74	80	5 476	6 400	5 920
$\sum$	775	805	60 549	65 143	62 739

$a=\overline{Y}-b\overline{X}=80.5-0.723\times77.5=24.468$，基于此，得到一元线性回归方程：$Y=24.468+0.723X$。

如果某位同学平时数学考试成绩为 90 分，根据此公式，可以得出他高考数学成绩是 89.5 分。

四、简单相关关系的可能因果方向

对于任何两个变量，简单的相关关系存在四种可能的因果方向。

下面以儿童观看暴力电视的次数（用 X 表示）和儿童的攻击水平（用 Y 表示）的相关关系（$r=0.60$），来说明四种可能的因果方向（引自 Myers & Hansen，2006）。

第一种：

$$X \longrightarrow Y$$

即观看暴力电视节目的次数越多，儿童攻击水平越高。

第二种：

$$Y \longleftarrow X$$

即攻击水平越高，儿童观看暴力电视节目的次数越多。

第三种：

$$X \longleftrightarrow Y$$

即攻击水平越高，儿童观看暴力电视节目的次数越多；同时，观看暴力电视节目的次数越多，儿童的攻击水平越高。

第四种：

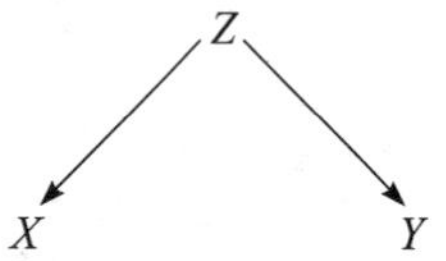

即有一个没有被测量的第三个变量（Z），其能够实现较低程度的自动激活，同时导致儿童更多地观看暴力电视节目和呈现更高的攻击水平。

五、为什么要使用相关设计

（一）在研究的早期阶段收集资料

早期的相关研究可以为后续深入的实验研究提供一定的资料。典型的例子是廷伯根（N. Tinbergen）对三脊刺棘鱼行为的研究（引自博登斯，阿伯特，2005/2008）。

廷伯根在自然条件下观察发现，当春天到来时，雄三脊刺棘鱼会在河床上划出一小块区域，然后在中央筑出一个圆柱体的巢。同时，雄鱼的腹部由通常的暗色变成亮红色，并且雄鱼开始围绕它的巢驱逐领地上的其他雄鱼。因为雌三脊刺棘鱼的腹部颜色不会发生这种变化，所以它们不会遭到驱逐。

廷伯根开始观察到的结果纯粹是一个相关的结果，因此不能够得出肯定的因果结论。廷伯根的观察结果表明，雄鱼对入侵者做出的捍卫行为是与入侵者体格特征有关的，即腹部变成亮红色。那么，到底是哪一种特征决定了雄鱼之间会不会发生一场战斗呢？刚开始时有许多条线索，例如雄鱼的色斑、体形和气味都会引发相同的反应。但是，这些线索总是一起出现、一起消失，所以只用相关研究，没有办法确定红色斑究竟是捍卫行为的最终原因还是只是一个相关因素。但是，廷伯根早期的观察结果为实验研究确定变量之间的关系提供了依据。

为了分离这些变量的作用，廷伯根转向采用实验法。首先，他在实验室里建造了一条人工河流，然后买了几条雄三脊刺棘鱼。鱼儿们很快适应了新的环境，建立起自己的领地。其次，廷伯根做了许多模型，把雄三脊刺棘鱼的若干特征设计得惟妙惟肖，再把这些模型排列起来，从完全仿制真雄三脊刺棘鱼外观的模型（但没有气味），一直到只是制作灰盘子的模型，其中的部分模型有红色斑，有的没有。

结果发现，当一条具有红色腹部的仿制模型鱼在人工河流中游动，经过一条雄三脊刺棘鱼的领地时，这条雄三脊刺棘鱼会立即表现出捍卫行为。这表明，气味对于雄三脊刺棘鱼的捍卫行为显然不是必要的。随后的实验还发现，所有带有红色的模型鱼都引发了真雄三脊刺棘鱼的捍卫行为。在相关研究的基础上，廷伯根根据这些结果揭示出变量之间的因果关系。

（二）无法操纵变量

在实验设计中，一定要操纵变量，以此来确定它们对其他变量的影响。然而，当研究者关心的变量不可能进行操纵或操纵起来不符合伦理时，就需要选择相关设计。例如，研究者想要探讨由情感冷漠、无爱心的父母养大的孩子是否会形成不良的人格特征。为了在父母对待子女的行为和子女不良人格特征之间确立起一种清晰的因果联系，研究者可以这样进行实验：随机地把出生不久的婴儿分配给情感正常、有爱心的父母和情感冷漠、无爱心的父母抚养。这虽然实现了操纵父母行为这一变量，但是在实际生活中，很难进行这样的实验。想一想，哪一个父母会让自己的孩子参加这样一个实验呢？

在这个实验中，还存在一个问题，即操纵的变量会对儿童造成非常严重的伤害，这又违背了实验研究的伦理原则。在这种情况下，唯一正确的选择就是进行相关研究。

（三）提高研究的生态学效度

为了探讨所研究的变量在自然条件下是如何发生变化的，有时就需要选择相关设计。虽然研究者并不清楚两个变量中谁是因、谁是果，但是，通过这种设计所获得的资料，可做出非常有用的预测。例如，学生的高考成绩与其在大学里的学习成绩相关，据此研究者就能根据高考成绩来预测其在大学里的学习成绩。另外，如果一种理论预测两个变量之间存在相关关系，那么对于这种理论的验证，最好选择相关设计来进行。

拓展阅读

心理学研究中的生态化运动

心理学实验中的生态化运动（ecological movement）是一种心理学研究方法论的发展运动，是用生态学的原理去研究思维、认识和解决人与自然关系中的问题。它强调在现实生活中和自然条件下研究个体的心理与行为，研究个体与自然、社会环境中各种因素的相互作用，从而揭示个体心理发展与变化的规律。从生态学的观点来看，个体是在真实的自然、社会环境中成长、发展的。个体的心理活动不是一个孤立的系统，其心理发展受到环境中多种因素的影响，而这些因素又相互作用、相互影响。因此，在心理学研究中，应将被试置于现实环境中，一方面对个体自身的心理系统的变化进行研究，另一方面对个体心理系统与宏观环境的关系加以探讨。

20 世纪 40 年代，格式塔心理学家勒温（Kurt Lewin）、机能主义心理学家布伦斯维克（E. Brunswick）分别注意到当时的心理学研究不注重在现实环境中研究行为和心理过程。勒温首先采用生态学的原理与方法研究心理与行为问题，主张要在现实环境中研究行为、心理与环境的关系。20 世纪 60 年代至 80 年代末，这种研究趋势不但在社会心理学中继续加强，而且逐渐向心理学的其他分支领域扩张，如认知心理学、发展心理学、动物心理学和文化心理学等。20 世纪 90 年代，生态化的研究更加具体化，属于该研究范式的各种专题不断出现。目前，生态化取向已经被大多数心理学家接受。在很多心理学的实证研究中，已经非常注意生态学效度问题。

生态化研究的具体方法包括：(1) 准实验设计方法；(2) 改进后的自然观察法（如进行摄像、录音等）；(3) 大量采用多因素设计和分析技术，综合考察多种因素对被试心理的影响及因素之间的相互关系。

资料来源：张雪莲，杨继平，2005.

六、运用相关设计时需要注意的几个问题

（一）正确认识相关系数的高低

1. 高相关

相关系数表示两个变量间相关的高低，它反映了两个变量间关联的密切程度。但高相关只是表示其关系密切，并不意味着两个变量的内部关联性很强，因为对于任何两个变量而言，我们都可计算出一个相关系数，两个变量的相关值高可能是一种偶然的巧合，实际上也许这两个变量之间不存在内部关联。

那么，如何确定两个变量之间的高相关是真正的高相关还是偶然的高相关呢？常用的解决办法是通过重复研究来加以验证。例如，计算三次重复研究所获得的数据的相关值，然后将其与最初研究所获得的相关值进行比较。如果发现新获得的相关值与原来的相关值在模式上是完全不同的，即新获得的相关值变低了甚至接近于0，就可以推断原来的高相关很可能是一种偶然现象。相反，如果新获得的相关值与第一次所获得的相关值在模式上完全相同或比较相近，即原来是高相关，后面也是高相关，就可以推断原来的高相关是可信的。也就是说，多次得到高相关，可以证明第一次的高相关不是一种偶然现象，表明两个变量之间的确存在紧密的内在联系。

此外，还需要指出的是，两个变量之间呈高相关，并不意味着二者之间存在着因果关系。对于两个变量 A 和 B 来说，相关结果不能够说明到底是 A 引起 B、B 引起 A，还是二者共同受某些其他因素的影响。

2. 低相关

两个变量之间低相关，并不意味着它们的内部关联性就弱。有两个最常见的原因可能导致两个变量之间的低相关（舒华，张学民，韩在柱，2006）。

第一个原因是一种偶然的巧合，实际上两个变量内部的关联性很强。

第二个原因是全距限制。所谓全距限制，是指当数值之间的变异很小时，即使两个变量本来存在高相关，实际计算得到的相关系数也会很低。例如，因试卷难度过大，高中二年级某班所有学生的英语成绩与语文成绩都低于40分，这就会导致他们的英语成绩与语文成绩的相关度很低（如0.30）；相反，因试卷难度过低，该班学生的英语成绩和语文成绩都高于85分，这同样会导致他们的英语成绩与语文成绩的相关度很低（如0.32）。如果试卷难度适中，该班学生的英语成绩与语文成绩在30～90分区间，则英语成绩和语文成绩的相关度就会很高（如0.85）。

（二）合理选择样本

有时，研究者仅选择极端个体作为研究样本来考察两个变量之间的关系。例如，研究者想探究焦虑与再认记忆之间的关系。研究者首先对一组焦虑患者的焦虑状况和再认记忆能力进行了测试，然后选取在焦虑测验中得分排名前25%和得分排名后25%的患者作为被试，最后计算焦虑得分与再认记忆测验成绩之间的相关度。但这里存在一个问题，即仅仅使用焦虑测验分数分布中的极端数据，会扭曲两个变量之间的真正关系。为了有效地推断总体，研究者应该选择能够代表总体的样本，而不仅仅是分布在极端的两个样本。

（三）正确判断相关系数的重要性与显著性

通过计算相关度，得到相关系数后，有一个问题就会出现：什么是一个好的相关系数？或者说：如何判断相关系数的重要性？需要指出的是，我们不能仅仅根据相关系数的大小来做简单判断，而应根据研究目的和研究情境来确定。如一项研究得到相关系数为0.20，对于一名研究者来说，可能没有什么意义，但对于另一名研究者来说，则可能是相当重要的。

相关系数的大小在统计上要么显著，要么不显著。某一研究所得的相关系数是否显著，需要进行统计检验。

（四）正确认识相关系数与因果关系

虽然所有变量之间的相关关系都不能确定其因果关系及方向，但是研究者可通过路径分析和交叉滞后组设计两种方法，以相关关系为基础来建构因果模型（Myers & Hansen，2005）。

1. 路径分析

路径分析（path analysis）是一种重要的以相关关系为基础的研究方法，它可以用于对被试的几种相关行为都进行测量的情况。研究者使用路径分析可以建立变量之间可能的因果模型。

路径分析使用β权重来构建路径图，以此为那些相关的行为描绘可能的因果关系。利用计算机统计软件，研究者可以轻松地比较若干个多元回归方程，测试不同的路径，找出最佳的模型。之后，研究者还可进一步检验所选出的模型与实际数据之间的“拟合度”。路径模型有时会很复杂。当要考虑很多相关的特征和行为时，每一条路径可能都有很多步。某些模型可能会包括若干条殊途同归的路径。

例如，王振宏和刘萍（2000）以高中119名一、二年级学生为被试（男71名，女48名：高一61名，男34名，女27名；高二58名，男37名，女21名），采用学业自我效能问卷、学习策略问卷、内外在动机问卷、成就目标问卷和智力测量问卷，以自我效能、成就目标、内外在动机为指标，比较系统地考察了动机因素、学习策略、智商分数对学生学业成就的影响。结果如表3－7所示。

表 3－7　动机因素、学习策略、智商分数、学业成就等因素之间的相关

	1	2	3	4	5	6	7	8
1 学业成就	—							
2 智商分数	0.68*	—						
3 自我效能	0.56*	0.33*	—					
4 学习策略	0.55*	0.32*	0.61*	—				
5 内在动机	0.45*	0.30*	0.43*	0.42*	—			
6 外在动机	−0.26*	−0.28*	−0.18*	−0.25*	−0.33*	—		
7 掌握目标	0.47*	0.33*	0.29*	0.30*	0.43*	0.22*	—	
8 业绩目标	−0.29*	−0.22*	−0.11*	−0.16*	−0.20*	0.29*	−0.09*	—

* $p<0.001$。

从表 3－7 中可以看出，智商分数与学业成就呈较高的正相关（$r=0.68$，$p<0.001$），自我效能、学习策略、内在动机、掌握目标与学业成就呈中等的正相关（$p<0.001$），外在动机、业绩目标与学业成就呈较低的负相关（$p<0.001$）。

进一步进行多元回归分析，结果如表 3－8 所示。

表 3－8　动机因素、学习策略、智商分数、学业成就等因素的多元回归分析参数值

	内在动机		学习策略		学业成就	
	β	p	β	p	β	p
自我效能	0.338	0.000 1	0.536	0.000 0	0.207	0.005 2
掌握目标	0.330	0.000 1			0.185	0.002 8
内在动机			0.184	0.023 0		
学习策略					0.220	0.002 8
智商分数					0.476	0.000 0

从表 3－8 中可以看出，以自我效能、掌握目标来预测内在动机，其预测性接近；以自我效能、内在动机来预测学习策略，相比较而言，自我效能的预测性更强（$\beta=0.536$）；以自我效能、掌握目标、学习策略、智商分数来预测学业成就，相比较而言，智商分数的预测性最强（$\beta=0.476$），学习策略（$\beta=0.220$）、自我效能（$\beta=0.207$）、掌握目标（$\beta=0.185$）的预测性接近。

之后，研究者在此基础上，建立了路径模型，如图 3－6 所示。

从图 3－6 中的路径模型可以清楚地看出，智商分数、自我效能、掌握目标、学习策略直接影响学生的学业成就，同时自我效能、掌握目标、内在动机也通过影响学习策略间接地影响学业成就。以智商分数、自我效能、掌握目标、学习策略来预测学业成就，其决定系数 $R^2=0.65$（$p<0.001$），也就是说智商分数、自我效能、掌握目标、学习策略可以解释学业成就 65%的变异。如果将自变量与学业成就的相关系数乘以自变量到学业成就的路径系数的结果，即 $R\times P$，作为自变量对学业成就的决定系数，则智商分数的解释力最大，可以解释学业成就 32%（$R\times P=0.324$）的变异，学习策略、自我效能和掌握目标的解释力基本接近，学习策略能够解释学业成就 12%（$R\times P=$

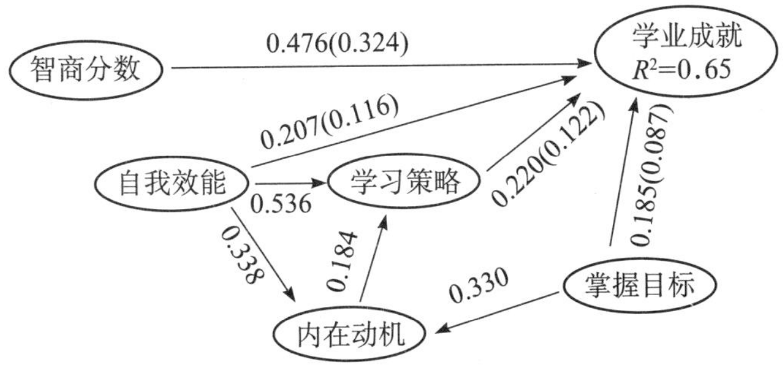

图 3-6 动机因素、学习策略、智商分数等与学业成就的路径模型

注：括号内数值为自变量对因变量的决定系数，R^2 为总决定系数。

0.122）的变异，自我效能能够解释学业成就 12%（$R\times P=0.116$）的变异，掌握目标能够解释学业成就 9%（$R\times P=0.087$）的变异。

需要指出的是，研究者进行路径分析时，总是很小心地避免使用因果关系的词句来表述他们的模型。原因有三：第一，由于路径分析是建立在相关数据基础上的，所以其内部效度很低；第二，从因到果的方向并不十分有把握；第三，额外变量的影响永远都不可能被完全排除。

2. 交叉滞后组设计

交叉滞后组设计（cross-lagged panel design）是间隔一段时间后对各种关系进行重测来提出因素路径的方法（迈尔斯，汉森，2001/2006）。在这种设计中，首先要求被试在两个不同的时间点接受同样的行为测量，然后用一种特殊的方式对测量所得的分数进行相关分析，产生的相关模型就可用来推测因果关系。

例如，研究者想考察个体在其成长过程中观看暴力电视的偏好与其攻击性之间的相关。首先，研究者对一个青少年大样本进行攻击性和观看暴力电视的偏好程度的测量。这次测量是在被试上小学三年级时进行的。第二次测量则是在 10 年后进行的。结果发现，更有可能是观看暴力电视引发了攻击性而非后者导致前者。

但是值得注意的是，尽管交叉滞后组设计的结果可以在一定程度上据以推测变量之间的因果关系，但是这一方法需要满足一定的前提条件。比如，已经确定变量间存在因果关系，那么，可以从交叉滞后组设计出发进一步探究二者关系的方向。总之，对于因果关系的结论需要谨慎，遵循其必要的原则。

拓展阅读

交叉滞后组设计的研究

根据以往的研究，儿童的选择性信任在理论上可能与执行功能存在关联。对于二者的关联有三种可能性：第一种为执行功能影响选择性信任；第二种为选择性信任影响执行功能；第三种为前两种可能性的结合，即在儿童认知发展的过程中，选择性信任与执行功能相互影响。丁雪辰等人（2017）通过交叉滞后的研究设计探讨了幼儿选择性信任与执行功能之间的关联究竟支持上述哪种观点。该研究共追踪了 122 名 3～5 岁的幼儿，两次测量的时间间隔为 7 个月。具体结果如图 3-7 所示。

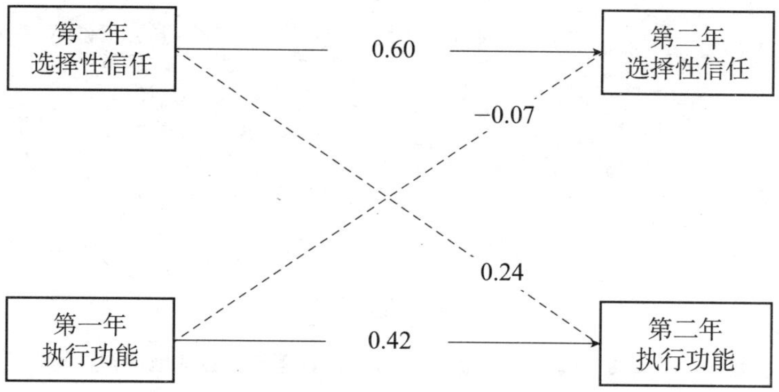

图3－7　选择性信任与执行功能的交叉滞后模型

从图3－7中可以看出，交叉滞后组设计两条对角线上的预测值，实际上，对于回答到底是执行功能影响了幼儿的选择性信任还是幼儿的选择性信任影响了其执行功能的发展更为重要，因为它们代表了跨时间段的效应。该研究结果就表明，在控制了幼儿的年龄和语言能力等因素后，第一年的选择性信任可以显著正向预测第二年的执行功能，但第一年的执行功能无法预测第二年的选择性信任。此结果符合前文所提第二种可能性，即选择性信任的发展影响执行功能的发展。这也说明，选择性信任在早期认知发展中处于相对主动的位置，不会受到执行功能的影响。具体而言，随着幼儿选择性信任能力的提高，幼儿更能注意信息提供者的特征并记住，当面临未知领域需要做出选择时可以更好地提取记忆，同时可以更好地动态监控并控制自己去选择可靠的信息提供者，这促进了注意集中、工作记忆、抑制控制和认知灵活性等能力的发展。

资料来源：丁雪辰，桑标，潘婷婷．幼儿选择性信任与心理理论和执行功能的关联：来自追踪研究的证据．心理科学，2017，40（5）：1129－1135.

第二节　准实验设计

一、准实验设计概述

（一）准实验设计的含义

准实验设计（quasi-experiment design）概念是由坎贝尔和斯坦利（J. C. Stanley）提出的，目的是帮助心理学研究者在无法严格控制环境的条件下开展实验研究（Morning，2018）。

准实验设计是指不能随机分配被试，但可以操纵自变量和因变量的实验设计，它介于非实验设计和真实验设计之间。也就是说，准实验设计对额外变量的控制比非实验设计要严格一些，能够对一部分额外变量进行控制，但不如真实验设计可以对额外变量进行充分和广泛的控制。

准实验设计的逻辑是，研究者将某一自变量引入某情境之中，这个自变量好像是自然界存在的一样。也就是说，研究者的任务好像只是引入这个实验变量。

在一个典型的心理学实验中，被试要么是随机选择的，要么是根据某些已经确定的特征选择的（例如智商在 120～150 的学生），然后，在一种严格控制的实验情境下由研究者向被试呈现实验变量，最后将实验所得结果推广到一个更大的群体之中，或者将实验结果的某些方面推广到真实生活情境之中。然而，在现实生活中，许多事情发生于自然情境之中，有时研究者不可能选择一些被试，并将他们带到一个严格控制的实验室之中，对他们进行实验并记录其反应的数据。例如，在具体的研究中，研究者无法在实验室中创设出某一个发生于现实生活中的事件，如“9·11”事件。然而，这一事件又是心理学研究者所关心的问题。但存在的问题是，以在实验室中所创设出来的微观环境为基础开展的研究得到的结果，被推广到真实的生活情境中时，可能会失效。

由于严格的实验室实验的局限性逐渐显露出来，研究者越来越重视外部效度较高的现场实验，而现场实验由于取样和变量控制等方面的原因，难以采用真实验设计。在这种情况下，准实验设计就越来越受到重视并被完善，应用范围也在扩大。

准实验设计包括回溯性研究、不等两组前测-后测设计、时间系列设计、不等两组时间系列设计、相等时间样本设计、平衡设计、修补设计等类型。

（二）准实验设计的使用条件

一般而言，在下列情况下可以使用准实验设计（史密斯，戴维斯，2003/2006）：

第一，有许多变量无法进行随机分配。一项研究如果是基于被试的性别、年龄、生活经验或智力等个体特征，则必须选择使用准实验设计。

第二，当研究者需要对研究内容或干预的效果进行评估，特别是进行回溯性研究时，准实验设计就是一种极佳的选择，因为研究者无法从一开始就使用控制程序来对研究中的变量加以控制。

第三，特定条件下的研究需要使用准实验设计，因为研究者无法通过随机分配的方法研究诸如民族、失业、流动等社会因素所造成的问题。

第四，当在经费、时间、控制因素上存在很大困难时，研究者不可能实现随机分配被试，在此情况下必须选择准实验设计。例如，想开展一项跨文化研究，需要被试来自几个不同的国家，还要保证他们的背景差不多，然后将他们随机分配到某一种情境之中，这几乎是不可能实现的。

第五，在一些心理学实验研究中，因实验的伦理的要求，研究者必须采用准实验设计。例如，研究者想探讨某一种特殊的实验处理（如长期饮酒）对被试心理（如记忆力）的影响，但是这种特殊处理可能会给被试造成伤害，从而引发实验伦理问题，在这种情况下，研究者解决这一两难问题的最好方法就是采用准实验设计。

（三）准实验设计与真实验设计的区别

准实验设计和真实验设计的区别如表 3－9 所示。

表 3-9 准实验设计与真实验设计的区别

维度	准实验设计	真实验设计
被试	无法随机分配被试	随机抽样，可随机分配被试
干扰变量控制	无法控制额外变量的影响	能较好地控制额外变量的影响
内部效度	结果易受额外变量的影响，故不精确，内部效度较低	结果较为精确，内部效度高
外部效度	研究结果可推论至条件类似的其他情境，所以外部效度高	研究结果只能局限于实验室情境，外部效度较低

二、回溯性研究

（一）回溯性研究的含义

回溯性研究（retrospective study）是指研究者试图系统考察被试特征（被试变量）的效果，但是之前又没有进行实际操作的研究。研究者基于已经存在的某些不同特征来选择被试以构成处理组（Myers & Hansen，2006）。

在回溯性研究中，研究者利用在研究之前一些已有条件的变化，使得研究的结果像是通过实验研究获得的。但是，已有条件并不是研究者操作的结果。研究者也不能够控制研究中每个处理条件。回溯性研究属于对已有条件操作性弱、生态学效度高的设计。

例如，在一项研究中，不同条件下的被试就是根据其已有的差异来定义的。例如，张同学热情豪爽，所以把他安排在性格外向组中；李同学少言寡语，所以把他安排在性格内向组中。参与回溯性研究的被试是根据每个人已有的特征（如性格外向、性格内向）被分配到不同组中的，研究者的目的是揭示具有不同特征的被试（如性格外向者和性格内向者）是否会表现出不同的行为。在实际研究中，年龄和性别是研究者最常使用的被试变量。

（二）回溯性研究的特点

回溯性研究有其独特的优点。与相关研究一样，它可解决研究中一些已经发生的事情所带来的问题。回溯性研究允许研究者采用更系统的方式考察某些事件发生后人们的心理与行为反应，比如根据特定维度（如一个人的性格非常外向或非常内向）来观察全部被试，然后非常小心地选择一小部分被试来进行研究。通常，研究者会根据被试在某一维度上的表现或得分将他们从低到高排序，然后分别挑选出处于该维度两端的部分被试。通过这样的选择过程，研究者能够更清楚地了解到变化的结果与哪些维度有关。回溯性研究在控制过程上与严格的实验研究相似。研究者事先会对研究结果进行预期，并试图以更加客观的方式对结果进行检验。回溯性研究的关键特征是根据被试已有的特征进行分组，但这也是回溯性研究的缺点，因为这样不属于真正的实验研究。

（三）使用回溯性设计应注意的问题

使用回溯性研究设计时需要特别小心，因为许多回溯性研究的结果很容易被研究者错误地解释，即将其研究的结果当作因果研究的结果。在上面的研究中，因为研究者是根据被试的已有特征，将他们分到不同的处理条件下的，所以容易出现将研究所得结果进行因果推理，即父母离婚会改变大学生对爱情和婚姻的信念。然而，由于研究者没有创设两个不同组，仅是依赖于自然发生的事件，研究的结果可能是研究者所选择的变量所引起的，也可能不是。也许更为真实的原因是那些离婚的父母对婚姻的态度更悲观，进而对他们的子女产生了影响，使得其子女对婚姻的期望也更悲观。这一问题也存在于相关研究设计之中。因为研究结果可能由其他的变量所引起，所以，研究者必须牢记，所有的回溯性研究设计的内部效度都比较低。

有时，在研究个体特征（如性别、年龄或利手）和生活事件（如离婚或车祸下逃生）时，研究者经常通过回溯性研究来获得不同个体在心理功能和信息加工方面有用的信息。在这种情况下，不可能用严格的实验方法来研究心理疾病或人格特征，更不可能通过操纵让被试形成诸如反社会的人格特征、A 型性格或广场恐惧症等。即便我们可以通过设计某种程序来实现研究的目的，也无法将研究结果推广到现实生活中。

回溯性研究能够使研究者探索许多情境下个体的心理特征，而这在真实验研究中是无法做到的。正是因为如此，回溯性研究为研究者提供了丰富的有用信息。例如，有研究者考察了个体面对特别重大的负性生活事件（如得了癌症需要治疗）时的应对方式。通过对癌症患者进行研究发现，他们可被划分成两种类型：压抑者和不压抑者。压抑者不像不压抑者，他们既不喜欢报告治疗效果也不喜欢报告疾病的症状。这一结果虽然并不能说明什么，却给医生治疗和预防癌症提供了有用的信息。研究者注意到，压抑者不太关注癌症的相关症状，也不会较早地去治疗。因此，一旦这类人被确诊患了癌症，他们应对癌症治疗的方式更好。

尽管回溯性研究有许多限制，但是它在探索特定变量之间的关系方面是非常有用的。例如，研究者可用这种方法确立特定行为障碍与性别或人格特质之间的关系。在这方面，回溯性研究设计要比其他研究设计更有优势，它为研究者提供了理解现实生活中复杂行为之间关系的有用信息。该方法由于是针对现实生活中发生的事件，所以具有很高的外部效度。

（四）回溯性设计的应用

例如，有研究者通过使用回溯性研究设计，探讨了大学生关于离婚的态度和信念的潜在后果（引自 Myers & Hansen，2006）。研究者以大学生为对象，他们有的来自父母已离异的家庭，有的来自正常家庭。研究者对大学生的世界观、对普通他人的信念、自我价值观和对人际关系的信念等内容进行了调查。结果让研究者感到很意外，这两组大学生在前三项上不存在差异，即两组被试的世界观、对普通他人的信念、自我价值观基本相同。他们的差异主要体现在对人际关系的信念上，特别是与爱情和婚姻有关的问题。具体来说，来自离异家庭的大学生对离婚持接受的态度，并且他们对自己将来婚姻是否成功持悲观态度。与来自正常家庭的大学生相比，来自离异家庭的大学生中很少有人说自己将来会有一种长期、稳定的婚姻关系。通过使用这一回溯性研究设计，研究者得出的结论是：生活事件，特别是父母离异，不会对大学生的整体态度与信念体系产生消极影响；相反，父母离异只能够对大学生的某些态度与信念产生消极影响，特别是他们对自己未来离异的可能性的态度与信念。

三、不等两组前测-后测设计

（一）不等两组前测-后测设计的含义

不等两组前测-后测设计（none-equivalent-two groups pretest-posttest design）是指包括一个实验组和一个控制组（或对照组），并且在研究过程中既有前测又有后测的研究设计，但两组被试不是按随机化原则和等组匹配法安排的，有时甚至哪一名被试参加实验组和哪一名被试参加控制组，也不是随机设置的。

（二）不等两组前测-后测设计的基本模式

该实验设计的基本结构模式如下（周谦，1994）：

O_1（前测）	X（处理）	O_2（后测）	（实验组）
O_3（前测）	一（无处理）	O_4（后测）	（控制组）

从中可以看出，这种设计具有一个实验组和一个控制组，并对两组均进行前测和后测，以便研究者对结果加以对照比较。从这一点来看，它与真实验设计中的前测-后测设计是相似的。但是，这种设计对两组被试的选择和安排不是随机的，且两组中的被试的数量也不是相等的，因此在对被试变量和内在无效源的控制方面，它与具有两个等组的前测-后测真实验设计是不同的。

此外，不等两组设计和随机相等两组设计也是不一样的：前者实施前测的目的是弥补不能对被试进行随机选择和分配的缺陷，即通过前测来获得非随机等组差异程度的具体根据，以便作为对两组后测进行比较的基础；而对于后者来说，前测并不是必需的，仅是作为进一步控制选择偏差或验证实验组与控制组的确为等组的一种辅助措施，是用来与后测相比较，评价实验处理效果的。

（三）使用不等两组前测-后测设计时需要注意的问题

从不等两组前测-后测设计的模式中可以看出，这种准实验设计与随机相等两组前测-后测设计（属于真实验设计）相比，在内在无效源和机体变量的控制方面是不够充分的，有明显的局限性。

不等两组在实验处理之前就存在差异，这势必会在接受处理后造成两组对照比较的困难；甚至由于实验组是事先已形成的整组，研究者不能肯定实验组被试在某些相关变量方面是不是基本上同质的，并且在实验组内部可能存在的各种差异，也会影响对实验处理效果的分析。

在教育心理学研究中，尤其是需要到学校开展研究时，研究者常做不到对被试进行随机分配，因为学校不能允许为了某一实验而将原有教学班里的学生重新编班，同时现有的教学班里的学生情况也不是完全相同的。在这种情况下，只能选择使用不等两组前测-后测设计。

（四）不等两组前测-后测设计的应用

不等两组前测-后测设计的统计方法

1. 在教育心理学中的应用

有研究者想了解学生参与课堂管理是否会引起适宜行为增加，研究采用了不等两组前测-后测设计（引自周谦，1994）。研究者以两个整班的低年级大学生为被试，每班 25 人。将其中一个班作为实验组，另一个班作为控制组。

首先，研究者界定了学生适宜的课堂行为和不适宜的课堂行为。适宜的课堂行为被定义为与当前课堂教学任务有关的行为表现，如参加讨论、提出问题、回答问题、听讲和记笔记等；不适宜的课堂行为被定义为与课堂教学任务无关的行为表现（如与同学说话、不参加课堂讨论、思维没有与教学同步、不做笔记或故意捣乱而影响课堂秩序）。

其次，由经过训练的观察者采用周期性的取样方法，分别观察并记录两组被试中每一名学生在课堂上的行为，包括适宜的行为和不适宜的行为（这相当于前测）。经过一周的观察记录，研究者把对两组学生的适宜和不适宜行为的观测结果，转换为百分数（前测因变量），作为估计两组是否为等组的主要依据之一，也作为与处理后观察结果相比较的一种基线。之后，研究者对实验组实施为期两周的实验处理，即给予实验组学生管理课堂活动的机会；对控制组则不给予这种机会，且控制组学生也不知道实验组学生能得到管理课堂活动的机会。

最后，在实施实验处理结束之后，再次对两组被试进行观察（相当于后测）。结果发现，实验组的行为发生了比较明显的变化，他们的适宜行为比率是 85%，而控制组的适宜行为是 73%。经曼-惠特尼 U 检验法检验，结果发现两组的适宜行为比率存在显著差异。根据此结果，研究者认为学生参与课堂管理确实会让他们在课堂上出现更多的适宜行为。

不过，在该研究中，还有许多地方没有进行控制，所以得出结论时要谨慎。例如，如果对两组被试中男女生人数比例没有加以控制，男女比例相差很大，那么上述结果很可能是由性别差异引起的；或者，实验班的教师因认为学生参与课堂管理有助于教师管理课堂，会表现出更大的热情和期待，热情和期待可能与实验处理产生交互作用而影响实验结果。

2. 在组织管理心理学中的应用

有研究者想探讨一个训练项目对采银业的生产力和安全保障的影响力，研究采用了不等两组前测-后测设计（引自博登斯，阿伯特，2005/2008）。实验组是一家名为“幸运星期五”的银矿厂，该银矿厂引进了一个组织发展的训练项目（实验处理）。在研究之前，研究者考察了该银矿厂近三年的安全记录（即前测）。训练项目帮助该银矿厂开发出了评估程序，并且将银矿安全工提拔为管理人员，还拿出一大笔钱作为奖金，分给每个安全记录良好的班组。在训练项目实施后，研究者再次收集了该银矿厂的安全记录数据（即后测）。

同时，研究者还将另一家名为“星”的银矿厂作为一个不等控制组，并收集了其生产安全数据（即进行前测和后测），但该银矿厂没有实施训练项目（即不进行实验处理）。

结果发现，在实验处理前，“幸运星期五”银矿厂的安全事故明显多于“星”银矿厂，但在实验处理之后，结果却反了过来，“星”银矿厂的安全事故明显多于“幸运星期五”银矿厂。

当然，在得出结论时需要特别小心，因为该研究设计可能存在一些缺点：第一，如果两个组在研究之前已经在某个重要变量上有差异，将影响研究的效度。例如，由于“幸运星期五”银矿厂在实验处理前的安全记录很差，事故更多，所以幸存者的安全意识可能更强。第二，如果两个组的安全记录数据原本就比较极端，结果从前测到后测，数据可能会变得不太极端了，这时的结果可归因于向平均数回归而不是实验处理。

（五）不等两组前测-后测设计的变式：经事后匹配的不等两组前测-后测设计

经事后匹配的不等两组前测-后测设计是克服不等两组前测-后测设计缺点的一种补救方法。所谓事后匹配，是指在应用不等两组前测-后测设计时，为了克服不能随机设置两个等组而可能产生潜在选择偏差的弱点所采用的一种混合控制的程序。换言之，研究者利用现在获得的资料，寻找一个或几个匹配变量，尽可能地保证实验组与控制组匹配。

有研究者采用经事后匹配的不等两组前测-后测设计开展了关于少女母亲的研究（引自史密斯，戴维斯，2003/2006）。结果发现，人们对少女母亲的刻板印象与他们的研究结果非常相似，这些少女母亲更容易遇到诸如贫困、失学、婴儿死亡等消极经历的威胁。但研究者提出，与过早怀孕相比，社会经济地位等家庭因素更能决定这些女孩是否会经历这些不幸。在这类研究中，随机分配被试是不可能的，因为研究者不能决定哪些女孩怀孕、哪些女孩不怀孕。在这种情况下，研究者不得不选用准实验设计。为了寻找尽可能相似的对照组，研究者决定以这些少女母亲的未怀孕的姐妹作为对照组。这样，虽然没有进行随机分组，但当需要考虑家庭背景因素时，可以假定两组基本相等。有趣的是，以这种方式对家庭背景进行控制后，许多与过早怀孕相联系的消极后果都消失了，如两组被试之间的退学率不再有任何差异，而且少女母亲（即实验组）的表现要比非少女母亲（即对照组）好。

当然，这种事后匹配仅仅是一种补救措施，与真实验中的等组配对相比，在匹配方法和目的上都是不同的。真实验设计是在前测的基础上，随机地将被试配成两个等组，从而达到严格地控制选择变量的目的。而在经事后匹配的不等两组前测-后测设计中，不能随机选择和安排两个等组，只能努力寻找与实验组近似的控制组，从而尽量缩小或补偿两组之间的差异。如果在前测中两组成绩的平均数之间的差异很大，或者尽管利用了已有的匹配变量，实验组与控制组之间仍存在比较大的差异，那么这种事后匹配不仅不能使两组近似等值，反而可能产生不必要的回归效应。这是在不等两组前测-后测设计的应用中，使用事后匹配法时需要特别注意的。

四、时间系列设计

（一）时间系列设计的含义

时间系列设计（time series design）是一种借助多次重复测量的前测-后测设计。它要求对某个被试组进行周期性的测量，并在这一时间系列的测量过程中引入实验处理，随后用实施实验处理后的所得分数的不连续性来表示实验处理的结果。

（二）时间系列设计的基本模式

时间系列设计基本上是一种单组前测-后测设计，与其他前测-后测设计的主要区别是没有控制组，并且不是仅有一次前测和一次后测，而是要对一个实验组进行一系列的周期性的前测和后测。

时间系列设计有两种变式：一种是间时系列设计（interrupt time series design），另一种是等时样本设计（equivalent time sample design）。

间时系列设计
的统计方法

1. 间时系列设计

间时系列设计包括三步：第一步，要求对一组被试进行反复测量（时间系列）；第二步，引入一个实验处理（间断）；第三步，再次对被试进行反复测量（更多的时间系列）（史密斯，戴维斯，2003/2006）。

间时系列设计的模式如下：

O_1　O_2　O_3　O_4　O_5　X（处理）　O_6　O_7　O_8　O_9　O_{10}

从中可以看出，处理前的 5 次观测（O_1～O_5）和处理后的 5 次观测（O_6～O_{10}）并没有什么特别之处。

间时系列设计背后的逻辑思想是：要寻找处理前与处理后数据变化的趋势，因此间时系列设计类似于 A－B 设计。变化趋势可以通过行为水平变化、行为模式比率（斜率）变化等体现出来。具体如图 3－8 所示。

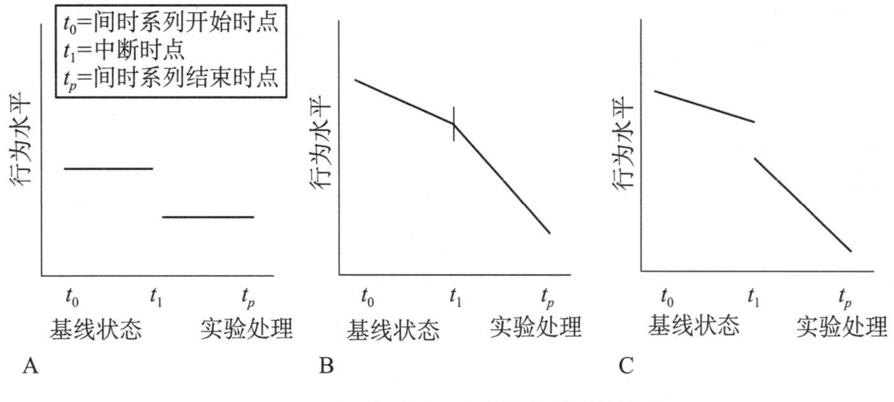

图 3－8　间时系列设计中的变化趋势模式

注：A 代表水平变化，比率不变；B 代表水平不变，比率变化；C 代表水平变化，比率变化。

等时样本设计的统计方法

2. 等时样本设计

在等时样本设计中，处理是重复实施的，其包括两步：第一步，引入实验处理；第二步，进行重复测量。模式如下：

X（处理）　　O_1—（无处理）　　O_2

X（处理）　　O_3—（无处理）　　O_4

等时样本设计中，要重复多少次，完全取决于研究者的目的和是否有必要。

（三）时间系列设计的两种可能结果

在时间系列设计中，为了分析实验处理的效果，通常需要对引入处理后的时间系列数据变化模式与引入处理前的时间系列数据变化模式即基线加以比较。一般情况下，有两种可能的结果：一种是连续性的，另一种是非连续性的。前者表现为斜率的变化，后者表现为截距的变化，如图 3－9 所示（周谦，1994）。

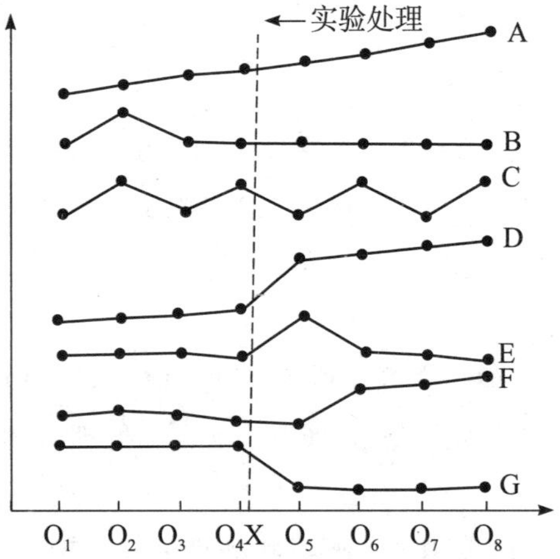

图 3－9　时间系列设计研究的可能结果

在图 3－9 中，我们不仅可以看出时间系列设计的两种可能结果，还能看出两种可能结果的各种变化模式。

A 线表明，引入处理后的成绩水平延续了引入处理前成绩水平的增长模式，没有出现不连续性。

B 线和 C 线虽然不像 A 线那样具有连续性，但是，B 线表明引入处理前后的成绩水平基本上是相同的，C 线表明引入处理后的变化趋势与引入处理前也基本上是一致的，可以说引入处理后的成绩水平延续了引入处理前的成绩水平的变化模式。

由于 A 线、B 线、C 线都没有在引入处理后出现不连续性，所以它们中的成绩水平变化都不是由引入处理变量引起的，换言之，实验处理没有对成绩水平产生影响。

D 线、E 线、F 线和 G 线表明引入处理后的成绩水平不是引入处理前的成绩水平的继续，而是比引入处理前的成绩水平产生了更大（D 线、E 线、F 线）或更小（G 线）的变化。因此，可以说这四条线代表的变化结果表明实验处理确实引起了成绩水平的变化。

需要指出的是，在对引入处理后的成绩水平的非连续性变化进行解释时，不仅要看引入处理后的成绩水平的绝对变化程度和斜率的变化情况，还要关注这种变化的持续性和潜伏性如何。

持续性，是指引入实验处理后的成绩水平或斜率的变化是不是持续的。如果不是持续的，则表明这种变化只是暂时性的，不久又会恢复到引入处理前的水平，如图 3－9 中的 E 线；反之，如果引入实验处理后的成绩水平或斜率的变化将程度不同地持续下去，则表明这种变化确实由实验处理引起，如 D 线、F 线、G 线。

潜伏性，是指引入实验处理后的变化是即时发生的还是潜伏一段时间后才发生的。如果是即时发生的，则表明引入实验处理后，成绩水平或斜率很快就会发生变化，即在引入实验处理后，首次后测的成绩水平或斜率就会表现出非连续性，如图 3－9 中 D 线、E 线、G 线对应的 O_5。如果是潜伏一段时间后才发生，则表明引入实验处理后，成绩水平要过一段时间才会表现出非连续性，如 F 线对应的 O_6。在这种情况下，由于在处理效果的潜伏期间，可能会有其他无关因素影响基线（即前测）成绩水平或斜率的变化，所以研究者难以判断引入处理后所发生的非连续性变化是否只是由实验处理引起的。在一般情况下，只有当引入处理后的变化是即时发生之时，才能比较明确地说明它是实验处理的效果。

（四）时间系列设计的应用

1. 在工业心理学中的应用

有一项研究考察了单日工作时间由 10 小时改为 8 小时对生产效率的影响。研究者以每小时的平均产量作为因变量指标，并将 1918 年 3 月至 1919 年 7 月 10 小时工作制下的产量数据作为实验的基线；然后，从 1919 年 8 月开始将 10 小时工作制改为 8 小时工作制（引入实验处理）；此后，又连续记录了每小时的平均产量。实验所获得的结果如图 3－10 所示（引自博登斯，阿伯特，2005/2008）。

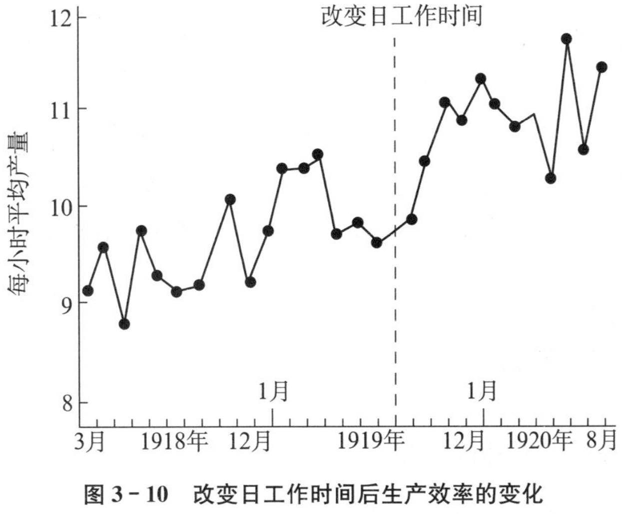

图 3－10　改变日工作时间后生产效率的变化

从图 3－10 中可以看出，在研究者把每天工作时间由 10 小时缩短为 8 小时后，工人的生产效率明显得到了提升。

2. 在交通心理学中的应用

1955 年，美国康涅狄格州有 324 人死于交通事故，创造了历史最高纪录，这一事件迫使州政府决定对驾驶员实行严厉的惩罚措施。结果发现，在实行严厉惩罚措施后的 1956 年，该州的交通事故死亡人数比 1955 年减少了 40 人（见图 3－11）。于是，州政府便据此得出结论：严厉的惩罚措施可促使交通事故死亡人数减少。但有研究者认为，这样得出结论比较轻率，需要进行更加详细的研究（引自周谦，1994）。

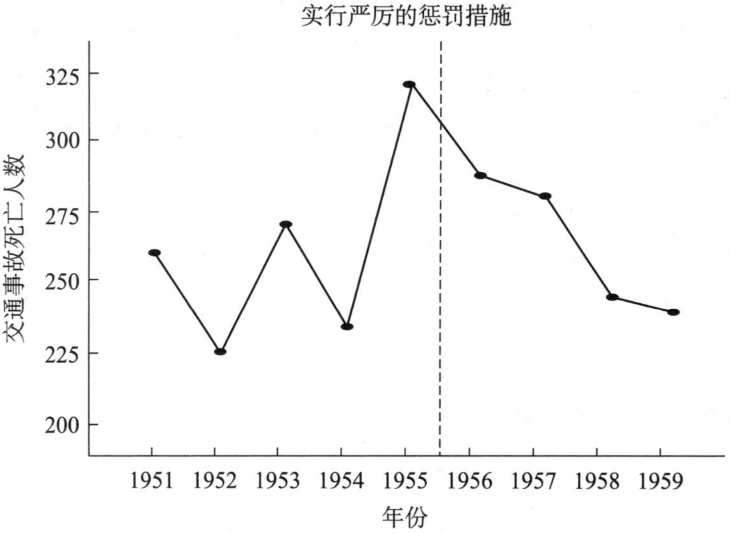

图 3－11　1951—1959 年康涅狄格州交通事故死亡人数的变化

从图 3－11 可以看出，在政府出台严厉的惩罚措施后，从 1955 年到 1956 年道路交通事故死亡人数确实减少了。但是，导致这一结果可能有其他原因，如交通条件改善了，驾驶员的素质提高了，或者天气变好了等。这些原因听起来也是合理的。

之后，研究者还对此项研究进行了深化，具体来说，就是将条件相近的其他四个州的交通事故死亡数据与康涅狄格州的数据进行比较，结果如图 3－12 所示（引自索尔索，麦克林，2001/2004）。

从图 3－12 中可以看出，1951—1959 年其他四个州的平均交通事故死亡率稍有下降，但是康涅狄格州的下降更为明显，特别是在 1955 年实行了严厉的惩罚措施之后。因此，该研究结果可以说明，从 1955 年起实行的严厉惩罚措施确实使交通事故死亡率得到了下降。

五、不等两组时间系列设计

（一）不等两组时间系列设计的含义

不等两组时间系列设计也称多重时间系列设计（multiple time series design）。在通

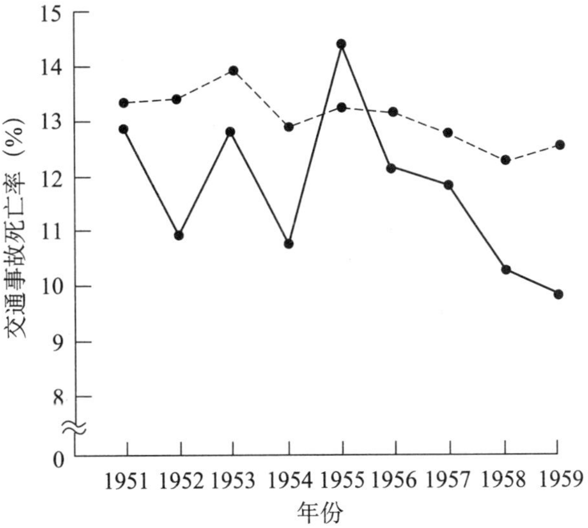

图 3－12 康涅狄格州（实线）与其他四个州（虚线）的交通事故死亡率

常情况下，时间系列设计是无法设置控制组的。但是，不等两组时间系列设计将时间系列设计与不等两组（实验组与控制组）前测-后测设计加以结合，因而是一种比较完善的准实验设计形式。它既与时间系列设计相似，即在实验中对被试不只进行一次前测和一次后测，又与不等两组前测-后测设计相似，即在具体实验过程中，不仅要设置实验组，还要设置控制组。

（二）不等两组时间系列设计的基本模式

不等两组时间系列设计的基本结构模式如下：

实验组：O_1 O_2 O_3 X（实验处理） O_4 O_5 O_6

控制组：O_7 O_8 O_9 O_{10} O_{11} O_{12}

从中可以看出，实验组接受了一系列前测（O_1，O_2 和 O_3）和后测（O_4，O_5 和 O_6），控制组也接受了一系列前测（O_7，O_8 和 O_9）和后测（O_{10}，O_{11} 和 O_{12}）。但与实验组不同的是，控制组不接受实验处理（X）。

（三）使用不等两组时间系列设计时需要注意的问题

不等两组时间系列设计使研究者既能通过一系列的前测与后测，对被试比较稳定的行为变化进行观测，又能对被试接受处理前后的系列变化进行对照比较。但是，这种设计仍然属于时间系列设计，同样具有时间系列设计的局限性，主要是：第一，通过时间系列来考察处理的效果比较费时，通常处理效果不能立即观察到；第二，研究者不容易获得一定数量的、完整的、定时的数据；第三，在实施实验处理之前和之后，研究者要进行一系列的前测与后测，这特别容易导致实验组和控制组被试产生疲劳或练习效应。

不等两组时间系列设计的统计方法

（四）不等两组时间系列设计的应用

有研究者采用不等两组时间系列设计，对美国一家公司出现雇员旷工率很高的现象进行了研究（引自周谦，1994）。研究者的目的是探讨工人参与制订工资刺激计划是否能解决他们无故旷工的问题。在实验过程中，研究者设计了两组：实验组是要求工人参与制订工资刺激计划的全过程；控制组是不让工人参与制订工资刺激计划过程，研究者只向他们宣布已经制订出的计划。时间系列是实施工资刺激计划前的12周和实施计划后的16周。因变量是出勤率。出勤率指工人实际工作小时数与公司规定的工作小时数的比率。结果发现，实验组的出勤率由实施工资刺激计划前的88%提高到了实施该项计划后的94%；控制组的出勤率在实施计划前和实施计划后都保持在88%。具体结果见图3－13和图3－14。

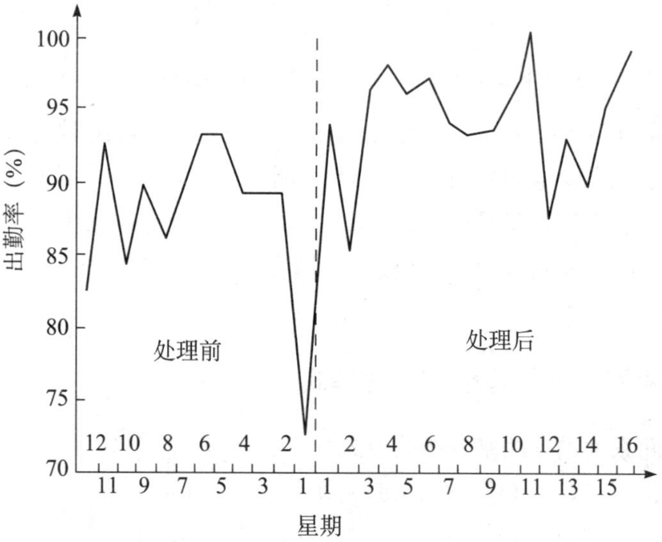

图3－13 实验组的出勤率

经检验，两组被试的出勤率存在显著差异，这表明，让工人参与制订工资刺激计划，确实能显著提高其出勤率。

六、相等时间样本设计

（一）相等时间样本设计的含义

在相等时间样本设计中，一组被试的整个实验时间被划分为两个相等的时间样本，其中在前一个时间样本中出现实验处理，在后一个时间样本中不出现实验处理。

（二）相等时间样本设计的基本模式

相等时间样本设计的基本模式如下：

$X_1O_1 \quad X_0O_2 \quad X_1O_3 \quad X_0O_4$

其中，X_1 代表实验处理，X_0 代表无实验处理（或控制条件），O_1 代表第一次测试，O_2

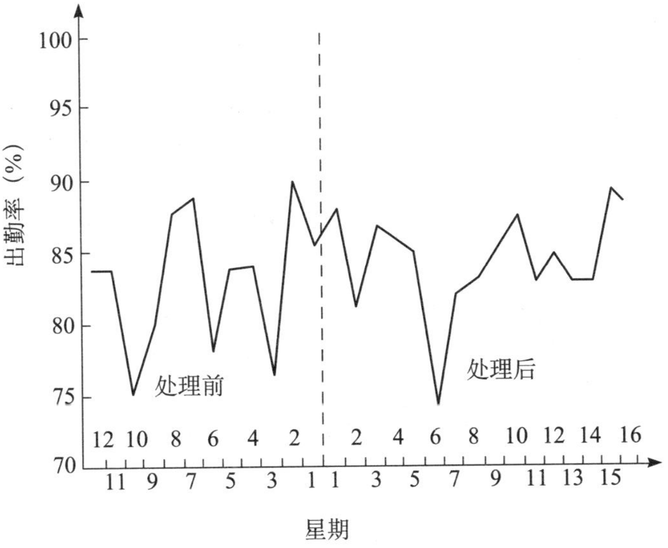

图 3-14　控制组的出勤率

代表第二次测试，O_3 代表第三次测试，O_4 代表第四次测试。这种设计是在相等的时间系列中，对被试进行周期性测试的一种循环实验研究形式。

（三）相等时间样本设计与时间系列设计的区别

时间系列设计与相等时间样本设计的区别主要是：在时间系列设计中，对仅有的一组被试只施加一次实验处理。在相等时间样本设计中，同一组被试，在一个时间样本中，重复接受实验处理（X_1）；在另一个时间样本中，则不接受实验处理（无实验处理 X_0）。

（四）应用相等时间样本设计时需要注意的问题

在应用相等时间样本设计开展研究时，研究者需要注意以下几个问题：

第一，多重实验处理间存在相互干扰。在这种设计中，一组被试既接受实验处理，又接受控制条件的实验处理。这种多重实验处理之间会产生交互影响，可能导致其中的每一种实验处理作用的有效性降低。

第二，在这种设计中，只用一组被试，缺乏对照组，样本的代表性差。

第三，周期性循环施加实验处理的影响。在这种设计中，在第一次引入实验处理后，其效果可能不会表现出来；在第二次引入实验处理后，其效果才会表现出来，从而导致第二次实验处理的效果增大。

（五）相等时间样本设计的应用

相等时间样本设计的统计方法

有一项研究采用相等时间样本设计，探讨了如何减少幼儿在课堂上出现的攻击性行为（引自周谦，1994）。研究者将某幼儿园中一个包含 20 名（男 12 名、女 8 名）4 岁幼儿的班级作为一个被试样本组。研究者的目的是在不改变原任教师的课堂管理原则的前提下，验证幼儿的集体积极行为是否能减少对同伴的攻击性行为（如对同伴拳打、脚踢、咬和推等）。在实验进行的连续43天中，每天上午观察3小时。

实验分为以下几个步骤：

第一，在正式实验开始之前，研究者先观察并记录全班幼儿在课堂上出现攻击性行为的比例，获得结果 O_1，并将其作为基线。

第二，在正式实验的第Ⅰ阶段和第Ⅲ阶段，实施控制条件（X_0），即单独使用奖励和惩罚的方法。对1小时内无攻击性行为的幼儿给予糖果奖励，而让1小时内有攻击性行为的幼儿离开课堂3分钟。然后，获得第Ⅰ阶段和第Ⅲ阶段的结果 O_2 和 O_4。

第三，在实验的第Ⅱ阶段和第Ⅳ阶段，实施实验处理（X_1），即使用集体影响和奖惩相结合的方法。研究者将全班20人分为5个小组，每组4人，并根据小组中同伴的表现进行奖惩。在1小时内只要小组中有1人受罚，4人就均不能得到奖励；只有小组内无1人受罚，整个小组才能得到奖励。然后，获得第Ⅱ阶段和第Ⅳ阶段的结果 O_3 和 O_5。具体如图3－15所示。

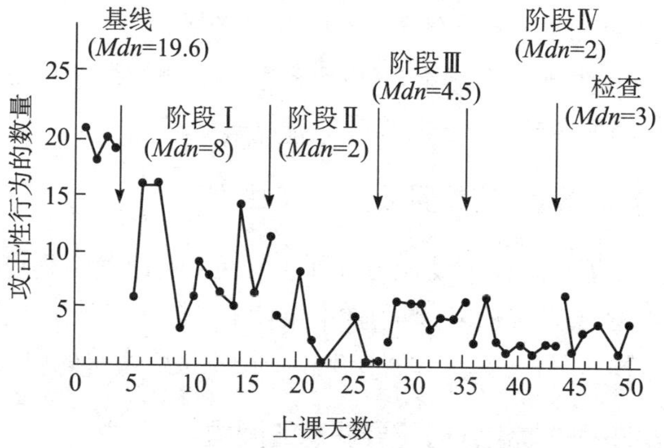

图3－15 在基线和四个实验阶段幼儿的攻击性行为数量

从图3－15中可以看出，在实施实验处理（X_1）的第Ⅱ和第Ⅳ阶段，幼儿在课堂上的攻击性行为数量最少。

这项实验的启示是：集体影响和外部奖惩结合使用，要比仅使用奖惩的方法控制幼儿在课堂上的攻击性行为具有更明显的作用。

（六）相等时间样本的变式：相等材料样本设计

1. 相等材料样本设计的含义

相等材料样本设计（equivalent materials samples design）是相等时间样本设计的一种特殊形式。在相等材料样本设计中，研究者除了划分出两个相等的时间样本，对同一组被试既实施处理条件又实施控制条件外，还要确保所使用的实验材料是匹配的。

2. 相等材料样本设计的基本模式

相等材料样本设计的基本模式如下：

$O_1X_1M_AO_2 \qquad O_3X_0M_BO_4$

其中，M_A 和 M_B 是研究中所用的两项匹配材料，O_1 和 O_3 是前测，X_1 是实验处理，X_0 是无实验处理，O_2 和 O_4 是后测。以上所举的是两个周期的循环研究设计，虽然比较简单，但不易得出明确的结论。

为了解决这个问题，在具体的研究中，可采用四个周期的循环设计，具体如下：

$M_AX_1O_1 \quad M_BX_0O_2 \quad M_CX_1O_3 \quad M_DX_0O_4$

其中，M_A，M_B，M_C，M_D 代表实验材料，并且它们是匹配的。

需要指出的是，这种研究设计最后能否取得可靠的结果，关键在于实验材料在内容、形式、难度、熟悉度等方面是不是做到了匹配。

3. 相等材料样本设计的应用

相等材料样本设计的统计方法

有研究者采用相等材料样本设计，探讨了在课堂上提供音乐背景是否能提高学生学习拼写的效率。被试为某学校一个班级的学生。具体步骤如下：

第一步，研究者精心选取了两套单词表，分别用 M_A 和 M_B 表示。每套包括 100 个单词，并且这两套材料在各方面几乎完全匹配。

第二步，在实验进行的第一个周期，即控制期，研究者用 M_A 对全班学生进行前测。

第三步，让学生在两周内，每天用 20 分钟的时间来学习这些单词，并按拼写规则做练习。当两周结束时，对被试进行后测，并计算正确拼写单词得分的平均数。

第四步，在实验进行的第二个周期，即实验处理期，研究者用 M_B 对全班学生进行前测。

第五步，对被试实施实验处理，即为学生呈现轻松的背景音乐，让学生仍用与控制期内同样的时间（两周）学习 M_B 并按拼写规则做练习，每天也是 20 分钟。当两周结束时，对被试进行后测，并计算正确拼写单词得分的平均数。

结果表明，在实验处理周期，学生的平均得分显著高于控制周期的平均得分。

研究者根据上述结果，得出如下结论：为学生呈现轻松的背景音乐的确能提高他们学习单词的效率。

七、平衡设计

（一）平衡设计的含义

平衡设计（counterbalanced design）主要用于控制实验处理的顺序效应（周谦，1994），即确保每组被试在接受各种实验处理水平的先后顺序上是匹配的。所以这种设计又被称为轮组实验设计（rotation experiment design）或转换设计（switch-over design）。

在平衡设计中，对于实验处理水平顺序的安排，研究者经常采用由拉丁字母组成的方阵来表示，所以平衡设计也被称为拉丁方设计（Latin-square design）。

（二）平衡设计的基本模式

平衡设计的基本模式可以用一个拉丁方阵来展示。在拉丁方阵中，几个拉丁字母中的每一个在每行每列中只能且必须出现一次。

最小的拉丁方阵是 2×2 拉丁方阵，以两个字母 A 和 B 为例，构成的拉丁方阵如下：

A	B
B	A

具体的拉丁方设计有两种基本结构模式：一种是将几个被试组排列成拉丁方阵；另一种是将各实验处理水平排列成拉丁方阵。

第一种拉丁方设计如下：

X_1O_1	X_2O_2	X_3O_3	X_4O_4
A	B	C	D
B	A	D	C
C	D	A	B
D	C	B	A

其中，A，B，C，D 代表四组被试；X_1，X_2，X_3，X_4 代表四种实验处理水平；O_1，O_2，O_3，O_4 代表四次测量。

在上述方阵排列中，每一组被试在方阵中某一位置上的机会是均等的。另外，对于引入实验处理之后进行的测量以及必要时在引入实验处理之前进行的测量，各个被试组在机会和内容方面，也都应当是均等和平衡的。

第二种拉丁方设计如下：

A	B	C	D
X_1O_1	X_2O_2	X_3O_3	X_4O_4
X_2O_2	X_3O_3	X_4O_4	X_1O_1
X_3O_3	X_4O_4	X_1O_1	X_2O_2
X_4O_4	X_1O_1	X_2O_2	X_3O_3

其中，A，B，C，D 代表四组被试；X_1，X_2，X_3，X_4 代表四种实验处理水平；O_1，O_2，O_3，O_4 代表四次测量。

（三）使用平衡设计时需要注意的问题

在使用平衡设计时，研究者有一个基本的假设，即给被试先施加实验处理水平 X_1，后施加实验处理水平 X_2，和按相反顺序施加实验处理水平给被试造成的疲劳、厌倦或练习效应是比较接近的。例如，让被试先听平静的音乐，再听激动的音乐，与让他们先听激动的音乐，再听平静的音乐，这两种顺序对被试造成的疲劳或厌倦程度是相同的。

但是，这种设计有时候会产生显著的迁移效应（或称传递效应、延续效应）。例如，为了研究饮酒对汽车司机驾驶行为的影响，研究者让被试分别处于饮酒和不饮酒两种条件下完成某项驾驶任务，这时的实验结果就会被扭曲。这是因为让被试在饮酒条件下完成某项任务后立即参与完成不饮酒条件下的任务，其结果与让被试在不饮酒条件下完成某项任务后立即参与完成饮酒条件下的任务是完全不同的。

所以，研究者必须要注意那些会明显改变被试状态的实验条件，这样的条件会产生延迟效应，从而影响后续条件下被试的行为表现，即迁移效应。

如果此效应是暂时的，那么解决此问题的办法是：在实验条件之间，研究者安排一段较长的时间间隔（例如，几小时、几天或几周）。如果此效应是长期的，那么研究者最好改用其他的实验设计。

八、修补设计

（一）修补设计的含义

修补设计（patched-up design）也称弥补设计，指将两个不同的非实验设计（达不到准实验设计所要求的控制程度）相结合而构成的一种准实验设计（周谦，1994）。

在心理学研究中，特别是在社会生活情境中开展研究时，经常会遇到无法满足准实验设计的要求的情况。例如，研究者想探讨某学习方法培训班的培训效果。理想的做法是将培训班的学生分成两组，一组为实验组，另一组为对照组，然后进行实验。但是这在实际生活中是无法实现的，因为研究者不可能只让一部分学生接受该培训，而不让另一部分学生接受该培训。对于这种情况，研究者可利用多期培训班不断对新学生进行培训，即运用修补设计来考察培训效果。

（二）修补设计的基本模式

修补设计的基本模式是在两个不同的非实验设计的基础上构成的，即将一个单组后测设计与一个单组前测-后测设计相结合。

修补设计的基本模式如下：

A 组：X（实验处理）　O_1（后测）

B 组：O_2（前测）　X（实验处理）　O_3（后测）

在一项研究中，如果只对一组被试实施实验处理（X）和后测（O_1）（即 A 组），研究者显然对年龄、成熟、选择的额外效应以及选择与实验处理（X）的交互作用都没有进行控制。如果只对一组被试实施前测（O_2）、实验处理（X）和后测（O_3）（B 组），研究者虽然能够对选择效应在某种程度上进行控制，但对年龄、成熟、练习效应以及选择与成熟之间的交互作用却没有进行控制。

由此可以看出，只有 A 组和只有 B 组的设计，都是一种非实验设计，且存在明显的缺陷。而结合两个非实验设计形式的修补设计则可扬长避短，是一种比较好的准实验设计。

（三）分隔样本前测-后测设计

分隔样本前测-后测设计（separated sample pretest design）是修补设计的一种特殊

形式。它是建立在两个相同的非实验设计，即两个同样的单组前测-后测设计基础上的一种修补设计。

分隔样本前测-后测设计的模式如下：

A组：O_1（前测）　X（实验处理）　O_2（后测）

B组：O_3（前测）　X（实验处理）　O_4（后测）

仅有A组或B组的前测-后测设计，都不能够很好地控制年龄、成熟、练习效应以及选择与成熟之间的交互作用。但是，使用将两个相同的前测-后测设计结合起来的修补设计，就可以在一定程度上消除这些影响。如果$O_2>O_1$，并且$O_4>O_3$，研究者可以认为，那些可能影响内部效度的因素每次都与实验处理（X）同时起作用的可能性是比较小的。研究者由此可以得出比较可靠的结论：O_2和O_4是X引起的，而不是其他因素引起的。

在发展心理学研究中，研究者为了进一步控制年龄或成熟因素对实验内部效度的影响，提出了分隔样本前测-后测设计的一种变式，其模式如下：

A组：O_1（前测）　X（实验处理）　O_2（后测）

B组：O_3（前测）　O_4（前测）　X（实验处理）　O_5（后测）

从中可以看出，与之前的分隔样本前测-后测设计相比，这种设计对B组弥补了一次前测，即将分隔样本前测-后测设计中的一个组，变换为类似一种时间系列设计的形式，从而使整个设计模式与不等两组前测-后测设计相似。

这种设计采取了横向和纵向比较相结合的方法，控制了成熟或年龄因素对实验结果的影响。在一项研究中，只进行横向比较可能会混淆成熟与选择因素的影响；只进行纵向比较，可能会混淆成熟与重复测验和历史经验因素的影响。而在这种设计模式中，如果$O_2>O_1$，又$O_2-O_1>O_4-O_3$，$O_2>O_4$，且$O_5>O_4$，那么，研究者可排除结果是由组间成熟差异或成熟与选择交互作用造成的可能性。

（四）使用修补设计时需要注意的问题

由于修补设计是一种控制不够充分的设计，因此在使用这种设计时，研究者需要注意以下两个问题（周谦，1994）：

第一，在修补设计中，为了减少因控制被试选择的偏差而采用的前测，可能会引发额外效应，研究者要注意避免使用高敏感度的前测。

第二，在修补设计中，研究者要尽可能地控制好成熟因素对内部效度的影响。

（五）修补设计的应用

在一所大学中，根据培养计划，要对刚入校的全体一年级新生（2 000人）进行一次为期30天且内容相同的军训（实验处理X），最后对军训的效果进行评估。因为只能以院系为单位进行军训，且各院系的新生人数不等，学生的基本素质也不完全相同，所以研究者无法做到随机对被试进行等组配对。

在这种情况下，研究者既不能采取真实验设计，又不能应用前面讲过的几种准实验设计，只能采用分隔样本前测-后测的修补设计，这样研究者就能比较灵活地根据具体情况开展研究，以探讨自己所关心的问题。

概念术语

相关设计	相关	正相关
负相关	零相关	曲线相关
散点图	相关系数	皮尔逊积差相关系数
斯皮尔曼等级相关系数	肯德尔和谐系数	回归
线性回归	生态化运动	高相关
低相关	路径分析	交叉滞后组设计
准实验设计	回溯性研究	不等两组前测-后测设计
经事后匹配的不等两组前测-后测设计		时间系列设计
不等两组时间系列设计	相等时间样本设计	相等材料样本设计
平衡设计	修补设计	分隔样本前测-后测设计

本章要点

相关是指一个变量的数值变化与另一个变量的数值变化同步。通过运用相关方法，研究者可揭示两个变量之间相关程度的高低，进而描述两个变量之间的共变关系。

正相关是指两个变量的变化方向相同。即如果有一个变量的值增大，另一个变量的对应值也随之增大；或一个变量的值减小，另一个变量的对应值也随之减小。

负相关是指两个变量的变化方向相反。即一个变量的值增大，另一个变量的对应值却随之减小；或者一个变量的值减小，另一个变量的对应值却随之增大。

零相关是指两个变量值的变化是互相独立的，即一个变量值的变化与另一个变量值的变化无关。

曲线相关是指两个变量值之间的关系是一种非直线的关系。

当两个变量之间的关系非常密切时，称为高相关。

当两个变量之间存在一定的关系但并不密切时，称为低相关。

相关系数是对两个变量的相关大小及方向进行数量化表示的统计量。

采用皮尔逊积差相关系数时，需要满足以下几个条件：两个变量的总体均呈正态分布或接近正态的单峰对称分布；两个变量的数据都是连续数据；两个变量的数据是成对的数据；两个变量的数据之间是相互独立的；两个变量之间呈线性关系。

当两个变量的测定值是等级数据，且它们的总体不一定呈正态分布，样本容量也不一定大于 30 时，两个变量的相关系数被称为等级相关系数，也称斯皮尔曼等级相关系数。

当多个变量值以等级来表示时，这几个变量之间的一致性程度被称为肯德尔和谐系数或肯德尔 W 系数。

相关系数的检验主要是确定相关系数是否与 0 存在显著差异。

线性回归是根据个体在一个变量上的得分来预测其在另一个变量上的得分的一种分析方法。

相关系数表示两个变量间相关的高低，它反映了两个变量间关联的密切程度。但高相关只是表示其关系密切，并不意味着两个变量的内部关联性很强。

两个变量之间低相关，并不意味着它们的内部关联性就弱。有两个最常见的原因可能导致两个变量之间的低相关，一是偶然的巧合，二是全距限制。

所有变量之间的相关关系都不能确定其因果关系及方向。

研究者可通过路径分析和交叉滞后组设计两种方法，以相关关系为基础来建构因果模型。

准实验设计概念是由坎贝尔和斯坦利提出的，目的是帮助心理学研究者在无法严格控制环境的条件下开展实验研究。

准实验设计的逻辑是，研究者将其一自变量引入某情境之中，这个自变量好像是自然界存在的一样。也就是说，研究者的任务好像只是引入这个实验变量。

准实验设计的使用条件：第一，有许多变量无法进行随机分配。第二，当研究者需要对研究内容或干预的效果进行评估，特别是进行回溯性研究时，准实验设计就是一种极佳的选择。第三，特定条件下的研究需要使用准实验设计。第四，当在经费、时间、控制因素上存在很大困难时，研究者不可能实现随机分配被试，在此情况下必须选择准实验设计。第五，在一些心理学实验研究中，因实验的伦理的要求，研究者必须采用准实验设计。

回溯性研究是指研究者试图系统考察被试特征（被试变量）的效果，但是之前又没有进行实际操作的研究。

不等两组前测-后测设计是指包括一个实验组和一个控制组（或对照组），并且在研究过程中既有后测又有前测的研究设计，但两组被试不是按随机化原则和等组匹配法安排的，有时甚至哪一名被试参加实验组和哪一名被试参加控制组，也不是随机设置的。

经事后匹配的不等两组前测-后测设计是克服不等两组前测-后测设计缺点的一种补救方法。所谓事后匹配，是指在应用不等两组前测-后测设计时，为了克服不能随机设置两个等组而可能产生潜在选择偏差的弱点所采用的一种混合控制的程序。

时间系列设计是一种借助多次重复测量的前测-后测设计。它要求对某个被试组进行周期性的测量，并在这一时间系列的测量过程中引入实验处理，随后用实施实验处理后的所得分数的不连续性来表示实验处理的结果。

不等两组时间系列设计也称多重时间系列设计。

相等时间样本设计是指将一组被试的整个实验时间划分为两个相等的时间样本，其中在前一个时间样本中出现实验处理，在后一个时间样本中不出现实验处理。

相等材料样本设计是相等时间样本设计的一种特殊形式。在相等材料样本设计中，研究者除了划分出两个相等的时间样本，对同一组被试既实施处理条件又实施控制条件外，还要确保所使用的实验材料是匹配的。

平衡设计主要用于控制实验处理的顺序效应。

修补设计也称弥补设计，指将两个不同的非实验设计（达不到准实验设计所要求的控制程度）相结合而构成的一种准实验设计。分隔样本前测-后测设计是修补设计的一种特殊形式。它是建立在两个相同的非实验设计，即两个同样的单组前测-后测设计基础上的一种修补设计。

使用修补设计时需要注意两个问题：第一，在修补设计中，为了减少因控制被试选择的偏差而采用的前测，可能会引发额外效应，研究者要注意避免使用高敏感度的前测。第二，在修补设计中，研究者要尽可能地控制好成熟因素对内部效度的影响。

推荐阅读

- 金志成，何艳茹．心理实验设计及其数据处理．广州：广东教育出版社，2005.
- 坎特威茨，罗迪格，埃尔姆斯．实验心理学：理解心理学的研究：第 9 版．上海：华东师范大学出版社，2010.
- 鲁尼恩，哈伯，科尔曼．心理统计导论．北京：人民邮电出版社，2010.
- 史密斯，戴维斯．实验心理学：勘破心理世界的侦探：第 6 版．北京：机械工业出版社，2017.
- 舒华，张学民，韩在柱．实验心理学的理论、方法与技术．北京：人民教育出版社，2018.
- 朱滢．实验心理学．5 版．北京：北京大学出版社，2022.

第四章

被试间设计

【教学目标】

通过本章学习应实现的目标有：第一，掌握被试间设计的定义和类型，明白如何选择使用被试间设计；第二，了解如何消除被试间设计中的个体差异；第三，理解单因素完全随机设计、单因素随机区组设计和单因素拉丁方设计的程序；第四，明确多自变量被试间设计的含义和类型；第五，正确使用多自变量被试间设计。

【学习重点】

被试间设计的含义和类型；使用被试间设计的要求；单自变量被试间设计的类型和具体使用过程；多自变量被试间设计的本质；多自变量被试间设计的程序及需要注意的问题。

第一节　被试间设计概述

一、什么是被试间设计

（一）被试间设计的含义

在真实验设计中，研究者既要操纵自变量，又要观察和记录因变量。为了操纵自变量，研究者需要给自变量设置至少两种不同的水平（level），并且在每种水平下观察被试的行为表现（performance），然后再对它们进行比较。如果结果显示行为表现的差异是由自变量的不同水平所引起的，那么研究者就可以得出自变量水平的变化确实引起了因变量数值变化的结论。

被试间设计（between-subject design）是指每名被试只接受一种实验处理水平的设计。

在不同的教材中，被试间设计有不同的名称，常见的有独立组设计（independent groups design）、无关样本设计（uncorrelated samples design）、独立测量设计（independent measures design）等（哈里斯，2004/2009）。

（二）被试间设计的类型

1. 单自变量被试间设计和多自变量被试间设计

根据自变量的多少，可将被试间设计分成单自变量被试间设计和多自变量被试间设计两种类型。

单自变量被试间设计（one independent variable between-subject design）也称单因素被试间设计，是最简单的被试间实验设计。在研究中，有一个自变量，自变量有两种或两种以上的水平。被试被随机分配到实验处理（自变量）的各种水平下，每名被试只接受一种实验处理水平。

多自变量被试间设计（multiple independent variable between-subject design）也称多因素被试间设计。在研究中，有两个或两个以上的自变量，且每个自变量有两种或两种以上的水平。被试被分配给各种实验处理水平的结合，每名被试只接受一种实验处理水平的结合。

2. 随机组设计和配对组设计

根据对额外变量的控制程度，可将被试间设计分成随机组设计和配对组设计。

随机组设计（random groups design）是用随机分配的方法将被试分组并给予不同的实验处理，使各组中额外变量的影响保持相等。因此，这种设计也可称为实验组和控制组设计。

配对组设计（matched groups design）是根据实验研究的目的，将具有同质性的被试进行匹配，这样可得到不同水平的被试组，然后采用随机分配的方法，让被试组中的每一名被试接受一种实验处理水平。

二、何时选用被试间设计

（一）自变量为被试变量

当研究变量为被试变量时，只能将其作为组间变量，如性别、学生年级、职业、智力等级等。

（二）实验影响不可逆，恢复时间长

被试间设计实验处理之间不会相互干扰，每一个人只接受一种处理方式，而一种处理方式不可能影响或污染另一种处理方式，避免了练习效应和疲劳效应等由实验顺序造成的误差。实验处理恢复期较长、产生效果不可逆时的自变量无法使用被试内设计，只能使用被试间设计，如药物类型、记忆术、心理治疗方法、教学方法等刺激（或任务）变量都只能作为被试间因素或被试间变量来研究。例如，采用被试间设计来检验针对特殊病症的医学治疗是否有效。在 19 世纪初，患了伤寒症和震颤性谵妄通常都是致命的。

那时候针对这两种情况的标准医学治疗措施就是放血、清肠或其他类似的方法。有一项实验对这些一直以来被认为有效的治疗方法进行了检验。在实验中，研究者随机分配两组被试：一组被试接受放血、清肠等治疗，即实验治疗组；另一组被试只是卧床休息、正常进食和接受密切观察，即控制非治疗组。结果发现：实验治疗组的情况比控制非治疗组的情况更差。实验结果证明，19世纪初的这些治疗方法是没有任何效果的，甚至还不如什么方法都不用的休息对患者更有好处。

三、使用被试间设计时需要注意的问题

（一）尽量减少实验中因素的数量

当研究者开始计划自己的第一项实验时，可能都有过这样的经历，即想在一项实验研究中尝试做许多事情。研究者可能试着要设计一项包括五个或六个因素的实验。但是，在一项实验中，如果研究者想一次做许多事情，其结果往往事与愿违，导致实验目的无法达到。

为什么要减少实验中的因素数量呢？原因主要是：

（1）不同组的被试接受的实验处理条件是不同的，这就意味着研究者需要设置与处理条件相同数量的被试组。很显然，找足够多的被试并不是一件容易的事情。

（2）在实验设计中，自变量的处理水平越高，也就意味着研究者做实验来收集数据和对数据结果进行统计分析要花的时间越多。

（3）实验设计越复杂，研究者对实验结果的解释就越麻烦或困难。

（4）研究者很难描述清楚多个自变量之间的交互作用，更不用说解释这一交互作用发生的原因了。

例如，在一项两因素被试间设计中，实验结果包括三种效应：两个因素各自的主效应和两个因素之间的交互作用。而且，随着实验中因素数量的增多，因素的主效应数和因素之间的交互作用数量会急剧增加。

让我们用 A，B，C 来代表一项实验中的三个自变量（或因素）。那么，在该实验中会出现哪些效应呢？

首先是每个因素的主效应：A 因素的主效应、B 因素的主效应和 C 因素的主效应。

其次是两个因素之间的交互作用：A 与 B 之间的交互作用、A 与 C 之间的交互作用、B 与 C 之间的交互作用。

最后是三个因素之间的交互作用，即 A，B，C 之间的交互作用。

在一项三因素被试间实验设计中，主效应和交互效应相加的总数等于7。在一项四因素被试间实验设计中，主效应和交互效应相加的总数等于15。所以，在进行设计实验时，研究者必须考虑自变量（或因素）的数量问题。

因此，研究者要想保证自己的实验取得成功，最关键的一点就是要尽量把自己的实验设计简单化，将研究的重点聚焦于那些最具有价值或最具有争议性的自变量。要想达

到此目的，一条捷径是对前人的实验研究文献进行深入总结与回顾。例如，通过查阅前人相关的实验研究文献发现，他们都要求被试一次性地完成任务。那么，在自己的实验研究中，研究者就有必要让被试一次性地完成实验任务，除非有非常强的理由。在这种情况下，研究者可以将被试完成的次数作为自己实验研究中的一个自变量。

对于开展心理学实验研究的人来说，先从设计简单实验开始进行研究，再设计更为复杂的实验，这样能够确保自己对实验过程有更好的认识与控制。

（二）尽量控制被试的个体差异

被试间设计的最大缺点是存在个体差异。那么，如何消除由被试之间的个体差异带来的系统偏差呢？具体方法有两种：第一种为随机化法，第二种为匹配法。

1. 随机化法

随机化法指将被试随机分配到不同的实验条件下的方法。在具体的实验过程中，研究者先选择一批被试，然后将他们随机分配到不同的实验条件下，这种随机方式可以确保被试大致均衡地分配到每一种实验条件下。例如，在关于听音乐对驾驶行为影响的实验中，研究者可以利用随机数字表，将被试分配到听音乐或不听音乐的条件下。通过这样的程序，表现好的、表现一般的和表现差的被试就会较均衡地处于各种实验条件下。被试取样越大，随机化法的效果就越好。

2. 匹配法

匹配法指找出在某些变量上相似的被试后，让每个人接受一种实验处理条件的方法。例如，在关于听音乐对驾驶行为影响的实验中，在实验开始之前，研究者先对参加实验的每名被试的驾驶能力进行测试，根据所测结果，将驾驶能力高、中和低的被试同等地分配到各种实验条件下。采用这种方法可明显减小被试个体差异这一混淆变量对自变量效应产生干扰的可能性。

第二节　单自变量被试间设计

单自变量被试间设计又称单因素被试间设计。这种设计主要有三种，分别是单因素完全随机设计、单因素随机区组设计和单因素拉丁方设计。

一、单因素完全随机设计

（一）什么是单因素完全随机设计

单因素完全随机设计是指将被试随机分配到实验处理的各种水平下，且每名被试只接受一种实验处理水平。由于被试是被随机分配到各实验处理水平之下的，所以被试之间的个体差异在各种实验处理水平下应该是均等的，即在统计上没有显著差异，不会只影响某一种或几种实验处理水平。

（二）单因素完全随机设计的基本模式

单因素完全随机设计的基本模式如表4-1所示。

表4-1 单因素完全随机设计的基本模式

A			
a_1	**a_2**	**a_3**	**a_4**
S_1	S_2	S_3	S_4
S_5	S_6	S_7	S_8
S_9	S_{10}	S_{11}	S_{12}
S_{13}	S_{14}	S_{15}	S_{16}
S_{17}	S_{18}	S_{19}	S_{20}

在表4-1中，a_1，a_2，a_3，a_4代表自变量A的4种水平。S_1～S_{20}代表20名被试。这种设计模式的意思是，有一个自变量，该自变量对应4种水平，每种水平下有5名被试，每名被试只接受一种处理水平，共20名被试参加实验。

（三）单因素完全随机设计的优点及缺点

1. 单因素完全随机设计的优点

单因素完全随机设计的优点有三个：

（1）实验设计和实施简单易行。

（2）接受每种实验处理水平的被试数量可以不相等，不需要匹配被试，每名被试仅接受一种处理水平。

（3）对实验结果的统计分析和解释简单，并且与误差平方和相对应的自由度最高，因此，如果在不同的实验设计中得到的误差平方和相等，那么单因素完全随机设计比其他设计更敏感。

2. 单因素完全随机设计的缺点

单因素完全随机设计的缺点有两个：

（1）该实验设计的组内变异并不完全由随机误差组成，其中还包括被试个体间的差异。

（2）当实验中的处理水平增高时，研究需要的被试量会大增。

（四）单因素完全随机设计的应用

单因素完全随机方差分析

有一项研究探讨了文章中生字密度对学生阅读理解的影响（引自舒华，1994）。研究者假设，阅读理解水平随文章中生字密度的增大而降低。因此，在实验中，研究者确立的一个自变量是生字密度。生字密度包括4种处理水平：5∶1（a_1）、10∶1（a_2）、15∶1（a_3）、20∶1（a_4）。因变量是被试的阅读理解测验分数。实施实验时，研究者将32名被试随机分成4

组，每组被试阅读一种生字密度的文章，并且回答阅读理解测验中有关文章内容的问题。结果如表 4-2 所示。

表 4-2 不同生字密度文章的阅读理解测验成绩

a_1	a_2	a_3	a_4
3	4	8	9
6	6	9	8
4	4	8	8
3	2	7	7
5	4	5	12
7	5	6	13
5	3	7	12
2	3	6	11
35	31	56	80

表 4-2 中的最后一行是将每种生字密度下被试的阅读理解测验成绩相加后的结果。可以看出，随着生字密度减小，阅读理解测验成绩上升。方差分析的结果如表 4-3 所示。

表 4-3 不同生字密度文章的阅读理解测验成绩的方差分析表

变异来源	平方和	*df*	均方	*F*
组间（生字密度）	190.125	3	63.375	22.53*
组内	78.750	28	2.813	
合计	268.875	31		

* $p<0.01$。

从表 4-3 中可以看出，生字密度的主效应达到了显著水平，$F(3, 28)=22.53$，$p<0.01$，表明学生对生字密度不同的文章的阅读理解测验成绩存在显著的差异。结合表 4-2 中的成绩，可以看出学生对生字密度小的文章的阅读理解测验成绩好于对生字密度大的文章的阅读理解测验成绩。

在社会比较中，下行比较能够让个体感知到自己确实比他人更好、更优越；上行比较能够打破这一自我评价偏差，促使个体意识到自身表现并不高于平均水平，从而向下调整自我评价。相对于下行比较，上行比较会降低个体的自我独特性感知。官秀双和张红红（2020）以 68 名在校大学生为被试，将他们随机分配到两种条件下，研究采用单因素（社会比较：上行比较、下行比较）被试间实验设计。其中，上行比较组 34 人，下行比较组 34 人。第一步，让被试完成上行比较或下行比较。在上行比较组，被试需要从自己认识的人里列举出三个人，这三个人目前的处境或现状都比自己更好、更优越，并将这三个人姓名的首字母写下来。随后，被试需要从自己列举的三个人中选出一人，并且尽可能详细地描述此人的现状如何比自己更好、更优越。在下行比较组，被试需要从自己认识的人里列举三个目前处境或现状比自己更差、更恶劣的人，将这三个人姓名的首字母写下来，并且从中选出一人，尽可能详细地描述此人的现状如何比自己更差、更恶劣。该部分任务无时间和字数限制，被试可以尽可能详细地进行人物描述。完成该任务后，被试需要在量表上完成社会比较的操纵检验测项：“你在多大程度上觉得自己的现状比你描述的这个人更好？”（1=一点也不，7=非常。）第二步，被试进入“关于度假胜地偏好的调研”，该部分用于测量被试的独特性寻求行为。告知被试某旅行社计划面向大学生推出 A 岛和 B 岛两个景点的旅游路线，并希望在正式推出旅游路线之前了解大学生群体对这两处旅游景点的偏好。此外，被试还了解到，根据之前在高校大学生群体中所做的调研，有 81%的学生更喜欢 A 岛，仅有 19%的学生更偏好 B 岛。为了排除被试对两处景点原有偏好的混淆影响，对上述景点与比例之间的配对进行了均衡设置。随后，被试需要根据自己的偏好在两个景点间做出选择。结果发现：相对于下行比较组（$M=5.06$，$SD=1.19$），上行比较组的被试（$M=3.22$，$SD=1.09$）认为自己的现状更差，$F(1, 62)=41.46$，$p<0.001$，$\eta^2=0.40$，表明对社会比较的操纵是成功的。同时还发现上行比较组选择小众景点的被试比例（53.1%）显著高于下行比较组（28.1%），表明上行比较能够导致更强的独特性寻求行为倾向。

（五）单因素完全随机设计的变式——两个实验组设计

两个实验组设计（two experimental groups design）是单因素完全随机设计的变式之一。与单因素完全随机设计的不同之处在于，两个实验组设计中还设有一个控制组。因此，两个实验组其实一个是实验组，一个是控制组。两个实验组设计的基本模式如表 4-4所示。

表 4-4　两个实验组设计的基本模式

控制组	实验组（A）	
	a_1	a_2
S_1	S_2	S_3
S_4	S_5	S_6
S_7	S_8	S_9
S_{10}	S_{11}	S_{12}
S_{13}	S_{14}	S_{15}
S_{16}	S_{17}	S_{18}

在表 4-4 中，有两个组：实验组和控制组。实验组接受的实验处理 A（自变量）有两种水平，即 a_1 和 a_2。$S_1 \sim S_{18}$是随机选择的被试，他们被随机地分配到各种处理水平下。

这种设计的优点是：第一，通过比较实验组的结果与控制组的结果，研究者就能确定自变量是否起作用。第二，通过比较实验组不同处理水平下的结果，研究者就能够确定自变量与因变量的关系是线性的还是非线性的。线性关系是指当自变量的值增大时，因变量的值也随之增大，即自变量与因变量的关系可用一条直线来描述；非线性关系是指自变量与因变量的关系可用非线性函数来描述，如曲线关系。

二、单因素随机区组设计

（一）什么是单因素随机区组设计

随机区组这一概念源于农田实验。在农田实验中，实验处理的最小单位是小块的土地，很多小块土地构成一块长条形的区域，这被称为一个区组。通常，一块一块相邻的小块土地在土质、肥力等条件上，比完全随机选出的同数量小块土地更相近。在农田实验中使用随机区组设计，就是想要避免按随机方式选择出的小块土地之间所存在的某些差异。

与农田实验中的小块土地相比，在心理学实验中相对应的单位是被试。在某个变量上相对同质的一组被试就相当于一个区组。在实际的心理学实验中，每一区组中的被试都是按某一特定变量来匹配的。

随机区组设计（randomized block design）是使用区组方法减少误差变异，即用区组方法分离出由额外变量引起的变异，使它不出现在处理效应和误差变异之中。

单因素随机区组设计中有两个变量：一是自变量，自变量有两种或两种以上的水平；二是额外变量，额外变量也有两种或两种以上的水平，且自变量与额外变量之间没有交互作用。

每个区组的被试同质，在接受自变量不同水平的处理后，所得到的变化不再受被试个体差异的影响，而是实验处理的结果。同时，后期进行单因素方差分析时可以分离出被试个体差异的部分，使得实验结果更加精确。

（二）单因素随机区组设计的基本模式

单因素随机区组设计的基本模式如表 4－5 所示。

表 4－5　单因素随机区组设计的基本模式

区组	自变量（A）			
	a_1	a_2	a_3	a_4
1	S_{11}	S_{12}	S_{13}	S_{14}
2	S_{21}	S_{22}	S_{23}	S_{24}
3	S_{31}	S_{32}	S_{33}	S_{34}
4	S_{41}	S_{42}	S_{43}	S_{44}
5	S_{51}	S_{52}	S_{53}	S_{54}

从表 4－5 中可以看出，在实验中只有一个自变量（A），且自变量（A）有 4 种水平，即 a_1，a_2，a_3，a_4。实验中还有一个额外变量（被试），20 名被试在这一额外变量上进行了匹配，分为 5 个区组，每个区组内有 4 名同质的被试，每名被试随机接受一种处理水平。

（三）单因素随机区组设计的优点与缺点

1. 单因素随机区组设计的优点

单因素随机区组设计的优点有两个：

（1）可减少实验误差。其原因是在单因素随机区组设计中，研究者可从总变异中分离出额外变量的效应。

（2）灵活性强。单因素随机区组设计可用于含有任何处理水平数的实验，并且区组的数量也不受限制。

2. 单因素随机区组设计的缺点

单因素随机区组设计的缺点有两个：

（1）如果自变量包含许多处理水平，寻找同质被试对于研究者来说就是一件比较困难的事情。

（2）与单因素完全随机设计相比，单因素随机区组设计有更多的限制。例如，其最基本的前提假设是：在实验中，自变量与额外变量之间没有交互作用。如果存在交互作用，则使用随机区组设计是不合适的。

单因素随机区组方差分析

（四）单因素随机区组设计的应用

有一项实验的目的是考察被试在限定时间内正确解答数学题的情况。被试在 5 种处理水平下接受测验。已有可靠的信息表明，在完全相同的条件下测验时，被试在限定时间内正确完成的数学题目数存在很大的个体差异。因而，研究者决定用随机区组设计，以期从实验误差估计中剔除由解题能力的个体差异引起的某些变异。

研究者选择了 25 名被试。在完全相同的条件下，被试先参加一次初测。每名被试的得分就代表其在限定时间内正确解决问题的数目。然后，研究者利用这个初测成绩将被试分为 5 个区组，每个区组 5 名被试。具体安排如表 4－6 所示。

表 4－6　单因素随机区组设计中被试的分配

区组	自变量（A）				
	a_1	a_2	a_3	a_4	a_5
1	S_{11}	S_{12}	S_{13}	S_{14}	S_{15}
2	S_{21}	S_{22}	S_{23}	S_{24}	S_{25}
3	S_{31}	S_{32}	S_{33}	S_{34}	S_{35}
4	S_{41}	S_{42}	S_{43}	S_{44}	S_{45}
5	S_{51}	S_{52}	S_{53}	S_{54}	S_{55}

在表 4－6 中，自变量（A）有 5 种处理水平（a_1，a_2，a_3，a_4，a_5）。每个区组中的 5 名被试被随机分配到 5 种处理水平下。

将每个区组中被试的成绩代入表 4－6 中，得到表 4－7。

表 4－7　5 个区组在 5 种处理水平下的解题数目

区组	自变量（A）				
	a_1	a_2	a_3	a_4	a_5
1	18	20	20	21	21
2	17	19	19	20	20
3	16	17	18	19	20
4	16	16	17	18	18
5	16	16	15	17	16

方差分析的结果如表 4－8 所示。

表 4－8　5 个区组在 5 种处理水平下的解题数目的方差分析表

变异来源	平方和	df	均方	F
自变量（A）	20.8	4	5.20	11.56*
区组（B）	50.0	4	12.50	
B×A	7.2	16	0.45	
合计	78.0	24		

* $p<0.05$。

从表 4－8 中可以看出，自变量的处理水平之间差异显著。

三、单因素拉丁方设计

（一）什么是单因素拉丁方设计

单因素拉丁方设计是一种包括 P 行、P 列，把 P 种处理水平分配给每个单元的管理方案，其中，每种处理水平在每行中出现一次，在每列中出现一次。单因素拉丁方设计是单因素随机区组设计的扩展，可以分离出两个额外变量的效应。一个额外变量的水平在横行分配，另一个额外变量的水平在纵列分配，自变量的水平则分配给每个单元。

为了更好地理解单因素拉丁方设计，请看下面的例子。在一项研究中，因实验室条件的限制，每天只能让 5 名被试参加实验测试，研究者共设置了 5 种实验处理水平（A，B，C，D，E）。研究者没有根据被试的前测信息将他们分为区组。但是研究者认为，在不同的时间（天）所做的测试之间的变异具有一定的重要性。于是，可以把同一天参加测试的 5 名被试（随机分配）看作一个区组。具体如表 4－9 所示。

表 4－9　含有 5 种处理水平的随机区组设计（一天对应于一个区组）

第一天	A	B	C	D	E
第二天	B	C	D	E	A
第三天	C	D	E	A	B
第四天	D	E	A	B	C
第五天	E	A	B	C	D

上述设计与随机区组设计基本相同，只是一天对应于一个区组。如果每一天之间的变异具有一定的重要性，那么这种设计将从实验误差估计中把这一变异来源剔除。

假设还存在一种变异来源，而且这一变异来源本来也是要从实验误差估计中剔除的。例如，假设每天 5 名被试接受测试的时间分别是 8 点、9 点、10 点、11 点和 12 点。测试时间之间的变异也可能很重要，在这种情况下研究者可通过以下方式来加以控制，即自变量的各种处理水平在每个测试时间点（即 8 点、9 点、10 点、11 点和 12 点）均只出现一次。按这种限定的随机化，可得到表 4－10 中的排列方式。

表 4－10　单因素 5×5 拉丁方设计的一个例子

天	时间点				
	8 点	9 点	10 点	11 点	12 点
第一天	A	B	C	D	E
第二天	B	C	D	E	A
第三天	C	D	E	A	B

续表

天	时间点				
	8 点	9 点	10 点	11 点	12 点
第四天	D	E	A	B	C
第五天	E	A	B	C	D

从表 4-10 中可以看出，每种处理水平即表中的字母在每一行和每一列都仅出现了一次。像这样的一个方阵，就被称为拉丁方。要构成一个拉丁方，必须保证行数与列数相等，并且两者都要等于处理水平数。

（二）单因素拉丁方设计需要满足的条件

虽然单因素拉丁方设计被广泛地应用于心理学和教育学实验研究之中，但是要使用这种实验设计，必须满足以下条件（舒华，1994）：

第一，研究中有一个自变量，还有两个额外变量，一个额外变量的水平被分配给 P 行，另一个额外变量的水平被分配给 P 列。

第二，研究者事先假定自变量与额外变量之间没有交互作用。如果这个假设不能够满足，对实验中的一种或多种效应的检验可能就会产生偏差。

第三，将处理水平随机分配给 P^2 个单元，每种处理水平仅在每行、每列中出现一次。每个单元中分配一名或多名被试接受处理。因此，实验中总共需要的被试数 $N=nP^2$ $(n\geqslant 1)$。

（三）标准化拉丁方与拉丁方的随机化

标准化拉丁方是指第一行和第一列是按字母排序的拉丁方。

3×3 标准化拉丁方的一个例子如下：

A B C

B C A

C A B

4×4 标准化拉丁方的一个例子如下：

A B C D

B C D A

C D A B

D A B C

5×5 标准化拉丁方的一个例子如下：

A B C D E

B C D E A

C D E A B

D E A B C

E A B C D

6×6 标准化拉丁方的一个例子如下：

A	B	C	D	E	F
B	C	D	E	F	A
C	D	E	F	A	B
D	E	F	A	B	C
E	F	A	B	C	D
F	A	B	C	D	E

7×7 标准化拉丁方的一个例子如下：

A	B	C	D	E	F	G
B	C	D	E	F	G	A
C	D	E	F	G	A	B
D	E	F	G	A	B	C
E	F	G	A	B	C	D
F	G	A	B	C	D	E
G	A	B	C	D	E	F

拉丁方可能的组合会随着 P 的增大而迅速增多。一个 3×3 的拉丁方可能的组合数是 12，而一个 4×4 的拉丁方可能的组合数是 576 个……一个 7×7 的拉丁方可能的组合数高达16 942 080个。从理论上讲，使用拉丁方设计时应该从可能的拉丁方总体中随机选择一个，但当拉丁方大于 5×5 时，很难操作。下面仅以 4×4 拉丁方为例，介绍其随机化的方法。

首先，选择一个 4×4 标准化拉丁方，如下：

A	B	C	D
B	C	D	A
C	D	A	B
D	A	B	C

其次，随机化上述标准化拉丁方中的行，一种可能的结果如下：

C	D	A	B
A	B	C	D
B	C	D	A
D	A	B	C

最后，随机化上述标准化拉丁方中的列，一种可能的结果如下：

B	A	C	D
D	C	A	B
A	D	B	C
C	B	D	A

（四）单因素拉丁方设计中被试的分配模式

下面将通过一个例子来说明单因素拉丁方设计中被试的分配模式（引自邓铸，2006）。具体内容如下：为了研究简单反应时与光刺激的颜色和强度的关系，研究者同时考虑到被试的气质类型及年龄这两个额外变量可能对反应时具有明显影响。为了将这两个额外变量的影响从变异的残差项中分离出去，研究者采用了拉丁方设计。

具体设计如下：拉丁方由实验中明显存在的两个额外变量组成。第一个额外变量是被试的气质类型，包括多血质、胆汁质、黏液质和抑郁质 4 种水平；第二个额外变量是被试年龄，包括 10～13 岁、15～18 岁、20～23 岁、25～28 岁 4 种水平。从 4 个年龄组的青少年中筛选出 4 种典型气质类型者各 2 人，这样就有共计 32 名被试参加这一实验。具体如表 4－11 所示。

表 4－11　两个额外变量：气质类型和年龄

年龄	气质类型			
	多血质	胆汁质	黏液质	抑郁质
10～13 岁				
15～18 岁				
20～23 岁				
25～28 岁				

在实验中，研究者将自变量设置成 4 种水平：A——“红光＋1”（即光的颜色为红光，光的相对强度为 1）、B——“红光＋1/4”（即光的颜色为红光，光的相对强度为 1/4）、C——“绿光＋1”（即光的颜色为绿光，光的相对强度为 1）、D——“绿光＋1/4”（即光的颜色为绿光，光的相对强度为 1/4）。

按照拉丁方设计的基本原则，研究者将 4 种实验处理水平安排在拉丁方中，每一种实验处理水平被分配到拉丁方中的某一单元内，该单元中对应的两名被试就要接受这一种实验处理水平。

第一步，先给出一种标准化拉丁方设计形式，如表 4－12 所示。

表 4－12　一个 4×4 标准化拉丁方设计方案

年龄	气质类型			
	多血质	胆汁质	黏液质	抑郁质
10～13 岁	A	B	C	D
15～18 岁	B	C	D	A
20～23 岁	C	D	A	B
25～28 岁	D	A	B	C

有了这样的设计方案之后，实验程序的编排就非常清晰了。按照这一设计进行实验，不仅能将两个额外变量的效应从残差项中分离出来，而且有利于增强复杂实验过程的条理性。从表 4－12 中可以看出，每名被试需要完成什么样的实验非常明确，例如 15～18 岁组两个胆汁质的学生只需接受实验处理水平 C 即“绿光＋1”，25～28 岁组两个黏液质的学生只需接受实验处理水平 B 即“红光＋1/4”。

第二步，对表 4－12 所示的标准化拉丁方设计方案进行随机化处理，即可以对其中的实验安排做随机的两行互换或两列互换，得到各种不同的拉丁方设计方案。

例如，将表 4－12 中第 1 列和第 4 列对换就可以得到表 4－13 所示的拉丁方设计方案。

表 4－13　在表 4－12 基础上变换得到的一个拉丁方设计方案

年龄	气质类型			
	多血质	胆汁质	黏液质	抑郁质
10～13 岁	D	B	C	A
15～18 岁	A	C	D	B
20～23 岁	B	D	A	C
25～28 岁	C	A	B	D

将表 4－13 中的第 2 行和第 3 行对换，就可以得到如表 4－14 所示的拉丁方设计方案。

表 4－14　在表 4－13 基础上变换得到的一个拉丁方设计方案

年龄	气质类型			
	多血质	胆汁质	黏液质	抑郁质
10～13 岁	D	B	C	A
15～18 岁	B	D	A	C
20～23 岁	A	C	D	B
25～28 岁	C	A	B	D

不过，要注意的是，在拉丁方设计中，用来构成拉丁方的额外变量不能与研究的自变量之间存在交互效应，两个额外变量之间也不能存在交互效应。

单因素拉丁方设计方差分析

（五）单因素拉丁方设计的应用

以前面提到的一项采用 5×5 拉丁方设计的实验为例，实验结果如表 4－15 所示。

表 4-15 一项采用 5×5 拉丁方设计的实验的结果

天	时间点					对应的自变量水平				
	12 点	8 点	9 点	10 点	11 点					
第一天	8	18	5	8	6	B	E	D	C	A
第二天	1	6	5	18	9	C	A	B	E	D
第三天	5	4	4	8	14	D	B	C	A	E
第四天	11	4	14	1	7	E	C	A	D	B
第五天	9	9	16	3	2	A	D	E	B	C

方差分析的结果如表 4-16 所示。

表 4-16 每天不同时间测验结果的方差分析表

变异来源	平方和	df	均方	F
自变量	420.8	4	105.20	8.60*
天	11.2	4	2.80	
时间点	11.2	4	2.80	
残差	146.8	12	12.23	
合计	590.0	24		

* $p<0.01$。

从表 4-16 中可以看出，自变量的主效应显著，$p<0.01$。而行（天）和列（时间点）的主效应没有达到显著水平，即两个额外变量没有对实验结果产生影响。

（六）单因素拉丁方设计的优缺点

1. 单因素拉丁方设计的优点

单因素拉丁方设计的优点主要有两个：第一，在许多具体研究情境下，这种设计比完全随机设计和随机区组设计更加有效，它可以使研究者分离出两个额外变量，因而可减少实验误差，获得对处理效应更精确的估计；第二，通过对拉丁方内单元误差与残差进行 F 检验（或方差齐性检验），可检验实验设计的正确性。

2. 单因素拉丁方设计的缺点

单因素拉丁方设计的缺点主要有两个：第一，这种设计成立的前提是自变量与额外变量之间不存在交互作用，但在实际研究中这一点很难保证；第二，这种设计要求每个额外变量的水平数与自变量的水平数相等，这在实际的研究中很难实现，因而限制了其使用的范围。

四、单自变量被试间设计中经常要回答的问题

图 4－1 对单自变量被试间设计中可能会遇到的问题进行了总结（Myers & Hansen，2005）。

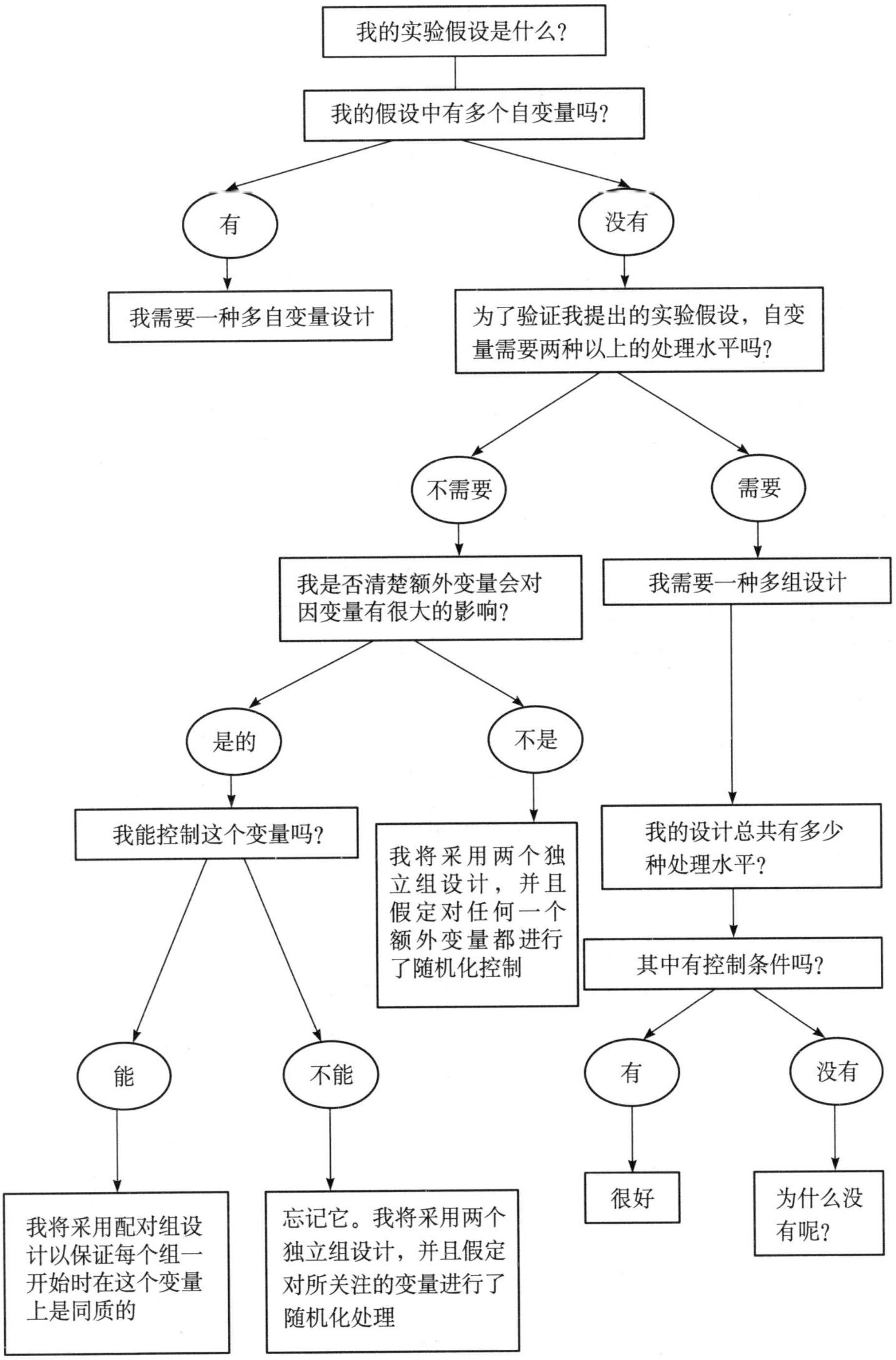

图 4－1　单自变量被试间设计中要明确的问题

第三节　多自变量被试间设计

一、为什么使用多自变量被试间设计

前面我们讨论了单自变量（或单因素）被试间设计。但是，在实际研究时，一项实验中只有一个自变量的情况比较少见，通常可能会有两个或两个以上的自变量。

例如，假设有一位研究者想知道母婴交流是否会促进婴儿语言能力的发展。研究者一旦形成了这样一个研究假设，就需要在对相关因素进行严格控制的情况下检验该假设。

研究者可以设计一个以母婴交流作为自变量的简单实验。同时，研究者还想知道听广播是否对婴儿语言能力有积极作用，所以就需要考虑将交谈作为另一个自变量。

如果进行两次实验，其研究效率就会很低。与进行一次实验相比，进行两次实验可能需要花费两倍的时间。同时，还有另一个不足之处，即母婴交流和听广播之间可能会存在交互作用。也许有的婴儿需要母婴交流而不需要听广播，有的婴儿更喜欢听广播而不是母婴交流。如果单独研究母婴交流和听广播所起的作用的话，这些关系就无法被发现。这时，就需要一种能弄清多个自变量同时存在时所产生作用的实验设计。与单自变量设计相比，多自变量设计的效率更高，且能够提供更多的信息。所以，对于大多数实验研究者来说，他们更偏好使用多自变量设计。

在实验研究中，同时对两个或两个以上的自变量进行研究的设计称为多自变量设计或多因素设计。通常，研究者将设计中的自变量称为因素。多因素被试间设计是指在实验研究中被试只接受一种处理水平结合的设计。

通过多自变量被试间设计，研究者根据数据可获得两种信息：其一，每个自变量单独产生的效应，即主效应；其二，自变量是如何影响另一个自变量的，即交互作用。

拓展阅读

如何描述实验设计中的变量

在研究报告中，当需要介绍因素实验设计时，通常用简化的形式来表示变量的名称。这种方式可以使读者一眼就能看明白整个研究的实验设计。下面，我们以两因素两水平（2×2）的实验设计为例来加以说明。

方法1：因素命名法

我们可以将每一个因素的名称放在数字后面的圆括号内。第一个数字所代表的因素名称是研究者首先要列出来的，第二个数字所代表的因素名称是研究者随后要列出来的。正如用数字作为简化符号那样，各因素名称之间需要用符号“×”分开。每名被试会被分配到其中一种实验处理水平下，这是一种典型的被试间设计。具体的写法有如下两种：

例1：2×2（材料性质×加工水平）被试间设计。

例2：2（材料性质）×2（加工水平）被试间设计。

方法 2：因素和水平命名法

因素和水平命名法给出了实验设计中每个因素的处理水平，因此这种写法为读者提供了最全面的信息。具体的写法也有两种，如下：

例 3：2×2（材料性质：具体、抽象×加工水平：浅、深）被试间设计。

例 4：2（具体材料、抽象材料）×2（浅加工水平、深加工水平）被试间设计。

需要指出的是，对于读者阅读和理解实验设计来说，将例 2 和例 3 综合在一起，应该是一种最好的描述实验设计的方法。

例 5：2（材料性质：具体、抽象）×2（加工水平：浅、深）被试间设计。

这种写法的好处是因素名称和处理水平都一目了然。建议在写实验报告时，采用这种方法来呈现实验设计。

二、多因素被试间设计的主要类型

（一）两因素完全随机设计和两因素随机区组设计

最简单的多因素被试间设计是两因素被试间设计。

根据选择的方法是完全随机还是先设置区组再随机，可将两因素被试间设计分为两因素完全随机设计和两因素随机区组设计。

1. 两因素完全随机设计

两因素完全随机设计是指在研究中有两个自变量（或因素），每个自变量有两种或两种以上的水平，被试被随机分配接受一种实验处理水平的结合。

两因素完全随机设计的模式如表 4－17 所示。在表 4－17 中，两个因素分别是 A 和 B，A 因素有 5 种水平，B 因素也有 5 种水平。每名被试只接受一种处理水平的结合。例如，被试 1（S_1）只接受处理水平的结合 a_1b_1，被试 2（S_2）只接受处理水平的结合 a_2b_1，等等。

表 4－17 两因素完全随机设计的模式

		A 因素				
		a_1	a_2	a_3	a_4	a_5
B 因素	b_1	S_1	S_2	S_3	S_4	S_5
	b_2	S_6	S_7	S_8	S_9	S_{10}
	b_3	S_{11}	S_{12}	S_{13}	S_{14}	S_{15}
	b_4	S_{16}	S_{17}	S_{18}	S_{19}	S_{20}
	b_5	S_{21}	S_{22}	S_{23}	S_{24}	S_{25}

2. 两因素随机区组设计

两因素随机区组设计是指在研究中有两个自变量（或因素），每个自变量有两种或两种以上的水平，并使用随机区组技术，事先将被试在额外变量（被试变量）上进行匹配，然后将选择好的每组同质被试随机分配给不同实验处理水平的结合，每名被试只接受一种实验处理水平的结合。

两因素随机区组设计的模式如表4-18所示。

表4-18 两因素随机区组设计的模式

	A因素和B因素处理水平的结合					
	a_1b_1	a_1b_2	a_1b_3	a_2b_1	a_2b_2	a_2b_3
区组1	S_{11}	S_{12}	S_{13}	S_{14}	S_{15}	S_{16}
区组2	S_{21}	S_{22}	S_{23}	S_{24}	S_{25}	S_{26}
区组3	S_{31}	S_{32}	S_{33}	S_{34}	S_{35}	S_{36}
区组4	S_{41}	S_{42}	S_{43}	S_{44}	S_{45}	S_{46}
区组5	S_{51}	S_{52}	S_{53}	S_{54}	S_{55}	S_{56}

从表4-18中可以看出，A因素有两种水平（a_1，a_2），B因素有三种水平（b_1，b_2，b_3）。被试被分为5个区组，每个区组中有6名被试。每名被试只接受一种实验处理水平的结合。

需要指出的是，在两因素随机区组设计中，每个区组至少需要$p \times q$（p和q分别代表两个因素的水平数）名同质的被试。随着因素水平数的增加，每个区组所需要的同质被试会急剧增加，研究者选择出如此多的同质被试就会很困难。

（二）三因素完全随机设计

1. 什么是三因素完全随机设计

三因素完全随机设计是指在研究中有三个自变量（或因素），每个自变量有两种或两种以上的水平，被试被随机分配接受不同的实验处理水平的结合，每名被试只接受一种实验处理水平的结合。

2. 三因素完全随机设计的模式

假设在一项实验研究中有三个自变量或因素（A，B，C），每个自变量有两种处理水平，即A因素有a_1和a_2两种水平，B因素有b_1和b_2两种水平，C因素有c_1和c_2两种水平。这样，三因素完全随机设计的模式如表4-19所示（引自舒华，1994）。

表4-19 三因素完全随机设计的模式

A因素、B因素和C因素处理水平的结合							
$a_1b_1c_1$	$a_1b_1c_2$	$a_1b_2c_1$	$a_1b_2c_2$	$a_2b_1c_1$	$a_2b_1c_2$	$a_2b_2c_1$	$a_2b_2c_2$
S_1	S_2	S_3	S_4	S_5	S_6	S_7	S_8
S_9	S_{10}	S_{11}	S_{12}	S_{13}	S_{14}	S_{15}	S_{16}
S_{17}	S_{18}	S_{19}	S_{20}	S_{21}	S_{22}	S_{23}	S_{24}
S_{25}	S_{26}	S_{27}	S_{28}	S_{29}	S_{30}	S_{31}	S_{32}
S_{33}	S_{34}	S_{35}	S_{36}	S_{37}	S_{38}	S_{39}	S_{40}

从表4-19中可以看出，三因素完全随机设计需要的被试数量很大。在表4-19中一种实验处理水平结合下随机分配有5名被试，总共需要40名被试。如果每一种实验处理水平结合下随机分配有10名被试，则总共需要80名被试。

三因素完全随机设计可研究三个因素的主效应，即 A 因素、B 因素和 C 因素的主效应，也可检验两个因素之间的交互作用（A×B，A×C，B×C），还可检验三个因素的交互作用（A×B×C）。这样，研究者就能获得更加丰富的信息并检验更多的假设。

三、多自变量被试间设计中的主效应和交互作用

（一）主效应

在多自变量被试间设计（以及下一章将讲到的多自变量被试内设计）中，一个重要的概念是主效应。主效应是指在实验中单个自变量对因变量所起到的作用，即该自变量在多大程度上能使被试的行为发生变化。自变量的主效应在统计学意义上可能是显著的或不显著的。要确定它们是否显著，就需要进行统计检验。

例如，在前面所提到的关于婴儿语言能力的实验中，就存在着两个因素，即母婴交流和听广播，因此也就存在着两种主效应，具体如下：

主效应 1：母婴交流对婴儿语言发展的影响。

主效应 2：听广播对婴儿语言发展的影响。

通过运用统计检验，研究者就可确定这两个主效应是否显著。①

（二）交互作用

如果一个自变量对因变量的影响会随着另一个自变量水平的不同而发生变化，我们就说这两个自变量之间存在着交互作用。在关于婴儿语言发展的实验中，假设两个因素（母婴交流和听广播）有交互作用，具体表现为：没有听广播时，母婴交流有助于婴儿语言发展（图 4－2 中的左侧）；但是当听广播时，母婴交流就不再有任何的作用（图 4－2 中的右侧）。这里交互作用的存在告诉我们，母婴交流引起的效应取决于听广播是否出现。也就是说，交互作用说明了母婴交流对婴儿语言发展的作用受到“是否听广播”这个因素的影响。

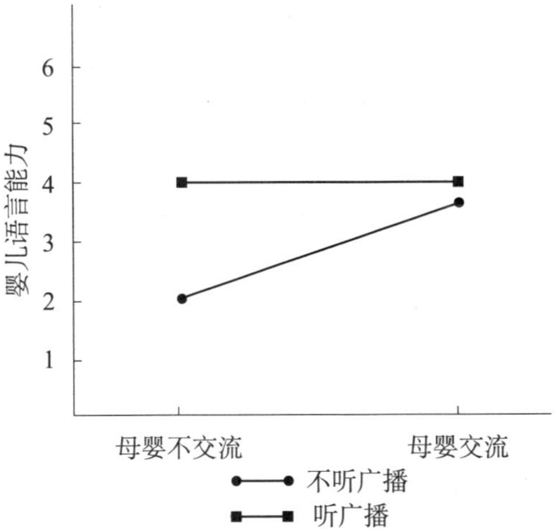

图 4－2　母婴交流与听广播的交互作用的一种假设

① 当然，单纯从主效应层面而言，将该研究拆分成两个独立的单自变量实验也能得到相同的信息。

在多因素被试间设计中，可能存在的交互作用数目取决于实验中自变量的个数。例如，一项两因素被试间设计只能有一种交互作用。当自变量多于两个时，用图来表示交互作用就会变得很困难，还会得到同时包含多个变量的高阶交互作用。例如，在一项三因素的实验中，理论上研究者可以得到三个自变量之间的所有交互作用。此时，每个因素的作用都会受到其他两个因素处理水平的影响。

拓展阅读

有趣的交互作用

研究者推断，男性的数学成绩可能也会受到数学刻板印象威胁的影响。研究者以第二学期参加数学课程学习的欧洲裔男生为被试，根据男生们的数学成绩将他们分为中等能力组和高能力组。在研究中，研究者没有选择那些数学成绩较低的男生参加实验。

研究者把全体被试分为两组：威胁条件组和控制条件组。对于威胁条件组，在实验开展前启动他们的数学刻板印象威胁，即亚裔学生的数学成绩更优秀。同时，研究者还告诉被试，此次研究的目的就是想验证这种差异是否存在，然后让他们完成一项数学测验。对于控制条件组，研究者只告诉他们这项测验是用于测试数学能力的。研究具体结果如图 4-3 所示。

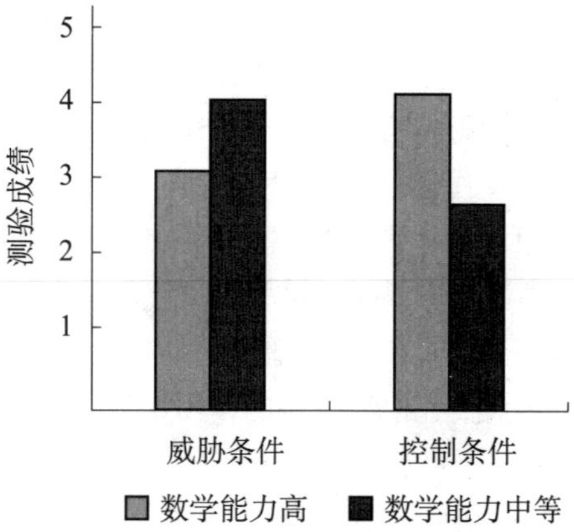

图 4-3 被试的数学测验结果

在这个实验中，没有一个因素有显著的主效应。从总体上看，当被试的数学能力为中等水平时与数学能力为高水平时，他们的平均测验成绩是相同的。被试受到刻板印象威胁时与没有受到刻板印象威胁时，他们的平均测验成绩也是相同的。

从图 4-3 中可以看出，实验结果存在显著的交互作用。在没有受到刻板印象威胁的控制条件组，高数学能力的被试的数学测验成绩比中等数学能力的被试好。然而，对于受到数学刻板印象威胁的被试来说，这一结果出现了反转。即在数学刻板印象威胁的条件下，高数学能力的被试的测验成绩显著低于中等数学能力的被试。这一实验结果表明，刻板印象威胁会直接影响学生的实际表现。具体来说，刻板印象威胁会极大地影响那些把已有能力表现看得较重的人，而不会影响把已有的能力表现看得不太重的人。

资料来源：迈尔斯，汉森，2001/2006.

四、如何一步步设计多因素实验

图 4 - 4 列举了设计一个两因素被试间实验的过程，该实验考察了词频和语境的预测性对词跳读的影响（白学军，刘丽萍，闫国利，2008）。实验中每个因素只有两种处理水平。当然，如果实验涉及两种以上的因素或每个因素的处理水平在两种以上，则实验设计的模式将会更加复杂。

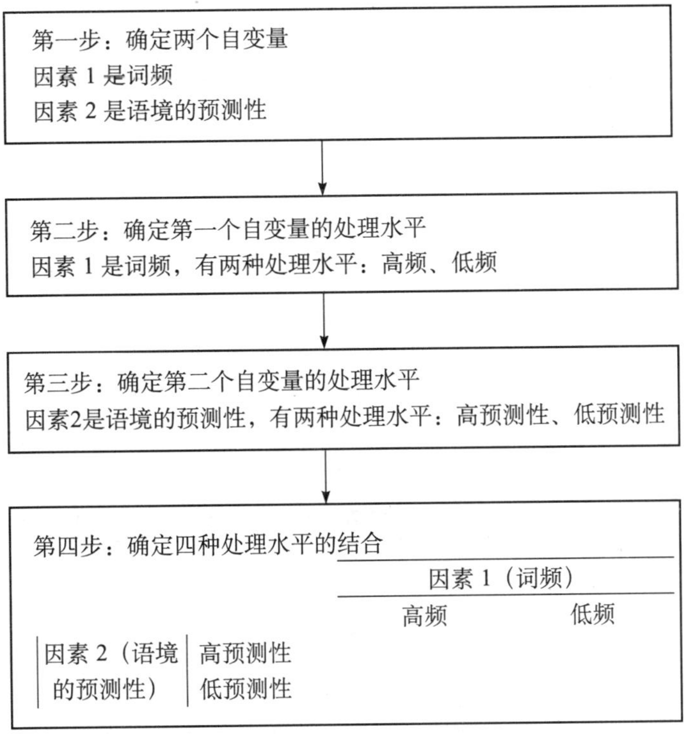

图 4 - 4　两因素实验的设计过程

从图 4 - 4 中可以看出，第一步，先确立实验中的两个自变量或两个因素，因素 1 为词频，因素 2 为语境的预测性。

第二步，确定第一个自变量或因素的处理水平。为了推断词频的主效应，选择了两种处理水平，即高频和低频。

第三步，确定第二个自变量或因素的处理水平。为了推断语境的预测性的主效应，选择了两种处理水平，即高预测性和低预测性。

第四步，确定四种处理水平的结合。如果被试是随机分配的，那么有一些被试将会被分配到高频和高预测性的处理水平结合中，有一些被试将会被分配到高频和低预测性的处理水平结合中，有一些被试将会被分配到低频和高预测性的处理水平结合中，有一些被试将会被分配到低频和低预测性的处理水平结合中。

两因素完全随机方差分析

五、通过具体实例来了解两因素被试间设计

李寿欣、张德香、张建鹏（2014）采用图文相继呈现、文本逐句阅读的范式，通过反应时技术和出声思维的方法，探讨了组织型插图对不同认知方式个体说明文阅读过程与阅读结果的影响。实验 1 探讨了在单一文本与有插图的文本两种条件下不同认知方式个体说明性文本的阅读，采用团体“镶嵌图形测验”，从 260 名大学生中选出 36 名场独立被试和 36 名场依存被试。实验材料是一则关于宇航员太空旅行中肾结石形成过程的说明性文本。将实验材料改写为两个版本，其中一个版本配有一幅组织型插图，另一个版本无插图。组织型插图通过语句、框架，以流程线的形式描述了文本中一些关键的因果关系。采用 2（认知方式：场独立、场依存）×2（呈现方式：单一文本、插图+文本）的被试间实验设计。因变量指标为阅读时间和答题的正确率。结果如表 4-20 和 4-21 所示。

表 4-20　不同认知方式个体在两种条件下阅读句子的平均时间（*M*±*SD*）　单位：毫秒

认知方式	呈现方式	
	插图+文本	单一文本
场独立	6 654±1 304	6 934±2 237
场依存	9 301±3 345	7 234±2 031

表 4-21　不同认知方式个体在两种条件下答题的正确率（*M*±*SD*）

认知方式	呈现方式	
	插图+文本	单一文本
场独立	0.87±0.17	0.59±0.24
场依存	0.74±0.24	0.65±0.27

对阅读时间进行 2（认知方式：场依存、场独立）×2（呈现方式：插图+文本、单一文本）的方差分析，结果显示，认知方式主效应显著，$F(1, 68)=7.10$，$p<0.01$，$\eta^2=0.09$，场独立被试对实验材料的阅读时间显著短于场依存被试；认知方式与呈现方式的交互作用显著，$F(1, 68)=4.50$，$p<0.05$，$\eta^2=0.06$，简单效应分析发现，场依存被试在有插图条件下的阅读时间显著长于无插图条件，$F(1, 69)=6.42$，$p<0.05$，而场独立被试在两种条件下的阅读时间差异不显著，$F(1, 69)=0.12$，$p>0.05$。

对正确率进行 2（认知方式：场依存、场独立）×2（呈现方式：插图+文本、单一文本）的方差分析，结果显示，呈现方式主效应显著，$F(1, 68)=11.34$，$p<0.01$，$\eta^2=0.14$，被试在有插图条件下的正确率显著高于无插图条件。其他效应均不显著。研究者认为：在反应时指标上，认知方式与呈现方式的交互作用显著，场依存被试在有插图条件下的阅读时间显著长于无插图条件下的，而场独立被试在两种条件下的阅读时间差异不显著，表明场独立被试能较快地利用插图实现对文本的理解，并不需要增加加工努力，而场依存被试需要花费更多的时间通过插图实现对文本的理解。从正确率指标来

看，被试在有插图条件下的正确率显著高于无插图条件下的，表明有插图文本的阅读效果好于单一文本阅读。

实验2探讨了在文本重读与插图加文本两种条件下不同认知方式个体说明性文本的阅读。研究者提出，实验1的结果表明场依存被试在插图＋文本条件下的阅读时间显著长于单一文本条件下的阅读时间，而场独立被试在两种条件下的阅读时间差异不显著，是否由于场依存被试阅读有插图的文本时需付出更多的加工努力？而场独立被试是否能更有效地利用插图，不需要付出更多的加工努力？为此，研究者设置了两种学习条件：一种是插图＋文本的条件，一种是文本＋文本的条件，探讨场依存、场独立被试在两种条件下的阅读时间是否不同。被试为32名场独立被试、32名场依存被试。采用2（认知方式：场独立、场依存）×2（呈现方式：插图＋文本、文本＋文本）的被试间实验设计。因变量指标为阅读时间和答题的正确率。实验结果见表4－22和表4－23。

表4－22　不同认知方式个体在两种条件下阅读句子的平均时间（*M*±*SD*）　单位：毫秒

认知方式	呈现方式	
	插图＋文本	文本＋文本
场独立	9 098±2 432	12 452±3 062
场依存	9 366±3 600	9 494±2 920

表4－23　不同认知方式个体在两种条件下答题的正确率（*M*±*SD*）

认知方式	呈现方式	
	插图＋文本	文本＋文本
场独立	0.73±0.28	0.73±0.25
场依存	0.75±0.26	0.56±0.29

对句子阅读平均时间进行2（认知方式：场独立、场依存）×2（呈现方式：插图＋文本、文本＋文本）的方差分析，结果显示，呈现方式主效应显著，$F(1, 60)=5.28$，$p<0.05$，$\eta^2=0.08$，被试在文本重读条件下的阅读时间显著长于插图＋文本条件下的阅读时间。呈现方式与认知方式交互作用显著，$F(1, 60)=4.53$，$p<0.05$，$\eta^2=0.07$。简单效应分析发现，场独立被试在文本＋文本条件下的阅读时间显著长于插图＋文本条件下的阅读时间，$F(1, 61)=9.46$，$p<0.01$；场依存被试在两种学习条件下的阅读时间差异不显著，$F(1, 61)=0.01$，$p>0.05$。

对正确率进行2（认知方式：场独立、场依存）×2（呈现方式：插图＋文本、文本＋文本）的方差分析，结果发现：各种效应均不显著。研究者认为：实验2中两类被试在两种阅读条件下的答题正确率没有差异，但在阅读时间上存在差异。场独立被试在插图＋文本条件下的阅读时间显著短于文本重读条件下的阅读时间；而场依存被试在两种学习条件下的阅读时间差异不显著，说明对场依存被试而言，组织型插图的作用可能仅相当于文本内容的重复呈现，插图的确增强了场依存被试的加工努力；而对场独立被试而言，组织型插图不仅仅是文本内容的重复呈现，还可能提供了新的信息或发挥了专门的作用（李寿欣，等，2014）。

六、通过具体实例来掌握两因素被试间设计

众所周知，在世界各地的绝大多数文化中，年轻女性比年轻男性更关注节食和减肥的问题。尽管有研究发现，男性不喜欢身体过瘦的女性，他们更喜欢体重正常的女性，但世界各地还是有许多女性痴迷于减肥。这导致在女性群体中易出现厌食症和暴食症等饮食障碍，它们严重威胁着这些女性的生命安全。有两位研究者关注到了这种现象，并对性别和进食行为的关系进行了考察（Pliner & Chaiken，1990）。

研究者认为，在女性的头脑中有这样一种观念：身体瘦和进食少是女性一种正常的性别角色特征，因为身体瘦、进食少的女性要比身体胖、进食多的女性更有魅力。如果真是这样的话，那么当有异性在场时，女性为了使自己显得更有魅力，就会倾向于少量进食。同时，研究者还提出，在年轻男性的头脑中没有女性头脑中这种对自己身体胖或瘦的观念，所以在进食时，他们不在乎自己在别人面前吃了多少。

据此，研究者提出了两个假设：（1）在与同伴进食时，女性的进食量会受到同伴性别的影响，即如果同伴是男性，她们会吃得比较少；如果同伴是女性，则她们会吃得比较多。（2）在与同伴进食时，男性的进食量不会受同伴性别的影响。

那么，检验假设需要对什么因素进行操纵呢？研究者必须先将女性的行为与男性的行为做对比。因此，第一个要操纵的自变量（或因素）是被试的性别。根据前面所学，我们知道这个自变量（或因素）是一个被试变量。被试的选择过程需要简单地进行"操纵"，即根据被试的性别将他们随机分配到实验各组之中。第二个要操纵的自变量是与被试一起进食的第二个人的性别，这需要进行配对，因为同伴中既要有异性也要有同性。

研究者让实验中的每名被试都相信，自己和同伴参加的是一项有关饥饿效应的研究，研究者主要考察他们在完成任务时的表现。被试的同伴是经过培训的，他非常自信自己能扮演好这个角色。研究者要求所有被试在实验的当天不要吃任何东西，以保证他们到达实验室时是处于饥饿状态的；然后告诉每名被试，自己与同伴将被分配到"要吃饱"的条件下，并且要求他们随便吃东西，直到他们感觉到很饱为止。为此，研究者提供给他们具有多种配料的薄脆饼干。在实验开始前，研究者访问被试和同伴，其目的是确保被试形成了这样一个印象：他们的同伴是具有社会魅力的。

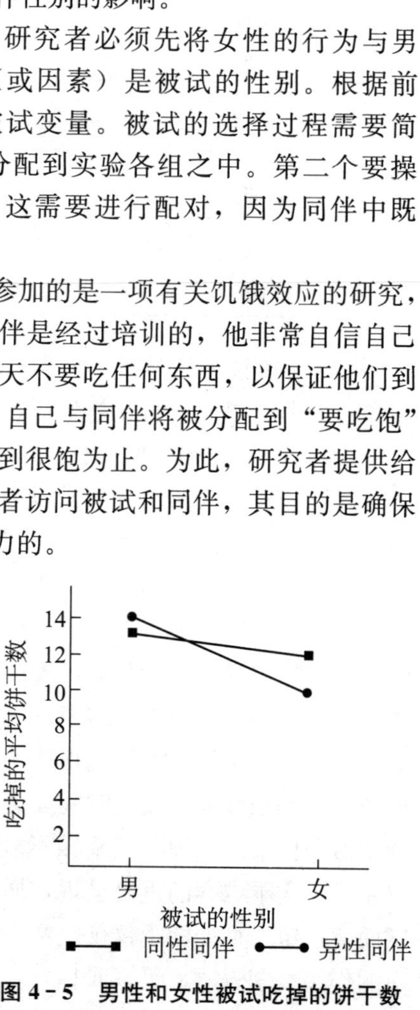

图4-5　男性和女性被试吃掉的饼干数

实验的因变量是进食的行为，研究者将其具体化为每名被试吃了多少块饼干。为了保证同伴进食的行为不会引起怀疑，同伴被要求只吃15块饼干（其热量约为315卡路里）。研究者设想：女性在异性同伴面前会比在同性同伴面前吃更少数量的饼干，但是男性的进食行为并不会受其同伴性别的影响，即他们与同性同伴进食和与异性同伴进食时，所吃的饼干数不变。也就是说，实验中的两个因素会产生显著的交互作用。图4-5是实验的结果。

在说明两个因素之间的交互作用前，先看一下每

个因素各自单独的主效应。读者需要注意，在多自变量（或多因素）实验中，研究者总是先看每一个自变量单独的效应，再看自变量（或因素）之间的交互作用。

首先，看第一个因素的作用。第一个因素是被试的性别，该因素会对被试的进食行为产生什么样的影响呢？经过统计分析，结果发现性别这个因素出现了显著的主效应。平均而言，男性被试比女性被试吃了更多的薄脆饼干。这一结果并不令人意外，根据生活经验，研究者本来就预期男性会比女性吃更多的薄脆饼干。

其次，看第二个因素的作用。第二个因素是同伴的性别，即是同性同伴还是异性同伴，该因素会对被试的进食行为产生什么样的影响呢？经过统计分析，结果发现在这个因素上没有出现显著的主效应。平均而言，与同性同伴进食和与异性同伴进食，被试吃掉的薄脆饼干数是一样的。

最后，看一下两个因素的交互作用。交互作用描述的是一个因素是否会受到其他因素不同水平的影响。在这个实验中，交互作用可说明男性或女性被试进食量是否会随着其同伴性别的改变而发生变化。经过统计分析，结果发现被试性别和同伴性别之间存在着显著的交互作用。无论同伴是同性还是异性，男性吃掉的薄脆饼干数都没有差异。而女性吃掉的薄脆饼干数则取决于其同伴的性别：相比与同性同伴进食时，与异性同伴进食时她们吃得更少。

以上所描述的实验结果与研究者的预期完全相同。但是在实际的研究中，实验结果还有其他的可能性。实验结果不同，对其解释也会不同。

图 4－6 至图 4－12 给出了这个实验的结果的其他可能性。需要指出的是，图 4－6 至图 4－12 并不是真实实验结果的数据，而是假想的数据，这样做的目的是说明实验因素的主效应和交互作用。

（1）主效应和交互作用均不显著的情况。从图 4－6 中可以看出，两个因素主效应不显著，交互作用也不显著。首先，被试的性别不影响其吃掉的薄脆饼干数，即男性被试与女性被试吃得一样多。其次，被试的同伴性别也不影响其吃掉的薄脆饼干数，换言之，无论同伴的性别与自己是否相同，被试吃掉薄脆饼干的数量都没有差异。

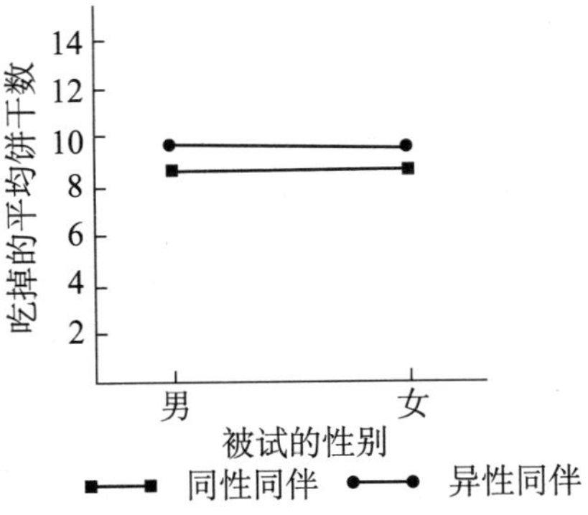

图 4－6 被试性别和同伴性别主效应及它们之间交互作用均不显著的情况

（2）只有同伴性别主效应显著的情况。从图 4－7 中可以看出，实验结果中只有同伴性别的主效应显著，被试性别的主效应、被试性别与同伴性别之间的交互作用均不显著。图 4－7 表明，无论是男性被试还是女性被试，相比在同性面前，他们在异性面前吃掉的薄脆饼干数更少。对此现象的解释是，个体的进食行为可能受到了社会动机的影响。男性希望表现出合作或与异性同伴相似的行为，或者希望自己的行为更具有“社会可接受性”，这些原因都有可能导致男性在女性同伴面前吃掉的薄脆饼干数更少。

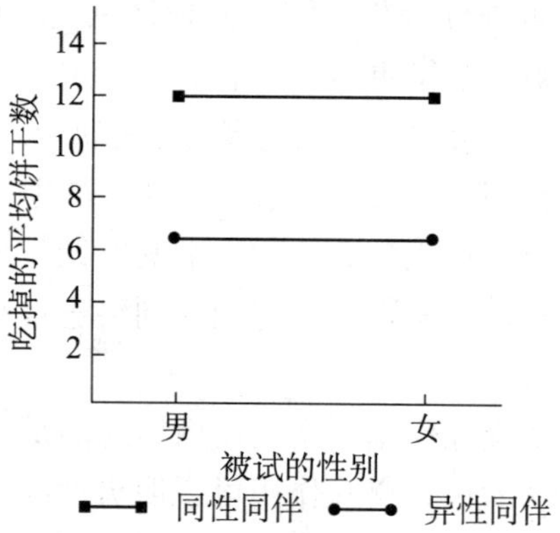

图 4－7　只有同伴性别主效应显著的情况

（3）只有被试性别主效应显著的情况。从图 4－8 中可以看出，被试性别的主效应显著，即无论同伴的性别与自己是否相同，在进食时，男性被试吃掉的薄脆饼干数都比女性被试吃掉的多。另外，同伴性别的主效应不显著，被试性别与同伴性别之间的交互作用也不显著。

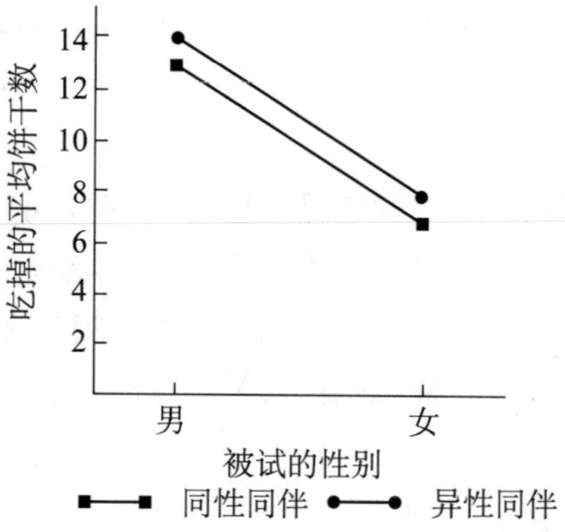

图 4－8　只有被试性别主效应显著的情况

（4）两个因素主效应显著但交互作用不显著的情况。从图 4－9 中可以看出，两个因素的主效应显著，但它们之间的交互作用不显著。也就是说，被试的性别和同伴的性别都会影响其吃掉的薄脆饼干数。具体来说，男性被试比女性被试吃掉的薄脆饼干数多，并且被试在同性同伴面前吃掉的薄脆饼干数比他在异性同伴面前吃掉的多。这表明两个因素都对被试的进食行为产生了影响，但一个自变量（或因素）的作用并不依赖于另一个自变量（或因素）的处理水平。

（5）只有交互作用显著的情况。图 4－10 和图 4－11 均表明，实验中被试性别和同伴性别两个自变量都没有表现出显著的主效应，但是它们之间却表现出显著的交互作用。

当用图来表现两个因素存在交互作用时，我们可以看出有一种特有的模式，即两

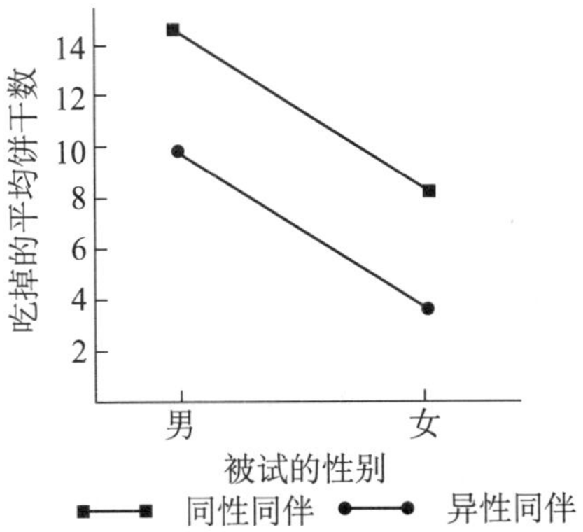

图 4-9 被试性别和同伴性别主效应显著但交互作用不显著的情况

个自变量所得结果不是平行线。当两个因素之间存在交互作用时，用图来表示时有三种形式：第一种，分开式或展开式（即两条线逐渐分开，如图 4-10 所示）；第二种，合并式（即两条线逐渐聚拢）；第三种，交叉式（如图 4-11 所示）。注意，图 4-11 描述的交互作用最大，即一个因素在另一个因素的各处理水平上的作用完全相反，这也被称为交叉交互作用（crossover interaction）。

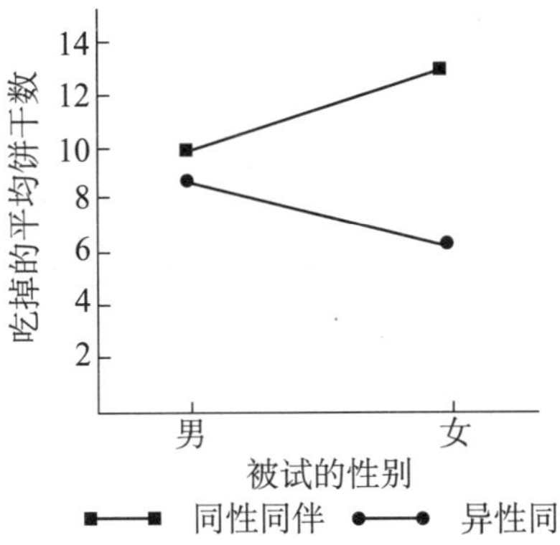

图 4-10 只有被试性别和同伴性别交互作用显著的一种情况：分开式

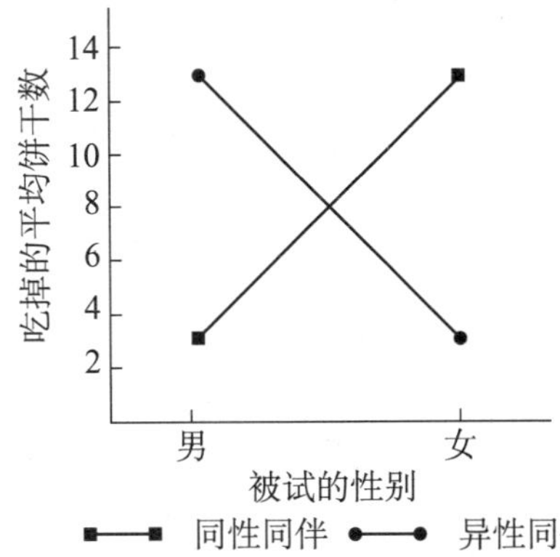

图 4-11 只有被试性别和同伴性别交互作用显著的一种情况：交叉式

需要指出的是，交互作用也能发生在任何一个有显著主效应的因素上。图 4-12 描述了两个因素的主效应都显著和两个因素间的交互作用也显著的情况。

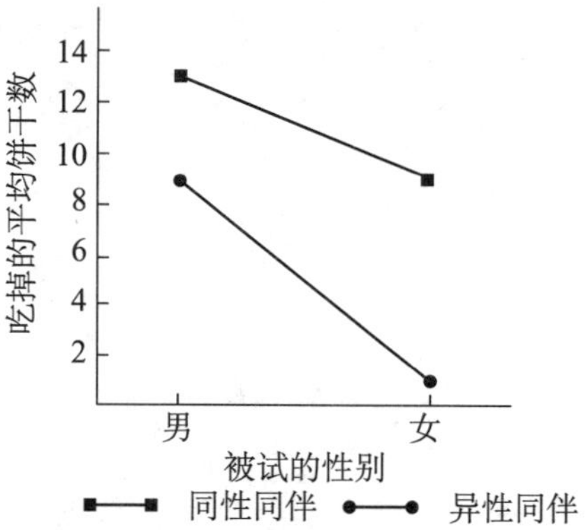

图 4－12　被试性别的主效应、同伴性别的主效应和两者之间交互作用都显著的情况

在图 4－12 中，被试性别和同伴性别都影响了被试的进食行为，同时这两个因素之间也有显著的交互作用。换言之，虽然两个因素都对被试的进食行为产生了影响，但是一个因素的作用会随着另一个因素处理水平的不同而发生改变。图 4－12 表明，女性被试吃掉的薄脆饼干数比男性被试少，并且男女被试都是在异性同伴面前吃得更少。此外，显著的交互作用还提示，女性被试在异性同伴面前吃掉的薄脆饼干数要比男性被试在异性同伴面前吃掉的少。

揭示变量的交互作用是开展多因素实验研究的主要原因。通过同时操纵两个自变量或多个自变量，研究者能够了解一个自变量的影响是否依赖于另一个自变量的处理水平。当交互作用显著时，研究者就能认识到仅有一个自变量并不能准确预测被试的行为表现。例如，图 4－10 表明，同伴是同性和异性时，男性被试吃掉的薄脆饼干数并没有显著差异，但是女性被试却会因同伴性别不同而改变自己的进食行为，即女性被试在同性面前吃掉的薄脆饼干数要比她们在异性面前吃掉的多。在这里只有交互作用显著，被试的进食行为取决于两个因素。如果研究者想准确预测被试将会吃多少薄脆饼干，他需要知道被试的性别和同伴的性别。

此外，在图 4－12 的交互作用中，除非将两个因素的影响放在一起来考虑，否则很难形成一个有关自变量影响的完整印象，因为相比图 4－11 中的交互作用，这里的交互作用不是很明显。

当然，在多因素实验中，我们要用统计检验的方法对每个因素的主效应和交互作用进行量化和评估。

七、通过具体实例来掌握三因素被试间设计

三因素完全随机方差分析

（一）权力感、社会排斥、性别对自我关注的影响

在遭遇社会排斥后，个体的效能需求和关系需求均会受到威胁。自我关注程度可以灵敏反映个体不同的需求威胁。其中，效能需求反映对自我能力的认知，关系需求则关注他人与个体的关系状态，这将使得面对效能威胁的个体把注意焦点转移到自身，而面对关系需求威胁的个体把注意焦

点导向他人。在遭遇社会排斥后，男性认为个体效能需求更为重要且对效能威胁的刺激更为敏感，女性认为个体关系需求更为重要且对关系威胁的刺激更为敏感，那么社会排斥将对男性造成更多的效能需求威胁，而对女性造成更多的关系需求威胁。

权力感是对效能需求的有效干预，故对于面临社会排斥的男性有着直接的减震作用。王紫薇和涂平（2014）提出，相对于无权力感操控，权力感操控将能干扰社会排斥操控对于男性被试在自我关注程度上的影响，但不会干扰其对于女性被试的影响的研究假设。为了检验此假设是否正确，他们以 159 名大学生为被试，其中 83 名男生、76 名女生，采用 2（权力感：有权力、无权力）×2（社会排斥：被排斥、被接纳）×2（性别：男、女）被试间实验设计。

实验流程分为四步：第一步，权力感操控，即要求被试回忆并描述一次他们感到有权力/无权力的经历。第二步，社会排斥操控，即采用威廉姆斯（Williams）开发的虚拟传球游戏。在三次传球练习后，排斥组的被试接不到传球，接纳组的被试会继续接到大概 1/3 的传球。排斥组和接纳组在每个性别内随机分配。第三步，情绪测量，采用 PANAS 量表。第四步，测量自我关注程度，要求被试回忆并描述一件昨天发生的事件（可能发生在自己身上也可能发生在他人身上的任何事件）。根据被试的描述，研究者将被试的描述转化成两个变量，分别记作我变量和他变量。如果单数第一人称"我"在描述中出现，则我变量记作 1，否则为 0；如果有他人在描述中出现，则他变量记作 1，否则为 0。自我关注程度以我变量减去他变量表示，是一个（−1，0，1）变量，数值越高表示自我关注程度越高。结果如图 4-13 和图 4-14 所示。

经过统计分析，结果发现：社会排斥操控和性别之间存在显著交互作用。权力感操控、社会排斥操控和性别的三因素交互作用显著。进一步分析发现，在无权力感操控下，社会排斥操控和性别存在交互作用；在有权力感操控下，社会排斥操控和性别无交互作用，表明权力感操控有效干扰了社会排斥操控和性别的交互作用。对于男性被试来说，权力感操控和社会排斥操控具有显著的交互作用。在无权力感操控情境下，被排斥男性被试的自我关注程度显著高于被接纳男性被试；但在权力感操控情境下，社会排斥操控不再起作用（见图 4-13）。对于女性被试来说，权力感操控和社会排斥操控不存在交互作用（见图 4-14）。

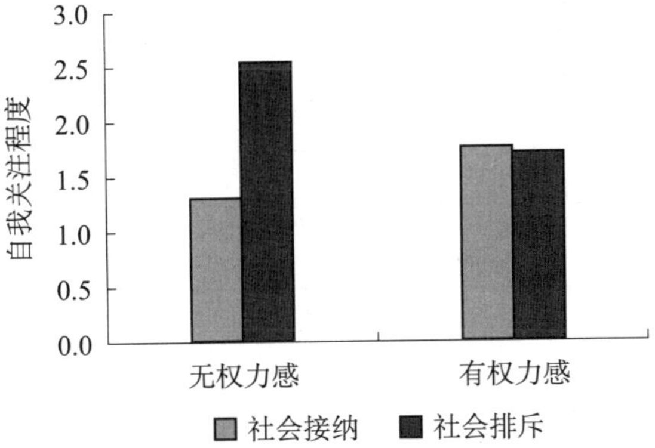

图 4-13　权力感操控对男性被试的干扰作用

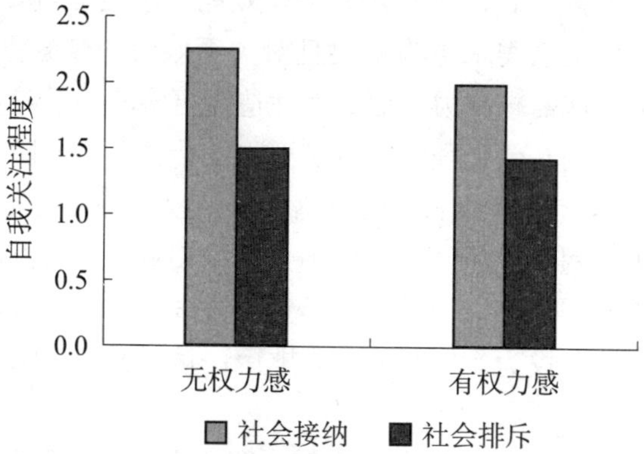

图 4-14　权力感操控对女性被试的干扰作用

（二）呈现方式、自我效能感和成就动机对 FOK 判断影响的研究

知晓感（feeling of knowing，FOK）判断是指个体对记忆提取可能性的自我评估，它是个体元记忆监测的重要形式。已有研究表明，任务变量、个体变量和策略变量可对 FOK 判断产生影响。另外，自我效能感和成就动机与个体的记忆成绩之间呈正相关。成就动机是指完成任务时力图取得成功的信念。自我效能感指个体对自己能否胜任某项活动的自信程度。为此，有研究者探讨了呈现方式、自我效能感和成就动机对个体 FOK 判断的影响（张萌，张积家，张全信，2000）。

实验采用 3（呈现方式：4 次随机逐一呈现每一词对 2 秒、2 次随机逐一呈现每一词对 4 秒、1 次随机逐一呈现每一词对 8 秒）×2（成就动机：高成就动机、低成就动机）×2（自我效能感：高自我效能感、低自我效能感）三因素完全随机设计。研究者将被试分成 HH（高自我效能感者和高成就动机者）、HL（高自我效能感者和低成就动机者）、LH（低自我效能感者和高成就动机者）、LL（低自我效能感者和低成就动机者）四种类型，再将每类被试随机分配到三种呈现方式下，共分成 12 组，每组 12 人，男女各半。每组被试仅在一种条件下学习。

具体结果见表 4-24、表 4-25。

表 4-24　不同组被试 FOK 判断等级的平均数

呈现方式	HH	HL	LH	LL
2 秒/4 次	4.55	3.74	3.37	3.12
4 秒/2 次	3.71	2.99	2.53	2.46
8 秒/1 次	3.26	2.68	2.20	2.40

表 4-25　不同组被试 FOK 判断准确性的平均数（Gamma 相关值）

呈现方式	HH	HL	LH	LL
2 秒/4 次	0.52	0.44	0.41	0.41
4 秒/2 次	0.43	0.36	0.31	0.31
8 秒/1 次	0.40	0.34	0.31	0.30

(1) FOK 判断等级。方差分析发现，呈现方式的主效应显著，$F(2, 132)=72.66$，$p<0.01$。自我效能感的主效应显著，$F(1, 132)=119.90$，$p<0.01$，表现为高自我效能感被试的 FOK 判断等级明显高于低自我效能感被试的 FOK 判断等级。成就动机的主效应显著，$F(1, 132)=25.73$，$p<0.01$。自我效能感与成就动机之间的交互作用显著，$F(1, 132)=19.96$，$p<0.01$，表现为 HH 组被试的 FOK 判断等级高于 HL 组被试，但 LH 组被试和 LL 组被试在 FOK 判断等级上不存在差异（见图 4-15）。

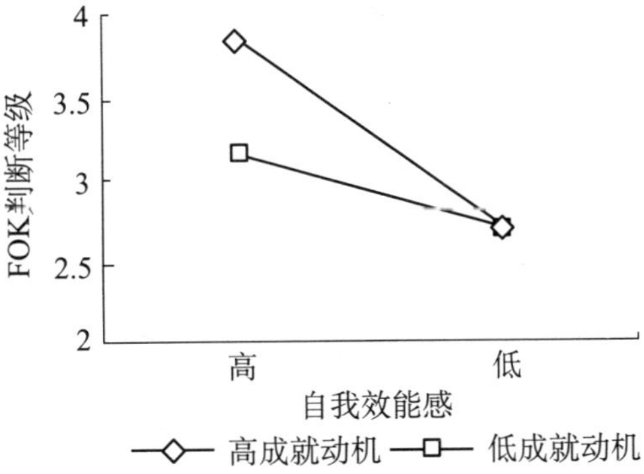

图 4-15　自我效能感和成就动机对 FOK 判断等级的影响

(2) FOK 判断准确性。方差分析发现，呈现方式的主效应显著，$F(2, 132)=106.50$，$p<0.01$。自我效能感的主效应显著，$F(1, 132)=116.83$，$p<0.01$，表现为高自我效能感被试的 FOK 判断准确性明显高于低自我效能感被试。成就动机的主效应显著，$F(1, 132)=29.37$，$p<0.01$。自我效能感和成就动机之间的交互作用显著，$F(1, 132)=24.56$，$p<0.01$，表现为 HH 组被试的 FOK 判断准确性高于 HL 组被试，但 LH 组被试和 LL 组被试在 FOK 判断准确性方面不存在差异（见图 4-16）。

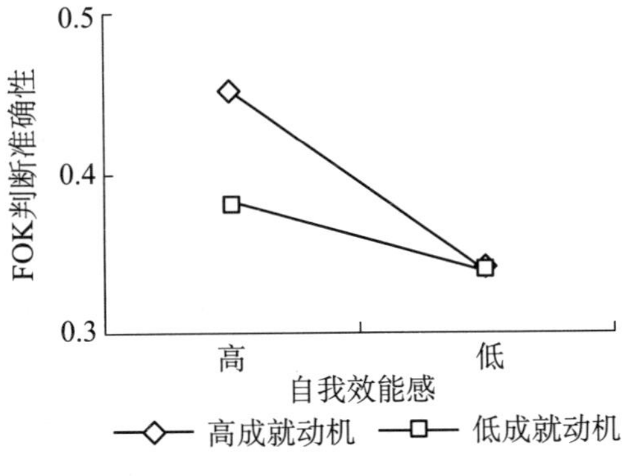

图 4-16　自我效能感和成就动机对 FOK 判断准确性的影响

概念术语

被试间设计	单自变量被试间设计	多自变量被试间设计
随机组设计	配对组设计	单因素完全随机设计

单因素随机区组设计　　单因素拉丁方设计　　两因素完全随机设计
两因素随机区组设计　　三因素完全随机设计　　主效应
交互作用

本章要点

被试间设计是指每名被试只接受一种实验处理水平的设计。被试间设计也称独立组设计、无关样本设计、独立测量设计等。

根据自变量的多少，可将被试间设计分成单自变量被试间设计和多自变量被试间设计两种类型。单自变量被试间设计是最简单的被试间实验设计。在研究中，有一个自变量，自变量有两种或两种以上的水平。被试被随机分配到实验处理（自变量）的各种水平下，每名被试只接受一种实验处理水平。多自变量被试间设计也称多因素被试间设计。在研究中，有两个或两个以上的自变量，且每个自变量有两种或两种以上的水平。被试被随机分配给各种实验处理水平的结合，每名被试只接受一种实验处理水平的结合。

根据对额外变量的控制程度，可将被试间设计分成随机组设计和配对组设计。随机组设计是用随机分配的方法将被试分组并给予不同的实验处理，使各组中额外变量的影响保持相等。配对组设计是根据实验研究的目的，将具有同质性的被试进行匹配，这样可得到不同水平的被试组，然后采用随机分配的方法，让被试组中的每一名被试接受一种实验处理水平。

被试间设计的最大缺点是存在个体差异。如何消除由被试之间的个体差异带来的系统偏差呢？具体方法有二：第一种为随机化法，第二种为匹配法。

单自变量被试间设计也称单因素被试间设计，它主要包括三种：单因素完全随机设计、单因素随机区组设计和单因素拉丁方设计。

单因素完全随机设计是指将被试随机分配到实验处理的各种水平下，且每名被试只接受一种实验处理水平。单因素完全随机设计的优点有三：第一，实验设计和实施简单易行；第二，接受每种实验处理水平的被试数量可以不相等，不需要匹配被试，每名被试仅接受一种处理水平；第三，对实验结果的统计分析解释简单，并且与误差平方和相对应的自由度最高，因此，如果在不同的实验设计中得到的误差平方和相等，那么单因素完全随机设计比其他设计更敏感。单因素完全随机设计的缺点有二：第一，该实验设计的组内变异并不完全由随机误差组成，其中还包括被试个体间的差异。第二，当实验中的处理水平增高时，研究需要的被试量会大增。

单因素随机区组设计中有两个变量：一是自变量，自变量有两种或两种以上的水平；二是额外变量，额外变量也有两种或两种以上的水平，且自变量与额外变量之间没有交互作用。单因素随机区组设计的优点有二：第一，可减少实验误差；第二，灵活性强。单因素随机区组设计的缺点有二：第一，如果自变量包含许多处理水平，寻找同质被试就会比较困难；第二，与单因素完全随机设计相比，单因素随机区组设计有更多的限制。

单因素拉丁方设计是一种包括 P 行、P 列，把 P 种处理水平分配给每个单元的管理方案，其中，每种处理水平在每行中出现一次，在每列中出现一次。单因素拉丁方设计被广泛地应用于心理学和教育学实验研究之中，但是要使用这种实验设计，必须满足以下条件：第一，研究中有一个自变量，还有两个额外变量，一个额外变量的水平被分配给 P 行，另一个额外变量的水平被分给 P 列。第二，研究者事先假定自变量与额外变量之间没有交互作用。如果这个假设不能够满足，对实验中的一种或多种效应的检验可能就会产生偏差。第三，将处理水平随机分配给 P^2 个单元，每种处理水平仅在每行、每列中出现一次。每个单元中分配一名或多名被试接受处理。因此，实验中总共需要的被试数 $N=nP^2$（$n\geqslant1$）。

单因素拉丁方设计的优点是：第一，在许多具体研究情境下，这种设计比完全随机设计和随机区组设计更加有效，它可以使研究者分离出两个额外变量，因而可减少实验误差，获得对处理效应更精确的估计；第二，通过对拉丁方内单元误差与残差进行 F 检验（或方差齐性检验），可检验实验设计的正确性。单因素拉丁方设计的缺点是：第一，这种设计成立的前提是自变量与额外变量之间不存在交互作用，但在实际研究中这一点很难保证；第二，这种设计要求每个额外变量的水平数与自变量的水平数相等，这在实际的研究中很难实现，因而限制了其使用的范围。

多因素被试间设计是指在实验研究中被试只接受一种实验处理水平结合的设计。

两因素完全随机设计是指在研究中有两个自变量（或因素），每个自变量有两种或两种以上的水平，被试被随机分配接受一种处理水平的结合。

两因素随机区组设计是指在研究中有两个自变量（或因素），每个自变量有两种或两种以上的水平，并使用随机区组技术，事先将被试在额外变量（被试变量）上进行匹配，然后将选择好的每组同质被试随机分配给不同实验处理水平的结合，每名被试只接受一种实验处理水平的结合。

三因素完全随机设计是指在研究中有三个自变量（或因素），每个自变量有两种或两种以上的水平，被试被随机分配接受不同的实验处理水平的结合，每名被试只接受一种实验处理水平的结合。

主效应是指在实验中单个自变量所起到的作用。交互作用是指一个自变量对因变量的影响会随着另一个自变量水平的不同而发生变化的现象。

《推荐阅读》

- 邓铸．应用实验心理学．上海：上海教育出版社，2006.
- 金志成，何艳茹．心理实验设计及其数据处理．广州：广东高等教育出版社，2005.
- 坎特威茨，罗迪格，埃尔姆斯．实验心理学：理解心理学的研究：第9版．上海：华东师范大学出版社，2010.
- 史密斯，戴维斯．实验心理学：勘破心理世界的侦探：第6版．北京：机械工业出版社，2017.
- MYERS A，HANSEN C. Experimental psychology. 6th ed. Australia：Thomson & Wadsworth，2005.

- 舒华，张学民，韩在柱．实验心理学的理论、方法与技术．北京：人民教育出版社，2018.
- 舒华．心理与教育研究中的多因素实验设计．2版．北京：北京师范大学出版社，2019.
- 李寿欣，张德香，张建鹏，组织型插图对不同认知方式个体说明性文本阅读的影响．心理学报，2014，46（8）.

第五章

被试内设计和混合设计

【教学目标】

通过本章学习应实现的目标有：第一，掌握被试内设计的定义和类型，明白如何选择使用被试内设计；第二，系统掌握单因素被试内设计、多因素被试内设计的程序；第三，正确掌握被试内设计的控制；第四，明确混合设计的含义和类型。

【学习重点】

被试内设计的定义和类型；使用被试内设计的要求；单因素被试内设计的类型和具体使用过程；多因素被试内设计的本质；多因素被试内设计的程序及需要注意的问题；顺序效应、传递效应及其控制。

第一节　被试内设计概述

一、什么是被试内设计

（一）被试内设计的含义

被试内设计（within-subjects design）是指在实验过程中，每名被试接受所有的实验处理水平或处理水平的结合。由于需要重复测量被试的行为，所以被试内设计也称为重复测量设计（repeated-measure design）。

使用被试内设计的主要目的是解决被试间设计中存在的被试不同质的问题。虽然我们已在第四章讨论了可用完全随机法或匹配法来尽量保持各组被试的同质性，但是在具体的实验过程中，这一点通常是很难做到的。

（二）被试内设计的种类

根据自变量数量的多少，可将被试内设计分为单因素被试内设计和多因素被试内设计。

单因素被试内设计是指实验中只有一个自变量，自变量的处理水平有两种或两种以上，每名被试接受所有的实验处理水平。

多因素被试内设计是指实验中有两个或两个以上的自变量，每个自变量的处理水平有两种或两种以上，每名被试接受所有自变量处理水平的结合。

例如，在两因素被试内设计中，如果一个自变量有 p 种水平，另一个自变量有 q 种水平，实验中则包括 $p \times q$ 种处理水平的结合，每名被试要接受所有处理水平的结合。

二、被试内设计的选择

（一）何时使用被试内设计

1. 被试利用最大化

在被试内设计中，同一名被试需要接受不同的处理水平或处理水平的结合。因此，当研究者没有办法找到更多的被试时，被试内设计可以帮研究者解决这个问题。例如，一项实验中有 4 种处理水平结合，每一种处理水平需要 20 名被试，如果研究者采用的是被试内设计，那么他只需要 20 名被试就可以了；相反，如果采用被试间设计，那么研究者需要 80 名被试。

2. 节省实验时间

当研究者进行一项真实验时，被试内设计可使研究者节约大量的时间。例如，在采用 ERPs 技术的实验中，要想记录被试在完成任务时的脑电数据，需要在实验进行前，确保每一个电极与被试的头皮接触上。如果使用 32 导来记录，每个电极的确认需要 30 秒，全部确认一遍需要大约一刻钟；如果使用 64 导来记录，全部确认一遍需要半小时左右。为了克服此问题，大部分采用 ERPs 技术采集数据的实验设计是被试内设计，目的是减少实验准备所需的时间，从而提高实验的效率。

3. 控制个体差异

如果一项实验的目的是比较不同实验处理水平下被试的行为差异，被试内设计能很好地实现控制个体差异这一额外变量。从统计方面来说，被试内设计使研究者有更好的机会来发现自己在实验中操纵的自变量的效应。从某种意义上说，被试内设计是最完美的配对组设计，因为每种实验处理水平或不同处理水平结合下的被试都是相同的。

（二）何时不能使用被试内设计

1. 实际实验研究不具备可操作性时

虽然被试内设计有很多优点，但是其也有一定的局限性。有时候，这样的设计在具体的实施过程中无法实现。例如，在一项实验中，研究者需要同一名被试阅读和评估多个故事（不同的实验处理水平）。假设被试要阅读的故事有 6 个，然后要求他们对每个故事做出评估，完成 1 个故事的阅读与评估需要花费 1 小时，完成 6 个故事的阅读与评估就要花费 6 小时。想一想，让一名被试在实验室里待 6 小时来完成任务，这种事情发生的可能性有多大呢？一定是很小的。

还有一种情况，在实验过程中，研究者需要对仪器设备记录质量进行校准以确保记录数据的质量。例如，用眼动追踪记录仪来记录被试阅读文章时眼睛的注视行为，因为被试在阅读过程中会不自觉地出现头动，所以被试一般阅读两篇文章就需要校准一次，这时主试和被试都要忍耐长时间的测试环节。

2. 实验处理的作用不可逆转时

在一些实验研究中，如果先让被试接受某种实验处理水平或处理水平的结合并对其进行测量，再让被试接受另一种实验处理水平或处理水平的结合并对其进行测量，实际上是不可行的（黄一宁，1998）。例如，在以动物为被试的研究中，研究者想了解某种药物对记忆保持的作用时，如果采用被试内设计，即先给动物注射药物，测量药物对其记忆保持的作用，然后将药物从动物体内抽出来，再测量动物的记忆保持情况，这样做是很荒唐的，因为这种实验处理的作用是不可逆转的。

有这样一项关于购车偏好的实验研究：研究者假设人们第一次学车时所使用的车型会影响随后他们购车的选择行为。具体而言，在学车时，如果学开的车型是小型车，那么相比学开的车型是大型车，人们就会更倾向于买小型车。由于还有其他的因素会影响被试的购车偏好，如经济实力、父母对车的选择、广告宣传力度、个人的品牌偏好等，个体在购车时会存在很大的个体差异。为了克服这些无关因素的干扰，研究者认为实验采用被试内设计比较好。但事实上，在这个实验中，选择被试内设计会产生这样一个无法解决的问题：在学开车时，如果被试学车时用的是小型车，那么他们不大可能有机会再用大型车来学习一遍。即使研究者给被试开设了同样的学车课程，被试也不可能再有他们开始学车时的相同反应，特别是因为他们已不再是对汽车一无所知的新手了。也就是说，第一项实验处理对后面的实验处理造成了不可逆转的干扰。在这种情况下，研究者只能选择被试间设计。

第二节　单因素被试内设计

单因素被试内设计也称单因素重复测量设计，实验中只有一个自变量（或因素），自变量的处理水平有两种或两种以上，每名被试接受所有的实验处理水平。

根据自变量处理水平的多少，单因素被试内设计可以分为单因素两水平被试内设计和单因素多水平被试内设计。

一、单因素两水平被试内设计

单因素两水平被试内设计是最简单的被试内设计。在这种设计中，自变量仅有一个且有两种水平，所有被试都接受这个变量的两种水平。不过，在实验过程中，为了控制顺序效应，一半被试接受一种顺序的处理，另一半被试接受相反顺序的处理。其基本模式如表 5－1 所示。

表 5-1　单因素两水平被试内设计的模式

被试	因素 A	
S_1	a_1	a_2
S_2	a_1	a_2
S_3	a_1	a_2
S_4	a_2	a_1
S_5	a_2	a_1
S_6	a_2	a_1

在表 5-1 中，只有一个自变量（或因素）A，它有两个处理水平（a_1，a_2）。有 6 名被试，他们接受所有的处理水平：前 3 名被试是先接受处理水平 a_1，再接受处理水平 a_2；后 3 名被试是先接受处理水平 a_2，再接受处理水平 a_1。

二、单因素多水平被试内设计

在单因素多水平被试内设计中，自变量水平有三种及以上，唯一的一组被试需要接受自变量的所有处理水平。

单因素多水平被试内设计的模式如表 5-2 所示。

表 5-2　单因素多水平被试内设计的模式

被试	因素 A			
S_1	a_4	a_1	a_2	a_3
S_2	a_1	a_2	a_3	a_4
S_3	a_3	a_4	a_1	a_2
S_4	a_2	a_3	a_4	a_1
S_5	a_4	a_3	a_2	a_1
S_6	a_1	a_4	a_3	a_2
S_7	a_2	a_1	a_4	a_3
S_8	a_3	a_2	a_1	a_4

从表 5-2 中可以看出，自变量 A 有 4 种水平（a_1，a_2，a_3，a_4）。共有 8 名被试参加了实验，他们被随机地分配按 8 种不同的处理顺序。

三、单因素被试内设计的应用

单因素重复测量方差分析

（一）单因素两水平被试内设计的应用

随着国际化、信息化的日益加深，越来越多的人能够掌握除母语之外的两门外语，这些人被称为三语者（trilinguals）。已有研究指出，三语者在完成词汇识别任务的过程中，其三种语言都会得到激活。因此，三语者在习得第三种语言时，已经建立的一语和二语的词汇概念表征系统可能成为潜在的影响或干扰来源。这似乎表明，三语者的语义通达问题远没有双语者的直接通达或者间接通达那么简单。

为此，李利等（2016）采用跨语言重复启动的任务范式对三语者的语义通达机制进行了探讨。实验一探讨了三语者在视觉呈现的三语词汇语义通达任务中是否会借助于一语对等词。被试为印尼语-英语-汉语三语者，这些被试的母语为印尼语，他们上学后学习英语，汉语则是他们掌握印尼语、英语之后才开始学习的语言。自变量是学习状况，包括学习过（印尼语单词的汉语对等词在学习阶段呈现过）和未学习过（印尼语单词的汉语对等词在学习阶段未呈现过）。因变量是测验阶段对印尼语单词判断的反应时和正确率。被试在两种学习状况下的平均反应时与正确率如表 5-3 所示。

表 5-3　视觉呈现的三语词汇语义通达任务的平均反应时和正确率

学习状况	反应时（毫秒）	正确率（%）
学习过	563.10±87.03	93.66±5.16
未学习过	601.13±89.50	91.85±6.70
启动	38.03	1.81

对反应时进行方差分析，结果发现，学习状况的主效应显著，$F_1(1, 22)=25.81$，$p<0.001$，$\eta^2=0.54$，$F_2(1, 47)=10.70$，$p=0.002$，$\eta^2=0.16$。即被试对汉语对等词呈现过的印尼语单词判断的反应时显著快于对未呈现过的印尼语单词判断的反应时。对正确率进行方差分析，结果发现，被试对用汉语对等词呈现过的印尼语单词和未呈现过的印尼语单词的判断在正确率上不存在显著差异，$F_1(1, 22)=1.23$，$p=0.280$，$F_2(1, 47)=0.25$，$p=0.620$。实验结果证实了跨语言重复启动效应，即相较于汉语对等词未呈现过的印尼语单词，被试对汉语对等词呈现过的印尼语单词的判断更快。这一结果充分说明，当三语者在学习阶段阅读理解三语词从而通达语义的时候，相应的一语对等词得到了明显的、大量的激活。

实验二探讨了三语者在听觉呈现的三语词汇语义通达任务中是否会借助于一语对等词。实验设计和被试同实验一，结果如表 5-4 所示。

表 5-4　听觉呈现的三语词汇语义通达任务的平均反应时和正确率

学习状况	反应时（毫秒）	正确率（%）
学习过	263.41±47.53	98.75±1.96
未学习过	281.00±55.63	97.92±2.53
启动	17.59	0.83

对反应时与正确率分别进行方差分析，结果发现，被试对汉语对等词呈现过的印尼语单词判断的反应时显著快于对未呈现过的印尼语单词判断的反应时，$F_1(1, 19)=6.38$，$p=0.02$，$\eta^2=0.25$，$F_2(1, 47)=4.80$，$p=0.031$，$\eta^2=0.09$。而被试对汉语对等词呈现过的印尼语单词判断的正确率与未呈现过的印尼语单词判断的正确率没有显著差异，$F_1(1, 19)=1.36$，$p=0.258$，$F_2(1, 47)=0.25$，$p=0.619$。依据实验结果，汉语对等词呈现过的印尼语单词存在着明显的重复学习效应。这一结果充分说明，在三语者完成听觉呈现的三语词汇语义任务过程中，一语翻译对等词得到了明显的、大量的激活，也即一语对等词在三语者听和理解三语词时也会发挥中介调节的作用。

（二）单因素多水平被试内设计的应用

在英文、法文、德文等拼音文字中，单词之间有空格。有研究发现，如果删除英文单词之间的空格信息，被试的阅读速度会显著下降50%。还有研究发现，空格不仅能促进单词识别，还有助于眼跳计划。当单词之间的空格被消除后，读者对低频词的注视时间成比例地长于对高频词的注视时间（表明当去掉空格后，单词识别变得更为困难），读者对词的注视发生更早（因为当去掉空格后，读者的平均眼跳距离更短）。中文是由一个个汉字组成的，且有些词由两个汉字构成，有些词只由一个汉字构成，有些词由三个或更多的汉字构成。同词与词之间有空格的拼音文字相比，中文中字词之间是没有空格的。其中一个有意思的现象是，因加空格的方式不同，同样的汉字组成的句子的意思会明显不同。例如：

武汉市　长江　大桥。
武汉　市长　江大桥。

那么，对于中文来说，加入空格是否会促进读者的阅读呢？白学军、郭志英等（2011）设计了两个单因素四水平被试内实验，探讨了这个问题。

研究者认为，对于日-汉双语者来说，汉语是第二语言，他们的汉语水平不高。与母语为汉语的人相比，日-汉双语者阅读汉语的经验相对有限，他们对有词切分和无词切分汉语文本的熟悉度接近。因而，以日-汉双语者为被试，可很好地控制文本呈现方式的熟悉性对阅读的影响。另外，由于日-汉双语者的汉语词汇量有限，他们在阅读过程中可能不能正确地切分词，从而造成阅读困难。实验一以12名日-汉双语者为被试（平均年龄23.1±4.69岁）。实验为单因素被试内设计，共有4种不同的空格呈现条件，如下所示：

每天下午我和爸爸去公园散步。（正常条件）
每天　下午　我　和　爸爸　去　公园　散步。（词间空格条件）
每　天下午　我　和爸　爸去　公　园散　步。（非词间空格条件）
每　天　下　午　我　和　爸　爸　去　公　园　散　步。（字间空格条件）

通过对数据进行整理，日-汉双语者汉语文本阅读的描述性结果见表5-5。

表5-5　四种空格呈现条件下的总体眼动特征（$M \pm SD$）

	空格呈现条件			
	正常条件	词间空格条件	非词间空格条件	字间空格条件
平均注视时间（毫秒）	249±20	229±21	238±24	221±24
平均眼跳距离（度）	2.40±0.40	3.46±0.52	3.07±0.47	3.71±0.59
向前眼跳次数	10.22±1.72	11.04±1.84	12.57±2.58	13.02±3.05
总注视次数	14.51±3.33	14.98±3.19	17.57±4.22	16.66±4.32
回视眼跳次数	3.55±1.73	3.78±1.77	4.50±2.18	3.71±1.54
总句子阅读时间（毫秒）	4 359±1 246	4 184±1 067	5 043±1 461	4 585±1 434

进行单因素重复测量方差分析，结果如下：

（1）平均注视时间。空格呈现条件的主效应显著，$F_1(3,\ 33)=42.341$，$p_1<$

0.001，$F_2(3, 297)=27.412$，$p_2<0.001$。进一步检验表明，每两种条件下的平均注视时间均存在显著差异，$p<0.05$。其中，正常条件下的平均注视时间最长。一般认为，注视时间的延长意味着加工难度的增大。相对于有空格条件，正常条件下单位空间内的信息密度较大，被试需要加工的信息量较多，因此平均注视时间延长。

（2）平均眼跳距离。空格呈现条件的主效应显著，$F_1(3, 33)=98.715$，$p_1<0.001$，$F_2(3, 297)=119.784$，$p_2<0.001$。进一步检验表明，每两种条件下的平均眼跳距离均存在显著差异，$p<0.01$。其中，正常条件下的平均眼跳距离最短。平均眼跳距离与文本的水平分布情况有关，反映阅读效率和加工难度。插入空格后，水平空间分布上汉字的密度逐渐减小，阅读的单位信息量减少，所以要获取同等信息量，被试需要做出较长距离的眼跳。非词间空格条件和词间空格条件下的句子被插入相同数量的空格，句子长度是一样的。非词间空格条件下的平均眼跳距离显著短于词间空格条件下的，说明相比词间空格条件，非词间空格条件下的加工难度更大。

（3）向前眼跳次数。空格呈现条件的主效应显著，$F_1(3, 33)=17.783$，$p_1<0.001$，$F_2(3, 297)=27.321$，$p_2<0.001$。进一步检验表明，除字间和非词间条件下差异不显著外，其他两种条件下的向前眼跳次数均存在显著差异，$p<0.05$。其中，正常条件下的向前眼跳次数最少，字间空格条件下的向前眼跳次数最多，因为在字间空格条件下句子的水平空间分布最广。被试在字间和非词间条件下比在正常和词间条件下做出更多的向前眼跳。与具有同等句子长度的词间空格条件相比，被试在非词间条件下的平均眼跳距离小、向前眼跳次数多，这反映了非词间空格条件下阅读加工更为困难。

（4）总注视次数。空格呈现条件的主效应显著，$F_1(3, 33)=17.240$，$p_1<0.001$，$F_2(3, 297)=15.575$，$p_2<0.001$。进一步检验表明，正常条件下的总注视次数显著少于非词间空格和字间空格条件下的，$p<0.05$；词间空格条件下的总注视次数显著少于非词间空格和字间空格条件下的，$p<0.05$；然而，正常条件与词间空格条件差异不显著，$p>0.05$。字间空格与非词间空格条件之间存在显著差异，$p<0.05$。这些结果表明，被试在词间空格条件下的阅读与正常无空格条件下的阅读一样容易，而字间空格和非词间空格会对阅读加工产生更大的干扰，需要反复多次注视才能实现同等程度的理解。

（5）回视眼跳次数。空格呈现条件的主效应显著，$F_1(3, 33)=6.486$，$p_1<0.01$，$F_2(3, 297)=5.081$，$p_2<0.01$。进一步检验表明，被试在正常条件、词间空格条件和字间空格条件下的回视眼跳次数显著少于非词间空格条件下的，$p<0.05$。正常条件和词间空格条件下的差异不显著，$p>0.05$。词间空格与字间空格条件也无显著差异，$p>0.05$。这些结果表明，被试在词间空格条件下的阅读与正常条件下的阅读一样容易，非词间空格条件下的加工难度更大，需要多次回视。

（6）总句子阅读时间。空格呈现条件的主效应显著，$F_1(3, 33)=10.630$，$p_1<0.001$，$F_2(3, 297)=9.248$，$p_2<0.001$。进一步检验表明，词间空格条件下的总句子阅读时间最短，与正常条件差异不显著，$p>0.05$。非词间空格条件下的总句子阅读时间最长，并显著长于其他三种条件下的，$p<0.05$。正常条件和字间空格条件下的差异不显著，$p>0.05$。词间空格条件下的总句子阅读时间显著短于字间空格条件下的，$p<0.05$。这些结果表明，被试在词间空格和字间空格条件下的阅读与正常条件下的阅读一样容易，词间

空格条件优于字间空格条件，非词间空格条件下的加工难度增加。

在实验一中，在阅读材料中插入词间空格，对被试的阅读没有起干扰作用，相反起到了促进作用。但是在实验一中，有一个因素没有得到控制，即四种词切分条件下的句子空间分布（即句子长度）。其中，正常条件下句子最短，其次是词间空格和非词间空格条件下，字间空格条件下句子最长。为了排除句子空间分布的差异对实验结果的影响，实验二采用灰条标记作为字、词或非词的边界，确保四种条件下句子的空间分布相同。实验条件及材料如下所示：

每天下午我和爸爸去公园散步。（正常条件）

每天下午我和爸爸去公园散步。（词间条件）

每天下午我和爸爸去公园散步。（非词间条件）

每天下午我和爸爸去公园散步。（字间条件）

四种加灰呈现条件下的结果如表 5 - 6 所示。

表 5 - 6　四种加灰呈现条件下的总体眼动特征（*M*±*SD*）

	呈现条件			
	正常条件	词间条件	非词间条件	字间条件
平均注视时间（毫秒）	257±26	247±26	259±26	260±25
平均眼跳距离（度）	2.29±0.31	2.38±0.27	2.22±0.31	2.26±0.33
向前眼跳次数	9.21±2.02	9.36±1.83	10.13±1.91	9.71±1.90
总注视次数	13.39±2.97	13.67±2.53	15.19±2.61	13.80±2.41
回视眼跳次数	3.08±1.37	3.60±1.26	4.12±1.51	3.44±1.17
总句子阅读时间（毫秒）	4 021±1 017	4 075±848	4 664±904	4 271±809

经重复测量的方差分析，结果发现，在平均注视时间、平均眼跳距离、向前眼跳次数和回视眼跳次数上，不同的灰条标记呈现条件下存在显著差异。具体如下：

（1）平均注视时间。呈现条件的主效应显著，$F_1(3, 33)=10.970$，$p_1<0.001$，$F_2(3, 297)=9.370$，$p_2<0.001$。进一步检验表明，词间条件下平均注视时间显著短于正常条件下、非词间条件下和字间条件下的，$p<0.05$。这说明词间切分有助于被试进行汉语阅读。

（2）平均眼跳距离。呈现条件的主效应显著，$F_1(3, 33)=5.274$，$p_1<0.01$，$F_2(3, 297)=4.853$，$p_2<0.01$。进一步检验表明，词间条件下眼跳距离显著大于正常条件下、非词间条件下和字间条件下的，$p<0.05$。眼跳距离大，说明被试一次注视所获得的信息多，阅读效率较高。

（3）向前眼跳次数。呈现条件的主效应显著，$F_1(3, 33)=5.912$，$p_1<0.01$，$F_2(3, 297)=3.117$，$p_2<0.05$。进一步检验表明，词间条件和正常条件下的差异不显著，$p>0.05$。正常条件下和词间条件下的向前眼跳次数均显著少于非词间条件下和字间条件下的，$p<0.05$。

（4）回视眼跳次数。呈现条件的主效应显著，$F_1(3, 33)=12.194$，$p_1<0.001$，$F_2(3, 297)=7.253$，$p_2<0.001$。进一步检验表明，正常条件下回视眼跳次数显著少于词间条件下和非词间条件下的，$p<0.05$。词间条件下回视眼跳次数显著少于非词间条件下

的，$p<0.05$。

（5）总注视次数和总句子阅读时间。呈现条件的主效应均显著。在总注视次数上，$F_1(3, 33)=10.500$，$p_1<0.001$，$F_2(3, 297)=5.956$，$p_2<0.01$。在总句子阅读时间上，$F_1(3, 33)=14.836$，$p_1<0.001$，$F_2(3, 297)=7.650$，$p_2<0.001$。进一步检验表明，词间条件下的总注视次数和总句子阅读时间与正常条件下的差异不显著，$p>0.05$。与非词间条件下相比，词间条件下的总注视次数更少，总句子阅读时间更短。

这些结果表明，去除空格空间分布影响后的结果与空间分布不同时的研究结果趋于一致。因此，研究者认为，对于日-汉双语者来说，他们阅读有词切分文本和无词切分文本难易程度相似。词切分对日-汉双语者汉语阅读中的词汇识别有促进作用。

第三节　多因素被试内设计

多因素被试内设计是指在实验中有两个或两个以上的自变量，每个自变量有两种或两种以上的处理水平，每名被试接受自变量（或因素）所有处理水平的结合。

一、两因素被试内设计

（一）两因素被试内设计的含义及模式

两因素被试内设计是指在实验中有两个自变量，每个自变量有两种或两种以上的处理水平，每名被试接受两个自变量所有处理水平的结合。其模式如表 5－7 所示。

表 5－7　被试内设计的模式

A 因素、B 因素处理水平的结合			
a_1b_1	a_1b_2	a_2b_1	a_2b_2
S_1	S_1	S_1	S_1
S_2	S_2	S_2	S_2
S_3	S_3	S_3	S_3
S_4	S_4	S_4	S_4
S_5	S_5	S_5	S_5
S_6	S_6	S_6	S_6

在表 5－7 中，有两个自变量（或因素），它们分别是 A 因素和 B 因素。每个因素有两种水平，分别是 a_1，a_2 和 b_1，b_2。6 名被试接受两个自变量所有处理水平的结合。

两因素重复测量方差分析

（二）两因素被试内设计的应用

1. 自我旋转面孔识别的时间进程

钟毅平等（2016）采用 ERPs 技术考察了平面旋转角度对自我面孔识别影响的时间

进程。实验采用面孔异同匹配判断（same-different judgment）任务，要求被试判断先后呈现的两张面孔（第一张为正立面孔，第二张为旋转至一定角度的面孔）是否为同一个人的。被试为 20 名在校大学生和研究生。实验材料为面孔，每张面孔进行了 0°、90°、180°的平面旋转（见图 5-1）。

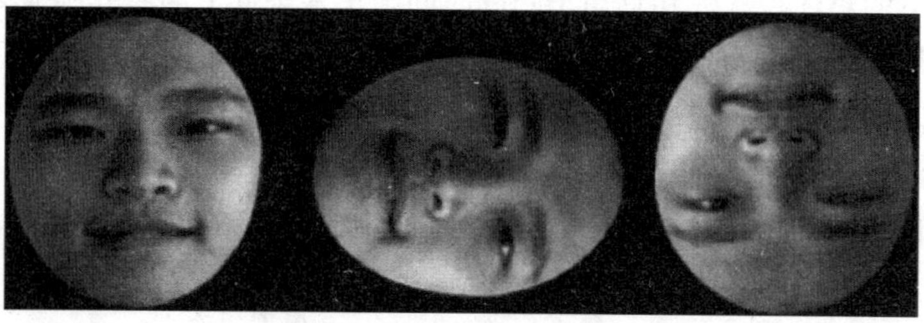

图 5-1 3 个旋转角度下的面孔示例

实验采用 2（面孔类型：自我面孔、熟人面孔）×3（旋转角度：0°，90°，180°）两因素被试内设计。面孔类型和旋转角度为自变量，正确率、反应时和 ERPs 成分（N170，N2，LPP）为因变量。

进行重复测量方差分析，结果如下：

（1）行为结果。行为的实验结果见表 5-8。在正确率上，旋转角度的主效应显著，$F(2, 38)=8.19$，$p<0.01$。多重比较发现，识别正确率随旋转角度的增大而显著降低。在反应时上，面孔类型的主效应显著，$F(1, 19)=17.47$，$p<0.01$，对自我面孔的识别显著快于对熟人面孔的识别。旋转角度的主效应显著，$F(2, 38)=28.67$，$p<0.01$。进一步的多重比较发现，识别反应时随旋转角度的增大而显著增加。

表 5-8 各种实验条件下被试识别面孔的正确率和反应时（*M*±*SD*）

面孔类型	旋转角度	正确率（%）	反应时（毫秒）
自我	0°	85.71±3.04	579.41±15.19
	90°	83.02±2.61	606.98±14.12
	180°	52.52±3.22	643.00±12.58
熟人	0°	86.25±2.82	591.02±12.26
	90°	83.24±2.83	630.48±14.01
	180°	80.81±3.31	649.51±12.73

（2）脑电结果。在早期成分 N170 和 N2 上，相比正立条件下的面孔刺激，旋转至 90°和 180°的面孔刺激分别在颞枕叶和额叶诱发了更大的平均波幅。在晚期成分 LPP 上，对于自我面孔，正立、旋转至 90°、旋转至 180°所诱发的波幅差异显著。而对于熟人面孔，3 个角度所诱发的波幅无显著差异。这些结果表明，面孔识别早期表现为自动化的结构编码，旋转角度增加了面孔结构编码的难度；在面孔识别晚期，大脑对面孔的特异性信息进行精细心理旋转加工，对自我面孔的精细心理旋转加工会占用个体有限的认知资源，因此一定的旋转角度就会干扰个体晚期对自我面孔的识别过程。

2. 他人面孔情绪知觉中自我参照与母亲参照的一致性

俗话说："打人不打脸，骂人不骂娘，揭人不揭短。"在社会交往与人际互动中，与自我母亲相关的信息，尤其是负面信息，通常会引发个体的广泛关注和强烈情绪反应。但是，如果负面信息指向一般他人，那么个体的感受就未必如此强烈。同样的负面信息，为什么指向母亲与指向他人会引发个体不同的感受？以往的研究并未明确提供这一问题的答案。丁小斌等人（2020）采用不同参照语境下的面孔情绪评定任务（见图 5－2），使用事件相关电位技术，考察了自我参照、母亲参照及他人参照对面孔情绪知觉加工的影响。

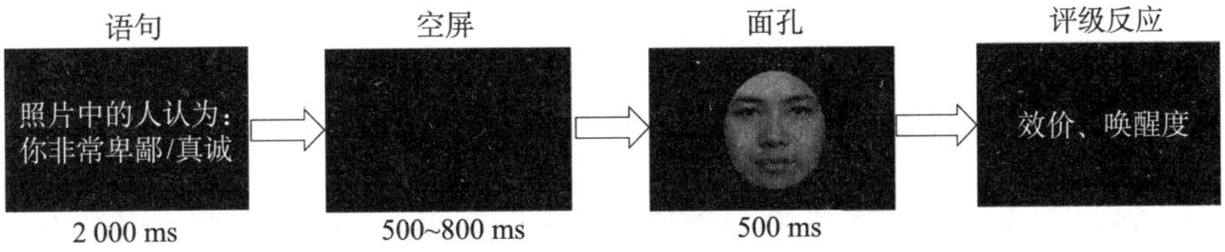

图 5－2　实验流程示意图

实验采用 3（参照：自我、母亲、他人）× 3（效价：消极、中性、积极）的两因素被试内设计。自变量参照和效价均为组内变量。考察的行为指标为情绪效价和唤醒度的评级，脑电指标为 EPN 等波幅。

进行重复测量方差分析，结果如下：

（1）行为结果。语境效价主效应显著，$F(2, 40)=103.80$，$p<0.001$，$\eta p^2=0.84$。经事后比较，与中性语境（0.34±0.69）相比，消极语境（−2.16±0.99）中的面孔被评为更消极，$t(62)=14.36$，$p<0.001$；积极语境（1.72±1.07）中的面孔被评为更积极，$t(62)=12.80$，$p<0.001$。参照的主效应不显著，$F(2, 40)=1.09$，$p=0.35$。他人参照与无参照的差异不显著，$t(20)=0.55$，$p=0.59$。语境效价和参照的交互作用显著，$F(4, 80)=12.78$，$p<0.001$，$\eta p^2=0.39$。通过简单效应分析可得，在消极语境中，参照的主效应显著，$F(2, 19)=9.55$，$p=0.001$，$\eta p^2=0.50$。自我参照语境中的面孔（−2.30±0.21）相比他人参照语境中的面孔（−1.68±0.19）被认为更消极（$p=0.008$），母亲参照语境中的面孔（−2.51±0.22）相比他人参照语境中的面孔被认为更消极（$p=0.001$），自我参照语境中的面孔和母亲参照语境中的面孔无显著差异（$p=0.08$）。在积极语境中，参照的主效应显著，$F(2, 19)=6.12$，$p=0.009$，$\eta p^2=0.39$。自我参照语境中的面孔（1.92±0.22）相比他人参照语境中的面孔（1.23±0.23）被认为更积极（$p=0.01$），母亲参照语境中的面孔（2.01±0.22）相比他人参照语境中的面孔被认为更积极（$p=0.006$），自我参照语境中的面孔和母亲参照语境中的面孔无显著差异（$p=0.075$）。在中性语境中，参照的主效应不显著，$F(1, 19)=1.27$，$p=0.31$。在自我参照语境中，效价主效应显著，$F(2, 19)=50.60$，$p<0.001$，$\eta p^2=0.84$；相比中性语境，消极语境中的面孔被认为更消极（$p<0.001$），积极语境中的面孔被认为更积极（$p<0.001$）。在母亲参照语境中，效价的主效应显著，$F(2, 19)=56.08$，$p<0.001$，$\eta p^2=0.86$；相比中性语境，消极语境中的面孔被认为更消极（$p<0.001$），积极语境中的面孔被认为更积极（$p<0.001$）。在他人参照语境中，效价的主效应显著，$F(2, 19)=27.66$，$p<0.001$，$\eta p^2=0.74$；相比中性语境，消极语境中的面孔被认为更消极（$p<0.001$），积极语境中的面孔被认为更积极（$p<0.001$）（见图 5－3）。

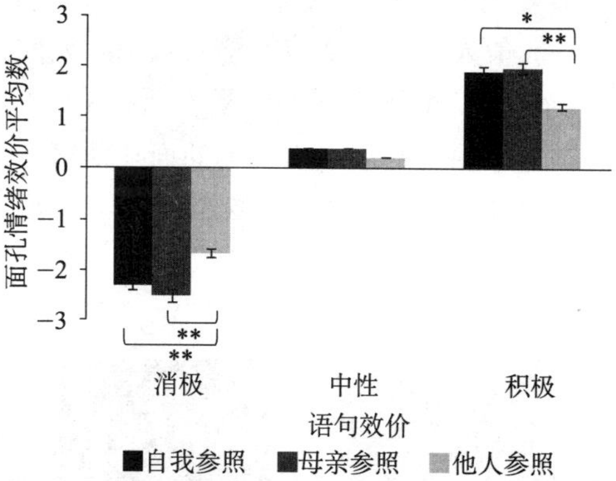

图 5-3　不同效价（消极、中性、积极）和参照（自我、母亲、他人）的语境中面孔情绪效价评价结果

（2）脑电结果。语境效价主效应显著，$F(2,40)=6.09$，$p=0.005$，$\eta p^2=0.23$。经事后检验，相比积极语境，中性和消极语境中面孔引发的 EPN 波幅更大［中性：$t(125)=4.47$，$p<0.001$；消极：$t(125)=2.30$，$p=0.023$］。参照主效应显著，$F(2,40)=6.13$，$p=0.005$，$\eta p^2=0.24$。经事后检验，相比他人参照，自我参照和母亲参照语境中的面孔引起的 EPN 波幅更大［自我：$t(125)=3.53$，$p=0.001$；母亲：$t(125)=4.12$，$p<0.001$］，而自我参照与母亲参照语境中的面孔引起的 EPN 波幅无显著差异，$t(125)=0.24$，$p=0.81$。他人参照与无参照条件下的差异显著，$t(41)=3.10$，$p=0.003$，他人参照（2.72 ± 3.78）语境中的面孔引起的 EPN 波幅显著大于无参照条件（1.15 ± 3.49）下的。半球差异不显著，$F(1,25)=0.02$，$p=0.88$。效价与参照的交互作用显著，$F(4,80)=3.24$，$p=0.016$，$\eta p^2=0.14$。进一步简单效应分析发现，在消极语境中，参照的主效应显著，$F(2,19)=7.53$，$p=0.004$，$\eta p^2=0.44$，自我参照语境中的面孔诱发的波幅比他人参照条件下的更大（$p=0.003$），母亲参照语境中的面孔诱发的波幅比他人参照条件下的更大（$p=0.025$），自我参照和母亲参照语境中的面孔诱发的 EPN 波幅无显著差异（$p=0.48$）；在中性语境和积极语境中，没有观察到参照的主效应［中性：$F(2,19)=2.68$，$p=0.095$；积极：$F(2,19)=0.31$，$p=0.74$］。EPN 成分在各实验条件下的波幅见图 5-4。

这些研究结果表明，自我参照和母亲参照在面孔情绪知觉上具有一致性，本研究从他人面孔情绪加工的角度为中国人的自我结构中包含“母亲”成分提供了进一步的证据。

二、三因素被试内设计

三因素重复测量方差分析

（一）三因素被试内设计的含义及模式

三因素被试内设计是指在实验中有三个自变量，每个自变量有两种或两种以上的处理水平，每名被试接受自变量所有处理水平的结合。其模式如表 5-9 所示。

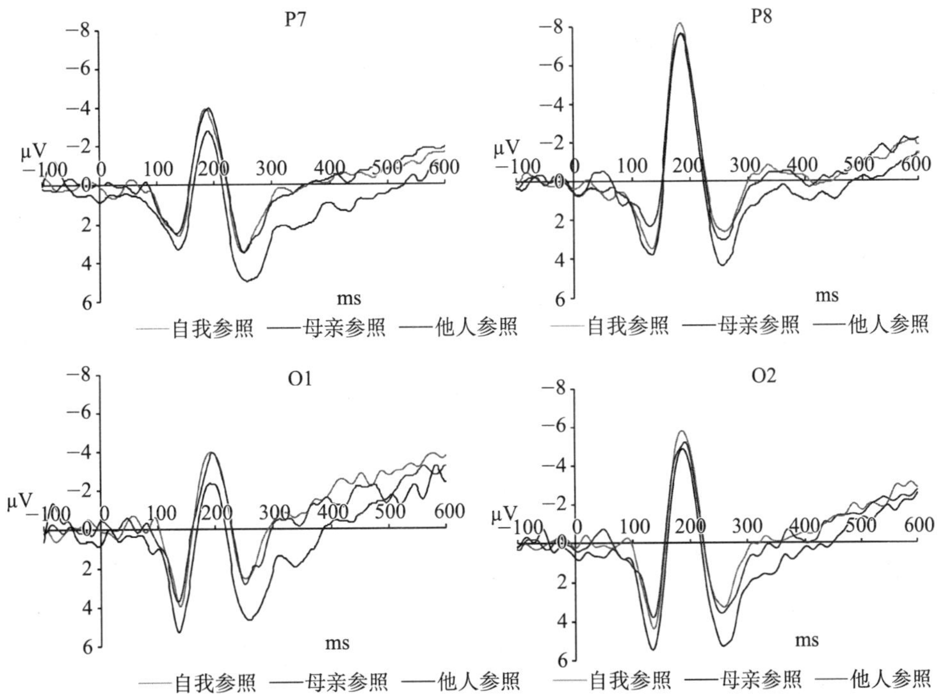

图 5-4　消极自我、消极母亲、消极他人三种实验条件下 ENP 成分总平均波形图

表 5-9　三因素被试内设计的模式

A 因素、B 因素和 C 因素处理水平的结合							
$a_1b_1c_1$	$a_1b_1c_2$	$a_1b_2c_1$	$a_2b_2c_2$	$a_2b_1c_1$	$a_2b_1c_2$	$a_2b_2c_1$	$a_2b_2c_2$
S_1	S_1	S_1	S_1	S_1	S_1	S_1	S_1
S_2	S_2	S_2	S_2	S_2	S_2	S_2	S_2
S_3	S_3	S_3	S_3	S_3	S_3	S_3	S_3
S_4	S_4	S_4	S_4	S_4	S_4	S_4	S_4
S_5	S_5	S_5	S_5	S_5	S_5	S_5	S_5
S_6	S_6	S_6	S_6	S_6	S_6	S_6	S_6

从表 5-9 中可以看出，三个因素分别是 A 因素、B 因素和 C 因素，每个因素有两种处理水平。6 名被试接受三个自变量所有处理水平的结合。

（二）三因素被试内设计的应用

在一项研究中（引自舒华，1994），三个因素分别是生字的密度（A）、文章类型（B）、句子长度（C）。A 因素的两种处理水平分别为 5∶1（a_1）和 20∶1（a_2）；B 因素的两种处理水平分别为说明文（b_1）和记叙文（b_2）；C 因素的两种处理水平分别为 20 个词长（c_1）和 30 个词长（c_2）。4 名被试参加了实验，具体的实验结果如表 5-10 所示。

表5-10 一个三因素被试内实验的原始结果

A因素、B因素和C因素处理水平的结合							
$a_1b_1c_1$	$a_1b_1c_2$	$a_1b_2c_1$	$a_2b_2c_2$	$a_2b_1c_1$	$a_2b_1c_2$	$a_2b_2c_1$	$a_2b_2c_2$
3	5	4	4	8	5	9	12
6	7	6	5	9	6	8	13
4	5	4	3	8	7	8	12
3	2	2	3	7	6	7	11

对表5-10中的数据进行方差分析，结果见表5-11。

表5-11 一个三因素被试内实验的方差分析表

变异来源	平方和	*df*	均方	*F*
被试间	22.625	3		
被试内	246.250	28		
A（生字密度）	153.125	1	153.125	81.67**
A×被试	5.625	3	1.875	
B（文章类型）	12.5	1	12.5	21.43**
B×被试	1.75	3	0.58	
C（句子长度）	3.125	1	3.125	75.0**
C×被试	0.125	3	0.042	
A×B	24.5	1	24.5	98.0**
A×B×被试	0.75	3	0.25	
A×C	1.125	1	1.125	1.59
A×C×被试	2.125	3	0.708	
B×C	12.5	1	12.5	30.0**
B×C×被试	1.25	3	0.417	
A×B×C	24.5	1	24.5	22.62*
A×B×C×被试	3.25	3	1.083	
合计	268.875	31		

* $p<0.05$，** $p<0.01$。

从表5-11中可以看出，A因素、B因素和C因素的主效应均显著；两因素交互作用中，A和B、B和C的交互作用显著，但A和C的交互作用不显著；A，B，C的交互作用显著。

目光注视在人际交流和情感联结中起着主要作用。但是，目光注视如何与客体交互以引导注意分配至今尚不明确。为了解决此问题，闫驰等人（2022）采用双框线索范式，以具有两种注视方向（直视或回避）的面孔或实物作为客体，通过操纵线索到目标间的

SOA 来考察目光注视对客体注意的影响。实验 1 以 25 名年龄在 17～23 岁的大学生（男生 2 人，女生 23 人）为被试，被试均为右利手。采用 2（提示线索所在位置：直视、回避）×3（线索有效性：有效、无效相同客体，无效不同客体）×3（SOA：100 毫秒、300 毫秒、600 毫秒）被试内设计。提示线索所在位置指提示线索出现在直视或回避的面孔上，如图 5-5 中的线索屏所示。

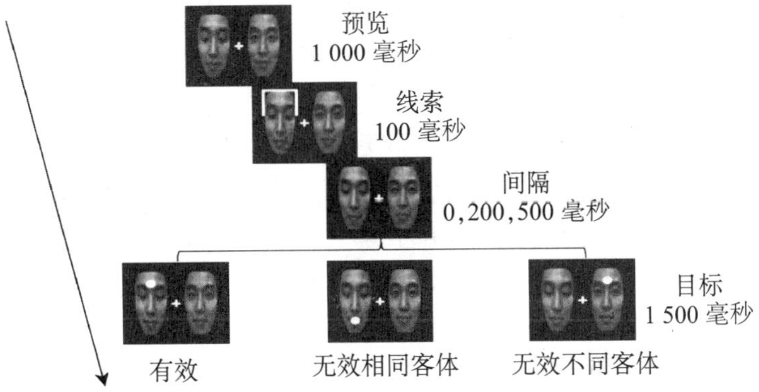

图 5-5　实验 1 的流程图

其中，提示线索所在位置、有效性和 SOA 为被试内变量，因变量为反应时和正确率。正式实验约 60 分钟，包含 6 个 block，共 1 038 个试次。为了引起被试的警觉，实验中包括了没有目标出现的空白试次，其中目标试次为 864 个，空白试次为 174 个。在目标试次中，目标出现在线索化位置（有效）的概率为 50%，目标出现在线索化客体的另一端（ISO）或者非线索化客体（IDO）上的概率均为 25%。

实验流程是：首先，在屏幕中央呈现 1 000 毫秒的中央注视点"+"和两张面孔，紧接着两张面孔的任意一端出现黄色的线索，呈现时间为 100 毫秒。其次，注视点和面孔继续呈现 0 毫秒、200 毫秒或者 500 毫秒之后，除空白试次之外，目标圆点出现在两面孔的任一末端。目标在被试做出反应时消失，若被试未做出反应则持续 1 500 毫秒后消失。最后，在 500 毫秒的空屏后进入下一试次。被试的任务是当察觉到目标时尽可能快地按下"M"键，没有目标出现时则不按键。在正式实验前，被试需要完成 20 个试次的练习实验，当正确率达到 90%以上时才能进入正式实验。实验结果如表 5-12 所示。

表 5-12　实验 1 中 SOA、提示线索所在位置和线索有效性各条件下的平均反应时（$M \pm SD$）

SOA	直视			回避		
	有效	无效相同	无效不同	有效	无效相同	无效不同
100 毫秒	358±43	353±47	360±43	359±41	351±46	362±48
300 毫秒	321±44	320±45	333±45	326±41	327±47	331±46
600 毫秒	350±47	349±47	350±44	350±47	346±43	352±47

经方差分析，结果发现：SOA 的主效应显著。事后检验发现：SOA 为 300 毫秒条件时被试的反应时快于 SOA 为 100 毫秒和 600 毫秒的反应时。提示线索所在位置的主效应

不显著。

线索有效性的主效应显著，被试在ISO条件下的反应显著快于IDO条件下的反应，这表明产生了显著的客体注意效应（object-based attention，OBA）。SOA和提示线索所在位置的交互作用不显著。线索有效性和提示线索所在位置的交互作用不显著。SOA、线索有效性和提示线索所在位置的三重交互作用不显著。

结果表明，当SOA为300毫秒时，直视条件下的客体注意效应大于回避条件下的，且这种差异来自被试对直视条件下ISO位置目标的探测反应显著快于对回避条件下ISO位置目标的探测反应，表明直视捕获注意。当SOA为600毫秒时，并没有产生OBA效应，表明OBA效应会随着线索目标间隔时间的增加而减少。

为了排除眼白、明暗对比等低水平物理特征的影响，实验2将面孔的对比度反转。实验假设，如果在SOA为300毫秒的条件下产生直视和在回避条件下的客体效应无差异，表明实验1的结果是由于对注视信息的编码加工；如果实验2的结果和实验1一致，表明对比度的差异这一低水平物理特征是导致实验1结果的重要因素。实验2的设计同实验1，实验流程如图5－6所示。

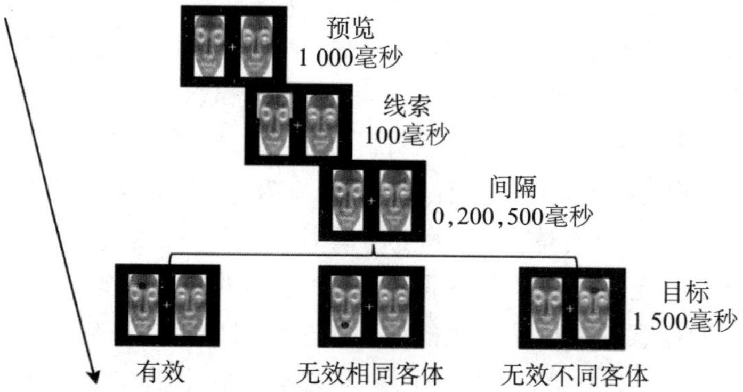

图5－6　实验2的流程图

实验结果如表5－13所示。

表5－13　实验2中SOA、提示线索所在位置和线索有效性各条件下的平均反应时（*M*±*SD*）

SOA	直视			回避		
	有效	无效相同	无效不同	有效	无效相同	无效不同
100毫秒	382±47	372±42	388±49	375±44	371±47	378±46
300毫秒	339±46	340±42	354±54	335±41	341±48	347±49
600毫秒	368±46	368±47	369±47	368±46	368±47	375±50

经多因素方差分析，结果发现：（1）SOA的主效应显著。事后检验发现，SOA为300毫秒条件下被试的反应快于SOA为100毫秒条件下和600毫秒条件下，SOA为600毫秒条件下被试的反应快于SOA为100毫秒条件下。（2）提示线索所在位置的主效应显著，被试对线索在回避条件下的反应显著快于在直视条件下的反应。（3）线索有效性的主效应显著。被试在有效条件下的反应显著快于IDO条件下，ISO条件下被试的反应显著快于IDO条件

下的，这表明产生了显著的 OBA 效应。(4) SOA 和线索有效性的交互作用显著，SOA 和提示线索所在位置的交互作用显著，线索有效性和提示线索所在位置的交互作用不显著。(5) SOA、线索有效性和提示线索所在位置的三重交互作用不显著。

实验 2 是将实验 1 的对比度反转，并没有改变对比度的差异，结果在 SOA 为 300 毫秒的条件下直视和在回避条件下的客体效应没有差异，证明了正是由于对目光注视信息的编码而不是对比度等低水平物理特征导致实验 1 的结果。在 SOA 为 600 毫秒的条件下，没有产生 OBA 效应，与实验 1 结果一致。

第四节 被试内设计的控制

一、顺序效应及其控制

(一) 顺序效应的产生

假设研究者要对某种新品牌可乐做一项市场调查研究。众所周知，人们在食物、饮料的偏爱上存在很大的个体差异，因此要对上述问题进行研究，研究者只能使用被试内设计。研究者让被试对比新品牌可乐和老品牌可乐在口味上的差异，以此来推断与老品牌可乐相比，新品牌可乐是否具有一定的市场竞争力。研究者假设被试对新品牌可乐口味的评分会高于老品牌可乐。

研究者招募了一些喝可乐的人，然后把他们带到测试中心。在测试的前两个小时，让被试在休息室内充分地休息和放松，让他们看杂志，但不能吃或喝任何东西。然后，研究者会给每名被试一杯新品牌可乐。在被试都喝完之后，让他们填写一个对新品牌可乐喜爱程度的评分表。为了对比被试对新、老品牌可乐喜爱程度的评分，研究者设置了第二个实验条件：让被试喝一杯他们自己喜爱品牌的可乐，等他们喝完可乐后，再要求他们填写一个有关对该老品牌可乐喜爱程度的评分表。研究者手中有了被试对新品牌可乐和老品牌可乐喜爱程度的评分，通过比较被试对两种可乐喜爱程度的平均评分就可推断出新品牌可乐是否具有市场竞争力。

假如实验的结果确实是被试对新品牌可乐的喜爱程度高于老品牌，那么你会对此感到意外吗？仔细想一想，这个实验存在什么样的问题？你一定觉得，这个实验的问题是：一个人在两个小时内不吃不喝之后，喝什么品牌的可乐都会觉得口感不错。

在这个实验中，研究者除了改变可乐的品牌外，还增加了一个非常重要的额外变量，即实验的顺序。如果在实验过程中，研究者总是在第一次让被试品尝新品牌可乐，那么被试对其打高分，这既可能是因为品牌的口感确实不错，但也可能是因为在喝新品牌可乐之前，被试已有两个小时没有喝任何饮料。也就是说，被试之所以给老品牌可乐打低分，可能是因为在喝老品牌可乐之前，他们刚喝过的东西缓解了他们口渴的感觉。

在这个实验中，可以看到实验处理的呈现顺序有可能会改变被试的反应，从而导致整个实验研究的失败。

除了上述例子中的顺序效应外，如果被试接受多种实验处理水平，尤其是每种处理水平又包含很多试次，通常还会产生以下两种顺序效应（Myers & Hansen，2005）：

第一种，疲劳效应（fatigue effect），指随着实验的进行，被试因疲劳而导致完成任务的成绩下降。例如，在一项被试内实验研究中，被试需要完成数量很大的任务，多次重复性地完成实验任务，被试很可能感到实验太乏味而不再认真完成任务。

第二种，练习效应（practice effect），指随着实验的进行，被试因完成实验任务的经验越来越多而引起的行为改变。例如，被试在对无意义音节进行记忆时，随着对无意义音节越来越熟悉，他们可能找到某种策略来提高自己的记忆成绩。需要指出的是，练习效应也可能是消极的，即被试的表现越来越差。

无论是积极的改变还是消极的改变，它们都会产生累积误差（progressive error）。这导致随着实验的进行，实验结果会逐渐被破坏。此时，被试的反应不再只是自变量操纵的结果。

下面，我们来看看在一个实验中，累积误差（假定其为线性的）是如何累积起来的，如图5-7所示（Myers & Hansen，2005）。

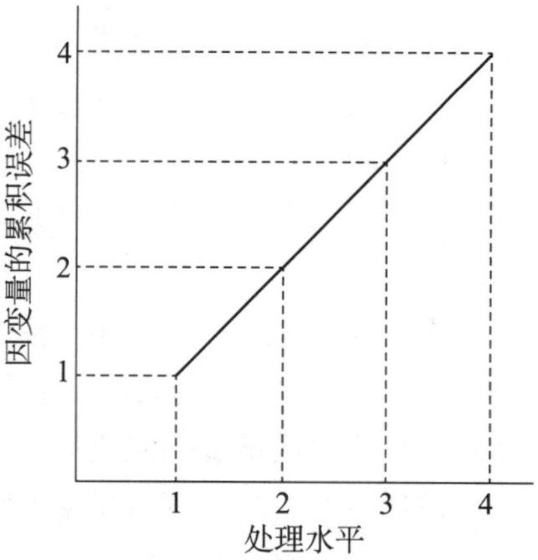

图5-7 实验中因变量累积误差的形成

从图5-7中可以看出，后面的实验处理水平受影响的程度高于前面的。具体来说，在实验开始时，累积误差最小。随着实验的进行，累积误差也随之增加。这里，第一种处理水平产生了1个单元的误差，第二种处理水平产生了2个单元的误差，第三种处理水平产生了3个单元的误差，第四种处理水平产生了4个单元的误差。将4种处理水平下的累积误差相加，就能够发现，整个实验过程共积累了10个单元的误差（1+2+3+4=10）。

幸运的是，研究者找到了控制顺序效应的方法，即平衡法（counterbalancing）。虽然平衡法有好多种，但它们都有相同的功能，即能够将累积误差分配到不同的实验处理水平中，从而确保因顺序效应而产生的误差相互抵消。

（二）顺序效应的控制方法

1. 反向平衡

反向平衡（reverse counterbalancing）指通过将所有的处理水平给被试重复施加两遍

(第一次是一个顺序，第二次的顺序正好将第一次的顺序给反过来)，来控制累积误差的方法（Myers & Hansen，2005)。

例如，前面提到的可乐品尝实验，研究者可采用 ABBA 的顺序来呈现，使得累积误差在两种处理方式下相等。具体而言，每名被试在品尝 B 之前品尝一次 A，在品尝 B 之后再品尝一次 A，这样被试先品尝的经验就会被后品尝的经验抵消。

在实验中，如果研究者采用的处理水平顺序是 ABBA，那么实验处理 A 在试验 1 和试验 4 中都出现了，就会产生 5 个单元的误差（1+4=5)，实验处理 B 在试验 2 和试验 3 中都出现了，实验处理 B 也会产生 5 个单元的误差（2+3=5)。当然，这些数量都是假设的，但是从中可以看出反向平衡程序的逻辑。

对于只有两种处理水平的实验，运用反向平衡时，每种被试参加实验的顺序为 ABBA。如果超出两种处理水平，研究者仍可以继续用这种方法来平衡累积误差。例如，在三种处理水平下，每名被试接受实验处理的顺序是 ABCCBA；在四种处理水平下，每名被试接受实验处理的顺序是 ABCDDCBA；等等。

虽然反向平衡看起来相对简单，但是它存在这样一个缺陷，即每名被试都必须多次接受同一种实验处理水平。有时，研究者并不想或并不能做到多次向每名被试施加同一种实验处理水平。例如，在前面提到的可乐品尝实验中，研究者有可能没有那么多时间让每名被试对同一品牌的可乐品尝两次。在这种情况下，我们还可使用区组平衡。

2. 区组平衡

前面已提到，反向平衡的一个不足之处是每名被试必须多次接受同一种实验处理水平。随着实验处理水平数的增加，实验处理序列的长度也会增加。这样，实验时间和费用就会增加。同时，主试和被试还可能都会产生不耐烦的情绪。

基于这样的原因，研究者常常使用第二种方法，即区组平衡。区组平衡主要是在被试间分散累积误差，并且假设这些误差所产生的作用在所有的实验条件下是相同的。需要注意的是，在区组平衡中，每名被试只接受一种实验处理顺序，并且每一种实验处理顺序下的被试人数相同。区组平衡又分为完全平衡和不完全平衡。

(1) 完全平衡。完全平衡（complete counterbalancing）是通过在实验中让所有可能的处理顺序都出现来控制累积误差的方法。

例如，在前面的可乐品尝实验中，研究者可随机抽取一半被试，他们以先 A 后 B 的顺序进行品尝，另一半被试则以先 B 后 A 的顺序进行品尝。如果研究者选择 8 名被试，其结果如表 5 - 14 所示。

表 5 - 14　8 名被试参加可乐品尝时的完全平衡

被试	第一次品尝	第二次品尝
S_1	A	B
S_2	A	B
S_3	A	B
S_4	A	B
S_5	B	A

续表

被试	第一次品尝	第二次品尝
S_6	B	A
S_7	B	A
S_8	B	A

从表 5－14 中可以看出，前 4 名被试接受实验处理的顺序是先 A 后 B，后 4 名被试接受实验处理的顺序是先 B 后 A。

在此例子中，实验只有两种处理水平。但是，如果实验处理水平在两种或两种以上，又如何实现完全平衡呢？

例如，在一个有关面部表情记忆的实验（引自 Myers & Hansen，2005）中，研究者设计了三种处理：A 处理是呈现微笑的人脸照片；B 处理是呈现皱眉的人脸照片；C 处理是呈现中性的人脸照片（控制条件）。在实验过程中，先让被试看中性的人脸照片，之后，让被试从许多人脸照片中找出先前自己看过的那些照片。

由于存在首因效应和近因效应，所以在完成实验任务时，被试很容易回忆起最先看到的照片和最后看到的照片，而对于处于中间位置的照片却很难回忆起来。为此，研究者通过完全平衡来控制这三种人脸照片因出现位置不同所产生的误差。此时，三种处理水平所有可能的呈现顺序如下所示：

ABC　　BAC

BCA　　CBA

CAB　　ACB

由于有 6 种可能的顺序，所以至少需要 6 名被试，而且被试数目必须是 6 的倍数，即可以是 6、12、18 等，但不能是 9、11、17 等。

那么，在具体的实验中，如何确定可能的顺序数呢？具体方法是计算实验处理水平数 n 的阶乘。例如，如果实验中有 4 种处理水平，那么所有可能的顺序数为 4 的阶乘，即 $4\times3\times2\times1=24$。具体如下：

ABCD	ABDC	ACBD	ACDB
ADBC	ADCB	BACD	BADC
BCAD	BCDA	BDAC	BDCA
CABD	CADB	CBAD	CBDA
CDAB	CDBA	DABC	DACB
DBAC	DBCA	DCAB	DCBA

很显然，随着实验中处理水平数的增加，可能的顺序数也会增加。而且，每种可能的顺序上还要保证至少有一名被试。这就意味着，当实验中有 4 种处理水平时，所需要的被试数是实验中有 3 种处理水平时的 4 倍（4 种处理水平时至少是 24 名，3 种处理水平时至少是 6 名）。当实验中有 5 种处理水平时，所需要的被试数至少是 120 名。此时，实验就会需要大量的被试来实现完全平衡。

（2）不完全平衡。通过计算可知，当实验处理水平数比较少时，使用完全平衡是比较经济的。如果实验处理水平数增加到 6 个，那么再使用完全平衡时被试人数就会增加到至少 720 人。这对研究者来说，将是一件非常头痛的事情。

因此，在具体的实验过程中，非常有必要删除那些对于检验假设没有作用的实验处理水平。但是，有时在一个实验中，6 种、7 种或者更多的实验处理水平对于研究者来说都很重要，在这样的情况下，研究者只能使用不完全平衡（partial counterbalancing）。不完全平衡和完全平衡的基本思路是相同的。只是在不完全平衡中，只出现一部分可能的处理顺序。当然，这些顺序是通过特定的程序从所有可能的顺序中抽取出来的。常用的不完全平衡包括随机区组平衡和拉丁方平衡（Latin-square counterbalancing）。

随机区组平衡是最简单的不完全平衡。当存在许多可能的顺序时，研究者可以像随机地选择被试那样，随机地从所有可能的顺序中选出一些顺序。例如，在一个有 5 种实验处理水平的实验中，将有 120 种可能的顺序，但研究者仅有 30 名被试，那么他可以随机地选择 30 种顺序，并让每名被试接受一种顺序。可以看出，这样的实验安排虽然不能够像完全平衡那样有效地控制顺序效应，却比让所有被试接受同样的顺序要好。

在拉丁方平衡中，顺序方阵必须满足每种实验处理水平在任何一种顺序下只出现一次。以下是具有 4 种实验处理水平时的拉丁方平衡设计方式：

A	B	C	D
B	A	D	C
C	D	A	B
D	C	B	A

在上述设计中，每一行呈现一种顺序。值得注意的是，4 种实验处理水平都会分别在第一、第二、第三和第四的位置上各出现一次。由于这种方法中每种实验处理水平在各个位置上只出现一次，所以它能够很好地控制顺序效应。

研究者一旦选择好了实验顺序，就可以随机地让被试接受任意一种顺序。但是，一定要记住，每种顺序出现的次数要相同。如果有 4 种顺序，那么至少需要 4 名被试参加实验。如果你需要更多的被试，以具有 4 种实验处理水平的研究为例，所需被试数只能选择 4 的倍数，如 8、12、16 等。

拓展阅读

如何构建一个均衡的拉丁方

只要每一行都遵循一些规则，就能构建出一个均衡的拉丁方。当实验处理数为偶数时，每项实验处理在每一行中都出现一次。当实验处理数为奇数时，为了平衡累积效应，每项实验处理都会在每一行中出现两次，是行数的两倍长。

现在就来构建包含 6 种处理水平（A，B，C，D，E，F）的均衡的拉丁方。对于第一行，用下面的公式：

$$A, B, X_N, C, X_{N-1}, D, X_{N-2}, E, X_{N-3}, F, \cdots$$

其中，N 为最后的实验处理数，X_N 为相应的最后一项实验处理。

于是，拉丁方的第一行如下：

A B F C E D

第二行为紧随第一行中的每项处理的继续。A 在第一行的第一个位置，所以 B 就在第二行的第一个位置；B 在第一行的第二个位置，所以 C 就在第二行的第二个位置；等等（当到了最后一项实验处理 F 时，就回到 A）。于是，可得到：

A B F C E D

B C A D F E

以同样的方式构建第三至六行，可得到：

C D B E A F

D E C F B A

E F D A C B

F A E B D C

完整且均衡的 6×6 拉丁方就是：

A B F C E D

B C A D F E

C D B E A F

D E C F B A

E F D A C B

F A E B D C

构建处理水平数是奇数的拉丁方时，先按照上面的规则建立第一个方阵。然后，把每一行的顺序反过来再建立第二个方阵。最后，将它们合在一起就可以了。下面是包含 3 种处理水平（A，B，C）的均衡的拉丁方：

A B C · C B A

B C A · A C B

C A B · B A C

资料来源：Myers & Hansen，2005.

二、传递效应及其控制

（一）传递效应的产生及含义

有这么一个传奇故事，说有一位名律师叫马森，请他辩护常常能够赢得案子的最后胜利。这是因为他经常能够在审判结束前发现真相，赢得判决。你可以想象马森站在法庭上盘问证人时的样子：身材高大，仪表堂堂，善于抓住事情的每一个细节。有一次，被告从受害者被谋杀的房间外经过，有一位女士正好经过且遇到。后来这位女士出庭作证，她认为被告就是犯罪嫌疑人。作为目击证人，这位女士说她清楚地记得被告身上有一种罕见且很昂贵的香水的气味，并说她绝不可能将这一点弄错。于是，在法庭上，马森测试了这位目击证人对香水的辨别能力。马森先让她闻了一下一个小瓶子，目击证人很自信地说："这是丁香花的香味。"接着，他又给目击证人呈现了另一个小瓶子，目击证人也做出了正确的判断，回答说："这是汽油。"最后，他让目击证人闻了被告所用过的香水。结果，目击证人感到非常惊慌和混乱，她不能够确定所闻到的香水味是不是那天自己所闻到的香水味。于是，目击证人的证词被否定。

这确实是一个富有戏剧性和幻想性的故事。它说明了被试内设计的一个关键问题。在故事中，少许的汽油味就能破坏证人在短时间内对香水气味的辨别能力。在这里，马森利用的就是传递效应（carryover effect）。所谓传递效应，是指前一项处理实质性或直接性地改变了被试对后一项处理所做出的反应。

因此，研究者必须清楚，传递效应会对实验结果产生极大的影响。例如，研究者不能在同一个动物的身上既做一种手术又不做这种手术。当然，这是一种极端的情形，因为此时，被试内设计是完全不适用的，只能使用被试间设计。而在更多时候，研究者只是不想让一项实验处理干扰随后的实验处理。特别是在实验过程中，研究者不希望被试先接受的实验处理给随后要接受的实验处理提供一些线索，或者先呈现的实验处理会导致后呈现的实验处理变得更容易或者更困难。换言之，研究者不希望先呈现的实验处理污染后呈现的实验处理。

在有关情绪的研究中，一般都会存在这样的问题。假设研究者要考察不同情绪状态下面部肌肉的活动情况。根据已有研究，微笑是由颧大肌活动所引起的，皱眉是由皱眉肌将眉毛集中和下降所引起的。在表情研究过程中，由于被试面部肌肉活动存在很大的个体差异，所以研究者青睐被试内设计。研究者可在实验中使用一系列能够诱导不同情绪的电影片段，同时将一些成对的电极连接在被试脸上，用来记录被试面部肌肉的活动。

在实验过程中，当被试看到比较有趣的电影片段时，连接在被试面部颧大肌位置上的电极能够记录到电位的活动；相反，当被试看到比较悲伤的电影片段时，连接在被试面部皱眉肌位置上的电极能够记录到电位的活动。然而，由于存在着传递效应，研究者不能在一项实验处理呈现之后，紧接着呈现另一项实验处理。换言之，研究者不能在被试刚看完比较悲伤的电影片段后，紧接着让他们看有趣的电影片段，这时被试完全有可能还沉浸在悲伤情绪之中，不会产生与有趣电影片段相符的情绪体验。如果在这个时候记录被试面部的电位活动，就能明显地看到由于受到先前电影片段的影响，被试颧大肌的活动受到抑制。这就需要研究者特别注意：当研究者准备通过不同的实验处理来诱导被试产生不同的情绪时，一定要采取必要的措施，以确保他们在接受新的实验处理之前，先前实验处理的作用已经完全消失了。

值得注意的是，传递效应不同于顺序效应（Myers & Hansen，2005）。顺序效应是由于实验处理出现的位置不同而产生的（如第一个出现、第二个出现或第三个出现等），它不考虑实验处理的特殊性。在实验中，实验处理是先出现还是后出现，实验处理引起被试的反应是不同的。传递效应则与实验处理本身的性质有关。例如，汽油的气味可以影响被试对接下来所呈现气味的辨别能力，无论它是第一个呈现、第二个呈现，还是第十个呈现。再如在上面提到的例子中，在实验中，无论悲伤的电影片段是第一个出现、第二个出现，还是第三个出现，其诱发的悲伤情绪都会延续到接下来的处理上。

（二）传递效应的控制方法

研究者可利用一些与控制顺序效应相似的方法来控制传递效应。一般在实验中，研究者可以采用反向平衡和完全平衡来控制传递效应。但是，随机区组平衡和拉丁方平衡不能很好地控制传递效应。

例如，在一项研究中，被试需要对三种不同颜色（即红色、绿色和白色）的灯做出反应（引自史密斯，戴维斯，2003/2006）。当灯亮时，被试按键将其熄灭。研究者发现，当绿灯先于红灯亮时，被试对红灯的反应时会减少 2 秒；相反，红灯先于绿灯亮时，被试对绿灯的反应时会增加 2 秒。白灯无论在绿灯之前亮还是在之后亮，被试的反应时是相同的，即不受影响。然而，红灯在白灯前亮能使被试的反应时增加 3 秒，白灯在红灯前亮能使被试的反应时减少 3 秒。这表明处理间的相互影响是一致的、可预期的，于是，研究者采用完全平衡设计。具体设计如下：

G（0）	R（−2）	W（−3）
G（0）	W（0）	R（−3）
R（0）	G（+2）	W（0）
R（0）	W（+3）	G（0）
W（0）	G（0）	R（−2）
W（0）	R（−3）	G（+2）

在上述设计中，G 代表绿灯，R 代表红灯，W 代表白灯。数字是被试的反应时增减情况。数字前面的减号（−），表示前一个灯亮使被试对后一个灯的反应时减少了；数字前面的加号（+），表示前一个灯亮使被试对后一个灯的反应时增加了。完全平衡的使用刚好使传递效应互相抵消了。

需要注意的是，如果处理间的相互影响不一致或无法预期，那么传递效应虽然可以通过平衡法得到减小，但却无法达到完全控制的程度。此时，我们可以采取延长处理间隔时间的方式，但间隔的时间必须足够长，以确保传递效应已基本或完全消失（坎特威茨，罗迪格，埃尔姆斯，1997/2001）。不过，很多情况下间隔时间过长会带来其他额外变量的干扰，并且有些实验不允许有过长的处理间隔期，比如一些感知觉实验。这时，我们只能选择被试间设计。

第五节　混合设计

组间设计无法排除个体差异，组内设计易产生疲劳或者练习效应，二者都有其难以克服的缺点。混合设计是将被试内设计和被试间设计相结合的实验设计，能够使二者融合，相互弥补缺点。

一、混合设计概述

（一）混合设计的含义

混合设计（mixed design）是指包含至少一个被试内因素和至少一个被试间因素的实验设计，也称为裂区设计（split-plot design）。

裂区设计这个术语源自农业实验研究（引自博登斯，阿博特，2005/2008）。裂区的“区”原指田块，不同的田块接受第一项处理的不同水平（例如，不同的杀虫剂）。每个田块还被划分成子块，每个子块接受第二项处理的不同水平（例如，不同的肥料）。这样，每个田块接受肥料处理的所有水平，却只接受杀虫剂处理的一种水平。

在心理学实验研究中，每个田块表示一组被试，他们都接受被试间自变量的同一处理水平。每个田块中的一个子块则代表某一名被试，其要接受被试内自变量的不同水平。

在现代心理学研究中，混合设计是最常用和应用范围最广的实验设计。

（二）何时使用混合设计

在具体的研究过程中，当研究者遇到以下几种情况时要考虑使用混合设计（舒华，1994）：

（1）在实验研究中，如果有一个自变量的处理会对被试产生长期的影响，就不能采用被试内设计，需要采用混合设计。例如，在运动技能形成的实验中，被试先学习某种技能，通常会影响其对后一种技能的学习。如果存在这种情况，研究者还采用被试内设计，实验结果的真实性就会受到质疑。

（2）在实验研究中，如果有一个自变量是被试变量（如被试的年龄、性别、能力等），而研究者感兴趣的是在这个被试变量的不同水平下另一个自变量的影响，那么就必须采用混合设计。例如，被试的智商是被试变量，研究者想要探讨高低智商者在不同阅读时间（限时、不限时）条件下，其阅读理解成绩是否有差异。在这一实验中，研究者最好采用混合设计。

（3）在具体实验研究过程中，无论采用被试内设计还是采用被试间设计，都不能实现研究者的目的或实验方案缺乏可行性。在这种情况下，研究者最好选择混合设计。例如，在一项 ERPs 的实验研究中，研究者操作两个因素，每个因素有多种处理水平。如果研究者选择采用被试间设计，则整个研究需要的被试会很多；如果研究者选择采用被试内设计，每名被试重复测量的次数非常多，则整个研究会让被试非常疲劳。在这种情况下，研究者最好的选择是采用混合设计。

二、两因素混合设计

（一）两因素混合设计的含义及模式

两因素混合设计也称重复测量一个因素的两因素设计，指在实验中有两个自变量（或因素），每个自变量有两种或两种以上的水平，其中一个自变量是被试内变量，即每名被试要接受它的所有处理水平，另一个自变量是被试间变量，即每名被试只接受它的一种处理水平。

两因素混合设计的模式如表5-15所示。

表5-15 两因素混合设计的模式

		A因素	
		a_1	a_2
B因素	b_1	S_1	S_1
		S_2	S_2
		S_3	S_3
		S_4	S_4
	b_2	S_5	S_5
		S_6	S_6
		S_7	S_7
		S_8	S_8

从表5-15中可以看出，A因素是一个被试内变量，B因素是一个被试间变量。每名被试接受A因素的两种处理水平（a_1 和 a_2），但只接受B因素的一种处理水平（b_1 或 b_2）。

两因素混合设计方差分析

（二）两因素混合设计的应用

1. 攻击性儿童大脑半球某些认知特点的研究

一些行为异常儿童显示出大脑半球协同功能低下的迹象。为了验证这一观点是否正确，张倩和郭念锋（1999）开展了对攻击性儿童在完成某些认知任务时大脑半球协同活动特点的研究，实验采用两因素混合设计。研究者先用同伴提名量表，筛选出17名攻击性儿童（平均年龄8.97岁）和16名正常儿童（平均年龄9.03岁），并将他们分别设置为攻击性儿童组（即实验组）和正常儿童组（即对照组）。实验一比较了两组被试左视野和右视野完成图字Stroop任务时的成绩。实验二比较了两组被试左视野和右视野完成格式塔图形辨别任务时的成绩。在这里，视野是被试内变量。

在实验一中，研究者利用几何图形圆和方以及汉字“圆”和“方”构成图字一致或矛盾的刺激，并将它们呈现于左侧视野或右侧视野，让被试报告所看到的图形，忽视汉字。当图字矛盾时，反应时和错误率均会增加。结果如表 5－16 所示。

表 5－16　两组儿童完成图字 Stroop 任务时的错误率（%）

组别	人数	左视野		右视野		t 值
		平均值	标准差	平均值	标准差	
实验组	17	11.76	11.85	14.12	11.76	0.89
对照组	16	8.75	9.55	6.25	7.19	0.85
		$t=0.80$		$t=2.30^{*}$		

$^{*}p<0.05$。

从表 5－16 中可以看出，实验组儿童（即攻击性儿童）右视野（即左半球）在完成图字 Stroop 任务时，错误率较高，与正常儿童组差异显著。这一差异可能说明，实验组儿童左脑抗信息干扰的能力较差。

在实验二中，研究者要测试两组被试辨别一个格式塔图形（一个有缺口的圆）的阈限。当人类就某一图形的完整性做出是与否的最终判断时，大脑两半球需要对图形的轮廓信息和精细信息进行加工。格式塔图形作为视知觉刺激，可分别启动大脑知觉加工的两种能力：一是对图形整体的把握能力，即将图形看成一个完整的圆的能力；二是对图形局部特征的分辨能力，即将圆上的极小缺口分辨出来的能力。两种知觉加工能力所提供的信息互相制约、互相补充。由于两种判断结果的意义截然不同，因而图形辨别阈限的高低，不但代表着加工能力的高低，而且可能隐含着加工方式的差异。据此假设，将一系列缺口不等且近似圆（即弧）的刺激图形随机呈现，要求两组儿童做出圆或非圆的判断，其分辨阈会有差异，且这一差异能够反映大脑两半球在辨别格式塔图形时能力与方式的不同。实验中的刺激图形分别是开口弧度依次递增的近似圆（开口弧度分别为 4°、8°、12°、16°），共计 4 种，每种在一侧视野共出现 4 次，两侧视野共呈现 32 幅刺激图形。被试的任务是尽量以最快的速度判断近似圆弧是"圆"还是"弧"。结果如表 5－17 所示。

表 5－17　两组儿童的格式塔图形辨别阈限（弧度）

组别	人数	左视野		右视野		t 值
		平均值	标准差	平均值	标准差	
实验组	17	4.47	2.24	7.00	2.37	4.55^{**}
对照组	16	6.25	2.60	7.38	2.19	2.29^{*}
		$t=2.11^{*}$		$t=0.47$		

$^{*}p<0.05$，$^{**}p<0.001$。

从表 5－17 中可以看出，实验组左视野（右半球）对格式塔图形的辨别阈限显著低于对照组。实验组内，左视野对格式塔图形的辨别阈限显著低于右视野；对照组内，左视野的辨别阈限也显著低于右视野。这些结果表明，攻击性儿童的大脑右半球比正常儿童的大脑右半球对格式塔图形的辨别虽更为精细，但其知觉完形的能力更差；同时，两组儿童对格式塔图形的知觉方式有相似之处，如右视野（左半球）完形辨别阈均比对侧高并有显著差异。

2. 高低创造性思维水平者的认知抑制能力研究

创造性思维是个体以新的方式解决问题的高级思维活动，已有研究表明创造性思维与执行功能相关。有两种理论对此提出完全不同的预测。第一，认知去抑制假说。该假说由艾森克（Eysenck，1995）提出，全称是创造性思维的认知去抑制假说，主张相比低创造性思维水平者（简称低创者），高创造性思维水平者（简称高创者）的多巴胺分泌水平升高，血清素降低，导致认知抑制能力降低，并且其采用稳定的离焦注意的模式，能够更多注意并记忆无关信息，更具冲动性，潜在抑制能力缺乏。换言之，低认知抑制有助于创造性观点的产生。第二，认知抑制假说。该假说由格罗博尔茨和内卡（Groborz & Necka，2003）提出，全称是创造性思维的认知抑制假说，主张高创者的认知抑制能力高于低创者。换言之，高认知抑制有助于创造性问题的发现和解决。哪一种观点更合理呢？白学军和姚海娟（2018）对高低创造性思维水平者的认知抑制能力进行了比较研究。先对 568 名大学生施测托兰斯创造性思维测验（TTCT）中的词汇卷和图画卷，根据得分选择高创者 30 人（男生 13 人，女生 17 人），低创者 30 人（男生 12 人，女生 18 人），采用 2（创造性组别：高创组、低创组）×2（刺激类型：字色一致、字色不一致）两因素混合实验设计。其中，创造性组别为组间变量，刺激类型为组内变量，因变量为反应时和正确率。实验程序如图 5－8 所示。

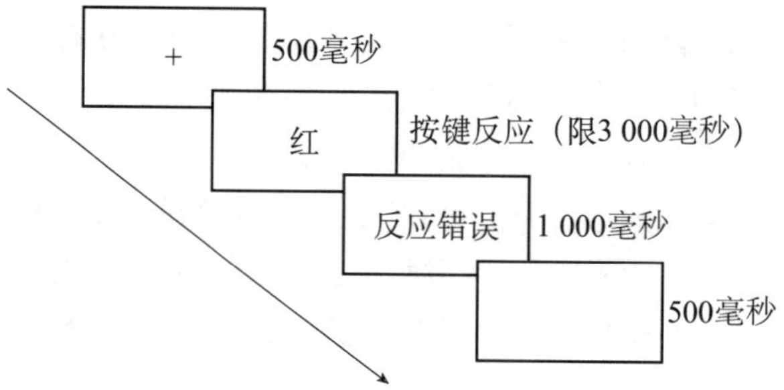

图 5－8 实验流程图

首先，在屏幕中央出现一个注意点“＋”500 毫秒，然后出现一个实验刺激（颜色字，如用绿色书写“红”），程序允许的反应时为 3 000 毫秒。被试正确反应之后，与下一个实验刺激之间的间隔为 500 毫秒。被试错误反应之后，在屏幕上呈现 1 000 毫秒的反馈错误信息作为惩罚，目的是保证高正确率，然后分析反应时，正确反应后无反馈信息。要求被试对出现的刺激字的颜色又快又准地按键作出反应。实验时间为 5 分钟。

结果发现：(1) 反应时。两组被试的反应时结果如图 5－9 所示。

创造性组别的主效应显著，$F(1,58)=8.46$，$p<0.01$，$\eta p^2=0.13$，高创者的反应时显著短于低创者；刺激类型的主效应显著，$F(1,58)=24.92$，$p<0.001$，$\eta p^2=0.30$，字色一致条件下的反应时显著短于字色不一致条件下的反应时；创造性组别和刺激类型的交互作用显著，$F(1,58)=9.26$，$p<0.05$，$\eta p^2=0.14$。进一步分析发现，高创者在字色一致条件下的反应时显著短于低创者，$p<0.05$，且高创者在字色不一致条件下的反应时也显著短于低创者，$p<0.01$。用被试在字色不一致条件下的反应时减去字色

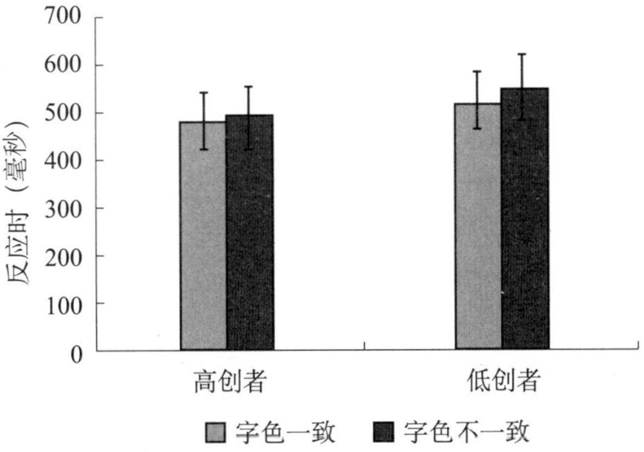

图 5-9 高创者和低创者在不同条件下的反应时

一致条件下的反应时得出反应时的干扰效应量，然后对高创组和低创组的反应时干扰效应量进行独立样本 t 检验，结果发现，两组的反应时干扰效应量存在显著差异，$t(58)=-3.04$，$p<0.01$，高创者的干扰效应量（$M=7$ 毫秒，$SD=25$ 毫秒）显著低于低创者（$M=27$ 毫秒，$SD=27$ 毫秒）。

（2）正确率。被试反应的正确率结果如表 5-18 所示。

表 5-18 高创组和低创组在各实验条件下的正确率（%）

创造性组别	字色一致		字色不一致	
	平均值	标准差	平均值	标准差
高创组	97.60	3.55	96.98	2.39
低创组	98.64	2.55	95.73	4.14

经分析发现：刺激类型的主效应显著，$F(1, 58)=11.33$，$p<0.01$，$\eta p^2=0.16$，字色一致条件下的反应正确率显著高于字色不一致条件下的；创造性组别和刺激类型的交互作用显著，$F(1, 58)=4.74$，$p<0.05$，$\eta p^2=0.08$。进一步分析发现，高创者在字色一致和不一致条件下的正确率差异不显著，$p>0.05$；而低创者在字色不一致条件下的正确率显著低于字色一致条件下的，$p<0.01$。用被试在字色一致条件下的正确率减去字色不一致条件下的正确率得出正确率的干扰效应量，然后对高创组和低创组的正确率干扰效应量进行独立样本 t 检验，结果发现，两组的正确率干扰效应量存在显著差异，$t(58)=-2.18$，$p<0.05$，高创者的干扰效应量（$M=0.63\%$，$SD=3.88\%$）显著小于低创者（$M=2.92\%$，$SD=4.26\%$）。创造性组别的主效应不显著，$F(1, 58)<1$。

根据上述结果，本实验结果支持了创造性思维的认知抑制假说，表明高创者的认知抑制能力强于低创者。

3. 蜘蛛恐惧症患者的情绪反应研究

有研究者采用一种混合设计，考察了蜘蛛恐惧症患者和正常人之间的情绪反应差异（引自 Myers & Hansen，2005）。被试间变量是个体对蜘蛛恐惧的程度。恐惧症组被试由那些报告对蜘蛛的害怕等级最高的人组成，控制组被试由那些报告对蜘蛛的害怕等级最低的人组成。被试内变量是可能被蜘蛛咬的场景，包含蜘蛛的照片、真实蜘蛛或蜘蛛标本、空的玻璃缸。

在有蜘蛛照片的实验条件下，被试被带进一个测试房间，房间里有个大的空玻璃缸，玻璃缸上面没有盖子。一旦被试进入测试房间，就给被试呈现一个玻璃缸的照片，缸里有两只大的、没有伤害性的蜘蛛，这种蜘蛛体形大，有棕灰色的扁平的身体，腿有15厘米长。要求被试想象在这样的房间里，如果玻璃缸没有盖，里面有这样的蜘蛛的场景，并报告自己在这样的场景下被咬的可能性等级。

在真实蜘蛛条件下，被试会在玻璃缸内看到一只真实的蜘蛛，但实际上这是一个蜘蛛标本。虽然蜘蛛已死且被粘在玻璃缸里，但是被试通常认为蜘蛛是活的。要求被试想象在这样的房间里，如果玻璃缸没有盖，里面有这样的蜘蛛的场景，并报告自己在这样的场景下被咬的可能性等级。

最后，在第三种条件下，被试再次看到空的玻璃缸，同样要求被试给出被咬的可能性等级。具体结果如图5-10所示。

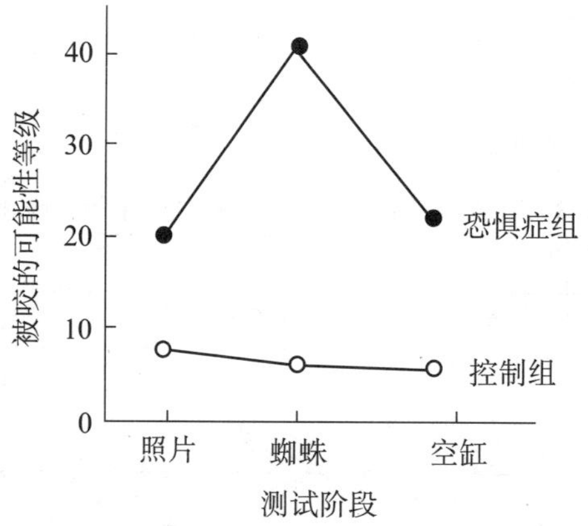

图5-10 恐惧症组与控制组被试报告的被咬可能性的平均等级

从图5-10中可以看出，在真实蜘蛛条件下，恐惧症组被试给出的被咬可能性等级显著高于其他两种条件下。他们在其他两种没有真实蜘蛛的条件下，给出的被咬可能性等级高于控制组。这个结果很有趣，因为它反驳了一个众所周知的关于恐惧症患者的事实，即当他们所恐惧的刺激不出现在面前时，恐惧症患者可以准确地评估自己所面临的危险。

三、三因素混合设计

（一）三因素混合设计的含义及模式

三因素混合设计有两种：

第一种为重复测量一个因素的三因素混合设计。在这种设计中，有三个自变量（或因素），每个自变量有两种或两种以上的水平，其中有两个自变量是被试间变量，即在这两个因素上，每名被试只接受一种处理水平的结合；另一个自变量是被试内变量，即每名被试接受所有的处理水平。其模式如表5-19所示（舒华，1994）。

表 5-19 重复测量一个因素的三因素混合设计的模式

	b_1	b_2	b_3
a_1c_1	S_1	S_1	S_1
	S_2	S_2	S_2
	S_3	S_3	S_3
	S_4	S_4	S_4
a_1c_2	S_5	S_5	S_5
	S_6	S_6	S_6
	S_7	S_7	S_7
	S_8	S_8	S_8
a_2c_1	S_9	S_9	S_9
	S_{10}	S_{10}	S_{10}
	S_{11}	S_{11}	S_{11}
	S_{12}	S_{12}	S_{12}
a_2c_2	S_{13}	S_{13}	S_{13}
	S_{14}	S_{14}	S_{14}
	S_{15}	S_{15}	S_{15}
	S_{16}	S_{16}	S_{16}

从表 5-19 中可以看出，共有 16 名被试参加了实验，其中 A 因素有两种水平（a_1，a_2），B 因素有三种水平（b_1，b_2，b_3），C 因素有两种水平（c_1，c_2）。A 因素和 C 因素是被试间变量，B 因素是被试内变量。

第二种为重复测量两个因素的三因素混合设计，在这种设计中，有三个自变量（或因素），每个自变量有两种或两种以上的水平，其中有一个自变量是被试间变量，另两个自变量是被试内变量。其模式如表 5-20 所示（舒华，1994）。

表 5-20 重复测量两个因素的三因素混合设计的模式

	b_1c_1	b_1c_2	b_2c_1	b_2c_2	b_3c_1	b_3c_2
a_1	S_1	S_1	S_1	S_1	S_1	S_1
	S_2	S_2	S_2	S_2	S_2	S_2
	S_3	S_3	S_3	S_3	S_3	S_3
	S_4	S_4	S_4	S_4	S_4	S_4
a_2	S_5	S_5	S_5	S_5	S_5	S_5
	S_6	S_6	S_6	S_6	S_6	S_6
	S_7	S_7	S_7	S_7	S_7	S_7
	S_8	S_8	S_8	S_8	S_8	S_8

从表 5-20 中可以看出，A 因素有两种水平（a_1，a_2），B 因素有三种水平（b_1，b_2，b_3），C 因素有两种水平（c_1，c_2）。其中，B 因素和 C 因素是被试内变量，A 因素是被试间变量。

三因素混合设计方差分析

（二）三因素混合设计的应用

1. 重复测量一个因素的三因素混合设计的应用

有意遗忘强调遗忘的有意性和指向性。有意遗忘的关键在于呈现实验材料后，要求被试记住其中的一些材料而忘记其余的材料。如果存在有意遗忘，那么当要求回忆指示记忆的项目时，只有很少的指示遗忘的项目会掺杂进来；而当要求回忆所有项目时，对指示遗忘项目的回忆就会少于对指示记忆的项目的回忆。已有研究发现被试对不同性质材料的编码存在差异，提取也存在差异；对于有意遗忘的产生机制，还存在着编码和提取的争论。为此，白学军、杨海波和沈德立（2004）开展了一项材料性质对有意遗忘影响的实验研究。该实验是一个三因素混合实验。实验有三个因素：第一个因素是实验条件，为被试间变量，包括三种处理水平：R-A（要求被试记住前半词表的同时继续记忆后半词表，在测验阶段要求再认整个词表）、F-A（要求被试记住前半词表后再忘掉，只记忆后半词表，在测验阶段要求再认整个词表）、F-O（要求被试记住前半词表后再忘掉，只记忆后半词表，在测验阶段要求再认后半词表）。第二个因素是材料，包括两种处理水平：图片和词语。第三个因素是词表，包括前半词表和后半词表。第二个因素和第三个因素为被试内变量。实验结果如表 5－21 所示。

表 5－21　三种实验条件下被试对词语和图片材料的再认成绩

词表	条件					
	R-A		F-A		F-O	
	词语	图片	词语	图片	词语	图片
前半词表	14.6 (6.14)	17.7 (1.94)	10.7 (4.96)	10.5 (5.58)	10.9 (5.11)	7.4 (5.62)
后半词表	14.7 (3.96)	16.1 (2.32)	14.7 (3.76)	17.1 (2.72)	13.9 (3.31)	13.8 (4.84)

经方差分析，实验条件的主效应显著，词表的主效应显著，实验条件和词表的交互作用显著，实验条件和材料的交互作用显著。该实验结果表明，对于词语材料，被试既对指示记忆的项目进行了更加精细的编码，又对指示遗忘的项目产生了提取抑制；对于图片材料，被试只对指示遗忘的项目产生了提取抑制。

2. 重复测量两个因素的三因素混合设计的应用

隐含因果关系是动词的一个属性，即动词隐含了动作对象的行为或态度的原因。这种隐含因果关系在代词问题解决过程中具有重要的作用。例如，“杨雄打扰李靖，因为他将音乐放得太响”这句话中，读者很可能把第一个名字（name1）“杨雄”指派给从句中的代词“他”；在“李娜祝贺薛颖，因为她比赛获得金牌”这句话中，读者则很可能把第二个名字（name2）“薛颖”指派给从句中的代词“她”。像“打扰”这类动词的主语经常执行某个动作或具有某种引发宾语反应的特征，这类动词称为偏向 NP1 动词；而“祝贺”这类动词所指动作由宾语发动，而主语为动作的接受者，这类动词称为偏向 NP2 动词。至于动词隐含因果关系在代词问题解决过程中是立即起作用还是延缓起作用，已有的研究存在着争论。白学军、张兴利和闫国利（2005）使用眼动记录法，对此问题进行了探讨。眼动记录法不对被试的阅读过程进行干扰，且根据其注视过程能更直接地解决上述争论。实验中有三个自变量。第一个自变量是动词偏向，有两种水平（偏向 NP1 和偏向 NP2）；第二个自变量是相符性，有两种水平（相符和不相符）；第三个自变量是工作记忆容量，有两种水平（大和小）。其中，第一个自变量和第二个自变量是被试内变量，第三个自变量是被试间变量。实验材料中，主句具有相同的结构且字数相同。因此，主要通过分析从句的眼动数据来探索动词隐含因果关系在代词问题解决过程中的时间进程。根据实验目的，将从句划分为三个兴趣区，兴趣区 1 为代词，兴趣区 2 为代词后的第一个词（两个汉字），兴趣区 3 为代词后的第二个词（两个汉字）。实验中的一个因变量指标是第一次注视时间。第一次注视时间指读者从进入某一指定区域到离开该区域的所有注视持续时间，不管对这个区域是仅注视了一次，还是对这个区域进行了多次注视。在该因变量指标上的结果如表 5－22 所示。

表 5－22　被试对三个兴趣区的第一次注视时间　　单位：毫秒

工作记忆容量	相符性	动词偏向	兴趣区		
			1	2	3
大	相符	偏向 NP1	226.78	401.422	337.055
		偏向 NP2	230.29	381.977	298.285
	不相符	偏向 NP1	235.16	365.835	304.918
		偏向 NP2	232.52	429.590	310.388
小	相符	偏向 NP1	236.95	438.516	367.310
		偏向 NP2	242.40	404.571	326.484
	不相符	偏向 NP1	230.72	425.088	336.430
		偏向 NP2	238.54	476.044	385.698

第一次注视时间的长短能表明读者形成心理表征速度的快慢。第一次注视时间越短，形成心理表征的速度越快；第一次注视时间越长，形成心理表征的速度越慢。经方差分析，结果发现：在兴趣区 1，所有自变量的主效应都不显著，交互作用也不显著。在兴趣区 2，工作记忆容量的主效应显著，动词偏向和相符性的交互作用显著，其他因素的主效应和交互作用都不显著。在兴趣区 3，工作记忆的主效应显著，其他因素的主效应和交互作用都不显著。

第一次注视时间反映了被试形成句子的初始心理表征。根据焦点假设，动词隐含因果关系对代词问题解决的作用是立即发生的，表现为在偏向 NP2 条件下被试对兴趣区 1 的第一次注视时间应显著长于在偏向 NP1 条件下，但结果中这一主效应并不显著。由此可以推出，本实验的数据不支持焦点假设。根据整合假设，动词隐含因果关系对代词问题解决的作用不是立即的，而是延缓的。从结果中可以看出，在兴趣区 2 的第一次注视时间上动词偏向和相符性的交互作用显著，这与整合假设的预测一致。

总之，该实验表明，动词隐含因果关系在代词问题解决过程中的时间进程是一个延缓加工的过程。另外，被试工作记忆容量的大小对代词问题解决任务也有一定的影响。

概念术语

被试内设计	单因素被试内设计	单因素两水平被试内设计
单因素多水平被试内设计	多因素被试内设计	两因素被试内设计
三因素被试内设计	顺序效应	累积误差
反向平衡	完全平衡	不完全平衡
随机区组平衡	传递效应	拉丁方平衡
两因素混合设计	重复测量一个因素的三因素混合设计	
重复测量两个因素的三因素混合设计		

本章要点

被试内设计是指在实验过程中，每名被试接受所有的实验处理水平或处理水平的结合。

根据自变量数量的多少，可将被试内设计分为单因素被试内设计和多因素被试内设计。单因素被试内实验设计是指实验中只有一个自变量，自变量的处理水平有两种或两种以上，每名被试接受所有的实验处理水平。多因素被试内设计是指实验中有两个或两个以上的自变量，每个自变量的处理水平有两种或两种以上，每名被试接受所有自变量处理水平的结合。

使用被试内设计的条件包括：(1) 被试利用最大化；(2) 节省实验时间；(3) 控制个体差异。

不能使用被试内设计的条件包括：(1) 实际实验研究不具备可操作性时；(2) 实验处理的作用不可逆转时。

根据自变量处理水平的高低，单因素被试内设计可以分为单因素两水平被试内设计和单因素多水平被试内设计。单因素两水平被试内设计是最简单的被试内设计。在这种设计中，自变量仅有一个且有两种水平，所有被试都接受这个变量的两种水平。在单因素多水平被试内设计中，自变量水平有三种及以上，唯一的一组被试接受自变量的所有处理水平。

疲劳效应是指随着实验的进行，被试因疲劳而导致完成任务的成绩下降。

练习效应是指随着实验的进行，被试因完成实验任务的经验越来越多而引起的行为改变。

常用两种方法控制顺序效应：反向平衡和区组平衡。区组平衡分为完全平衡和不完全平衡。完全平衡是通过在实验中让所有可能的处理顺序都出现来控制累积误差的方法。不完全平衡则只出现一部分可能的处理顺序，常用的不完全平衡包括随机区组平衡和拉丁方平衡。

传递效应是指前一项处理实质性或直接性地改变了被试对后一项处理所做出的反应。

混合设计是指包含至少一个被试内因素和至少一个被试间因素的实验设计。当遇到以下几种情况时可考虑使用混合设计：(1) 在实验研究中，有一个自变量的处理会对被试产生长期的影响；(2) 在实验研究中，有一个自变量是被试变量（如被试的年龄、性别、能力等），而研究者感兴趣的是在这个被试变量的不同水平下另一个自变量的影响。(3) 在具体实验研究过程中，采用被试内设计或被试间设计都不可行。

两因素混合设计也称重复测量一个因素的两因素设计，指在实验中有两个自变量（或因素），每个自变量有两种或两种以上的水平，其中一个自变量是被试内变量，即每名被试要接受它的所有处理水平，另一个自变量是被试间变量，即每名被试只接受它的一种处理水平。

在重复测量一个因素的三因素混合设计中，有三个自变量（或因素），每个自变量有两种或两种以上的水平。其中有两个自变量是被试间变量，即在这两个被试间因素上，每名被试只接受一种处理水平的结合；另一个自变量是被试内变量，即每名被试接受所有的处理水平。

在重复测量两个因素的三因素混合设计中，有三个自变量（或因素），每个自变量有两种或两种以上的水平，其中有一个自变量是被试间变量，另两个自变量是被试内变量。

推荐阅读

- 肖内西，泽克迈斯特，泽克迈斯特．心理学研究方法：第7版．北京：人民邮电出版社，2020.
- MYERS A，HANSEN C H. Experimental psychology. 7 th ed. Cengage Learning，2011.
- 米勒．发展的研究方法：第2版．上海：华东师范大学出版社，2004.
- 博登斯，阿博特．研究设计与方法：第6版．上海：上海人民出版社，2008.
- 史密斯，戴维斯．实验心理学：勘破心理世界的侦探：第6版．北京：机械工业出版社，2017.
- 舒华．心理与教育研究中的多因素实验设计．2版．北京：北京师范大学出版社，2019.
- 丁小斌，王睿，康铁君，等．他人面孔情绪知觉中自我参照与母亲参照的一致性：来自ERP的证据．心理学报，2020（6）．
- 钟毅平，李琎，占友龙，等．自我旋转面孔识别的ERPs研究．心理学报，2016（11）．

第六章
单被试设计

【教学目标】

通过本章学习应实现的目标有：第一，掌握单被试设计的定义和类型，明白何时选择使用单被试设计；第二，理解单被试设计中的两种策略；第三，系统掌握A-B-A设计、A-B设计程序及相关变式；第四，明确A-B-A设计和A-B设计的优缺点；第五，正确掌握A-B-A设计的应用及变式。

【学习重点】

单被试设计的定义和类型；使用单被试设计的要求；A-B-A和A-B两种设计的程序；单被试设计的本质；单被试设计的具体应用及需要注意的问题。

第一节　单被试设计概述

一、单被试设计的本质

（一）单被试设计的含义

对心理学研究者来说，单被试设计（single participant design）是不陌生的。所谓单被试设计，指实验中只包含一名或几名被试的实验设计，也称小样本设计（small *N* design）。

单被试设计是一种理想实验，它在多种条件下对一个人进行研究，并对其数据进行分析。单被试设计的主要优势包括：（1）获得的结果与个体真实心理现象有最强的一致性；（2）可对被试进行长期研究；（3）误差变异性甚至比重复测量设计中的误差变异性还小（Pashler，2004）。

在心理学研究方法中，有一种叫个案研究法。个案研究法涉及收集个人或群体的详细信息，这通常包括个人的详细资料，以及有趣的行为或经历的细节。个案研究法能够使研究人员比使用实验研究法更深入地研究特定的个体。布罗姆利（Bromley，1986）认为，个案研究法是“科学研究的基石”，而心理学家对实验过程的专注导致了对这一领域的忽视。[①] 个案研究法的优势在于它提供了对个体更深入的理解，并承认和赞美人类的多样性。个案研究法因为是关于“真实、真诚的人”，所以不管是对研究者还是对普通读者，都有一种特殊的真实感。这有助于使个案研究令人难忘。然而，个案研究法也被批评为“不可靠的”（没有两项个案研究是相同的），因此研究结果不能轻易推广到其他人。

个案研究法在临床心理学、变态心理学、发展心理学中经常使用。例如，在变态心理学中，有许多关于各种异常病人的个案；在发展心理学中，瑞士发展心理学家皮亚杰就采用这种方法，对自己的两个孩子两岁前的心理与行为进行系统观察，提出了两岁前儿童认知发展的六个阶段论，揭示出两岁前认识的起源和发展过程。

由于个案研究法是一种描述或观察的方法，研究者没有对变量进行操纵和控制，仅仅是记录观察的结果，因此，个案研究法不能揭示变量之间的因果关系，也得不出关于因果关系的结论。

要想获得关于因果关系的结论，研究者必须在研究的过程中对变量进行操纵和控制。在单被试设计中，研究者需要像对待一般实验研究那样，对变量进行操纵和控制。与一般实验设计相比，唯一的不同就是单被试设计中只有一名或几名被试；而且与其他实验设计一样，研究者在处理单被试设计的内部效度时也需要小心。

（二）单被试设计的种类

单被试设计主要有两种类型：基线设计（baseline design）和多基线设计（multiple baseline design）。

在现在的许多心理学研究文献中，研究者经常将“基线设计”与“单被试设计”这两个概念通用。一说到单被试设计，实际上就是指基线设计。基线设计要求在每个实验处理内重复记录被试在因变量上的成绩，以便为行为画出一条基线。为了确定和控制额外变量，研究者需要采取措施，以使基线的变动性和漂移性降到最低水平。

有时，研究者要就对同一名被试施加的两种或多种自变量水平的效果进行评估，或者要对多种情境下的干预效果进行评估。在这种情况下，研究者就要选择多基线设计。多基线设计特别适合考察研究者关注的行为在实验处理撤去后能不能回到基线水平。也就是说，研究者进行的实验处理对被试是否产生了长期的影响。如果实验处理起作用，则不能回到基线水平。反之，撤去实验处理，被试的行为又回到基线水平，则说明实验处理没有起作用。

（三）单被试设计的要求

单被试设计的要求主要有五个方面（蒋小波，姒刚彦，2006）：

第一，可靠的测量。由于这种设计包含对多种行为的测量，测量的可靠性就显得十分重要，数据收集的环境（如时间和地点）要标准化，观察者自身应受到良好训练。在处理前后的测量时，测量的一致性、稳定性是关键。

---

① 罗尔斯．心理学经典个案．陈武，译．北京：中国人民大学出版社，2022：引言．

第二，重复的测量。同一行为需要反复地测量。与前测和后测实验中因变量只测量一次不同，单被试设计中的重复测量是为了获得某一行为在一段时间内的清晰的变化方式或一致性。

第三，环境的描述。在这种设计中，对测量环境的细节以及实验处理的本质进行描述是必要的，这可以提高实验的内部效度和外部效度。

第四，包含基线和实验处理状态。每一项单被试实验都包含至少一种基线和实验处理状态。基线阶段，即在一段时间内，对目标行为进行观察和记录；处理阶段，即引入一种特殊或新的干预处理。基线阶段所获得的数据为研究者提供了与将来行为进行比较的基本框架。每名被试都需接受这两个阶段的处理，每名被试都以自己为参照，这样研究者和被试对于单被试研究结果的接受性就可以得到加强。

第五，对实验处理效果进行科学的和应用性的评估。在单被试设计中，研究者通常有两种方式去评估实验处理的效果：一种是科学的，主要考察自变量对因变量的影响；另一种是应用性的，主要从实际取得效果角度考察实验处理的效果。

（四）单被试设计中选择因变量时需要注意的问题

在单被试设计中，研究者选择的因变量是确保实验成功的关键。由于在单被试实验中需要对被试进行反复测量，所以在选择因变量时必须考虑以下几个标准：

第一，客观性。因变量的变化能够用客观的方法或手段测量出来。例如，借助各种实验仪器来测量，如测量心率、皮电、呼吸频率、血压、心率变异性等可借助 16 导生理记录仪，测量大脑皮层电位的变化可借助脑电记录仪，测量对图片或文字注视时间、注视位置可借助眼动记录仪，等等。

第二，重复性。在实验过程中，不但被试的行为要能够重复出现，而且被试还应该不容易出现疲劳。例如，在 ERPs 实验中，研究者要把目标刺激重复呈现 40～60 次，有时可能达到上百次，这样才能确保实验结果的可靠性。

第三，灵敏性。因变量要对各种刺激变化相当敏感。对被试施加的刺激一变，行为也要随之变化。例如，利用 16 导生理记录仪监测人的情绪活动情况，采用心率变异性这个指标，因为它是比较敏感的生理指标，能够很灵敏地反映被试的情绪变化。而相对来说，皮电这个指标就比较“迟钝”。

二、单被试设计的发展

在实验心理学研究的历史上，单被试设计的过去是相当辉煌的（史密斯，戴维斯，2003/2006）。在心理学家使用单被试设计开展研究前，生理学家已经开始使用此方法了。19 世纪 30 年代，法国生理学家贝尔纳（C. Bernard）在赢得有关欧洲人尿液方面的生理学知识的论战时，使用的就是个体研究的策略，后来这一策略在生理学界被广泛接受。在此之前，有人建议他在当地中央车站采集尿样，并计算出相应的平均值。但是，贝尔纳说服其同行，认为以大样本为基础的平均值仅仅是一个虚构的抽象值，并不能够提供任何一个欧洲人个体尿液的确切信息（引自黄一宁，1998）。

到19世纪60年代，费希纳通过心理物理法探索了感觉加工过程。费希纳的研究结果就是选用单被试设计获得的。科学心理学的创始人冯特也是以接受严格训练的个体为被试开展实验研究的，特别是他用内省法开展了一系列有意义的实验研究。在心理学界，以单被试设计开展研究最为著名的心理学家是艾宾浩斯，在其开展的关于记忆的一系列实验研究中唯一的被试就是艾宾浩斯本人。

行为主义心理学的创始人华生与其同事所开展的婴儿恐惧情绪形成的实验，就是以一名叫阿尔伯特的儿童为对象的。华生通过这项研究证明了个体的恐惧情绪是后天形成的。但是，从今天科学研究伦理要求的角度来审视华生开展的研究，其明显不符合研究伦理要求，是需要我们对其加以批判的。

拓展阅读

极具争议的小阿尔伯特实验

行为主义心理学创始人华生及其同事开展了一项单被试的实验。在实验中，华生只选择了一名被试阿尔伯特，他是个9个月大的孤儿，从出生后就一直待在医院里。研究人员和医护人员认为他在心理和生理上都很健康。为了了解阿尔伯特是否害怕某种特定刺激，研究者为他呈现白鼠、猴子、狗、有头发和没有头发的面具以及白色羊绒棉，并密切观察阿尔伯特对这些刺激的反应。结果发现，阿尔伯特对这些动物和物体都感兴趣且愿意接近它们。阿尔伯特还不时触摸它们，没有表现出丝毫的恐惧。

由于这些动物和物体都没有引发阿尔伯特的恐惧心理，所以研究者把这些动物和物体看作中性刺激。

接下来，华生等人又确定阿尔伯特对巨大的声音刺激是否会产生恐惧反应。根据已有经验，每个人（特别是婴儿）都会对突然出现的巨大声音（被称为无条件刺激）产生恐惧反应（无条件反应），因为人对巨大声音表现出的恐惧反应是一种无条件反射行动，无须学习天生就会。在华生等人的实验中，巨大的声音被当作无条件刺激。这种巨大的声音是华生在阿尔伯特身后用锤子敲一根4英尺（1英尺约合0.3米）长的铁棒产生的。只要这种巨大的声音突然出现，阿尔伯特就因受到惊吓而哭泣。

正式实验开始，华生等人向阿尔伯特同时呈现白鼠和令人恐惧的声音。一开始，阿尔伯特对白鼠很感兴趣并试图触摸它。在他正要伸手时，铁棒突然被敲响，突如其来的响声使阿尔伯特十分惊恐，这一过程重复了3次。一周以后，重复同样的过程。在总共7次白鼠与声音的配对呈现后，不出现声音。单独向阿尔伯特呈现白鼠时，你可能已经猜到，阿尔伯特对白鼠产生了极度恐惧。他开始号啕大哭，转身背对白鼠，向远离它的方向移动，他爬得飞快，以至于研究者不得不冲过去抓住他，以免他从桌子的边缘掉下来。对于一种物体，从没有恐惧到产生恐惧只有短短一周的时间。

华生等人随后还想要探讨这种习得的恐惧是否会迁移到其他物体上。在心理学术语中，这种迁移叫作泛化。如果阿尔伯特对其他刺激物也产生恐惧反应，那么就表明这种习得的行为已经泛化了。一周后，对阿尔伯特的再次测试发现，他仍旧对白鼠感到恐惧。

随后，华生等人欲测试这种恐惧是否泛化，他们给阿尔伯特呈现一种与白鼠相似的动物（小白兔）。用华生等人的话来说："消极反应立即出现，阿尔伯特尽可能地远离动物，低声抽泣，然后大哭起来。我们让他触摸小白兔时，他却把脸埋在垫子里，然后用四肢将自己支撑起来，边哭边爬走了。"这里要提醒读者的是，在这种条件作用建立前，阿尔伯特并不怕小白兔，并且他也没有形成将小白兔与恐惧联系在一起的条件作用。

同一天，华生等人依次给阿尔伯特呈现狗、白色皮毛大衣、一袋棉花和华生头上的灰白头发。结果发现，阿尔伯特对所有这些东西都感到恐惧。在这项最著名的泛化测试中，最无耻的一件事是华生把一个圣诞老人的面具呈现给阿尔伯特，猜猜后者的反应会是什么？阿尔伯特对圣诞老人的面具感到害怕！

5天后，再次对阿尔伯特进行测试。表6-1中列出了这一天给阿尔伯特呈现刺激物的顺序。

表6-1 对阿尔伯特再次测试时呈现刺激的顺序

呈现的刺激	观察到的反应
1. 积木	像平常一样玩积木
2. 白鼠	害怕、后退（没有哭）
3. 白鼠＋噪声	害怕并哭泣
4. 白鼠	害怕并哭泣
5. 白鼠	害怕、哭泣并离开
6. 小白兔	害怕，但不像前面表现得那么强烈
7. 积木	像平常一样玩积木
8. 小白兔	与6相同
9. 小白兔	与6相同
10. 小白兔	有点儿害怕，但还想触摸它
11. 狗	害怕，回避
12. 狗＋噪声	害怕并离开
13. 积木	像平常一样玩积木

另外，华生想知道习得的情绪是否会从一种情境迁移到另一种情境。如果阿尔伯特对这些动物和物品的恐惧反应只发生在实验室而不发生在别的地方，那么其研究成果的价值将大大减少。为了验证这一点，也是在同一天，华生等人将阿尔伯特带到一个完全不同的房间，那里灯光更明亮，在场的人更多。在这种新环境中，阿尔伯特仍然明显对白鼠和小白兔感到恐惧，只是不像以前那么强烈。

华生等想要做的最后一项实验是观察阿尔伯特新习得的情绪反应是否会持续一段时间。但不久，阿尔伯特被人收养并即将离开医院，因此所有测试中止了31天。31天后，给阿尔伯特呈现圣诞老人的面具、白色皮毛大衣、白鼠、小白兔和狗。结果显示，一个月后，阿尔伯特仍然对这些东西感到十分恐惧。

资料来源：霍克，2004/2010.

联结主义心理学家桑代克用猫做实验，探讨猫解决问题的能力。在 20 世纪 30 年代，斯金纳与其弟子对传统的被试组实验设计进行了尖刻的批评，并大力宣传单被试设计的优点。斯金纳认为，相比对 1 000 只老鼠各研究 1 小时或对 100 只老鼠各研究 10 小时而言，对一只老鼠研究 1 000 小时的可行性更大（引自刘金平，王金娥，2005）。

有资料表明，在国外，从 1939 年到 1963 年，大约有 246 项实验研究采用的是单被试设计。那么在实验研究中，为什么研究者还是喜欢采用多被试设计呢？有人将此归因于费舍尔的统计方法，特别是他发明的方差分析方法。还有一种可能的原因是，计算机的发明使复杂的统计计算更加便捷（史密斯，戴维斯，2003/2006）。

从 20 世纪 60 年代初起，由于单独对一名被试进行深入细致的研究可以揭示一些其他方法无法获得的结果，所以单被试设计又逐渐被心理学界认可。

需要提醒研究者的是，与多被试设计相比，单被试设计的使用者相对而言还是很少。只有几家心理学刊物发表以单被试设计为主的研究报告。

三、何时使用单被试设计

虽然采用单被试设计的研究者不多，但是在某些情况下，研究者使用单被试设计能得到意想不到的结果。

第一，被试是十分独特的。在现实生活中，研究者不可能再找到第二名同样的被试。这时，研究者就应该使用单被试设计开展研究。当然，与多被试实验研究相比，这种研究更像一种个案研究，因为没有可推广该研究发现的更大规模的总体。这方面最典型的例子是俄罗斯著名神经心理学家鲁利亚（A. R. Luria，1902—1977）对所罗门·舍雷舍夫斯基（S. Shereshevsky）所做的研究（罗尔斯，2022）。1905 年的一天，一位名叫所罗门·舍雷舍夫斯基的 19 岁莫斯科报社记者照常上班，并等待着与报社编辑的每日例会，例会将布置当天的任务。与同事们不同，所罗门在例会上从来不做任何笔记。这位编辑之前就惊讶地注意到了这一点，这次，他决定批评一下所罗门，毕竟他们的工作经常涉及很多人名和地址，所罗门应该把这些细节都记录下来。编辑决定通过询问自己说过的一些细节来测试所罗门。没想到的是，所罗门一字不差地复述了编辑刚才所说的一切，从这能看出所罗门拥有过目不忘的能力。所罗门出生在拉脱维亚，年近 20 岁，他的父亲拥有一家书店，因此，他的母亲读过很多书。他的父亲可以很轻易地回忆起书店里每本书的位置。所罗门的兄弟姐妹们都智力健全，而且有证据表明这个家族有些音乐天赋。的确，所罗门曾是一名小提琴手，直到一次耳朵感染让他的小提琴家梦化为泡影，于是他转而从事新闻工作。鉴于特殊能力与精神疾病之间可能存在的联系，鲁利亚专门进行了这方面的调查，但并未发现所罗门家族中有精神病史。鲁利亚首先对所罗门进行了一系列测试，以确定他的记忆力。他将单词和数字以口头或书面形式呈现给所罗门，要求所罗门以原始形式复述出来。一开始只有 10 或 20 个项目，后来逐渐增加到 70 个。但无论有多少项目，所罗门都能完美地回忆出来。尽管偶尔会对自己的答案有些犹豫，如仰着头、停顿片刻，但他总能丝毫不差地给出正确答案。通过研究发现，所罗门使用了一种特殊的机制来增强记忆。不管信息的类型或形式（文字、数字、声音、味道等）如何，所罗门总是将它们转化为视觉图像。只要给所罗门时间将这些信息转化为图像，他的记忆容量或记忆持续时间就没有限制。对于一张包含 50 个随机数字的表格，他通常大约 3 分钟就能记住。这是怎么做到的呢？所罗门说，如果数字是写在一张纸上的，当被要求对它们进行回忆时，他就会回忆起纸的图像，就像仍盯着这张纸一样。如果你现在停止阅读并尝试回忆瞥一眼看到的所有内容，你可能只会回忆起一小部分。而对于所罗门来说，回忆的过程就好像还在看着这张纸一样！他能在脑海中描绘这张纸上的每一个细节。由此可以看出，位置记忆法是所罗门为了记住特定序列中的项目而使用的记忆增强技术。但是，进一步研究发现，所罗门做不到从一篇文章中挑出最重要或最关键的内容。任何文本中的每一个细节都会产生更多的图像，这些图像往往使他离段落的核心要义越来越远。所罗门处理抽象概念方面的能力也很差。这表明，对所罗门来说，一切都要靠视觉来处理。如果不能用视觉来处理，他就会遇到麻烦。

第二，研究者结果有良好的推广性。如果研究者能够保证单一被试所获得的研究结果有良好的推广性，那么单被试设计也是合适的。如果在一些特定的变量上，总体上看，各个个体之间只存在无关紧要的差异，那么测量一名或少数几名被试对于研究者来说已经足够了，没有必要进行大规模取样。这方面最典型的例子是因开展记忆而知名的艾宾浩斯。他以自己为被试，自己编制实验材料（无意义音节），自己当主试，然后要求自己每天按规定完成实验任务，之后分不同时间对记忆的结果进行检验；通过对自己记忆结果的分析，绘制了著名的遗忘曲线，即个体记忆无意义材料后，遗忘的速度是先快后慢。后来的心理学家做了许多重复实验，用不同数量的被试，结果都符合艾宾浩斯提出的遗忘曲线的规律。

第三，提供一个反例就能推翻已有理论（或观点）。如果研究者只需要提供一个反例就能推翻已有理论（或观点），那么单被试设计无疑是最佳的选择。例如，对于“强化总会使反应增加”的观点，只需要找到一种强化没有增加反应的情况，就可以使该观点站不住脚。

第四，研究成本无法承担时。当某研究需要花费极大的人力、物力和时间成本，需要对实验者和被试进行长时间的培训或难以控制被试的个体差异时，研究者可以考虑选择一名或少数几名被试来开展研究。

四、单被试实验的主要特点

单被试实验主要关注单一个体或至多有限几个个体的行为改变。在单被试实验中，研究者比较一个被持续观察的个体在各种处理条件下的行为。换言之，研究者所感兴趣的自变量（也称实验处理）在一个个体上进行系统性操纵。相比无控制的个案研究来说，单被试实验设计是研究者的一个重要选择。

所以，单被试实验的主要特点有三：

第一，在一项单被试实验中，研究者只能操纵一个自变量，因此，这种设计能实现比个案更为严格的控制。

第二，在单被试实验中，首先记录的是基线行为的观察，以描述在没有进行任何处理的情况下被试的行为模式。

第三，基线行为与干预后行为之间的差异，可以通过可观察到的行为进行比较。

拓展阅读

心理学实验设计的两种策略

在心理学实验设计中，根据被试取样的多少，可将实验设计分为两种：被试组设计和单被试设计。被试组设计是通过比较不同实验处理下被试组的平均结果，确定不同的实验处理对被试行为的影响。在这种设计中，使用的被试人数比较多，因此该设计也被称为大样本设计。单被试设计是在不同的实验处理下，针对单个被试行为变化进行研究，有时也会选择几名被试来参加研究，因此常被称为小样本设计。

斯金纳认为，被试组设计所获得的组平均数仅是一种抽象的数值，它可能产生很大的错误，不能正确地代表个体行为的特征。例如，在学习心理学的研究领域中，研究者对个体的学习过程是按照“连续性”的法则，还是按照“全或无”的法则进行，存在着争论。支持“连续性”观点的学习心理学家是通过观察被试组的平均数所产生的学习曲线获得这一结论的，他们认为，个体的学习过程是一个连续的、逐渐增加的过程，因为被试组的平均学习曲线是一条平滑的负加速曲线，具体如图 6-1 所示。

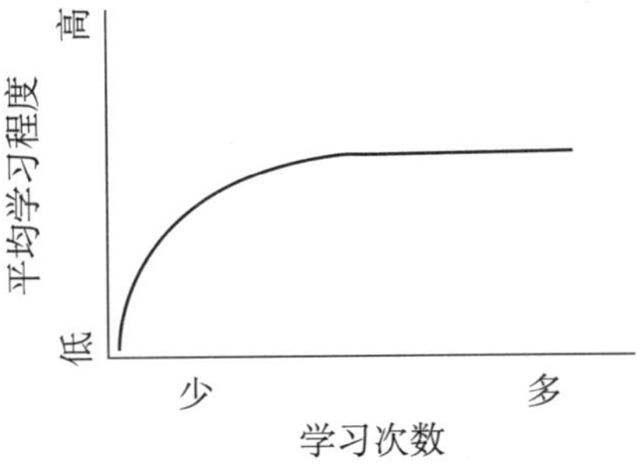

图 6-1 被试组平均学习曲线

但支持“全或无”看法的学习心理学家认为，用基于被试组平均数的曲线来推论学习的过程是错误的，因为这条“平均”曲线掩盖了个体真实的学习过程。在同一学习情境下，仅有少数几个人能立刻学会（全），大部分人必须在多次学习后才能学会（全）。学习次数越多，达到学习标准的人也就越多，所以如果将一组被试的学习过程平均起来，就会产生一条“连续性”的平滑曲线。但如果研究每名被试的学习过程，就会发现学习过程可能是按照“全或无”的过程进行的。具体如图 6-2 所示。利用平均曲线来代表每一名被试的学习过程自然是错误的。因此，斯金纳认为“统计会说谎”（引自黄一宁，1998）。

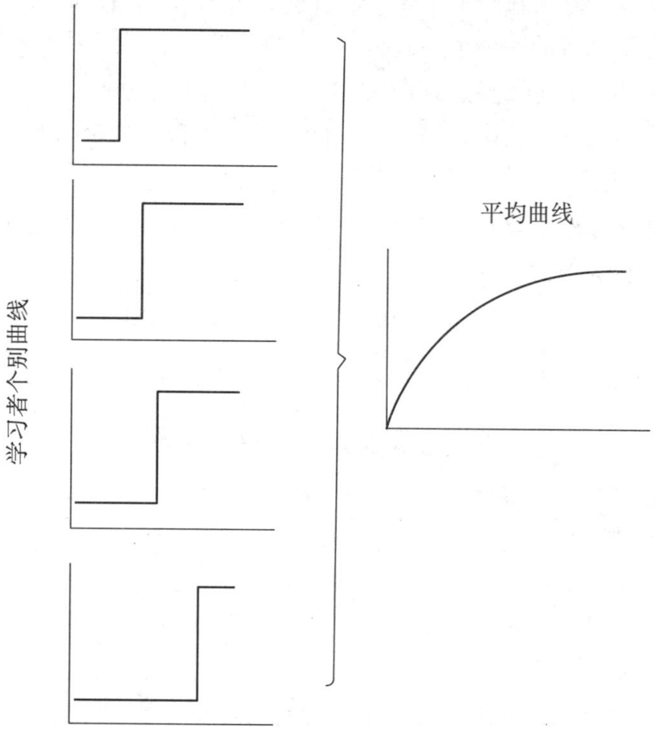

图6-2　“连续性”的平均学习曲线是由一组“全或无”的学习曲线构成的

第二节　A-B-A设计

一、A-B-A设计的模式

A-B-A设计是单被试设计的最主要模式。

它主要包括三个阶段：

阶段一：建立基线（baseline）阶段，又称A阶段。

阶段二：施加实验处理阶段，又称B阶段。

阶段三：撤去实验处理阶段，依然用A阶段表示。

在该设计中，经历撤去实验处理阶段后又返回建立基线阶段。如果B阶段的行为变化实际上由实验处理引起，那么当撤去B又回到建立基线阶段时，变化应该会消失。如果B阶段的变化由额外变量引起，那么当B撤去后，变化应该不会消失。基于此，A-B-A设计可得出因果关系。

由于A-B-A设计只能用于实验处理效果可逆的情况，所以该设计也被称为反转设计。

A－B－A 设计的模式如图 6－3 所示。

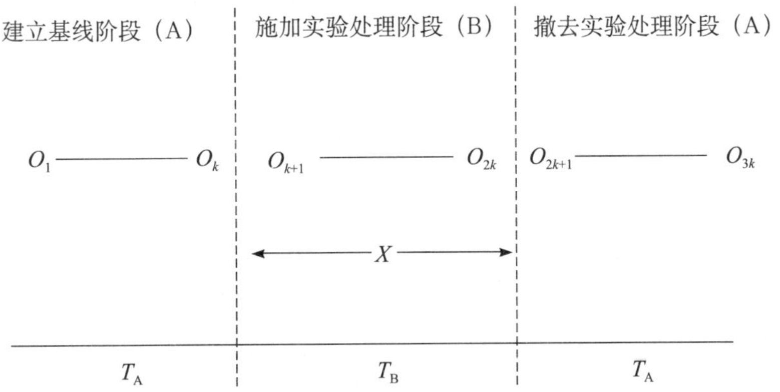

图 6－3　A－B－A 设计的图解

在图 6－3 中，O_1、O_k、O_{k+1}、O_{2k}、O_{2k+1}、O_{3k}代表各次观察，X 代表所施加的实验处理，T_A 和 T_B 代表实验设计中的时间段。

二、A－B－A 设计的具体操作过程

（一）建立基线阶段（A）

单被试设计的实验最后能否取得成功，关键取决于建立基线阶段。所谓基线，是指在不接受任何实验处理时测量到的被试的行为表现或者在控制条件下测量到的被试的行为表现。建立基线阶段所收集的数据主要是用来作为评估被试接受实验处理后其所产生的影响的对比标准。在收集基线数据时，研究者希望找到行为的稳定模式，这样便可以更容易地发现在施加实验处理后被试行为变化的一般性趋势。

在建立基线阶段至少要收集三组观察值，以确立被试行为表现变化的一般趋势。虽然研究者所测量到的数据并不特别稳定，但观察次数越多，研究者对自己所得数据的趋势就会越有信心。

在这里，有一个非常简单且很重要的问题：研究者如何判断实验中的“基线”达到了稳定？衡量“稳定”的标准是什么？

有一种观点很具有操作性，即如果因变量值的变化率在 5%之内，且持续 4 个测试期，那么基线就算是达到稳定了。

研究者要注意，对于以动物为被试的实验来说，该标准可以通过严格的控制手段来实现，但是，对于以人为被试的实验来说，这就是一个非常苛刻的标准。

还有研究者认为，只要因变量的变化缺乏趋向，同时因变量值的变化比较小，就算是达到稳定了。其中，缺乏趋向是指基线的数据点并不随时间（测试期）而显示出升高或降低的趋势。

（二）施加实验处理阶段（B）

当基线达到稳定标准后，研究者就应该进入第二个阶段，即对被试施加实验处理，

并定期地重复测量因变量，观察其变化。在该阶段，研究者必须注意，除所施加的实验处理外，其他一切实验条件、情境都必须保持与建立基线阶段完全一样。

有一个基本的问题是：实验处理施加多长时间？一般的做法是，当因变量值再次达到稳定时就结束。稳定的标准应该与建立基线时的标准一致。

（三）撤去实验处理阶段 （A）

当因变量的变化在施加实验处理阶段达到稳定后，研究者所进行的实验就可以进入第三个阶段，即撤去实验处理阶段，同时仍然定期地重复测量因变量，观察其变化，直到因变量的变化又回到建立基线阶段的稳定水平。需要指出的是，对于单被试设计来说，该阶段非常关键，因为它是评估实验处理对因变量是否产生作用的决定阶段。

从第一个阶段到第二个阶段，虽然可以说因变量的变化是由实验处理引起的，但并没有完全剔除其他对因变量产生影响的因素，如成熟、重复测量等。当在第三个阶段研究者撤去实验处理后，因变量的变化又恢复到第一个阶段基线的稳定水平时，研究者就能够比较确定地得出结论：第二个阶段因变量的变化是由实验处理引起的。

三、A-B-A 设计的优点和存在的问题

（一）A-B-A 设计的优点

1. 为研究者提供两次比较的机会

A-B-A 设计为研究者确定实验处理的效果提供了两次与基线比较的机会。具体为：第一，第一个阶段的基线与第二个阶段施加实验处理后的结果之间的比较；第二，第二个阶段施加实验处理后的结果与第三个阶段撤去实验处理后的结果之间的比较。

第一个阶段的比较表明，当所研究的行为在第一个阶段达到稳定水平时，如果没有实验处理出现，此行为水平仍会保持稳定。如果这种稳定水平被打破，就说明有实验处理被引入了。在 A-B-A 设计中，研究者有意施加实验处理，所以第一个阶段的稳定水平被打破可归结为实验处理所引起的效果。

第二个阶段的比较表明，所研究的行为在第二个阶段又达到了新的稳定水平后，如果实验处理的效果仍然存在，那么新的稳定水平应该继续保持。如果新的稳定水平被打破了，那么肯定是由某种条件变化导致的。在 A-B-A 设计中，研究者有意将实验处理撤去而使新的稳定水平被打破。所以，新的稳定水平被打破可归结为实验处理撤去引起的。

2. 提高了实验的内部效度

在 A-B-A 设计中，如果在第三个阶段撤去实验处理后，被试的行为又回到第一个阶段的水平，那么研究者可以推断出第二个阶段因变量的变化是由实验处理引起的，而不是其他无关因素所导致的。换言之，在 A-B-A 设计中，被试的行为在施加实验处理和不施加实验处理的条件下不同，这样能确保排除练习或成熟等无关因素可能造成的影响，从而使实验的内部效度得到提高。

（二）A－B－A 设计存在的问题

在 A－B－A 设计中，有一种情况是研究者最不愿意看到的，那就是第二个阶段所施加的实验处理引起了被试行为长期的变化。这将导致在撤去实验处理后的第三个阶段，被试的行为很难回到第一个阶段的基线水平。在这种情况下，研究者就无法确定施加的实验处理是否真正起作用了。

解决此问题的策略是缩短施加实验处理的第二个阶段，使其引起的因变量变化不过于持久。当然，缩短施加实验处理的时间，可能难以确定第二个阶段是否达到了稳定水平，所以在使用此策略时一定要谨慎。

四、A－B－A 设计的应用

（一）与植物交谈能否促进其生长的研究

单被试 A－B－A 设计的统计方法

研究者如果想要知道与植物交谈能使植物长得更好这一观点是否正确，就必须使用科学、严格的方法进行验证（引自 Myers & Hansen，2005）。

一种方法是研究者不采用单被试设计，而是采用被试组设计。例如，将研究设计成一个两组实验，其中一组要与植物交谈，另一组不与植物交谈，然后通过测量植物生长的情况，验证上述观点是否正确。

另一种方法是研究者采用单被试设计来进行研究。首先，研究者认真仔细地选取要研究的对象。例如，仙人掌生长太缓慢，研究者没有那么长的时间来等；竹子生长得非常快，同时还需要有适宜的温度，研究者无法在实验室中做到。最后，研究者决定使用橡皮树作为研究对象。

第一个阶段为建立基线阶段（A）。在 3 个月的时间内，研究者完全不与植物交谈，但每周测量一次橡皮树的生长情况并制成图形。这样就确定了基线，即没有施加实验处理时橡皮树的生长情况。

第二个阶段为施加实验处理阶段（B）。研究者在随后的 3 个月里施加实验处理，即每天与橡皮树交谈两小时。研究者给“交谈”下的操作性定义是朗读某位作家的小说。在该阶段，研究者仍然是每周测量一次橡皮树的生长情况并制图。如果与橡皮树交谈能够促进其生长，那么在第二个阶段橡皮树应该生长得更快；如果与橡皮树交谈对其生长没有影响，那么在第二个阶段橡皮树的生长情况应该与基线水平相同。

第三个阶段为撤去实验处理阶段（A）。即在最后 3 个月的时间内，研究者不与植物交谈，仅仅是继续观察它的生长情况。

三个阶段的预期结果如图 6－4 所示。

在这个实验中，第一个阶段和第二个阶段与前面讲过的两组实验设计非常相似。研究者可以用控制组来建立一种行为的基线水平，然后将施加实验处理后的结果与控制组的结果进行比较。从过程来看，单被试设计与两组实验设计是相似的，但它们却有一个

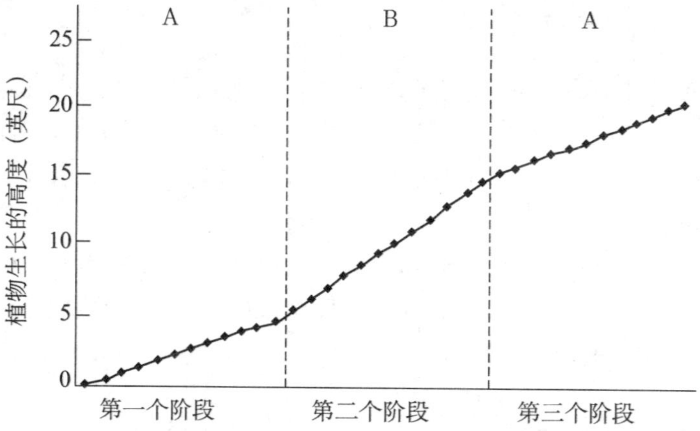

图 6-4　交谈前后植物生长高度的变化

重要的区别。由于在该实验中只有一个实验对象（橡皮树），所以研究者需要在不同时间点对其进行观察。当完成第一个阶段的观察时，实验对象已经比开始时成熟了（即长了 3 个月，季节变化了，每天接受的光照程度也不同或湿度可能也变化了）。当然，这些无关因素是可以控制的，可以在一个光照、温度、湿度都恒定的实验室里开展研究。但是，研究者不能否认植物在生长的事实。在施加实验处理期间，植物的生长变化完全可能是其在生长周期内自然发生的（即“成熟”）。换句话说，在实验过程中存在着一个无关因素的干扰。

正是由于这个原因，A-B-A 设计中包含一个额外且关键的步骤，即在施加完实验处理后，撤去实验处理，看看其能否再回到实验开始的基线水平。

在 A-B-A 设计中，研究者可以通过再回到基线阶段的方法来确认实验处理的效应。如果与植物交谈加快了其生长速度，如图 6-4 所示，那么在第二个阶段施加实验处理后，与基线水平相比，其生长速率就会变大。如果生长速率的变大是由无关因素（如成熟）引起的，那么在停止与植物交谈后，其生长速率可能不会有太大的变化。相反，如果交谈使得植物生长速度加快，那么停止交谈后，其生长速率应该下降。

（二）动机对动物按杆行为影响的研究

A-B-A 设计的实验经常用于探讨可逆的自变量（如药物、动机、诱因、情绪、刺激、声音等）对被试的作用。有一项研究采用 A-B-A 设计，探讨动机对操作性条件反应的作用（引自黄一宁，1998）。研究者训练老鼠在斯金纳箱中学习按杆的行为来获得食物奖赏。在老鼠学会了该行为之后，开始正式实验。自变量是进食动机，其操作性定义是每天喂食时间，因变量为按杆获得食物（操作性条件反应）的频率。

第一个阶段：建立基线（A）。每天在老鼠吃饱后把它放进斯金纳箱 5 分钟，让老鼠自由按杆来获得食物。在基线水平达到稳定后，实验进入下一个阶段。

第二个阶段：施加实验处理（B）。每天仅给老鼠喂食一小时，然后将其放入斯金纳箱 5 分钟，记录其按杆的行为频率。当老鼠按杆行为频率达到稳定水平后，实验进入下一个阶段。

第三个阶段：撤去实验处理（A）。与第一个阶段一样，在老鼠吃饱食物后，再把它放入斯金纳箱 5 分钟，记录其按杆的行为频率。具体的实验结果如图 6－5 所示。

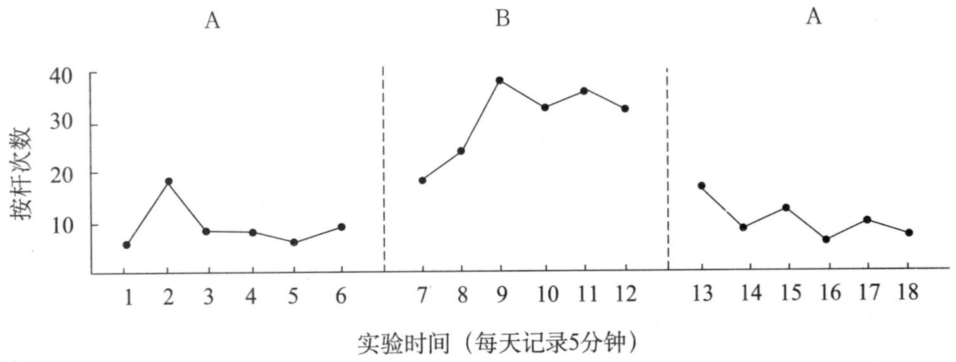

图 6－5　进食动机对老鼠按杆行为的影响

从图 6－5 中可以看出：第一，在老鼠吃饱后，按杆频率约为 5 分钟 10 次（基线）；第二，一旦老鼠处于饥饿状态（施加实验处理），随着进食动机的增强，按杆频率变为 5 分钟 35 次左右，老鼠按杆行为的增加非常明显；第三，在撤去实验处理后，即又让老鼠处于吃饱的状态时，其按杆的频率又恢复到先前的水平。据此，研究者可以推断出：一旦动机增强，被试的操作性反应频率就会明显提高。

拓展阅读

一例大样本 A－B－A 设计

有研究者想要研究一个大型制造分销中心里工人们的行为。研究者特别想要应用斯金纳的积极强化原理，使更多的工人来工作。研究者假设，如果工人来工作时能够给予奖励，他们的出勤率将会提高。

自变量为强化，分为两种处理水平：有强化和无强化。因变量为是否旷工。由于现实原因，研究者决定不使用随机分组的实验设计来开展研究。因为工人们分散在各个车间，实验中发生的一些情况是研究者无法控制的。例如，工厂的监工可能会调换；有些工人可能会被加薪；有些工人可能离开工厂，由新来的工人接替他们的工作岗位。研究者想要知道，在实验干预之前、实验干预期间和实验干预结束之后，在同一位工人身上会发生什么事情，所以他们采用大样本 A－B－A 设计来验证自己的假设。

第一步：研究者在日常工作状态下记录工人的出勤率，作为基线数据。

第二步：研究者施加干预。具体做法是研究者与工人之间进行一项扑克牌抽奖游戏。他们告诉每位工人，如果他每天能够按时到岗，就允许他从一副扑克牌中抽取一张。在 5 天工作结束时，拥有最多扑克牌的工人将会赢得 20 美元。结果发现，开展抽奖活动对工人上班起到了作用，他们的旷工率下降了 18%。

第三步：研究者告诉工人，下周停止进行扑克牌抽奖的游戏，即撤去干预。结果发现工人旷工率上升了。

由此，研究者得出如下结论：让工人进行扑克牌抽奖游戏，能够降低工人的旷工率。

在该实验中，撤去实验处理再回到基线阶段来验证研究者提出的假设非常重要。如果没有再回到基线阶段，实验结果也可以被解释为是由“历史”这一干扰因素造成的，从而影响实验的内部效度。同时，还有一些活动或事件也可能在抽奖活动进行时发生了，如有些工人因刚刚加薪，所以不再旷工了；还有可能是最近流行病季节刚过去。为了进一步探讨施加的干预是否起到了作用，研究者再一次启动了抽奖游戏，结果发现工人的旷工率又下降了。这表明，实验结果是真实可靠的。

资料来源：Mayers & Hansen，2005.

五、A－B－A 设计的几种变式

单被试 A-B-A-B 设计的统计方法

（一）A－B－A－B 设计

1. A－B－A－B 设计的模式

在该模式中，B 出现了两次，表示研究者在实验中，有两次施加同一实验处理。这种模式经常应用于临床心理学和心理治疗与矫正的研究。具体的模式如图 6－6 所示。

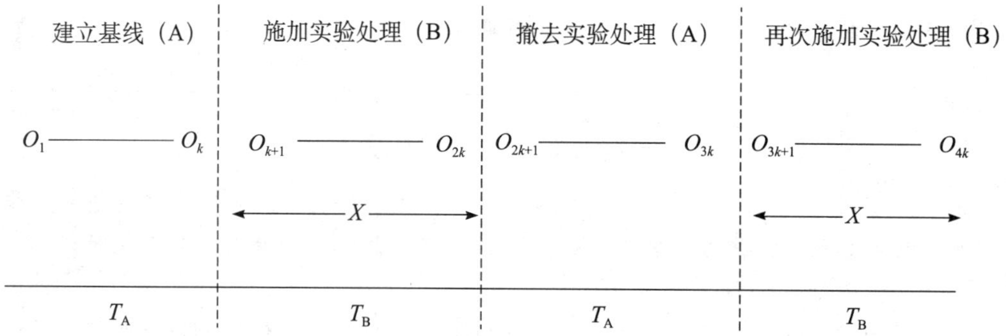

图 6－6　A－B－A－B 设计的模式

2. A－B－A－B 设计的应用

（1）面部遮盖技术治疗敲击饭勺行为的研究。面部遮盖是一种比较轻微的厌恶治疗技术，即当目标行为出现时就会用东西将脸遮住（如用一块柔软的布）。以往的研究证实了这一技术在减少自然伤害行为（如抽打自己的脸）上是有效的。有研究者想知道这种方法是否能够减少一名 8 岁女孩在吃饭时敲击饭勺的行为（引自肖内西，E. B. 泽克迈斯特，J. S. 泽克迈斯特，2005/2010）。这种敲击饭勺的行为不但产生噪声，而且导致她把食物撒到地板上或把饭勺掉到地上，使得这个在特殊学校学习的女孩无法和她的同学一起就餐。

首先，研究者先对女孩敲击饭勺的行为进行了明确的定义，以将其与吃饭时正常的舀饭动作区分开来。其次，一位受过训练的实验助手对其进行观察并施加实验处理。在吃饭时，每隔 15 分钟，实验助手就会通过计算行为出现的次数来评估敲击饭勺的行为出现的强度。

在基线阶段（A），实验助手将目标行为出现的次数记录下来，并且每当目标行为出现时，就对她说："不要敲了！"同时轻轻地抓住她的手腕，把她的手扳回到她的盘子边。整个过程通过录像记录下来，另一名观察者独立地观看该录像并记录目标行为出现的次数。观察者间信度大约是 0.96，基线水平测量持续了 16 天。

第一个实验处理阶段（B）从第 17 天开始，并一直持续了 16 天。每当敲击饭勺的行为出现时，实验助手就会不断地给予小女孩矫正反馈"不要敲了"，并且将她的手扳回到盘子边。除此之外，实验助手还会用一条绒布兜罩住女孩的脸部 5 秒钟。

第二个基线阶段（A）紧接第一个实验处理阶段。

第二个实验处理阶段（B）是接在第二个基线阶段之后，在实验后的第 6、10、15 和 19 个月还进行处理后的行为观察。

图 6－7 显示了女孩敲击饭勺行为的频次随基线与处理阶段交替发生变化的过程。面部遮盖技术不仅在实验处理阶段可以有效地减少目标行为，同时可以看出在实验后的几个月后这一效果仍然维持着。在实验的最后阶段，无论是在家里还是在学校里，那名女孩都不需要直接的指导了，因此她被允许和其他同学一块吃饭。实验结果非常清楚地证明了面部遮盖技术能消除女孩的敲击饭勺行为。

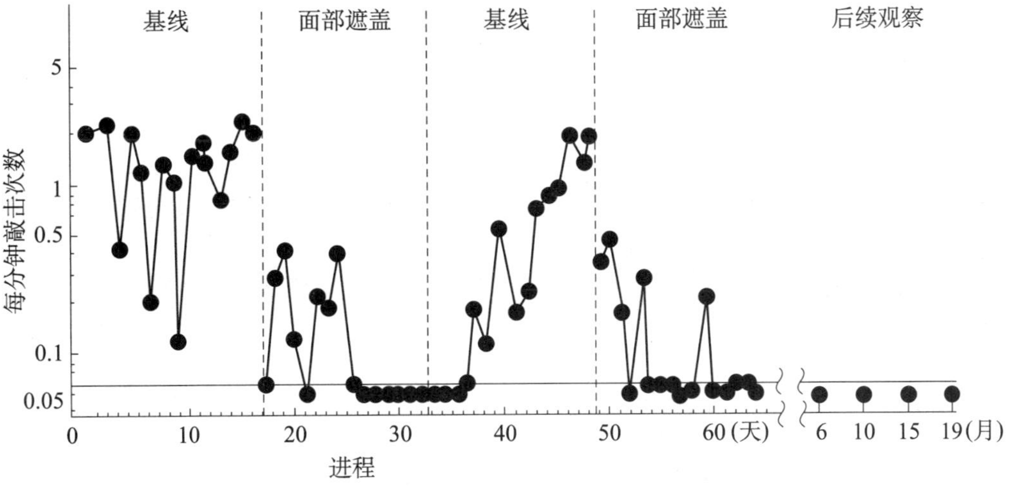

图 6－7　面部遮盖技术对敲击饭勺行为的频次的影响

（2）儿童哭泣行为消除研究。有一个小男孩名叫小强，刚上幼儿园。他看上去很健康、很正常，但就是比其他小朋友更能哭。他受一点儿挫折后就会大声哭泣，而与他同年龄的小朋友却能克服挫折，很少哭泣。

研究者通过对小强的观察，提出成人的注意强化了小强的哭泣行为的假设（引自郭秀艳，2004）。为了验证此观点是否正确，他们采用 A－B－A－B 设计进行了下面的实验，具体过程和结果如图 6－8 所示。

在第一个阶段（A），研究者要求教师对小强哭泣的行为表现出一种正常的注意，即过去是怎样注意的，现在仍然如此。从图 6－8 中可以看出，在基线期，小强每天哭5～10 次。

在第二个阶段（B），研究者要求教师对小强的哭泣行为不予理睬。如果小强的表现适度，教师就关注他，以此作为奖赏，来消除过度反应的哭声。结果发现，小强哭泣的

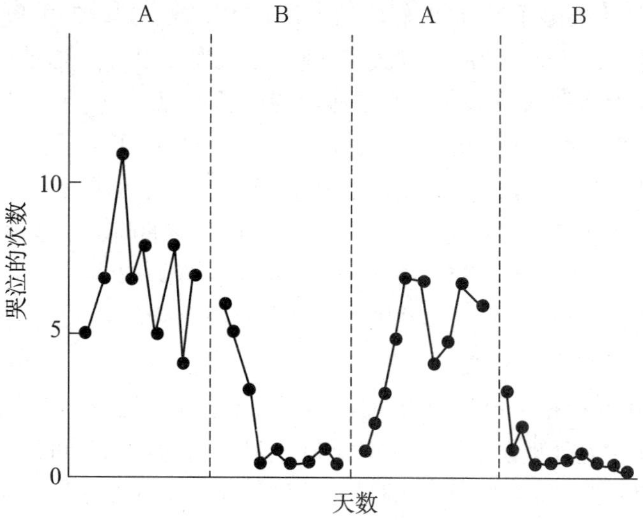

图 6－8 小强在实验的四个阶段哭泣的次数

次数明显减少了。

在第三个阶段（A），撤去实验处理，即再一次回到基线期。研究者要求教师再次对小强哭泣的行为进行强化。只要小强一哭，教师就给予关注。从图 6－8 中可以看出，小强哭泣的次数明显又增加了。

在第四个阶段（B），再一次施加实验处理，即与第二个阶段相同，要求教师对小强的行为不予理睬。如果小强的表现适度，教师就关注他，以此作为奖赏。从图 6－8 中可以看出，小强哭泣的次数明显又减少了。

实验结果非常清楚地支持了研究者所提出的假设，即小男孩的哭泣行为确实是成人强化的结果。

（二）A－B－A－C－A 设计

1. A－B－A－C－A 设计的模式

如果单被试设计中有两个自变量，A－B－A－C－A 设计就十分合适。其中，A 代表建立基线阶段，B 代表施加第一个实验处理阶段，C 代表施加第二个实验处理阶段，其具体模式如图 6－9 所示。

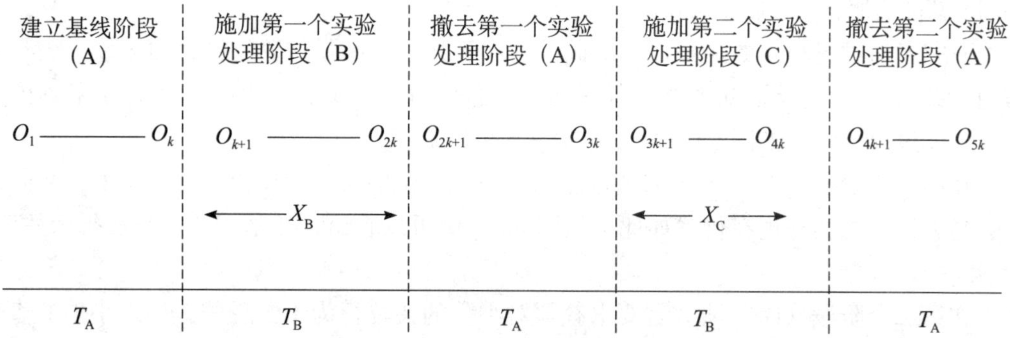

图 6－9 A－B－A－C－A 设计的模式

2. A－B－A－C－A 设计的应用

有一项研究探讨了消除注意和惩罚对于儿童上课捣乱行为的作用（引自黄一宁，1998）。具体的实验过程与结果如图 6－10 所示。

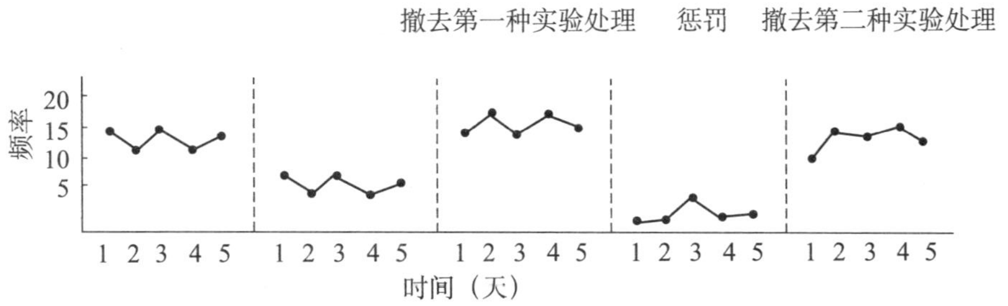

图 6－10 儿童在每个实验阶段所出现的捣乱行为频率

从图 6－10 中可以看出：

在第一个阶段（A），即建立基线阶段，研究者观察到儿童的捣乱行为出现的频率为每天 10～15 次。

在第二个阶段（B），施加第一种实验处理，即消除注意，然后观察儿童的捣乱行为。可以看出，儿童的捣乱行为出现的频率为每天 5～10 次。

单被试 A-B-A-C-A 设计的统计方法

在第三个阶段（A），撤去第一种实验处理，研究者观察到儿童的捣乱行为明显增加，出现的频率为每天 15～20 次。

在第四个阶段（C），施加第二种实验处理，即惩罚。研究者观察到儿童的捣乱行为出现的频率明显下降，为每天 1～5 次。

在第五个阶段（A），撤去第二种实验处理。研究者观察到儿童的捣乱行为出现的频率又上升了，为每天 10～15 次。

从图 6－10 的结果中可以看出，在撤去第一种实验处理和第二种实验处理后，儿童捣乱的行为出现的频率又恢复到了基线水平。同时也可以看出，施加第一种实验处理与施加第二种实验处理的效果不同。第一种实验处理是消除注意，虽然对儿童捣乱行为出现频率的下降有作用，但与第二种实验处理（即惩罚）相比，后者对儿童捣乱行为出现频率的降低作用更明显。

（三）A－B_1－A－B_2－A 设计

1. A－B_1－A－B_2－A 设计的模式

如果单被试设计中一个自变量包括两种处理水平（这里不包括基线水平），A－B_1－A－B_2－A 设计就十分合适，其模式如图 6－11 所示。

从图 6－11 中可以看出，在建立基线后，给被试施加自变量的第一种处理水平，然后将其撤去，接着再施加自变量的第二种处理水平，最后将其撤去。

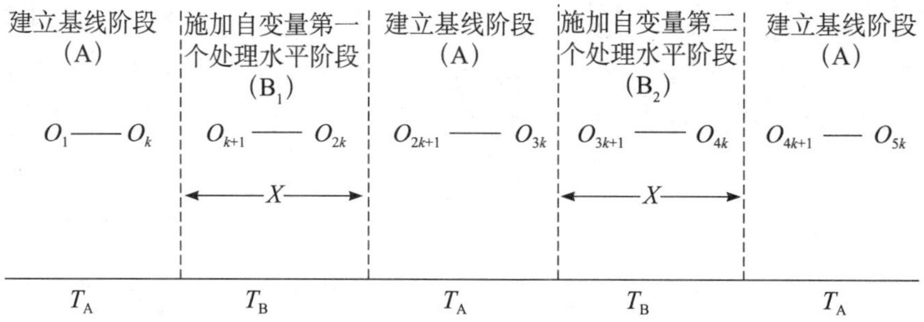

图 6-11　A-B_1-A-B_2-A 设计的模式

单被试 A-B_1-A-B_2-A 设计的统计方法

2. A-B_1-A-B_2-A 设计的应用

一位新娘在婚后发现，自己新婚的丈夫总是把夹克放在长椅的靠背上，而且他的鞋总是能在长椅附近找到，有时他还会用毛衣装饰长椅的靠背。新娘不愿意跟在新郎后面收拾东西或者唠叨他把衣服收拾好。因此，新娘非常苦闷，想改变这一情况。有研究者知道此事后，与这对新婚夫妇商量，提出自己能通过一个简单的行为矫正实验使这一问题得到解决。于是，他们之间开展合作，进行了下面的实验（引自迈尔斯，汉森，2001/2006）。

在实验中，研究者尝试通过使用惩罚来改变行为，并采用 A-B_1-A-B_2-A 设计。

第一，建立新郎行为的基线（A）。研究者需要知道，在通常情况下，新郎多长时间把衣服丢在起居室一次。研究者在一周内，每一天都记录到新郎有几件衣服放在起居室的时间超过了 15 分钟，结果是每天平均两件。

第二，施加自变量的第一种处理水平（B_1）。研究者与新郎和新娘商量，最后新郎和新娘达成一项协议，即如果在一周内，两人中谁将衣服乱丢在起居室中，谁必须在下一周洗碗三天（自变量的第一种处理水平）。换言之，如果谁将衣服乱丢在起居室里，谁将接受惩罚。为了避免惩罚，两个人都会避免出现这种行为，特别是新郎。新郎如果不想洗碗三天，就要自觉地把自己的衣服收好。时间持续两周。结果发现，新郎没有再把衣服乱丢在起居室内。这一结果正是喜欢整洁的新娘想要的。

第三，撤去自变量的第一种处理水平（A）。由于新郎的行为已经改变，所以研究者与新娘和新郎商量，不再用洗碗作为惩罚了。结果发现，新郎又将衣服乱丢在起居室中了。新娘又不满意了。

第四，施加自变量的第二种处理水平（B_2）。研究者再次与新郎和新娘商量，最后新郎和新娘再次达成一项协议，即如果在一周内，两人中谁将衣服乱丢在起居室中，谁就必须在下一周洗碗七天（自变量的第二种处理水平）。结果发现，新郎又不再将衣服乱丢在起居室了。

第五，撤去自变量的第二种处理水平（A）。即新郎或新娘无论谁将衣服乱丢在起居室，都不再接受惩罚。不过，研究者还随机地观察新郎将衣服放在起居室的行为。实验结果具体如图 6-12 所示。从图中可以看出，新郎将衣服乱丢在起居室的行为基本得到了控制，实验干预有效果。

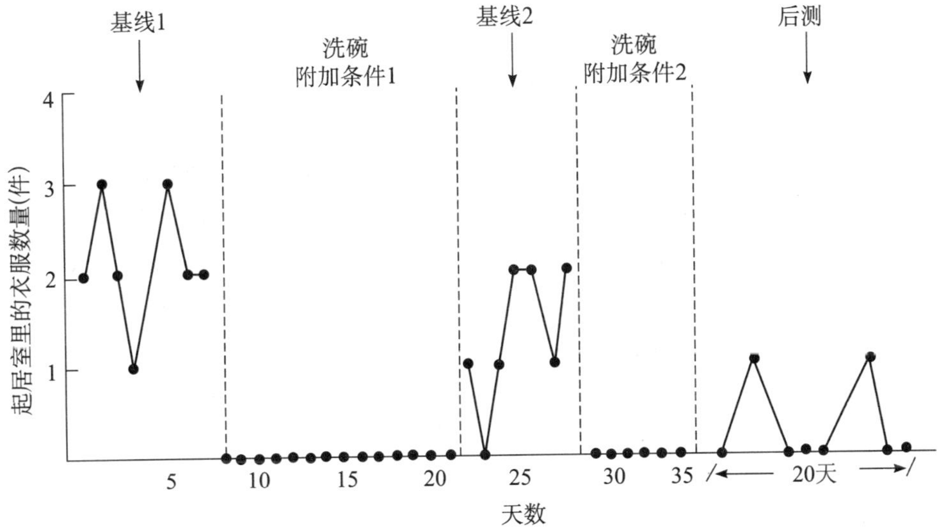

图 6-12　新郎将衣服乱丢在起居室的次数

第三节　A-B 设计

一、A-B 设计的模式

A-B 设计是最简单的单被试设计。一般来说，这种设计可以表示为图 6-13。A 代表建立基线阶段，B 代表施加实验处理阶段；O_1、O_k、O_{k+1}、O_{2k}代表各次观察，X 代表实验处理；T_A 和 T_B 分别代表实验设计中的两个时段，这两个时段的持续时间是相同的。

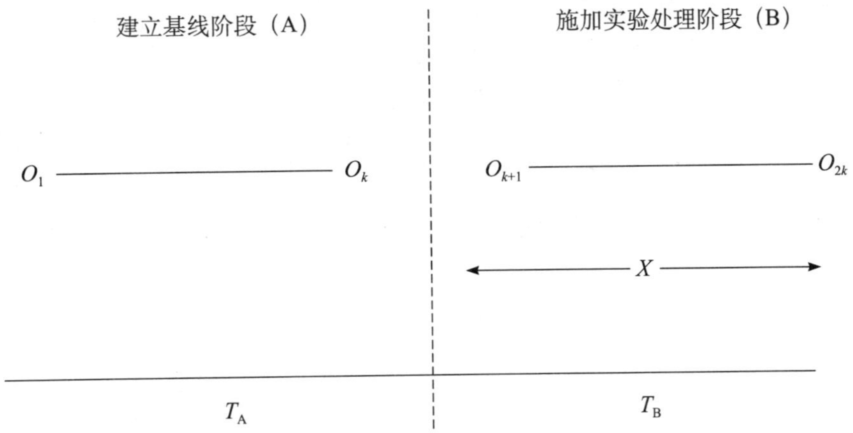

图 6-13　A-B 设计的模式

二、对 A－B 设计所获结果的解释及注意事项

A－B 设计的实验结果解释的假设基础是：在实验中，如果研究者没有施加实验处理，那么在建立基线阶段所测量的被试行为不会发生变化；如果研究者施加实验处理后，所测量的被试行为发生变化了，那么可以推断实验处理引起了被试行为的变化。

需要注意的是，这种设计极易受其他变量的影响，这些变量可能与被试的经历和成熟度有关，并可能被作为实验处理效果的成因来解释。这当然会成为内部效度的一种威胁。由于两种条件之间产生的变化仅有一次，所以在某种意义上，就其内部效度来看，A－B 设计是最差的单被试设计。

三、A－B 设计与一组前测设计的异同点

（一）相同点

A－B 设计与一组前测设计的相同之处是，都要先进行前测（在 A－B 设计中为建立基线阶段），然后施加实验处理。

（二）不同点

A－B 设计与一组前测设计的不同之处主要有以下几个：

（1）在 A－B 设计中，被试只能是一个人或几个人。在一组前测设计中，被试需要由很多人组成。

（2）在 A－B 设计中，前测（即基线测量）的次数和施加实验处理后测量的次数相同，即前测重复几次，后测也需要重复几次。在一组前测设计中，则不需要这样做，只要简单地各进行一次就行。

（3）在 A－B 设计中，建立基线阶段和施加实验处理阶段每次测量的时间间隔相同。例如，如果是以小时为时间间隔的话，则每小时测量一次；如果是以天为时间间隔的话，则每天测量一次；如果是以星期为时间间隔的话，则每周二测量一次；如果是以月为时间间隔的话，则每月一日测量一次；等等。而在一组前测设计中，则没有这样严格。

四、A－B 设计的应用

单被试 A-B 设计的统计方法

（一）新教师课堂管理问题的研究

一位新教师在工作一段时间后发现，自己在课堂管理方面存在很大的问题。这时，有一位经验丰富的老教师对其进行指导，帮助其解决课堂管理上存在的难题。为此，他们开展了下面的实验研究。

在建立基线阶段，老教师对新教师进行了为期 4 周、每周两次的观测。通过 4 周观察发现，新教师的行为表现稳定了。

在施加实验处理阶段，老教师与新教师进行了半小时的交谈，交谈的内容是新教师的课堂管理行为表现，同时有针对性地指导新教师如何有意识地改善自己的课堂管理。这种交谈共进行了 9 次，第一次是在施加实验处理后的第一次观测之前，随后每进行一次观测，紧接着就是一次两人的交谈。建立基线阶段与施加实验处理阶段各持续 4 周，而且施加实验处理阶段的 8 次观测条件与建立基线阶段相同（同一班级、同样长的时间、一天的同一时候等），唯一不同的是实验处理。具体结果如图 6－14 所示（维尔斯曼，1994/1997）。

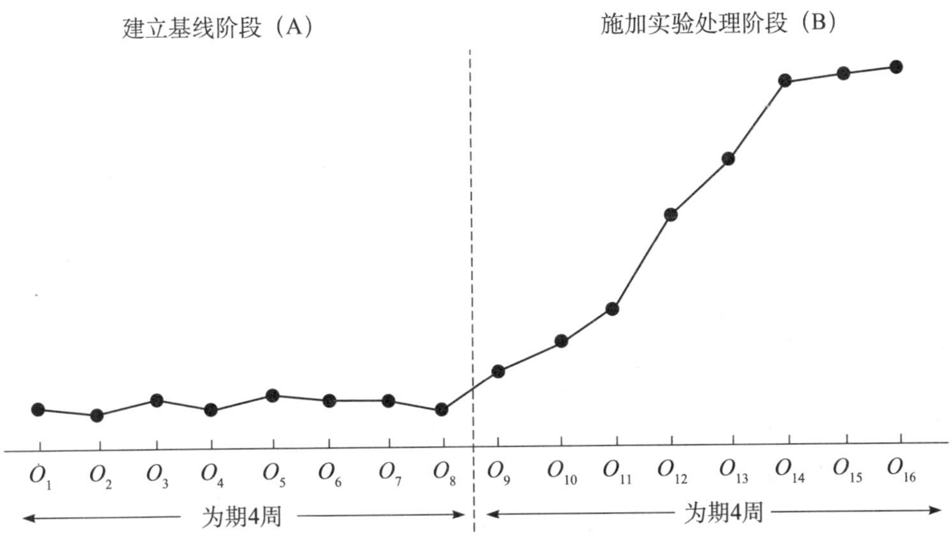

图 6－14　新教师的课堂管理行为表现得分的变化

从图 6－14 中可以看出，从 O_1 到 O_8，观测结果非常稳定；从 O_9 到 O_{14}，新教师的行为表现得分呈上升趋势；从 O_{14} 到 O_{16}，观测结果又趋于稳定了。

实验结果表明，实验处理产生了预期的效果，即新教师的课堂管理行为得到了改善并处于一种稳定的状态。然而，这一结果还有一种可能的解释，即新教师在课堂教学过程中逐渐成熟。不过，由于整个实验持续的时间较短，这样的解释可能性较小。

（二）小学生上课注意力不集中行为矫正的研究

假设有一项研究，研究者的目的是矫正一名小学生上课注意力不集中的行为。因变量指标是注意力分散持续的时间。自变量是该小学生出现上课注意力集中的行为后教师是否给予表扬。

在建立基线阶段（A），研究者以小时为单位，观测小学生上课时注意力分散的持续时间。多次观测后，发现该小学生注意力分散的持续时间达到了稳定水平，于是实验进入第二个阶段。

在施加实验处理阶段（B），研究者要求教师在上课时，发现如果该小学生表现出注意力集中的行为，就给予表扬，同时观测其注意力分散的持续时间。结果如图 6－15 所示。

从图 6－15 中可以看出，这名小学生在得到教师表扬后，其上课时注意力分散的持续时间缩短了。

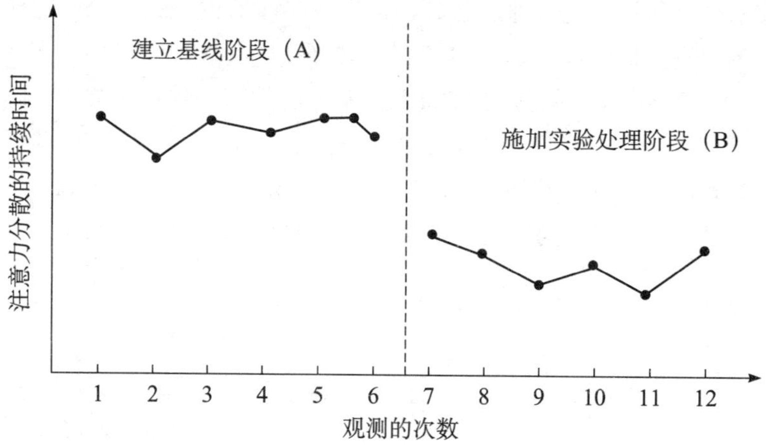

图 6－15　小学生注意力分散持续时间的变化

五、A－B 设计的变式

（一）A－B 多基线设计

1. 什么是 A－B 多基线设计

A－B 多基线设计是将同一种简单的 A－B 设计应用于同一环境中的不同被试的一种设计。即在实验过程中，对多名被试同时建立基线，然后对第一名被试施加实验处理，间隔一段时间后对第二名被试施加实验处理，以此类推。因为研究者在建立不同基线后对被试先后施加实验处理，所以 A－B 多基线设计又被称为 A－B 错开基线设计（staggered baseline design）。

需要指出的是，A－B 多基线设计适合研究这样的问题，即施加实验处理后对被试产生影响，撤去实验处理后，对被试没有产生长期影响，又能使其回到基线水平。但是，这种情况在许多条件下是不可能发生的。例如，在一个人学习驾驶小汽车后，学习就会产生长期影响。在发展心理学研究中，施加实验处理导致儿童行为变化，但是随着时间的推移，儿童逐渐成熟了，研究者就不能在撤去实验处理后，让儿童再回到施加实验处理前的年龄段。换言之，如果实验处理会对被试产生长期影响，研究者就可针对少数几名被试采用 A－B 多基线设计开展研究。

2. A－B 多基线设计的模式

A－B 多基线设计包括的步骤与基线的数量有关，基线越多，所需要的步骤越多。下面仅以 A－B 三基线设计为例来说明其包括的具体步骤。

第一步，通过匹配法，选取在各方面比较接近的被试。

第二步，建立基线，并记录被试在因变量上的成绩。当成绩趋于稳定后，进入下一个阶段。

第三步，对第一名被试施加实验处理，观察并记录其在因变量上的成绩。此时，不对第二名、第三名被试施加实验处理，继续观察并记录其在因变量上的成绩。

第四步，在第一名被试接受实验处理后，观察其在因变量上的成绩趋于稳定。

第五步，在第一名被试接受实验处理且其因变量成绩趋于稳定后，对第二名被试施加实验处理。此时，不对第三名被试施加实验处理，继续观察并记录其在因变量上的成绩。

第六步，在第二名被试接受实验处理后，观察其在因变量上的成绩趋于稳定。

第七步，在第二名被试接受实验处理且其因变量成绩趋于稳定后，对第三名被试施加实验处理。

第八步，在第三名被试接受实验处理后，观察其在因变量上的成绩趋于稳定。实验到此结束。

A－B 三基线设计可用图 6－16 直观呈现（引自坎特威茨，罗迪格，埃尔姆斯，1997/2001）。

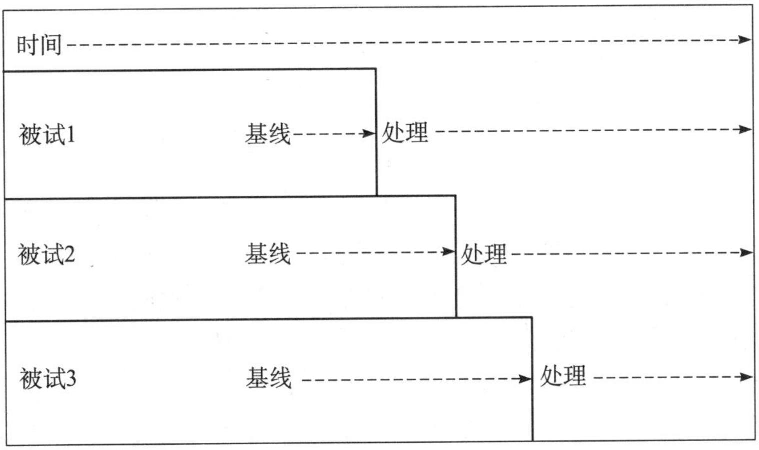

图 6－16　A－B 三基线设计的图示

从图 6－16 中可以看出，在对不同被试施加实验处理之前有长短不等的基线期。如果在没有施加实验处理前，观察到被试的行为是稳定的，而在施加实验处理后，观察到被试的行为发生了变化并趋于稳定，研究者就能确定是实验处理而不是其他因素引起了被试行为的变化。

3. A－B 多基线设计的结果分析

根据图 6－17 所示的结果，研究者可以分析实验处理对因变量是否产生了作用。

（1）研究者需要分析被试 1 在施加实验处理阶段是否与建立基线阶段在因变量上表现相同。同时观察被试 2 和被试 3 在被试 1 接受实验处理时，他们在因变量上的行为表现是否有变化。如果被试 1 在接受实验处理时，其在因变量上的行为发生了变化，而被试 2 和被试 3 在因变量上的行为没有发生变化，则可以推断：施加实验处理引起被试 1 在因变量上的行为变化。

（2）如果研究者担心被试 1 在接受实验处理后，其在因变量上的行为变化可能是由其他无关因素所导致的，那么这种实验还涉及为验证或排除研究者的这种担心提供机会。

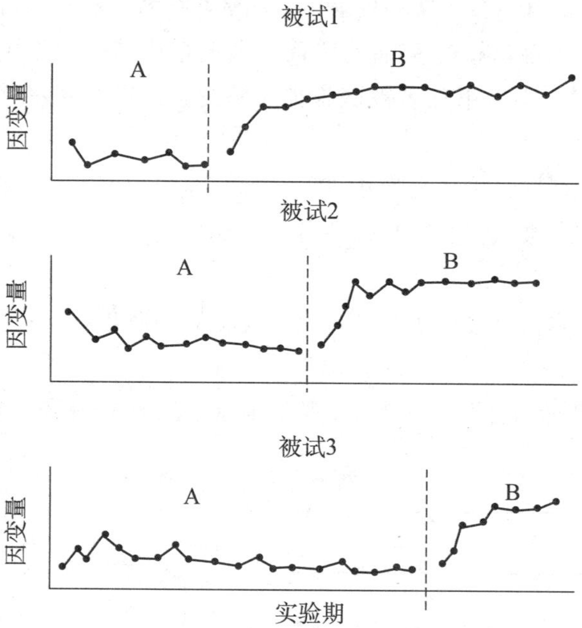

图 6-17　A-B 三基线设计中 3 名被试的预期结果

这主要是因为，如果被试 1 在接受实验处理后，其在因变量上的行为变化是无关因素引起的，那么被试 2 和被试 3 在因变量上的行为也应该产生同样的变化。如果没有变化，则表明无关因素没有起作用；如果有变化，则表明无关因素起作用了。

（3）如果被试 2 接受实验处理后，其在因变量上的行为产生了变化，同时，被试 1 在接受实验处理后，其在因变量上的行为保持稳定，被试 3 在建立基线阶段，其在因变量上的行为也保持稳定，研究者就能推断出被试 2 在接受实验处理后，其在因变量上的行为发生了变化。

（4）研究者可采用同样的方法来分析被试 3 在接受实验处理后，其在因变量上的行为是否产生了变化。如果三名被试在接受实验处理后，其在因变量上的行为表现都发生了变化，那么研究者得出的结论就会非常让人信服。

单被试 A-B 多基线设计的统计方法

4. A-B 多基线设计的应用

（1）失眠的临床干预与效果研究。失眠（insomnia）是指由于各种原因引起的睡眠不足，一般包括睡眠时间、深度睡眠及体力恢复的不足，可有入睡困难、频繁醒来和早醒等症状。失眠患者白天表现为精神不振、疲乏、易激惹、困倦和情绪不佳等。对于失眠患者而言，心理治疗是主要的治疗方法，各种药物治疗只能起到暂时辅助的作用，长期药物治疗尤其是自行盲目用药或大量合并用药，弊多利少，甚至可能事与愿违，造成一些不良后果。

金洪源、李晓溪和魏晓旭（2009）采用条件性情绪干预对一名失眠被试进行了治疗，实验采用单被试多基线设计。被试是一名 25 岁的女研究生，有明显的失眠症状。实验时间为 2007 年 10 月 26 日至 2007 年 11 月 23 日。具体过程和结果如图 6-18 所示。

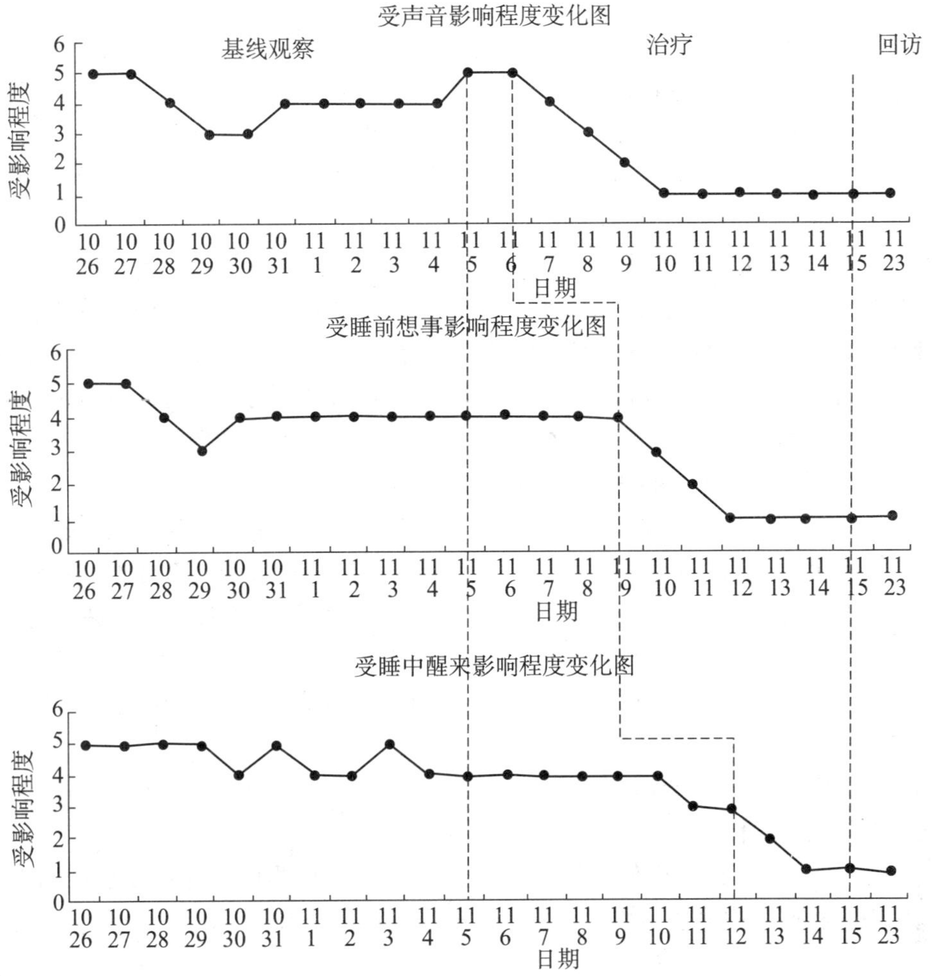

图 6-18　失眠干预多基线的结果

10 月 26 日至 11 月 5 日进行基线观察。在进行条件性情绪干预之前，对被试受声音、睡前想事和睡中醒来影响三种症状进行基线观察，记录这三种刺激源对被试的影响。等数据稳定后，首先对受声音影响症状进行条件性情绪干预，其他两种症状仍处于基线观察状态。受声音影响症状接受干预后得到改善，其他两种症状仍保持在基线水平。睡前想事症状和睡中醒来症状数据稳定之后，治疗师继续对其进行条件性情绪干预。

11 月 6 日至 11 月 9 日对受声音影响的失眠症状进行干预，每天 1 次，每次 1.5 小时，同时记录声音对被试睡眠的影响程度。

第一，认知调整。首先，运用大量的事实和实验结果，让被试认识到不同的人需要的睡眠时间是不同的。我们通常认为的“睡着了”其实已经是睡眠的第三阶段（深睡眠阶段），在此之前的两个阶段（生理睡眠阶段和梦睡眠阶段）虽容易惊醒，但是脑电波等各项生理指标都已经达到睡眠状态，肌肉和大脑也已经得到放松，因此这两个阶段是睡眠的重要组成部分。偶尔的失眠不会对身体和工作产生极大影响。其次，使被试明白她的各种失眠症状是由于过敏性的焦虑情绪与特定刺激建立起的条件性情绪。即睡眠中遇到某种刺激，立即感到非常焦虑，久而久之，这种反应在遇到特定刺激时就会自动激活，最终导致失眠发生。错误的认知评价（“完了，我睡不着了”）引发强烈的负性情绪，这种负性情绪反过来加强了错误的认知评价，如此循环，使失眠症状得以巩固和泛化。因此，要让被试知道，只要控制住焦虑情绪，失眠症状就会有根本性的改善。最后，在认知调整过程中还要为被试输入恰当的策略性知识，教会被试识别、评价、调控自己的睡眠，从而预防失眠的再次发生。

第二，情绪情感调节。运用肌肉渐进式放松训练，让被试体验到积极的情绪。在放松训练过程中，为进一步调动被试的积极情感，在被试充分体验到积极情感之后，要求其快速描述与失眠症状相关的刺激场景和适宜的行为反应。由于在放松状态下暗示学习的高效性，几次训练之后，被试便习得了对待各种刺激场景的积极情绪及行为反应。例如，睡觉时听到声音，心情自动平静，盖好被子安心睡；睡前想事时，心情自动平静，放松地睡；睡眠中途醒来，心情平静，翻身再睡。

第三，指导预后训练。放松训练结束后，为巩固训练结果，治疗师教会被试分析症状的方法，以使其遇到类似刺激时可以马上做出正确的分析，同时教会被试正确的深呼吸方法和简化的放松训练，让被试再遇到刺激场景时，能够及时调整情绪，防止症状复发。

11月10日至11月11日对睡前想事进行干预，每天干预1次，每次1.5小时，同时记录睡前想事对被试的影响程度。

11月12日至11月14日对睡中醒来进行干预，每天干预1次，每次1.5小时，同时记录睡中醒来对被试的影响程度。

11月15日至11月23日对三个刺激源对于被试的影响程度进行回访记录。被试表示这段时间睡得很好，中途也不醒了。干预后6个月再回访被试，她表示睡眠状况良好。

通过测试发现，干预前被试在90项症状清单（SCL－90）上的睡眠得分为4分，干预后的睡眠得分为1分。具体结果见图6－19。

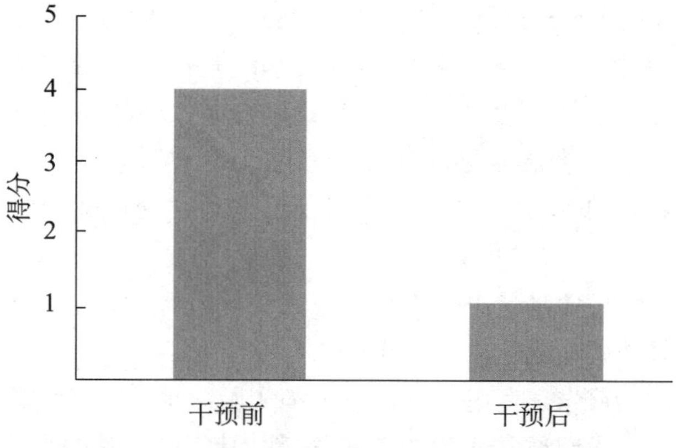

图6－19　干预前后在SCL－90上的睡眠得分

从图6－19中可以看出，多基线的治疗的确明显改善了被试的睡眠。

（2）幼儿攻击性行为装扮游戏矫正的多基线研究。攻击性行为也称侵犯行为，是指有意地伤害他人身体与精神的行为，包括殴打、侮辱和抢夺损坏他人财物等霸道行为。

在儿童时期，攻击性行为是反社会行为中最具代表性、最突出的一种。国内的调查发现具有较强的攻击性是当今独生子女人格发展中的主要问题之一，88.4%的独生子女有不同程度的攻击性倾向。幼儿期的攻击性行为与其成年期的犯罪有密切关系。儿童社会性行为发展的研究表明，幼儿期的攻击性行为不是天生的，而是在社会性发展过程中产生的，具有可塑性。矫正幼儿攻击性行为的措施包括共情训练、榜样示范、适时奖惩和创设良好的环境。共情得分较低的儿童比共情得分较高的儿童表现出更强的攻击性。所以，在矫正幼儿攻击性行为的过程中要重视共情训练。同时，相关研究发现模仿是儿童表现出相应的社会性行为的重要途径。

儿童亲社会行为的获得与表现在一定程度上与模仿有着密切的关系。因此，为儿童提供亲社会行为的榜样是培养其亲社会行为的最基本方法。基于上述理由，李清等（2008）与有经验的幼儿教师合作，将共情训练与榜样示范结合在自创的装扮游戏中，通过游戏过程来矫正幼儿的攻击性行为。被试是从某幼儿园大班中选取的，采用阿肯巴克儿童行为量表对被试进行测定。大班儿童年龄 5～6 岁，根据粗分的划界标准，男孩的总粗分上限为 40～42 分，女孩的总粗分上限为 37～41 分，超过了即为异常。然后，6 名实验人员在幼儿园观察研究对象的具体言行表现。选用每天三节课的时间，观察并记录备选人的攻击性行为次数［用 G 表示，指幼儿在单位时间内主动攻击他人的次数，主动攻击包括躯体上的攻击（推、打、踢、抓、咬、抢、冲撞）和语言上的攻击（骂）］，共持续 3 天。最后确定出 3 名大班男孩作为被试，他们的总粗分分别为 48 分、50 分、45 分。

实验过程如下：阶段 A（第 1～5 天）是 3 名被试共同的基线期。在阶段 B（第 6～10 天），小组 1（被试 1 所在组）开始开展装扮游戏，游戏训练一直持续到阶段 D，共训练 15 天。整个小组单独被实验教师带到外场地 1 活动，防止小组 2（被试 2 所在组）和小组 3（被试 3 所在组）观察到。此时，被试 2 和被试 3 仍处于基线期。在阶段 C（第 11～15 天），小组 2 开始开展装扮游戏，游戏训练一直持续到阶段 D，共训练 10 天。整个小组单独被实验教师带到外场地 2 活动，防止小组 3 观察到。此时，被试 3 仍处于基线期。在阶段 D（第 16～20 天），小组 3 开始开展装扮游戏，游戏训练一直持续到阶段 D，共训练 5 天。整个小组单独被实验教师带到外场地 3 活动。此时，3 名被试均处于矫正期。

实验结果如表 6-2 和图 6-20 所示。

表 6-2 3 名被试在不同阶段的攻击性行为次数比较

	阶段 A	阶段 B	阶段 C	阶段 D	F 值	p 值	两两比较（$p<0.001$）
被试 1	9.8±2.5	5.4±1.1	3.4±1.3	1.8±0.8	23.97	<0.001	G_B，G_C，$G_D<G_A$
被试 2	13.2±1.8	10.2±1.9	6.0±2.2	3.0±1.6	28.17	<0.001	G_C，$G_D<G_A$，G_B
被试 3	12.4±1.5	10.0±1.2	11.0±1.6	2.8±0.8	52.37	<0.001	$G_D<G_A$，G_B，G_C

从表 6-2 和图 6-20 中可以看出：

第一，被试 1 在矫正期（B，C，D）内，攻击性行为比基线期（A）显著减少，由最

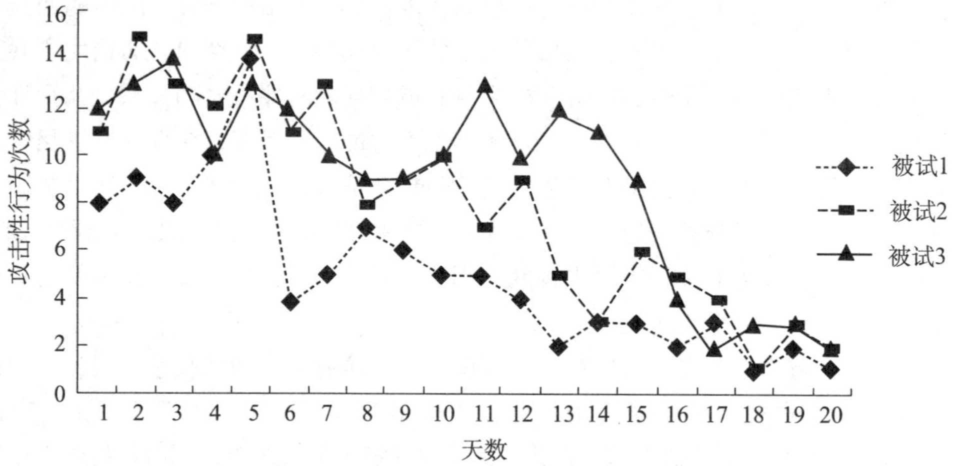

图 6-20　3 名被试攻击性行为次数的变化

高 14 次减到最高 7 次，到阶段 D 后稳定在 1～3 次区间。

第二，被试 2 在阶段 A 和 B（基线期）攻击次数无显著差异，但进入矫正期（C，D）后，其攻击性行为呈稳定下降趋势，到阶段 D 后稳定在 1～5 次区间。

第三，被试 3 在阶段 A，B，C（基线期）攻击性行为次数无显著差异，但进入矫正期（D）后，其攻击性曲线波动性比较大，但总体上攻击性行为次数比基线期显著减少。

总之，所有被试在共同矫正阶段 D 的攻击性行为次数没有显著差异，且较稳定地集中在 1～6 次区间。

（3）惊恐障碍治疗研究。惊恐障碍的基本特征是反复发作的严重焦虑。几乎所有的患者惊恐发作时都继发出现对死亡的恐惧，或害怕失去控制、害怕发疯。部分惊恐性焦虑症患者因为高度的焦虑情绪出现了明显的躯体症状。国内也有研究认为惊恐障碍患者存在严重的述情障碍，表现为情绪状态描述困难、缺少幻想和实用性思维方法。传统的药物治疗不能快速改善来访者的焦虑情绪，昂贵的医药费和其本身的不良反应给患者的学习和生活带来不便。元认知行为干预技术被认为可以解释惊恐障碍的发病原理和心理运行机制，调整来访者的认知，干预来访者的情绪，进而改变来访者的行为。

在惊恐障碍治疗中，情绪是可控核心因素。同时，元认知策略能激活大脑对有关惊恐障碍的原理分析与行为方面的程序性知识的自动提取和运行。吴晓丹（2008）采用 A-B 多基线设计，运用观察法、访谈法、认知疗法及行为疗法中的放松训练，结合元认知行为干预技术中的暗示性学习技术、情感组织者技术，再配以学科辅导，来治疗被试的惊恐障碍。

被试是一名惊恐性焦虑症患者。对被试的诊断表明：被试符合《中国精神障碍分类与诊断标准》（第 3 版）中的焦虑症诊断标准，在汉密尔顿焦虑量表（Hamilton Anxiety Scale，HAMA）中的得分为 31 分，其他检查未发现有心脏病、癫痫、脑瘤等重大疾病。

具体的实验过程如下：

第 1～8 天，为基线期。在基线期，对实验干预前被试的学习行为、同学交往行为、躯体形式障碍反应进行观察。基线观察的数据主要源自被试自评报告，同时也有咨询员的观察和他评（来访者家长）。

第 9～32 天，对被试进行实验干预，即进入施加实验处理阶段，每天 1 次，每次 1.5 小时。包括以下三个阶段：

第 9～16 天，为第一阶段，只针对学习行为进行临床放松训练，记录被试学习行为的变化，对其他两种行为仍进行基线观察。

第 17～24 天，为第二阶段，针对同学交往行为进行临床放松训练，记录被试行为方面的变化，此时对学习行为仍做记录，但对躯体形式障碍反应仍进行基线观察。

第 25～32 天，为第三阶段，针对躯体形式障碍反应进行干预，记录被试干预后的变化，并继续对另外两种行为进行观察。如果每种行为变化都是在实验干预之后而不是干预之前发生的，那么干预的效果就都是显著的。

具体结果如图 6-21 所示。

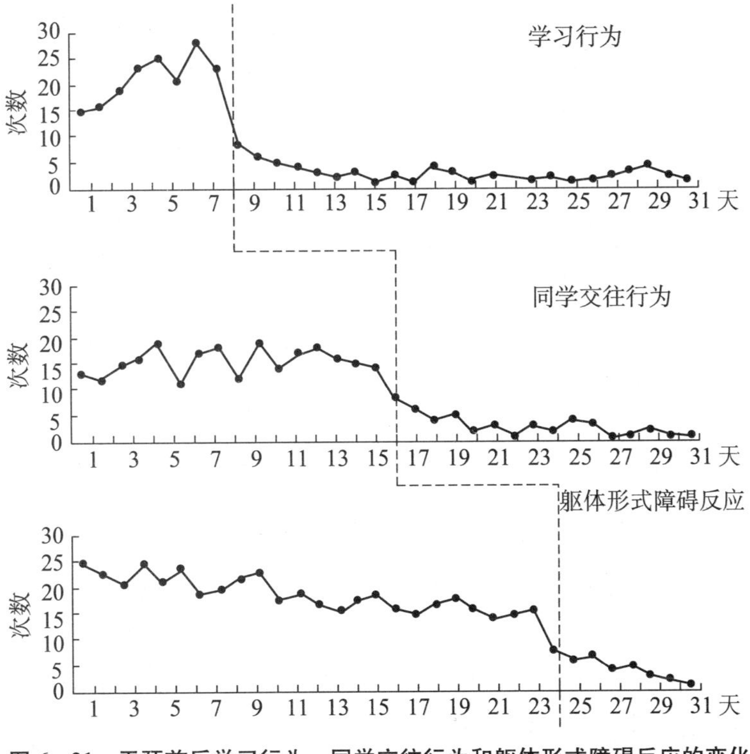

图 6-21　干预前后学习行为、同学交往行为和躯体形式障碍反应的变化

从图 6-21 中可以看出，在施加实验处理后，被试在学习行为、同学交往行为和躯体形式障碍反应三个方面有明显的改善，特别是被试的 HAMA 得分，从施加实验处理前的 31 分降低到施加实验处理后的 12 分，表明临床干预效果很显著。同时，被试在学习行为、人际交往行为、躯体形式的潜意识条件性情绪反应方面都得到了控制，由最初的消极潜意识条件性情绪反应转化为积极潜意识条件性情绪反应，具体如图 6-22所示。

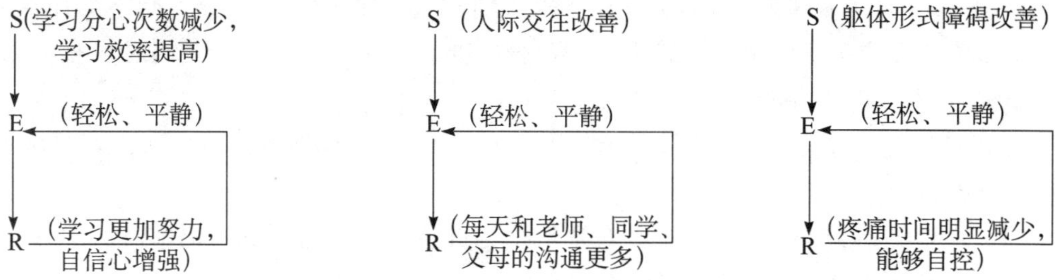

图6-22 积极潜意识条件性情绪反应的形成

（二）A-B多反应设计

1. 什么是A-B多反应设计

A-B多反应设计（multiple response design）属于A-B设计的一种变式，其原理与A-B多基线设计类似，指在实验过程中只有一名被试，在建立基线期（A）需要同时建立两个因变量或多个因变量的基线，然后先后对每一个因变量施加实验处理（B），以考察其所引起的因变量的变化。因此，该设计也称交叉反应多基线设计（黄一宁，1998）。

2. A-B多反应设计的模式

A-B多反应设计的模式如图6-23所示。

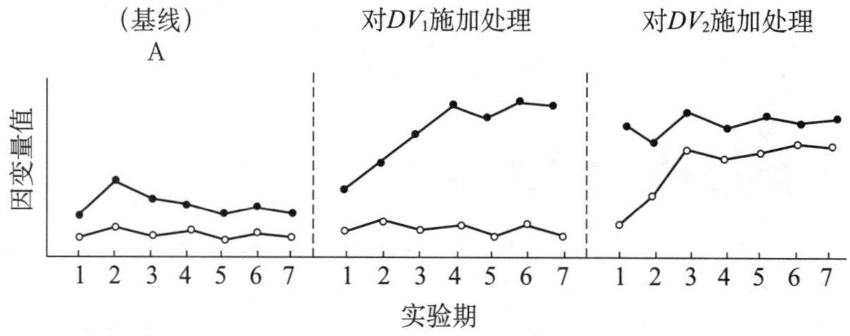

图6-23 A-B多反应设计的模式

第一步，在建立基线期（A），选择两个因变量（DV_1和DV_2）。通过观察发现两个因变量的结果稳定后，开始进入下一步。

第二步，在施加实验处理阶段B_1考察该处理对DV_1的作用，同时继续测量DV_2的变化。当DV_1变化稳定后，开始进入下一步。

第三步，在施加实验处理阶段B_2考察该处理对DV_2的作用，同时继续测量DV_1在实验处理的作用下的变化。当DV_2变化稳定后，结束实验。

3. A-B多反应设计的结果分析

研究者想确定实验处理是否对因变量起作用，需要进行如下分析：第一步，施加实验处理B_1后观察DV_1是否产生变化。第二步，观察DV_2在没有施加实验处理B_2时是否保持稳定。第三步，施加实验处理B_2后观察DV_2是否产生变化，同时还要观察DV_1此时是否稳定。

从图 6－23 中可以看出，在施加实验处理阶段 B_1，与基线期（A）相比，DV_1 发生了明显的变化，但 DV_2 却保持稳定。由此可以得知 DV_1 的变化是由实验处理所引起的。在施加实验处理阶段 B_2，DV_2 也产生了明显的变化，同时 DV_1 在此时仍然保持稳定，表明 DV_2 的变化是由实验处理引起的。

4. A－B 多反应设计的应用

单被试 A－B 多反应设计的统计方法

（1）性异常治疗研究。有一项研究采用多基线行为反应设计，对一名性异常男性住院病人进行治疗（引自许淑莲，1989）。该被试的病史包括企图强奸、对性施虐行为的妄想和裸露癖。该被试曾因企图强奸和裸露行为而被拘留。

治疗的目的是改变被试对那些社会谴责行为与刺激的注意，同时改变他对异常性行为的注意。在治疗过程中，治疗师采用“想象厌恶式脱敏”疗法，训练被试将异常性行为与令人厌恶的痛苦体验的想象结合起来。当病人一想到或想进行某种异常性行为时，要求病人立即联想到这种行为可能引起的可怕后果，即利用厌恶性后果的想象，达到减少或消除异常性行为的目的。具体做法是，让被试想象因自己的某种性异常行为而被人追赶或被警察逮捕拘留的情景。

治疗师用被试的自我报告和生理反应测量作为评价治疗效果的指标。在整个治疗期间，治疗师每天测量被试观看有关裸露行为、施虐行为和正常性行为情景的幻灯片时的性兴奋水平（DV_1），并让他们报告性兴奋水平（DV_2）。

第一阶段为建立基线阶段，治疗师收集被试观看三种类型的幻灯片时的两种行为反应指标。

第二阶段为施加实验处理阶段，对被试进行治疗，指导被试想象与裸露行为有关的厌恶情景。几天后，再指导被试想象与施虐行为有关的可怕后果。具体治疗效果如图 6－24 所示。

从图 6－24 中可以看出，在施加实验处理阶段，即对被试进行治疗时，被试看到裸露情景和施虐情景的幻灯片后，无论是性兴奋的生理反应水平还是自我报告的性兴奋反应水平都明显下降。可以断定这是施加实验处理，即治疗所产生的效果。同时，从图 6－24 最下面的图中还可以看到，被试观看正常性行为的情景幻灯片时的反应水平（无论是生理反应还是自我报告的反应）都没有产生变化。

（2）咖啡因成瘾治疗研究。在临床治疗过程中，还有一种 A－B 多反应设计也经常采用。在这种设计中，对被试反应行为的衡量标准是不断变化的，因此，这种设计也称变化标准设计，即在治疗过程中，不断地改变为被试设置的行为标准，使之更加严格并逐渐接近治疗的最终目标。换言之，就是采用一些干预手段使被试的行为与不断变化的标准相匹配。治疗是否有效，主要是通过行为随标准的改变而改变的渐进过程来验证的。

变化标准设计也需要建立基线。根据基线期观察的资料，为被试设置第一项行为标准。需要指出的是，这种行为标准是一种量化的、操作化的标准。具体的过程如下：在基线期（A），观察被试的行为。根据观察结果，与被试签订协议：如果被试的行为反应达到了标准，则被试得到奖励；如果被试的行为反应没有达到标准，则被试受到惩罚。一旦被试的行为反应达到一定的标准并稳定下来，标准就需要改变，即要求被试的行为达到更高标准。根据需要，这一过程不断循环，直至达到最终目标为止。

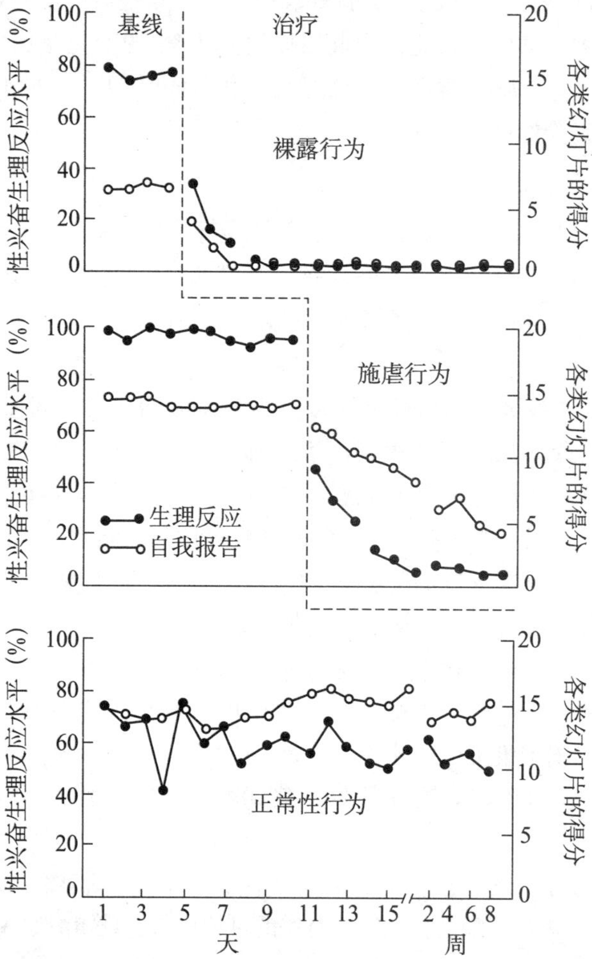

图 6-24 被试观看三种类型的幻灯片时的性兴奋水平（生理反应和自我报告的反应）

有治疗师曾经采用该设计，对一名在日常饮食中过量饮用咖啡的被试进行了治疗（引自许淑莲，1989）。咖啡因成瘾对人体的危害很大，可能会引发各种症状，如易怒、心悸和胃肠功能紊乱。

首先，治疗师观察被试每天的咖啡因摄取量，以此作为基线。

其次，治疗师与被试签订协议：被试如果每天的咖啡因摄取量低于某一规定的标准，可得到相应的奖励；否则，被试会受到惩罚。具体奖惩的操作过程是：在治疗之前，被试先交 200 美元。如果他每天的咖啡因摄取量低于标准，他将得到 5 美元的奖励；否则，5 美元交归治疗师。在整个治疗期间，被试每天要填写一张记录表，表中不仅要记录自己每天的咖啡因摄取量，同时还要记录自己每天得到了多少钱或失去了多少钱。

治疗过程及其结果如图 6-25 所示。

在治疗前，该被试平均每天的咖啡因摄取量是 1 000 毫克，相当于 8 杯浓咖啡（每杯约含 125 毫克咖啡因）。在治疗开始阶段，给被试制定的咖啡因摄取量是 900 毫克，即比基线水平低 100 毫克。为了获得强化物（钱），被试必须减少喝咖啡的次数和总量，以降低所摄取的咖啡因量。经过 4 个疗程，治疗结束。

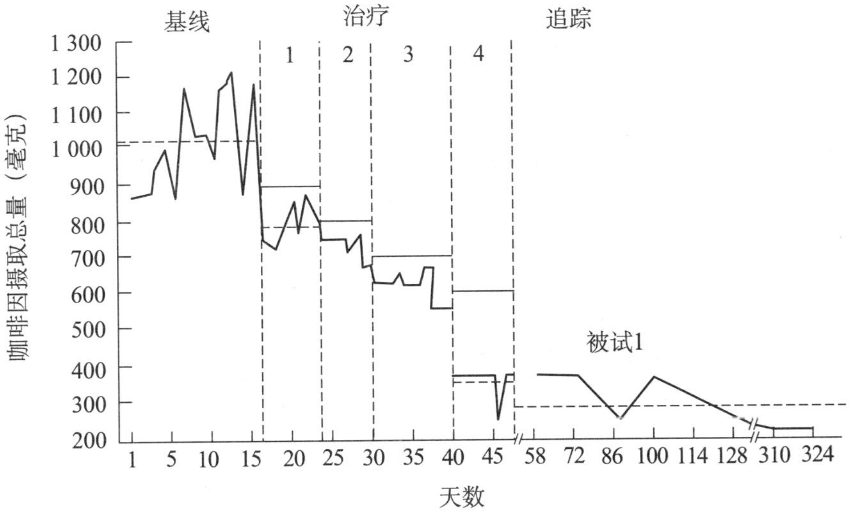

图 6－25　治疗前后咖啡因摄取量的变化

注：图中横向实线是每阶段的咖啡因摄取标准，横向虚线是每种情况下的咖啡因平均摄取量。

治疗师为了考察干预效果是否长期有效，还进行了 10 个月的追踪，结果发现被试的咖啡因摄取量依然保持在治疗结束时的水平，表明干预效果具有长期性。

拓展阅读

如何减少吸烟量

有治疗师采用变化标准设计对一名过量吸烟的被试进行治疗。在基线期（A），观察发现被试每天吸烟约 50 支。在治疗的第一个阶段（B），规定每天吸烟量为基线水平的 92%（46 支烟）。如果吸烟量超过这一标准，被试要缴纳罚款，每多吸一支烟罚 1 美元；如果低于此标准就能得到奖励，每少吸一支烟获得 1 美元奖励。从治疗阶段 C 到 G，每一个阶段标准均为前一阶段标准的 92%。在治疗结束时，被试每日吸烟量已降低到 35 支左右。具体结果如图 6－26 所示。

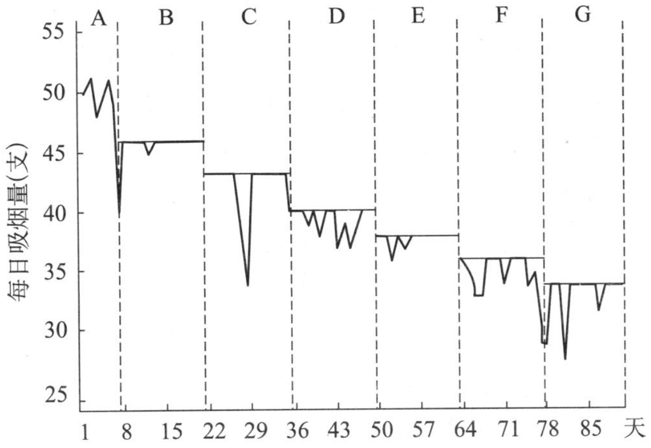

图 6－26　治疗前后吸烟量的变化

资料来源：许淑莲，1989.

（三）交互作用的设计

单被试设计或小样本设计能不能对变量之间的交互作用进行考察呢？在心理学实验的研究历史上，曾经有一段时间人们认为单被试设计不能考察交互作用，直到有研究者提出了A－B－BC－B－A－C－BC－C－A设计。该设计不仅能够揭示自变量各自的效果，还能够揭示自变量之间的交互作用的效果（引自金志成，何艳茹，2005）。

A－B－BC－B－A－C－BC－C－A设计的模式具体如图6－27所示。

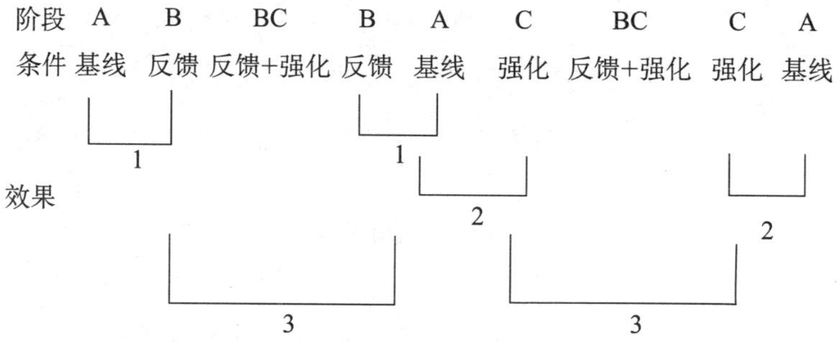

图6－27　A－B－BC－B－A－C－BC－C－A设计的模式

从图6－27中可以看出，研究者感兴趣的自变量有两个：第一个自变量是反馈；第二个自变量是强化。反馈指被试在执行某一作业时，研究者会及时告诉他操作的结果是否正确；强化指研究者给被试以表扬或物质奖赏。在阶段A，建立基线；在阶段B，给被试提供操作结果的反馈；在阶段C，给予被试强化；在阶段BC，既给予反馈又给予强化。

首先，如果想揭示反馈的效果，可通过两次比较实现：（1）第一个阶段A与第一个阶段B之间的比较；（2）第二个阶段B与第二个阶段A之间的比较。

其次，如果想揭示强化的效果，也可通过两次比较实现：（1）第二个阶段A与第一个阶段C之间的比较；（2）第二个阶段C与第三个阶段A之间的比较。

最后，如果想揭示两个自变量之间的交互作用，可通过两次比较实现：（1）第一个阶段B、第一个阶段BC和第二个阶段B之间的比较；（2）第一个阶段C、第二个阶段BC和第二个阶段C之间的比较。

概念术语

单被试设计
A－B－A设计
A－B_1－A－B_2－A设计
A－B多反应设计
小样本设计
A－B－A－B设计
A－B设计
基线设计
A－B－A－C－A设计
A－B多基线设计

本章要点

单被试设计是指实验中只包含一名或几名被试的设计，也称小样本设计。单被试设计主要有两种类型：基线设计和多基线设计。基线设计要求在每个实验处理内重复记录被试在因变量上的成绩，以便为行为画出一条基线。为了确定和控制额外变量，研究者需要采取措施，以使基线的变动性和漂移性降到最低水平。

单被试设计的要求主要有五个方面：第一，可靠的测量。第二，重复的测量。第三，环境的描述。第四，包含基线和实验处理状态。第五，对实验处理效果进行科学的和应用性的评估。

单被试设计中选择因变量时必须考虑以下几个标准：第一，客观性；第二，重复性；第三，灵敏性。

何时使用单被试设计？第一，如果被试是十分独特的，那么研究者不可能再找到第二名同样的被试。这时，研究者就应该使用单被试设计。第二，如果研究者能够保证单一被试所获得的研究结果有良好的推广性，那么单被试设计也是合适的。第三，如果研究者只需要提供一个反例就能推翻已有理论（或观点），那么单被试设计无疑是最佳的选择。第四，当某研究需要花费极大的人力、物力和时间成本，需要对实验者和被试进行长时间的培训或难以控制被试的个体差异时，研究者可以选择一名或少数几名被试来开展研究。

被试组设计是通过比较不同实验处理下被试组的平均结果，以确定不同的实验处理对被试行为的影响。在这种设计中，使用的被试人数比较多，因此该设计也被称为大样本设计。单被试设计是在不同的实验处理下，针对单个被试行为变化进行研究，有时也会选择几名被试来参加研究，因此常被称为小样本设计。

A－B－A设计是单被试设计的最主要模式，主要包括三个阶段：一是建立基线阶段，又称A阶段；二是施加实验处理阶段，又称B阶段；三是撤去实验处理阶段，依然用A阶段表示。由于A－B－A设计只能用于实验处理效果可逆的情况，所以该设计也被称为反转设计。A－B－A设计的变式有：A－B－A－B设计、A－B－A－C－A设计和A－B_1－A－B_2－A设计。

A－B设计是最简单的单被试设计。在A－B设计中，A代表建立基线阶段，B代表施加实验处理阶段。A－B设计的变式有A－B多基线设计和A－B多反应设计两种。

推荐阅读

- 迈尔斯，汉森．实验心理学：第5版．南京：江苏教育出版社，2006.
- 坎特威茨，罗迪格，埃尔姆斯．实验心理学：理解心理学的研究：第9版．上海：

华东师范大学出版社，2010.

- 郭秀艳．实验心理学．2版．北京：人民教育出版社，2019.
- 金志成，何艳茹．心理实验设计及其数据处理．广州：广东高等教育出版社，2005.
- 史密斯，戴维斯．实验心理学教程：勘破心理世界的侦探：第6版．北京：机械工业出版社，2017.
- PASHLER H. Stevens' handbook of experimental psychology：methodology in experimental psychology（Vol 4）. John Wiley & Sons，Inc，2004.
- 索尔索，麦克林．实验心理学：第8版．北京：中国人民大学出版社，2009.
- 罗尔斯．心理学经典个案．陈武，译．北京：中国人民大学出版社，2022.

第七章 心理物理学方法

【教学目标】

通过本章学习应实现的目标有：第一，掌握传统心理物理学中心理量与物理量的关系及测量的方法，并理解一些重要的概念。第二，掌握心理物理学中量表的制作步骤，并能将理论知识应用到实际操作中。第三，了解信号检测论的理论假设及其与传统心理物理法相比的优势。第四，掌握信号检测论中被试反应指标的测量与计算。

【学习重点】

实验心理学中传统心理物理法的含义以及三种主要的测量方法；心理量表的制作程序；信号检测论中的理论假设及其实验方法；辨别力指数与判断标准的含义及其计算步骤。

第一节　感觉阈限的测量

传统心理物理学方法是由费希纳（G. T. Fechner，1801—1887）于 1860 年在《心理物理学纲要》一书中首次提出，用以测量感受性的心理学实验方法。心理物理学方法是研究心理感觉量与物理刺激量之间的关系的方法。感觉是对作用于人体感官的物理刺激的反应，但人体感官只对一定范围内的刺激做出反应。感觉器官对适宜刺激量的感觉能力称为感受性，能引发感觉的最小刺激量称为感觉阈限。感受性是用感觉阈限的大小来度量的，二者成反比，即：阈限值越低则感受性越强，阈限值越高则感受性越弱（彭聃龄，2004）。

一般来讲，感受性包括绝对感受性（absolute sensitivity）和差别感受性（difference sensitivity），与此对应的感觉阈限包括绝对感觉阈限（absolute limen，AL）和差别感觉阈限（difference limen，DL）。绝对感觉阈限是指刚刚能引发某种感觉的刺激量；而人体感官对这种最小刺激量的感觉能力，称为绝对感受性。差别感觉阈限是指刚刚能够感觉到两个刺激之间的差别的刺激量差值；而对这种最小刺激量差值的感觉能力，称为差别感受性。由于个体感受性的分布基本遵循正态分布，因此，通常把有 50%的实验次数能引起个体反应的刺激量设定为绝对感觉阈限的操作性定义；相似地，把有 50%的实验次数能引起个体察觉差别感觉的刺激量之差设定为差别感觉阈限的操作性定义。需要说明的是，当被试的反应类型为二类反应时，通常以 75%作为上限、25%作为下限计算差别感觉阈限值。

传统心理物理学方法所要解决的问题主要有两类：一是感觉阈限的测量；二是阈上感觉的测量（杨治良，1998）。费希纳最早在《心理物理学纲要》一书中提出的测量感受性的方法有三种：极限法、平均差误法和恒定刺激法。传统心理物理学方法测量感受性的基本前提是，人们对客观刺激的感受性是有一定的生理局限性的，正是这种生理局限性使得人们在对客观刺激进行加工时，只有当刺激的物理量达到一定的水平或刺激物理量的变化幅度达到一定的水平时，才能够感觉到刺激的存在或刺激量的变化。自费希纳提出测量感受性的心理物理学方法以来，传统心理物理学方法在心理学实验研究中得到了广泛的应用。

拓展阅读

韦伯常数在实际中的应用

心理学家韦伯（E. H. Weber，1795—1878）通过实验研究发现，光刺激的差别阈限大约是光强度本身的 1/60。1/60 这个分数被称为光刺激的韦伯常数，它是指一个人能辨别出两个光刺激量差异的最小变化率。或者说，当光刺激的强度增加或减少 1/60 时，大多数人至少有 50%的概率能感觉到这种变化。不过，光刺激的韦伯常数适用于两种中等强度光刺激的比较。当光刺激强度过大或过小时，其韦伯常数就不准确了。

提重物时可以感觉到差异的韦伯常数约为 1/50，换言之，如果一个有很大的力气的人举起一个 100 磅（1 磅约合 0.45 千克）的杠铃，再在上面增加 2 磅时，他是感觉不到任何变化的。但当一个人携带一个重 1 磅的哑铃跑步时，有人再向他口袋里塞进一个重 1 磅的哑铃，他就能非常明显感觉到这种变化，因为重量增加了 100%。

人们对音调的变化最为敏感，其韦伯常数只有 1/333。换言之，只要一个声音的音调升高或降低 0.30%，人们就能感觉到这一变化。

人们对味觉变化的敏感性则很差。一般来说，对于低于 20%的咸度变化，人们通常是感觉不到的。例如，在炸土豆条时，当放的盐少于自己喜欢咸度的 15%时，人们是不会感觉到的。

资料来源：拉瑟斯，瓦伦蒂诺，2003/2006.

一、极限法

极限法（limit method），又称最小变化法（minimal-change method）、最小可觉差法或最小差异法（method of least difference）、系列探索法（method of serial exploration），是测定感觉阈限最直接的方法。

（一）极限法的特点

极限法的特点有：

（1）刺激由两个交替变化的“递增”和“递减”系列组成，每次呈现刺激后要求被试报告是否感觉到有变化。

（2）刺激的递增或递减幅度应尽可能小，目的是系统地探求被试由一类反应到另一类反应的瞬间转折点。

（3）在实验过程中，刺激量的变化幅度保持恒定且有足够大的范围。

一般来讲，用极限法测量感觉阈限时，相邻刺激量的差别应根据实验仪器的精度及所涉及的感觉通道的性质来决定。相对来讲，相邻刺激量的差别小些会使测定的结果更加精确。刺激量的差别过大或过小都会对实验结果造成影响。

（二）用极限法测量绝对感觉阈限

用极限法测量绝对感觉阈限的基本程序如下：

（1）在测量绝对感觉阈限之前，首先将刺激量分为递增和递减两种系列。

（2）递增系列刺激量的起点安排在被试基本觉察不到的物理刺激量强度范围以内，递减系列刺激量的起点安排在被试基本能觉察到的物理刺激量强度范围以内。

（3）测量时，每个刺激系列均从起点位置沿着递增或递减方向依次呈现给被试，刺激量的增减幅度应尽可能小，以便探测被试反应的转折点。每次呈现刺激以后要求被试报告是否觉察到刺激，若被试报告“说不准”，则要求他们进行猜测。主试以“有”“无”或“＋”“－”记录被试的反应。

（4）对于递增系列，只要被试第一次报告“有”，即可停止实验；对于递减系列，只要被试第一次报告“无”，即可停止实验。递增系列和递减系列交替呈现，起点可随机选择，直到被试的反应发生变化为止。

（5）绝对感觉阈限的计算分为两步：首先计算被试在每个刺激系列上的阈限，即被试反应转折点所对应的两个刺激量的中点；再求出所有刺激系列阈限的均值，该均值就是最后要求的绝对感觉阈限。

表 7－1 是以极限法测量音高绝对感觉阈限的实例。

表 7－1　以极限法测量音高绝对感觉阈限的记录

音高（赫兹）	交替的递减和递增系列									
	一 ↓	二 ↑	三 ↓	四 ↑	五 ↓	六 ↑	七 ↓	八 ↑	九 ↓	十 ↑
24	＋									
23	＋									
22	＋		＋							
21	＋		＋							
20	＋		＋						＋	
19	＋		＋				＋		＋	
18	＋		＋		＋		＋		＋	
17	＋		＋		＋		＋		＋	
16	＋	＋	＋		＋		＋		＋	
15	＋	－	＋	＋	＋	＋	＋		＋	＋
14	－	－	－	－	－	－	－	＋	－	－
13		－		－		－		－		－
12		－		－		－		－		－

续表

音高（赫兹）	交替的递减和递增系列									
	一	二	三	四	五	六	七	八	九	十
	↓	↑	↓	↑	↓	↑	↓	↑	↓	↑
11		—		—		—				
10		—		—						
9				—						
8				—						
7				—						
阈限	14.5	15.5	14.5	14.5	14.5	14.5	14.5	13.5	14.5	14.5

资料来源：朱滢，2009.

但是，在用极限法测量绝对感觉阈限时，被试由于预先知道刺激的两个系列，因而会对递增系列和递减系列刺激产生习惯误差和期望误差。所谓习惯误差，是指被试因习惯于由原先的刺激所引起的感觉或感觉状态，而对新的刺激量做出错误的判断。具体来分析，即在递增系列中，虽然刺激强度早已超出阈限，但被试仍报告感觉不到，导致得到的阈限值高于实际阈限值；相反，在递减系列中，虽然刺激强度早已低于阈限，但被试仍报告有感觉，导致得到的阈限值低于实际阈限值。期望误差则表现为被试在较长的序列中给出相反判断的倾向，即期望快点出现转折点。当用递增系列测量感觉阈限时，这会导致所测得的阈限值低于实际阈限值；相反，在递减系列中，由于被试期待转折点的出现，所测得的阈限值则会高于实际阈限值。

在实验中，为了使结果更加精确，需要对实验误差进行控制。在极限法中，则要对递增系列（↑）和递减系列（↓）按↑↓↓↑或↓↑↑↓的顺序进行呈现，即采用ABBA法来平衡由操作顺序带来的误差。同时，为了保证阈限测量的准确性，一般需选择15～20个随机起始点，并且递增系列或递减系列的刺激应呈现100次以上，但这会使被试产生练习效应或疲劳效应。因此，为平衡练习效应或疲劳效应，对刺激系列也需按以上顺序进行呈现。

（三）用极限法测量差别感觉阈限

1. 自变量

在使用极限法测量差别感觉阈限时，每次呈现两个刺激让被试比较，其中一个是标准刺激（St），即固定的、强度不变的刺激；另一个是比较刺激（Co），又称变异刺激，即强度可由小到大或由大到小变化的刺激。标准刺激和比较刺激可同时呈现，也可先后呈现；标准刺激在每次比较时都要呈现，比较刺激则按递增或递减方式呈现。

2. 因变量

使用极限法测量差别感觉阈限时，被试需要以口头方式进行报告，一般采用三类反应：当被试判断比较刺激量比标准刺激量大时，主试要记录为“＋”；当被试判断比较刺激量与标准刺激量相等时，主试要记录为“＝”；当被试判断比较刺激量比标准刺激量小时，主试要记录为“－”。另外，当被试在比较中表示怀疑时，主试要记录为“?”。在进行每一系列的实验时，都需记录被试的三类反应，且当被试的反应趋于稳定时，才可进入下一系列实验。

3. 差别感觉阈限的计算

计算差别感觉阈限时首先要求出一系列的数值，这些数值包括：在递减系列中最后一次“+”到非“+”之间的中点，即差别感觉阈限的上限（$T_{上限}$）；第一次非“−”到“−”之间的中点，即差别感觉阈限的下限（$T_{下限}$）；在递增系列中最后一次“−”到非“−”之间的中点，即差别感觉阈限的下限（$T_{下限}$）；第一次非“+”到“+”之间的中点，即差别感觉阈限的上限（$T_{上限}$）；上限与下限之间的距离，即不肯定间距（*IV*）；不肯定间距的中点，即主观相等点（或主观等点）（*PSE*），在理论上主观相等点应与标准刺激量相等，但实际上两者之间有一定的差距，这个差距称为常误（*CE*）；不肯定间距的一半或取上差别感觉阈限（DL_u）和下差别感觉阈限（DL_l）之和的一半，即为差别感觉阈限（*DL*）。用公式表示如下：

$$DL_u = T_{上限} - St;\quad DL_l = St - T_{下限}$$

$$DL = \frac{(T_{上限} - St) + (St - T_{下限})}{2} = \frac{T_{上限} - T_{下限}}{2} = \frac{IU}{2}$$

与极限法测量绝对感觉阈限相同，除了要控制习惯和期望误差外，还要控制标准刺激和比较刺激继时呈现或同时呈现所造成的时间和空间误差。为此，可采用多层次的 ABBA 法对比较刺激和标准刺激的呈现顺序进行调节，具体如表 7－2 所示。

表 7－2　ABBA 法的控制方式

比较刺激系列呈现顺序	↑	↓	↓	↑
标准刺激呈现位置	左右	右左	右左	左右
刺激相继呈现的先后顺序	前后	后前	后前	前后

资料来源：杨治良，1998.

下面以视觉长度实验来说明如何用极限法测量差别感觉阈限，该实验使用 AB 序列法呈现刺激，结果见表 7－3。在本实验中，以 64 英寸（1 英寸约合 2.54 厘米）长度作为标准刺激量，以 54 英寸至 74 英寸（间隔 1 英寸）作为比较刺激量。第一个递增系列从 57 英寸开始，让被试比较 57 英寸与 64 英寸（标准刺激量），被试判断 57 英寸短，记为“−”，逐个以渐增方式比较到 60 英寸。当比较 61 英寸与 64 英寸时，被试无法区分哪一个更长些，则记为“=”。为了控制实验误差，可用比较刺激先于标准刺激的次数占全部实验的次数的一半，并使比较刺激的递增和递减系列各占一半的方式进行平衡。

表 7－3　用极限法测量视觉长度差别感觉阈限

长度（英寸）	交替的递增和递减系列					
	一	二	三	四	五	六
	↑	↓	↑	↓	↑	↓
74						
73						
72						
71		+				
70		+				+
69		+		+		+

续表

长度（英寸）	交替的递增和递减系列					
	一 ↑	二 ↓	三 ↑	四 ↓	五 ↑	六 ↓
68		＋		＋		＋
67	＋	＋		＋		＋
66	＝	＋		＋	＋	＋
65	＝	＋	＋	＋	＝	＝
64	＝	＝	＝	＋	＝	＝
63	＝	＝	＝	＝	＝	＝
62	＝	＝	－	＝	＝	＝
61	＝	＝	－	＝	＝	＝
60	－	＝	－	－	－	＝
59	－	－			－	－
58	－				－	
57	－				－	
56					－	
55					－	
54						
上限	66.5	64.5	64.5	63.5	65.5	65.5
下限	60.5	59.5	62.5	60.5	60.5	59.5

注：平均上限＝65.0；平均下限＝60.5；不肯定间距＝平均上限－平均下限＝65.0－60.5＝4.5；差别阈限＝1/2不肯定间距＝2.25；主观相等点＝1/2（平均上限＋平均下限）＝62.75；64 为标准刺激量。

资料来源：朱滢，2009.

（四）极限法的变式

1. 阶梯法

阶梯法是极限法的变式之一。极限法是按一定的梯级增加或减少刺激量来测定感觉阈限的，且递增系列和递减系列是完全分开的。阶梯法与极限法之间最大的区别在于，阶梯法把增加和减少刺激量的程序合在一起。在测量绝对感觉阈限时，当被试报告感觉不到开始呈现的刺激时，主试可按照一定的梯级来增加刺激量；而当增加到被试感觉到时，又按一定的梯级来减少刺激量。实验按这样的顺序继续下去，直到达到预定的标准或预实验次数为止。最后，求出各转折点的均值，该均值即阈限值。

2. 系列组法

用极限法测定感觉阈限时，每次都要使刺激按梯度变化。但有的时候变换一个梯度则要调整仪器，这导致重复测量多次的实验的难度增加了。系列组法则是在被试不知道的情况下连续多次呈现同一个刺激。如果在 5 次中有 4 次或在 10 次中有 9 次被试都判断为“有感觉”或是“大于标准刺激量”，则把这个梯级的刺激记作“＋”。然后改变至另一个梯级，让被试做出判断，如此反复进行多次。最后，对接近 $T_{上限}$ 和 $T_{下限}$ 的比较刺激量进行计算，就可得到一个比较好的绝对感觉阈限值或差别感觉阈限值。

拓展阅读

采用最小变化法探讨产生 Zöllner 错觉干扰线对数的阈限

实验目的

探讨在主线间隔不变的情况下，有多少对干扰线的时候会产生 Zöllner 错觉。

实验方法

（一）被试

被试 16 人（男 6 人），均为右利手，年龄在 18～25 岁区间（$M=21.75$，$SD=1.98$）。

（二）实验材料与器材

选用标准的 Zöllner 错觉图，共有 9 个图案，从有 1 对干扰线到有 9 对干扰线，干扰线对数从一端向另一端增加或减少。标准图形的属性如图 7－1 所示。将信息材料的主线（带干扰线）旋转，使两条主线之间的夹角为 4°，从而构成噪声部分的材料。采用 E-Prime 2.0 制作程序，在电脑屏幕中央呈现图片。

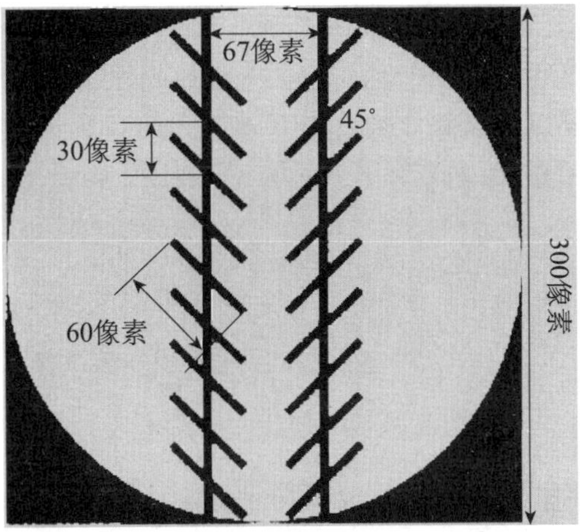

图 7－1　实验所用的标准 Zöllner 错觉图示例

（三）实验设计与程序

实验采用最小变化法测量，分为递增和递减两种序列，按 ABBA 方式平衡。由于全距较小，所以递增的起点是 1 对干扰线，递减的起点是 9 对干扰线，没有设置随机起点。为了排除被试主观知道所判断的都是平行线而影响实验结果，实验中设置了噪声（两条主线不平行），噪声和信号之比是 1∶2。实验总共有 24 个区组（block），主线与水平面的夹角分为 45°和 90°，一半被试先做 45°后做 90°，另一半被试相反。

实验为单独测试，被试坐在离屏幕 80 厘米远处，双眼平视刺激图案。实验期间，不能移动身体和头部。实验流程如下：（1）呈现注视点 800～1 000 毫秒；（2）呈现刺激图形 300 毫秒；（3）黑屏 3 000 毫秒，要求被试作答；（4）之后有 1 000 毫秒的黑屏间隔。

结果分析

实验数据只统计被试对信号刺激做出判断的部分，只关注被试反应发生变化的点，并将一个区组中全部选择平行或者全部选择不平行的数据剔除。计算每个人的平均数时，将数值在两个标准差之外的数据作为极端值剔除。结果如表 7－4 所示。数据中每一个单位代表一对干扰线。

表 7-4　90°和 45°情况下错觉阈限

	90°	45°
平均值	6.96	4.73
标准差	1.47	1.19

表 7-4 表明，90°条件下，产生错觉感的阈限约为 7 对干扰线；45°条件下，产生错觉感的阈限约为 5 对干扰线；对 90°和 45°两种条件的判断结果进行配对样本 t 检验，发现存在显著差异，$t(15)=7.681$，$p<0.01$。

进一步将每一名被试在干扰线递增和递减条件下的反应分开，结果见表 7-5。

表 7-5　递增递减条件下的错觉阈限

	90°		45°	
	递增	递减	递增	递减
平均值	6.451 3	7.14	3.85	5.706 3
标准差	2.194 26	0.981 54	1.187 16	1.703 44

采用配对样本 t 检验发现，90°时，递增递减的阈限存在显著差异，$t(15)=2.22$，$p<0.05$；45°时，递增递减的阈限也存在显著差异，$t(15)=4.219$，$p<0.01$。

以原始数据为基础，统计真图被判断为不平行的概率，即错误率。结果如图 7-2 所示。

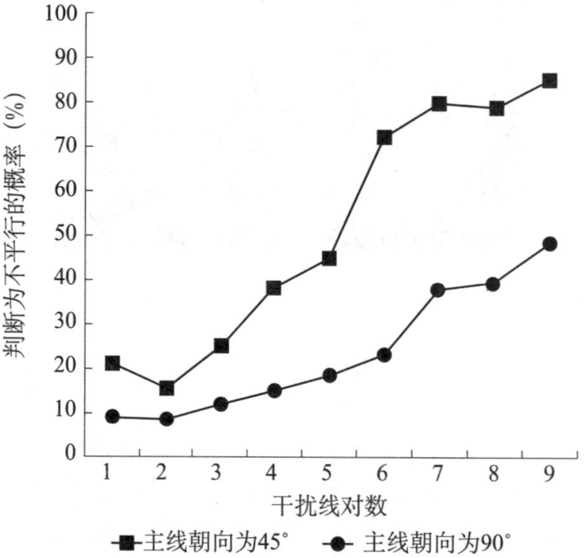

图 7-2　不同干扰线对数时各图形被判断为不平行的概率

讨论

实验中，45°情况下要比 90°情况下更容易产生错觉，这验证了以往在错觉测量中的结果。已有研究者使用 fMRI 对视皮层 V1 区进行扫描，发现当看到水平或垂直的线条时，视皮层的激活水平更高，加工更细致，因此不易产生错觉。而对倾斜的线条，其皮层激活水平随倾斜角度的增加而降低，倾斜角度达 45°时激活水平最低，加工最弱，因此最容易产生错觉。

采用最小变化法测定绝对阈限，容易产生期望误差。期望误差是由于被试在长的序列中做出相反判断（期望转折点尽快到来）的倾向所导致的误差。在实验中，已经保证递增和递减序列的数量一致，但是实验结果仍然显示递增序列和递减序列存在显著的差异，说明期望误差很严重。

结论

产生错觉的干扰线对数的阈限分别为45°时约5对、90°时约7对。

资料来源：邓雅菱，刘宛灵，周仁来，2013.

二、平均差误法

平均差误法（method of average error），又称调整法（method of adjustment）、均等法（method of equation）或再造法（method of reproduction），是费希纳提出的测量感觉阈限的一种古老且经典的方法。这种方法的典型程序是规定一个标准刺激量，让被试任意调节比较刺激量，使之与标准刺激量相等。由于被试每次都是从主观上比较标准刺激量与比较刺激量是否相等，而实际上这两个刺激量不可能完全相等，于是每一次比较都会得到一个误差，把多次比较后的误差平均起来则可以求得平均误差。平均误差与差别感觉阈限呈正比例关系，因此就可以用平均差误法来测量差别感觉阈限。

（一）平均差误法的特点

平均差误法有三个特点：

（1）在用平均差误法测量差别感觉阈限时所呈现的刺激是连续变化的。

（2）被试可以对比较刺激量进行任意调整，使之产生连续性的量的变化，如增大或减小刺激量，直到在主观上认为其与标准刺激量相等为止。

（3）当被试调整到主观上认为比较刺激量与标准刺激量相等时，两者之差的绝对值的平均数就是所求的阈限值。

（二）用平均差误法测量绝对感觉阈限

1. 自变量

在使用平均差误法测量绝对感觉阈限时，要求被试调整比较刺激量，使其与标准刺激量相等，但此时的标准刺激量假设为0，即让被试每次与0相比较。

2. 因变量

使用平均差误法测定绝对感觉阈限时的因变量是被试每次调整后与标准刺激量0相等的比较刺激值。

3. 绝对感觉阈限的计算

让被试把比较刺激量调整到刚刚感觉不到或与0等值，然后计算每次测定的比较刺激量与标准刺激量0之差的平均值，该均值为绝对阈限，用公式可表示为：

$$AL=\frac{\sum X}{N}$$

（三）用平均差误法测量差别感觉阈限

1. 自变量

在使用平均差误法测定差别感觉阈限时，向被试呈现一个标准刺激，并让被试反复调整比较刺激。每次比较都是按递增和递减两个系列进行调整，从而找出与标准刺激强度相等的值。此时比较刺激量是一个连续的量，在被试认为接近时，可以反复调整，直到被试满意为止。

2. 因变量

使用平均差误法测定差别感觉阈限时的因变量是被试每次调整后的数值，即被试认为与标准刺激量相等的数值。由于被试反复测试，每次结果都不是一个固定的数值，而是围绕着一个平均数变化的数值，这个变化范围就是不肯定间距。不肯定间距的中点即被试多次调整结果的平均数，也即主观相等点（$PSE=\sum X/N$），主观相等点与标准刺激量之差就是常误，即 $CE=PSE-St$。

3. 差别感觉阈限的计算

使用平均差误法所测定的差别感觉阈限是一个估计值，它有两种计算方法。

（1）把每次调整的结果与标准刺激量之差的绝对值平均，就是差别感觉阈限，即

$$DL=\frac{\sum|X-St|}{N}$$

（2）把每次调整的结果与主观相等点之差的绝对值的平均值作为差别感觉阈限的结果。在这里，主观相等点是相等地带的中点，等于各比较刺激量的平均数，即

$$DL=\frac{\sum|X-PSE|}{N}$$

（四）误差的控制

在使用平均差误法测定感觉阈限时，由于要求被试主动调整比较刺激量，因此容易产生动作误差，即被试从小于标准刺激量和大于标准刺激量调整到与标准刺激量相等所采用的方式不同，所得到的结果可能也不同。为了消除动作误差，刺激材料中有一半比较刺激量大于标准刺激量，一半比较刺激量小于标准刺激量。此外，比较刺激和标准刺激的空间位置不同，也可能产生空间误差，消除空间误差的方法确保比较刺激在左（或上）和比较刺激在右（或下）的次数相等。如果刺激相继呈现，时间误差或顺序误差就有可能产生，解决的方法是采用ABBA法对比较刺激和标准刺激进行平衡。如果实验材料为两种或两种以上，则可以使用拉丁方设计来平衡。

以长度差别阈限的测量为例，实验所用仪器为高尔顿长度分辨尺，尺子中央有一条

分界线，分界线的两侧各有一个游标，尺子背面的刻度单位显示了标准刺激及比较刺激的长度，标准刺激长度是 150 毫米，被试调整比较刺激长度使之与标准刺激长度相等。长度分辨尺为视觉刺激，刺激位置不同易产生空间误差；同时，在实验开始之前，由于比较刺激的初始状态（长于或者短于标准刺激）不同，被试在调整游标尺时会因动作方式差异而导致动作误差的出现。为了平衡误差，在实验中，应调节标准刺激的位置（一半次数在左边，一半次数在右边，即 ABBA 形式）；同时，比较刺激的初始状态也需调整以更好地控制动作误差（长于和短于标准刺激的次数相等且位置进行了平衡，即长于和短于标准刺激时都按ABBA方式进行），结果见表 7-6。

表 7-6 平均差误法测量长度差别感觉阈限的结果 单位：毫米

X	$X-St$	$X-\overline{X}$	差别感觉阈限的估计值
148	−2	−2.5	
145	−5	−5.5	
153	3	2.5	
152	2	1.5	
155	5	4.5	$AE_{St}=\frac{\sum\mid X-St\mid}{N}=\frac{44}{12}=3.7$
154	4	3.5	
152	2	1.5	$AE_M=\frac{\sum\mid X-\overline{X}\mid}{N}=\frac{43}{12}=3.6$
155	5	4.5	
148	−2	−2.5	
154	4	3.5	
145	−5	−5.5	
145	−5	−5.5	
$\sum X=1\,806$；$\sum\mid X-St\mid=44$；$PSE=150.5$			
$\overline{X}=150.5$；$\sum\mid X-\overline{X}\mid=43$；$CE=150.5-St=0.5$			

资料来源：孟庆茂，常建华，1999.

在表 7-6 中，AE_{St} 是用标准刺激长度来估计的误差平均值，AE_M 是用平均数或 PSE 来估计的误差平均值。两者都可作为差别感觉阈限的估计值。

拓展阅读

用平均差误法测量彩色明度差别感觉阈限

实验目的

通过测量不同颜色的明度差别感觉阈限，学习使用平均差误法测量差别感觉阈限。

实验方法

（一）被试

大学生四人一组，可多组，视觉正常或矫正视觉正常，无颜色知觉障碍。

（二）实验材料与仪器

计算机、“平均差误法测量彩色明度差别感觉阈限”实验程序。

通过计算机呈现的不同颜色的方块，有四种颜色：红、绿、蓝、黄。每种颜色标准刺激的 RGB 函数的参数值见表 7-7。

表 7-7 每种颜色标准刺激的 RGB 函数的参数值

颜色	RGB 函数的参数值
红色（R）	RGB(120，0，0)
绿色（G）	RGB(0，120，0)
蓝色（B）	RGB(0，0，120)
黄色（Y）	RGB(120，120，0)

（三）实验设计与程序

实验从性别、不同颜色等角度考察彩色明度差别感觉阈限的变化。其中，性别为被试间因素，颜色为被试内因素。

1. 为了避免空间误差，标准刺激在左和右的次数各半。在整个实验过程中，标准刺激和比较刺激的空间位置采用 ABBA 法进行平衡；为了避免动作误差，采用↓↑↑↓和↑↓↓↑刺激系列呈现方式。

2. 四种颜色采用拉丁方设计进行平衡。四名被试的实验顺序如下：

R G B Y

G B Y R

B Y R G

Y R G B

3. 实验中，计算机显示器的亮度调至最大亮度（保持实验仪器控制水平一致）。

4. 实验程序。

(1) 用鼠标双击实验程序标，进入实验状态。在主菜单中有四种可供选择的颜色（红、绿、蓝、黄），单击相应的颜色选项便可进行实验。

(2) 预备实验：估计不同颜色明度差别感觉阈限的大概范围，以确定比较刺激的明度变化水平。

(3) 制作实验材料：如果使用自定义材料，则在“实验材料”中选择“自定义颜色”，并对材料颜色进行定义。本实验材料为红色、黄色、绿色和蓝色。主试不必定义实验，直接在实验材料菜单中选择即可。

(4) 正式实验：在“实验材料”中选择实验颜色，屏幕上出现指导语，被试仔细阅读如下指导语。

下面呈现的是两个“×”颜色刺激。其中一个是标准刺激，一个是比较刺激，标准刺激有时在左、有时在右，要求你对呈现的比较刺激与标准刺激进行比较，然后判断比较刺激比标准刺激颜色深还是浅，并向主试报告你的判断是“深”、“浅”或“相同”。如果你认为比较刺激比标准刺激的颜色“深”，就按“↑”键；如果你认为比较刺激与标准刺激的颜色“相等”，就按空格键；如果你认为比较刺激比标准刺激的颜色“浅”，就按“↓”键。在一次调整中，你可以根据你的观察，任意调整比较刺激的颜色明度。这样要做好多次。明白上述指导语后，按“开始”键开始实验。

(5) 每种颜色的刺激的呈现方式如表 7-8 所示（以红色为例)。

表 7-8 红色刺激的呈现系列及标准/比较刺激的位置

刺激位置	SC	CS	CS	SC	CS	SC	SC	CS
刺激系列	↓↑↑↓	↑↓↓↑	↑↓↓↑	↓↑↑↓	↓↑↑↓	↑↓↓↑	↑↓↓↑	↓↑↑↓

注：每个比较刺激 RGB 函数的参数值在标准刺激上下一定范围内随机呈现。S 为标准刺激，C 为比较刺激。

(6) 其他三种颜色条件下的实验过程同上。

(7) 结果记录：当被试判断为相同时，这一点的数值被称为主观相等点。通过若干次试验可以获得若干主观相等点，将它们记录在表 7-9 中。

表 7-9 红色刺激的差别感觉阈限的结果记录（其他颜色与此表相同）

刺激位置	SC	CS	CS	SC	CS	SC	SC	CS
刺激系列	↓↑↑↓	↑↓↓↑	↑↓↓↑	↓↑↑↓	↓↑↑↓	↑↓↓↑	↑↓↓↑	↓↑↑↓
主观相等点								

结果分析与讨论

1. 根据主观相等点，按照公式计算不同颜色的明度差别感觉阈限。
2. 检验实验中被试是否有空间误差和动作误差。
3. 检验实验中被试是否有练习或疲劳效应。
4. 考察不同颜色的明度差别感觉阈限是否存在显著差异，并考察颜色明度差别感觉阈限的性别差异。

结论

通过本实验的结果，发现用平均差误法易测量差别感觉阈限值。

资料来源：张学民，舒华，2004.

三、恒定刺激法

恒定刺激法（method of constant stimulus）也称频数法（frequency method）或正误法（true-false method)，是测量绝对感觉阈限、差别感觉阈限和其他一些心理量的主要方法之一。

在恒定刺激法中，刺激的呈现方式是随机的，可避免由极限法和平均差误法引起的期望误差和习惯误差。相对而言，恒定刺激法测量的感觉阈限更加准确，同时该方法也是应用最广的一种方法。它不仅能测量绝对感觉阈限和差别感觉阈限，还可以测量其他心理量。

采用该方法测定感受性时，一般只使用少数几个刺激，并且在测定过程中这几个刺激是恒定不变的。用恒定刺激法测定感觉阈限时，每呈现一个刺激只要求被试回答“有”“无”或“轻”“重”等，然后根据被试对不同刺激的回答计算阈限值。

拓展阅读

面部表情觉知阈限的测量及其年龄和性别差异

在过去的研究中，主要根据信号检测论的原理对面部表情的觉知阈限进行研究，但基于信号检测论来检测意识和无意识的结果时，容易把猜测成分加入意识加工的范畴中，因此受到了不少的批评。本文把主观意识测量的方法与心理物理学的方法结合起来，以年龄和性别为自变量对面部表情的觉知阈限进行了探究。

从某高校随机选取60名大学生组成年轻人组，从某地区随机选取60名老年人组成老年人组，然后测量并比较年轻人组和老年人组对6种面部表情（愤怒、厌恶、恐惧、高兴、悲伤、惊讶）的觉知阈限。具体的实验流程是，在注视点消失后，呈现情绪面孔，接着呈现掩蔽刺激，之后呈现提示，让被试对面孔做出有无表情的判断，并对判断进行自信心水平的五点评定。实验结果发现，在所有情绪类型条件下，老年人组的觉知阈限显著性大于年轻人组。在老年人组，愤怒表情的觉知阈限大于其他表情，而高兴表情的觉知阈限最小。

资料来源：吕勇，李甜甜，2015.

（一）恒定刺激法的特点

恒定刺激法具有以下特点：

（1）测定时只用少数几种刺激，一般为5～7种，并且这些刺激在测定过程中是恒定不变的。

（2）选定的每种刺激要向被试呈现多次，一般为50～200次。

（3）刺激的呈现是完全随机的，并且被试事先完全不知道刺激呈现的顺序。如果是测定绝对感觉阈限，则可以不需要标准值；如果是测定差别感觉阈限，则需要确定一个标准值作为比较的参考。

（4）最后必须统计被试对各种刺激变量的反应次数，如“有”“无”或“轻”“重”等的次数。

（5）每呈现一个刺激，只要求被试回答“有”“无”或“轻”“重”等；实验完毕后，按照被试对不同刺激回答“有”“无”或“轻”“重”等的次数来计算阈限值。计算时一般采用直线内插法。

（6）虽然恒定刺激法中呈现刺激的次数很多，但与极限法和平均差误法相比，每次判断需要的时间比较短，因此实验的进程较快，比较省时，结果也较为准确，是测量感受性的最常用的方法之一。

值得注意的是，在用恒定刺激法测量感觉阈限时，所选定刺激的最大强度应为被试几乎每次都能感觉到的强度，即刺激量被被试感觉到的概率应达到95%左右；所选定刺激量的最小值则为被试几乎每次都感觉不到的值，即刺激量被被试感觉到的概率应不超过5%。在选定的刺激中，各刺激量之间的差异应相等，且每种刺激的呈现次数应相等且不少于50次。

（二）用恒定刺激法测量绝对感觉阈限

1. 自变量

以感觉刺激的物理量或心理量为自变量，在略高于或低于绝对阈限的范围内取5～7个等距的刺激量。

2. 因变量

因变量为被试对自变量变化的报告结果，一般是被试对呈现的刺激所做的“有”或“无”的判断。被试报告有感觉，结果记为“+”；被试报告无感觉，结果记为“-”。最后根据记录的结果就可算出绝对感觉阈限。

3. 绝对感觉阈限的计算

（1）内插法。这是最常用的一种方法。内插法计算绝对感觉阈限的公式如下（以听觉的绝对感觉阈限为例）：

$$X=\frac{(X_2-X_1)(50-Y_1)}{(Y_2-Y_1)}+X_1$$

式中，X 为听觉绝对阈限；Y_1 为感觉到听觉刺激的比例稍低于50%的百分数，X_1 为与其相对应的刺激量；Y_2 为感觉到听觉刺激的比例稍高于50%的百分数，X_2 为与其相对应的刺激量。

下面以测量两点阈来具体说明如何用内插法计算绝对感觉阈限。选出最大刺激量12毫米和最小刺激量8毫米，按照1毫米的等距确定其他刺激量（9毫米、10毫米、11毫米），每个刺激随机呈现200次，总的刺激呈现为1 000次。刺激呈现后，要求被试报告是“两点”还是“一点”，结果见表7-10。

表7-10 用恒定刺激法测量两点阈的结果

两点距离（毫米）	8	9	10	11	12
回答“两点”的次数	2	10	58	132	186
回答“两点”的比例（%）	1	5	29	66	93

根据绝对感觉阈限的操作性定义，有50%的概率感觉到的那个刺激量就是绝对感觉阈限。从表7-10中可以发现，回答“两点”的比例恰好为50%的刺激没有。此时，绝对感觉阈限就可以用内插法来计算。将表中相关数据代入上述公式，可得到：

$$X=\frac{(11-10)\times(50-29)}{66-29}+10=10.57\text{（毫米）}$$

即两点绝对阈限为10.57毫米。

（2）平均 Z 分数法。平均 Z 分数法可以避免内插法的缺点，提高结果的精确度。这种方法首先需要把实验结果的 P 值转换为 Z 分数，这可以通过查 P-Z 转换表实现。这种方法是以标准差为基本单位来表示原始分数与平均数之间的偏离程度。再以上述两点阈的计算为例，具体计算步骤如表7-11所示。

表 7-11　用平均 Z 分数法求两点阈

两点距离（毫米）	P 值（%）	Z 值	
8	1	−2.33	→9 毫米时的平均 Z 分数为−1.51
9	5	−1.64	
10	29	−0.55	
10	29	−0.55	→11 毫米时的平均 Z 分数为+0.45
11	66	+0.41	
12	93	+1.48	

从表 7-11 中可以看出，9 对应的平均 Z 分数为−1.51，即 9 在平均数以下 1.51 个标准差的位置，而 11 对应的平均 Z 分数是+0.45，即 11 在平均数以上 0.45 个标准差的位置。因此，从 9 到 11 的距离为 1.96（1.51+0.45）个标准差，即 $2=1.51SD+0.45SD$，所以 $SD=1.02$。平均数位于 9 以上 1.51 个标准差位置，因此平均数 $M=9+1.51\times 1.02=10.54$。即两点绝对阈限为 10.54 毫米。

（3）最小二乘法。最小二乘法是比平均 Z 分数法更为精确的一种方法，是将一系列数据点整合为一条直线的最佳方法。因而，用最小二乘法作直线时，首先应确定直线方程。计算公式如下：

$$a=\frac{(\sum X^2)(\sum Y)-(\sum X)(\sum XY)}{N(\sum X^2)-(\sum X)^2}$$

$$b=\frac{N(\sum XY)-(\sum X)(\sum Y)}{N(\sum X^2)-(\sum X)^2}$$

式中，X 和 Y 代表自变量与因变量的原始分数，N 代表 X 和 Y 的个数，a 代表直线截距，b 代表直线的斜率。在具体求解中，需将 Y 值转换为对应的 Z 分数，使 X 与 Y 呈线性关系。由于最小二乘法只适用于两个变量有线性关系的情况，因此经转换后的直线方程为：

$$Z=a+bS$$

当 $Z=0$ 时

$$S=\frac{-a}{b}$$

如用最小二乘法来求解表 7-10 中的数据，则可得到表 7-12。

表 7-12　最小二乘法求直线方程

	两点距离（X）	X^2	Z 分数（Y）	XY
	8	64	−2.33	−18.64
	9	81	−1.64	−14.76
	10	100	−0.55	−5.50
	11	121	+0.41	+4.51
	12	144	+1.48	+17.76
$\sum$	50	510	−2.63	−16.63

资料来源：朱滢，2009.

在表 7-12 中，X 代表刺激量，Y 代表回答“两点”的比例（P 值）对应的 Z 分数，$N=5$。将表 7-12 中的数据代入上述公式，则有

$$a=\frac{510\times(-2.63)-50\times(-16.63)}{5\times510-50^2}=-10.20\text{（毫米）}$$

$$b=\frac{5\times(-16.63)-50\times(-2.63)}{5\times510-50^2}=0.97\text{（毫米）}$$

将 a 值与 b 值代入 $S=-a/b$，则 $S=10.52$。即两点绝对阈限为 10.52 毫米。

（三）用恒定刺激法测量差别感觉阈限

在采用恒定刺激法测量差别感觉阈限时，首先要确定一个标准刺激和若干个比较刺激。

1. 自变量

确定比较刺激和标准刺激的强度范围，并在该范围内选取 5～7 种强度的刺激，其中一种作为标准刺激（一般为中等强度的刺激），其余作为比较刺激。比较刺激以随机方式呈现，并需与标准刺激比较不少于 100 次，其中 50 次标准刺激在前，50 次标准刺激在后。

2. 因变量

被试对呈现的刺激进行比较，并以口头方式报告。如果是三类反应，就要求被试判断比较刺激的强度比标准刺激"高"、"相等"或"低"，并相应地记为"＋"、"＝"或"－"；如果是两类反应，则要求被试判断比较刺激的强度比标准刺激"高"或"低"，记为"＋"或"－"。每个标准刺激与比较刺激要比较 50 次以上。

3. 差别感觉阈限的计算

使用恒定刺激法测量差别感觉阈限时，因变量的指标不同，其差别感觉阈限的计算方法也不同。

（1）反应有三类时的计算。当反应为三类时，可以测出相邻两个类之间的阈限：一个是区分"＋"与"＝"的阈限（$T_{上限}$），另一个是区分"＝"与"－"的阈限（$T_{下限}$）。那么，两个转折点如何用恒定刺激法确定呢？与极限法相同，即以 50%"＋"反应所对应的刺激量为 $T_{上限}$，以 50%"－"反应所对应的刺激量为 $T_{下限}$，这可用直线内插法、平均 Z 分数法、最小二乘法等来求得。$T_{上限}$ 与 $T_{下限}$ 之差为不肯定间距，不肯定间距的一半即为所要求的差别感觉阈限。

下面以重量差别感觉阈限的计算为例。其中以 200 克作为标准刺激量，在 185 克至 215 克范围内以 5 克为间距确定 7 种比较刺激，每种比较刺激与标准刺激要比较 100 次，结果见表 7－13。

表 7－13 用恒定刺激法测量重量差别感觉阈限时三类反应的结果

比较刺激重量（克）	"＋"反应的比例（%）	"＝"反应的比例（%）	"－"反应的比例（%）
185	4	8	88
190	8	17	75
195	14	33	53
200	28	39	33
205	60	22	18
210	80	12	8
215	91	6	3

资料来源：杨治良，1998.

根据表7-13中的数据，用直线内插法求解，以50%“+”反应所对应的刺激重量为$T_{上限}$，即

$$T_{上限}=\frac{(200-195)\times(50-28)}{(60-28)}+200=203.4$$

以50%“-”反应所对应的刺激重量为$T_{下限}$，即

$$T_{下限}=\frac{(195-200)\times(50-33)}{(53-33)}+200=195.8$$

由以上论述得知，不肯定间距的中点为差别感觉阈限，即

$$DL=\frac{203.4-195.8}{2}=3.8$$

即重量差别感觉阈限为3.8克。

（2）反应有两类时的计算。当比较刺激的系列扩展到标准刺激的两侧时，被试比较二者后需报告比较刺激比标准刺激是“大”还是“小”，抑或是“重”还是“轻”等。主试分别记为“+”和“-”，即正反应和负反应。例如，以重量辨别为例，此时被试只需做出“重”或“轻”两类反应，结果见表7-14。

表7-14　用恒定刺激法测量重量差别感觉阈限时两类反应的结果

比较刺激重量（克）	正反应的比例（%）	负反应的比例（%）
185	7	93
190	21	79
195	28	72
200	55	45
205	73	27
210	79	21
215	90	10

资料来源：杨治良，1998.

根据表7-14中的数据，用直线内插法求解，方式同上，得到：

$$T_{上限}=\frac{(210-205)\times(75-73)}{(79-73)}+205=206.7\text{（克）}$$

$$T_{下限}=\frac{(190-195)\times(75-72)}{(79-72)}+195=192.9\text{（克）}$$

$$DL=[(206.7-200)+(200-192.9)]/2=6.9\text{（克）}$$

即重量差别感觉阈限为6.9克。

根据表7-14中的数据，用直线内插法求解，以75%正反应所对应的刺激重量为$T_{上限}$，以75%负反应所对应的刺激重量为$T_{下限}$，得到：$T_{上限}=206.7$克，$T_{下限}=192.9$克。差别感觉阈限为：$DL=[(206.7-200)+(200-192.9)]/2=6.9$克。主观相等点$PSE=(206.7+192.9)/2=199.8$克。常误$CE=St-PSE=200-199.8=0.2$克。

（四）不肯定间距的不稳定性

由于被试反复测试，因此每次的结果都不是一个固定的值，这些值都是围绕着一个平均数变化的，这个变化范围就是不肯定间距。不肯定间距的中点是多次判断的平均数，

即主观相等点，主观相等点与标准刺激量的差就是常误。使用恒定刺激法的三类反应，计算的差别阈限为不肯定间距的一半，而不肯定间距的大小依赖于相等判断次数的多少。如果相等判断次数较多，不肯定间距就大；如果相等判断次数较少，不肯定间距就小；如果没有相等判断，则不肯定间距为0。这样计算出来的差别感觉阈限很难解释。态度的不同也会影响判断的标准，进而影响感受性的测量。因此，不肯定间距是一种对态度的测量。

（五）恒定刺激法的变式

1. 分组法

在一些情况下，每次改变刺激是很不方便的，因此可以将比较刺激分成几个组——通常是三个组。具体的分组方法是将大于和小于标准刺激且间距相同的比较刺激分到同一组中。以提重实验为例，标准刺激重量是100克，按100±3，100±6，100±9将比较刺激分成三组。具体做法是将每组的两个比较刺激与标准刺激随机比较多次（一般为20～25次），各组的比较顺序可以按照1，2，3，3，2，1排列，记录和结果处理均可按照恒定刺激法的常规方法进行。此种条件下获得的实验结果比用随机比较获得的结果更为稳定。

2. 单一刺激法

单一刺激法是根据恒定刺激法的原理，将比较刺激的强度分为若干等级，并采用完全随机的顺序反复呈现，要求被试判断每个刺激的强度分别属于哪个等级。在采用单一刺激法进行实验时，首先需要被试进行练习，熟悉不同刺激的强度所属的等级范围，并以此作为正式实验的判断和分组依据。然后在正式实验中，让被试根据练习中的判断标准进行分组判断。

在单一刺激法中，由于没有标准刺激，因此可以简化实验判断和节省时间，被试的反应相对简单，这样可以根据被试对比较刺激的分组判断情况计算出差别感觉阈限。

3. 使用对数单位的比较刺激系列

一般的恒定刺激法，刺激系列都位于标准刺激的两侧，并使用算术梯级。在一些感觉领域，刺激系列可以用对数梯级，特别是在差别感觉阈限较大的感觉领域，刺激系列可以使用对数单位。

拓展阅读

恒定刺激法在电子地图汉字大小辨认阈限研究中的应用

实验目的

采用恒定刺激法测定电子地图中汉字的辨认阈限。

实验方法

（一）被试

在校大学生共8人（4男4女），年龄在18～25岁区间。

（二）实验材料与仪器

实验选取两组不同复杂度的10个汉字用于测定辨认阈限。由于汉字结构的复杂性对汉字辨认阈限影响很大，因此采用目前已获得国际承认的方法，以笔画、频率作为汉字复杂度的指标，选定其中最简单的CC1组（5个汉字分别为“个”“文”“么”“山”“少”）和较复杂的CC4组（5个汉字分别为“益”“售”“很”“资”“建”）作为基本刺激材料（如表7-15所示）。根据王优的实验结果，更复杂的汉字（CC5和CC6）的辨认阈限不再继续上升，且实际应用中高度复杂汉字的出现频率较低，故不再选用CC5和CC6汉字作为刺激材料。

表7-15　字间距与单字平均搜索用时

	间距（像素）				
	180	160	140	120	100
否定反应（毫秒）	220.9	203.3	186.2	172.5	146.6
肯定反应（毫秒）	94.6	89.3	77.1	69.9	66.0

为了控制地图背景的复杂度，将复杂度已经确定的汉字转换成空心字，笔画间相互连通，使之与地图上的道路相似。由于可辨认的字作为背景可能会干扰被试对目标汉字的辨认，故将背景字倒置呈现作为道路背景。有两种不同复杂度的背景字（F1：“月”“占”“以”“任”；F2：“数”“想”“率”“群”）。道路背景在屏幕上的面积为1 000像素×1 000像素，待辨认的目标汉字的面积为50像素×50像素。

刺激呈现在一台21英寸的NEC FE2111SB彩色显示器中央（分辨率为1 920像素×1 440像素，每个像素的横向与纵向长度均为0.203毫米，刷新频率为60赫兹）。汉字和道路轮廓线为黑色，其他地方为白色。刺激呈现和反应记录均由WinV is for MATLAB（Version 2.2）软件完成。

（三）实验设计与程序

实验采用恒定刺激法，分别测定4种条件下（CC1×F1，CC1×F2，CC4×F1，CC4×F2）汉字的辨认阈限。每名被试根据预备实验的结果，分别确定CC1组和CC4组汉字的6种视角水平作为恒定刺激。这些视角水平对应的辨认正确率范围从几乎猜测（20%～30%）到几乎完全分辨清楚（90%～100%）。正式实验时，通过调节被试的观察距离来改变视角大小。在各种视角的条件下，向被试呈现带有道路背景的汉字，被试按键（1～5，对应于各组的5个汉字）表示看到的是哪个汉字。反应无时间限制。由于每个视角都要测定上述4种条件下的汉字辨认正确率，因而共有12×4=48个刺激块；每个刺激块包含20个试次。共按键反应960次。

结果分析

研究用威布尔（Weibull）函数拟合辨认正确率，从而求得阈限。威布尔函数的表达式为$y=1-(1-\gamma)\,e^{-(x/th)^{\beta}}$，其中，$x$为刺激变量（视角），$y$为反应变量（反应正确率），$th$为阈限，$\beta$为心理测量函数的斜率，$\gamma$为随机猜测的概率（五选一反应瞎猜的概率为0.2）。各组刺激的阈限（$M \pm SD$，单位：分）为：6.185 7±0.537 4（CC1×F1），6.498 8±0.374 6（CC1×F2），7.785 8±0.832 2（CC4×F1），6.342 2±0.475 7（CC4×F2）；CC1平均：6.342 2±0.475 7；CC4平均：7.811 9±0.880 4；总平均：7.077 1±1.012 5。方差分析表明，汉字复杂度影响地图汉字辨认，$F(1, 17)=42.035$，$p<0.001$；背景复杂度也影响地图汉字辨认，$F(1, 17)=7.445$，$p<0.05$；汉字复杂度和背景复杂度交互作用不显

著。在实际应用中，可以考虑统一采用 CC4 的阈限（7.811 9 分）。

讨论

实验结果表明，汉字越复杂或者道路背景越复杂，其辨认的阈限视角越大。相比黑体、楷体和仿宋体，宋体是广泛使用的显示字体，特殊内容的文字才采用其他字体（例如，标题常常采用黑体等）。因此，研究采用宋体汉字作为待辨认的目标刺激。宋体的特点是横细竖粗，且粗细差别较小，不容易分辨清楚，因此必须优先测定其辨认阈限。

为了模拟地图中道路纵横交错的效果，研究采用放大倒置的空心汉字作为道路背景，而汉字的复杂度可以根据一定的算法求得。这样就使得道路背景的复杂程度成为可以控制的变量。这种背景的使用效果相当令人满意，大部分被试的主观报告也认为这种倒置的空心汉字比较像道路。

结论

汉字的复杂度和背景的复杂度都影响地图汉字识别；宋体汉字的平均辨认阈限为 7.077 1 分。

资料来源：王健，邵志芳，2008.

第二节 心理量表法

物理刺激的大小可由物理量表来测量，例如，书的重量、桌子的长度、房屋的面积等可以用相应的物理单位克、米、米^2 来表示。但心理量的大小却不能用物理量表单位来表示。例如，设计室内灯光照明系统时会发现，它的照度增加两倍并不会带来心理量的同等增加，而只是稍微增加了一点而已。因此，要知道刺激量变化与心理量变化的关系，就需要使用心理量表。

一、量表的类型

根据量表的测量水平以及有无相等单位和绝对零点，量表可分为称名量表、顺序量表、等距量表和比例量表。

（一）称名量表

称名量表又称命名量表，它通常用数字等标志代表不同种类或属性的事物。称名量表只能用来对事物进行分类或标记，不能进行加、减、乘、除等运算。例如，对被试的性别进行分类时，可用“1”代表男性，“2”代表女性。

（二）顺序量表

顺序量表又称等级量表，这种量表既没有相等单位，也没有绝对零点，只是将对象的某一属性进行排序。例如，对班级中学生的学习成绩排名次。由于这种类型的量表既无相等单位也无绝对零点，所以不可以说第一名次学生的能力比第二名次学生的能力强一倍。因此，这是一种比较粗糙的量表。

（三）等距量表

等距量表是有相等单位的量表，不仅可以衡量对象之间的差别，还可以衡量相差是多少，但它没有绝对零点。例如，知道A地气温从10℃下降到5℃，B地气温从5℃下降到0℃，就可以得知两地的气温下降幅度是一样的，但不能说A地气温是B地气温的两倍。因此，这种量表比顺序量表更为精细。

（四）比例量表

比例量表又称等比量表、比率量表，既有绝对零点又有相等单位。所谓绝对零点，是指某事物不具备被测量的属性或特征的状态（孟庆茂，常建华，1999）。用这种量表进行测量，不仅可以知道测量对象之间有差距，以及差距是多少，还可以知道它们之间确切的数量关系。也就是说，由这种量表测查的数据既可以用加减法处理，也可以用乘除法处理。因此，这是一种比较理想的量表。

二、心理量表的评价

对心理量表的评价就是判断一个量表的优劣、好坏。一个较好的量表应该满足以下几个方面的条件。

（一）符合三种基本假设

（1）如果不是$a=b$，那么就是$a\neq b$。二者不能兼而有之，即对心理特质有明确的分类标志和测量单位，不能含混不清。

（2）如果$a=b$，且$b=c$，则$a=c$。有了这个假设才能明确比较事物的同一特征，才可能对某些不能测量的特质通过第三者进行度量，这时间接量表才具合理性。

（3）如果$a>b$，且$b>c$，则$a>c$。这是一个重要的假设，多数心理测量都依赖这个假设，但在心理量的测量上这并不容易做到。如果出现误差，好的测量应能够对这种情况有一个客观的估计。

（二）应有系统的测量理论

一个较好的心理量表必须有一种已经建立的测量理论。测量理论涉及如何把事物特征系统与数学关系联系起来，即当赋予事物特征系统中每一个成分一个数值时，这些数值之间的关系仍然能反映事物本来的特征关系。建立测量理论须解决好以下几个问题。

（1）存在性问题：在哪些条件下心理特征可以测量，即测量的充分条件是否存在。

（2）意义性问题：尺度值出现后，它的意义是否能够得到较好的解释；如果无法解释，则说明该量表是没有意义的，因而理论也是没有意义的。

(3) 测量如何操作的问题：一个可实际操作的量表可以表明某些心理量的特征，因此必须建立一套测量的程序。

(4) 关于测量误差的问题：测量中出现的误差应能够得到较好的客观估计与分析。

(三) 可用直接量表进行核对

很多现有的心理量表都是采用间接方法制成的，但这方面的技术要求比较高。因此，对于针对同一心理特征使用两种方法所制成的量表可能存在的矛盾，应该用直接量表对其进行核对。

三、制作心理量表的常用方法

(一) 感觉比例法

感觉比例法又称分段法，是制作感觉比例量表的一种最直接的方法。该方法是通过心理量的加倍或减半或选取其他比例来建立心理量表。感觉比例法的具体步骤如下：

(1) 呈现一个固定的阈上刺激作为标准刺激，让被试调整比较刺激，使其所引起的感觉为标准刺激的某一比例，如标准刺激的 2 倍、3 倍、1/2、1/3 等。

(2) 每次只选定同一个比例进行比较，与同一个标准刺激比较若干次以后，再换另几个标准刺激进行比较。例如，如果所选定的比例是 2∶1，就找出哪些刺激所引起的感觉为标准刺激所引起感觉的一半。

(3) 当与所有的标准刺激都比较完以后，就可以用与各标准刺激在感觉上成一定比例的相应物理量值制作成一个感觉比例量表。

拓展阅读

感觉比例法制作声音响度比例量表

实验目的

掌握感觉比例法制作声音响度比例量表的过程。

实验方法

(一) 实验仪器和材料

声音发生器，标准刺激分别是 500Hz 的 25dB、500Hz 的 50dB 声音。

(二) 实验程序

首先，呈现 500Hz 的 25dB 的声音作为标准刺激，让被试调整比例刺激，使得其引起的感觉为标准刺激的 1/2、2 倍、3 倍。之后，呈现 500Hz 的 50dB 的声音作为标准刺激，同样让被试调整比例刺激，使得其引起的感觉为标准刺激的 1/2、2 倍、3 倍。最后，在与两种标准刺激都比较后，用与各标准刺激在感觉上成一定比例的相应物理量值制作成一个感觉比例量表。

结论

以标准声音响度刺激值为横坐标，对应比例的相应物理量值为纵坐标，即可做出比例量表。

（二）数量估计法

1. 数量估计法的操作步骤

数量估计法也是制作比例量表的一种直接方法。该方法的具体操作步骤如下：

（1）主试先呈现一个标准刺激，并赋予标准刺激一个主观值（如 10），然后让被试以这个主观值为标准。

（2）通过与标准刺激的主观值进行比较，判断不同强度比较刺激的主观值，并用主观感觉量的数字表示。

（3）计算出每组被试对每个比较刺激量估计的几何平均数或中位数，再以刺激量为横坐标，感觉量为纵坐标，制作成心理物理量表。

在涉及心理量和物理量关系的实验中，常会出现特别大的数字，因此数量估计法通常使用几何平均数作为量表制作的依据。几何平均数可定义为 n 个数值乘积的 n 次方根。

2. 用数量估计法制作比例量表时应注意的问题

（1）制作比例量表时应注意被试是否能够正确地使用数字，这是影响实验结果的一个重要因素。

（2）制作比例量表时应注意那些容易影响被试判断的心理因素，如动机、环境干扰等。当实验误差较大时，量表的等比性就很难保证。

拓展阅读

数量估计法制作声音响度比例量表

实验目的

掌握数量估计法制作声音响度比例量表的过程。

实验方法

（一）实验仪器和材料

声音发生器，标准刺激是 500Hz 的 25dB 声音。

（二）实验程序

首先，选择 6 种不同响度的声音作为比较刺激。其次，向实验参与者依次呈现标准刺激和一个比较刺激，同时要按标准刺激与比较刺激的呈现顺序进行 ABBA 平衡处理。其中，标准刺激声音的响度以数字 5 来表示，请实验参与者用一个数字来表现其认为的比较刺激的响度。最后，计算出所有实验参与者对每一个比较刺激响度估计的中数。

结论

以声音响度刺激值为横坐标，感觉响度值为纵坐标，即可做出比例量表。

资料来源：朱滢，2000.

（三）感觉等距法

如果要制作一个等距量表，最直接的方法就是采用感觉等距法。该方法要求被试将某种感觉上的一段心理量分成两个或两个以上的等分。其中，最常用的是二分法。二分法是指将某两个刺激所引起的感觉连续体分成两个等分，或划分出两个主观上相等的距离。可见其主观感觉是等距的，但引起等距感觉的物理刺激量之间的差异可能是相等的，也可能是不相等的。

例如，R_1 和 R_5 是某种声音的两个不同响度，且 $R_5>R_1$。被试的任务是：先找出 R_3，使其正好在 R_1 和 R_5 之间，即 $R_5-R_3=R_3-R_1$；再找出 R_4，使其正好在 R_3 和 R_5 之间，即$R_5-R_4-R_4-R_3$；然后再找出 R_2，使其正好在 R_1 和 R_3 之间，即 $R_3-R_2=R_2-R_1$。这样利用三次二分法就可以将 R_1 和 R_5 之间的响度差距分成四等分，即 $R_5-R_4=R_4-R_3=R_3-R_2=R_2-R_1$，进而就可以得到按照等距变化的一系列刺激，将这一系列刺激的物理值作为横坐标，把响度单位作为纵坐标，做成一条曲线，这就是响度的等距量表。

使用感觉等距法制作等距量表时，二分法并非唯一的方法，也可使用平均差误法同时分出两个以上的等分来。例如，在斯蒂文斯和沃尔克曼（Stevens & Volkmann，1940）的实验中，让被试将 200～6 500 赫兹的纯音，按音高分出四个等分，即在这个范围中，找出三个频率的声音，使得五个纯音在音高差别的感觉上相等。结果见表 7－16。

表 7－16　调整纯音的频率使其在音高上等距的实验结果

声音频率（赫兹）	200	867	2 022	3 393	6 500
音高单位	0	1	2	3	4

资料来源：杨治良，1998.

根据表中数据，以声音频率为横轴，音高单位为纵轴，可画出音高等距量表图（见图 7－3）。

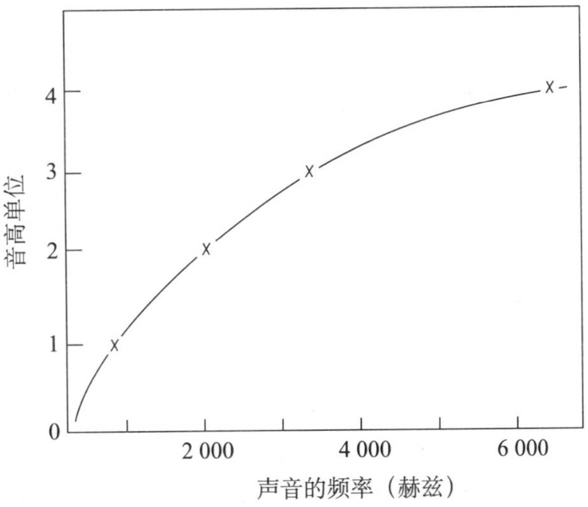

图 7－3　音高等距量表图

资料来源：杨治良，1998.

除了上面探讨的方法，制作等距量表还可采用另一种方法，即渐进的解决方案。这种方法是指一次只要求被试选择一个刺激来等分一个感觉距离，然后在两个更小的感觉距离上再进行等分。

（四）差别阈限法

差别阈限法又称差异阈限法，该方法是以绝对阈限为起点，以最小可觉差（JND）为测量单位构成量表，是一种制作等距量表的间接方法。它是通过在不同强度基础上测量最小可觉差来实现的。差别阈限法的基本假设是每一个最小可觉差在心理上都是相等的。因此，可用最小可觉差作为心理物理量表的等距单位。

差别阈限法的具体操作方法是，使用任何一种传统心理物理法来测出刺激的绝对阈限，并以此作为量表的起点，然后以绝对阈限的刺激量作为基准，确定第一个差别阈限，再以绝对阈限加上第一个差别阈限的刺激量作为基准，确定第二个差别阈限，以此类推。这样在测量出很多差别阈限以后，就可以将对应的刺激量作为横坐标，感觉单位作为纵坐标，画出等距量表图。

（五）对偶比较法

1. 对偶比较法的具体操作方法

对偶比较法又叫配对比较法，是实验心理学中制作顺序量表的一种间接方法。它是指把所有有待比较的刺激一一配对，然后再一对一对地呈现给被试，要求被试对各个配对刺激的强度进行比较，并判断其中哪一个强度更大。若有 n 个刺激，则可配成的对数是 $n(n-1)/2$。当每个刺激分别与其他刺激比较之后，便得到该刺激各自强于其他刺激的百分比，再依据百分比的大小排序形成一个顺序量表。对偶比较法的特点是迫使人们在两种差异不大的刺激间做出选择。如有 10 个刺激，则可配成 45 对，这 45 对刺激的呈现顺序如表 7－17 所示。

表 7－17　45 对刺激的呈现顺序

刺激	A	B	C	D	E	F	G	H	I	J
A	—									
B	1	—								
C	10	2	—							
D	18	11	3	—						
E	25	19	12	4	—					
F	31	26	20	13	5	—				
G	36	32	27	21	14	6	—			
H	40	37	33	28	22	15	7	—		
I	43	41	38	34	29	23	16	8	—	
J	45	44	42	39	35	30	24	17	9	—

资料来源：孟庆茂，常建华，1999.

使用对偶比较法时应注意两类误差：（1）如果各对刺激同时呈现，则要注意消除空间误差，即刺激在空间中不同方位呈现，被试判断时所产生的误差。消除这种误差的方法是：若第一轮以 AB 形式呈现，在第二轮中则以 BA 形式呈现，即左右颠倒。（2）如果各对刺激相继呈现，则要注意消除时间误差，即相同的两个刺激在先后不同时间点呈现，被试在判断时所产生的误差。消除这种误差的方法是：若第一轮以先 A 后 B 的次序相继呈现，则在第二轮中就要按先 B 后 A 的次序相继呈现。

2. 对偶比较法的数据整理

对偶比较法对数据的处理，首先是对比较数据的整理。例如，首先以先A后B的次序相继呈现，然后以先B后A的次序相继呈现。若A与B比较，被试认为A更好，则在相应空格中填上A，以此类推，如表7-18所示。

表7-18 对偶比较法对刺激数据的整理结果

	A	B	C	D	E
A	—				
B	A (A)	—			
C	A (C)	B (B)	—		
D	A (A)	B (D)	C (D)	—	
E	A (A)	B (B)	C (C)	D (E)	—
第一轮	4	3	2	1	0
第二轮	3	2	2	2	1
总计 C	7	5	4	3	1
$P=\frac{C}{2(n-1)}$	0.88	0.63	0.50	0.38	0.13
$C'=C+1$	8	6	5	4	2
$P'=\frac{C'}{2n}$	0.80	0.60	0.50	0.40	0.20
Z	0.84	0.25	0.00	−0.25	−0.84
Z'	1.68	1.09	0.84	0.59	0.00
顺序	1	2	3	4	5

资料来源：杨治良，1998.

在表7-18中，由于进行了两次轮换比较，在计算选中比例（P）时，要用选中分数C除以$2(n-1)$。在比较中，每种刺激须和自身进行比较，所以在C分数上都加0.5，由于轮换比较两次，所以需加$1\times(0.5+0.5)$。增加后的选中分数以C'表示，相应的比例值P'可用$C'/2n$来计算，根据计算出的比例可排出喜爱刺激的顺序。如把比例值（P）转换为Z分数，就可得出对刺激喜爱程度的相对大小。由于Z分数是相对值，为了消除负值，可把每个Z分数都加上0.84，使起点恰好从零点开始。从表7-18中可以看出，被试最喜欢的刺激是A，最不喜欢的刺激是E。

（六）等级排列法

等级排列法又称顺序排列法，是制作顺序量表的一种直接的方法。它的具体操作步骤如下：

（1）将许多刺激同时呈现，让多名被试按照一定的标准把这些刺激排成一个等级顺序，如将其中最优的刺激排在第一位，最差的刺激排在最后，其他刺激依次排在中间。

（2）将多名被试对同一刺激评定的等级进行平均，求出每一个刺激各自的平均等级。

（3）对各个刺激的平均等级进行排序，就可以得到一个顺序量表。

例如，有10个刺激，如果一名被试把某一个刺激按某一标准排在10个刺激中的第一位，则这个刺激对他而言比其他9个刺激都明显；同理，如果排在第二位，即比其他8个明显，以此类推下去。因此，每一个等级（R）都可转换成选择分数（C）。如果有n个刺激，则可用公式$C=n-\overline{R}$计算选择分数（$\overline{R}$为多人评定的平均等级）。同对偶比较法算法一致，也可进一步把选择分数C用$P=C/(n-1)$，$P'=(C+0.5)/n$转换为百分数，再把P'值

转化为平均 Z 分数，此时顺序量表就转换为等距量表了，如表 7－19 所示。

表 7－19　等级排列法对刺激数据的整理结果

被试	被评刺激									
	A	B	C	D	E	F	G	H	I	J
1	1	2	4	3	9	6	5	8	7	10
2	1	4	2	5	6	7	3	10	8	9
3	1	3	4	5	2	8	9	6	10	7
4	1	3	4	5	2	6	10	8	7	9
5	1	9	2	5	6	3	4	8	10	7
6	1	4	9	2	5	6	7	3	10	8
7	1	3	5	10	2	6	9	7	8	4
8	1	3	5	7	6	4	8	10	2	9
9	1	2	8	4	9	6	3	7	5	10
10	1	2	4	5	9	8	6	3	7	10
$\sum R$	10	35	47	51	56	60	64	70	74	83
$\overline{R}$	1	3.5	4.7	5.1	5.6	6.0	6.4	7.0	7.4	8.3
$C=n-\overline{R}$	9	6.5	5.3	4.9	4.4	4	3.6	3	2.6	1.7
$P=\frac{C}{n-1}$	1.0	0.72	0.59	0.54	0.49	0.44	0.40	0.33	0.29	0.19
Z	?	0.58	0.23	0.10	−0.03	−1.5	−0.25	−0.44	−0.55	−0.88
$C'=C+0.5$	9.5	7	5.8	5.4	4.9	4.5	4.1	3.5	3.1	2.2
$P'=\frac{C'}{n}$	0.95	0.7	0.58	0.54	0.49	0.45	0.41	0.35	0.31	0.22
Z	1.64	0.52	0.20	0.10	−0.03	−1.3	−0.23	−0.39	−0.50	−0.77
$Z+0.77$	2.41	1.29	0.97	0.87	0.74	0.64	0.54	0.38	0.27	0

资料来源：孟庆茂，常建华，1999.

从表 7－19 中可以看出，A 刺激的平均 Z 分数最高，即评价最高，B 刺激次之，J 刺激最差，其他刺激的等级差异也可从表中看出。

第三节　信号检测论

一、信号检测论的由来

信号检测论（signal detection theory，SDT）是人们在对刺激做判断时，对不确定的情况做出某种决定的理论。这种理论原是信息论的一个分支，最初被应用在雷达和通信技术中，解决信号接收的正确概率问题，后被研究感知觉的心理学家和其他领域的专家应用到感知过程研究、临床研究以及信息传输等领域。运用信号检测论对人的感知过程进行研究，使心理物理学方法发展到一个新的阶段。

（一）电子侦察系统中的信号检测问题

电子侦察系统中的关键问题是信息的传输和处理。具体过程是：首先将有待传输的数据、资料等各类信息转换为电信号，然后借助发射天线辐射到空间，通过电磁波传播，使之抵达接收天线，接收系统将接收到的信号加以处理后还原为所需要的信息，送达接收系统终端或使用者，从而完成信息传输任务。

但这种传输过程不可避免地会遇到以下几种情况：第一，外部干扰和内部干扰。外部干扰主要包括与信息传输无关的各种干扰因素，或是主试有意呈现的各种干扰因素，如相似的刺激、背景噪声、背景光等；内部干扰主要是指神经电冲动和神经化学传导过程所产生的与传递信号无关的干扰。第二，在电磁波传播过程中无线电信号所产生的畸变。第三，设备技术不完备等因素所造成的影响。

如果信号中混入了很多噪声，就会使得信息传递的可靠性降低，这是信息传输过程中不利的因素。如当一个无线电信号出现时，如何判断这个信号是需要接收的信息还是噪声干扰？通常对于信号接收系统而言，可能有四种结果：判断出现的信号就是需接收的信息（即击中），将出现的信号判断为噪声（即漏报），本是噪声却判断为需接收的信息（即虚报），将噪声确定为噪声（即正确否定）。如何有效地控制这些不利的外部和内部随机因素，使得对噪声背景上的信号分辨率达到最高，提高信号传输的可靠性，这是信号检测论所要解决的问题。信号检测论正是无线通信技术中信号甄别的主要理论依据。在信号处理中，信号检测论运用概率和无线通信理论，极大地提高了信号的辨别力和避免错误的概率。在探讨信号检测论时，必须分清两个问题：一个是电子侦察系统接收部分的辨别力问题，另一个是判定反应部分对所接收到的信息如何进行处理的问题。

（二）人类感知过程的信号检测问题

人类的感知系统好比一个信号觉察器，各个器官都可以被视为一个信息处理系统。这里可将各种刺激看作信号，将刺激的随机物理变化和感官信息处理中的随机变化看作噪声。这种现象普遍存在于各种实验中，即各感官对信号的分辨问题，这与电子侦察系统对信号的分辨是非常相似的。使用传统的心理物理学方法所测定的阈限，实际上包含两方面的内容：一是对刺激的感受性或称为辨别刺激的能力；二是被试判定刺激是否出现的标准。尽管研究者在使用这些传统心理物理学方法时，考虑到了被试的态度、偏好、倾向和采用的标准对阈限测量所产生的影响，并采取了一些措施来消除这些影响——例如，在极限法中，采用渐增系列、渐减系列来呈现刺激，以平衡习惯误差和期望误差；用 ABBA 法来平衡练习误差和疲劳误差；用指导语规定被试的反应标准，并使之保持前后一致；也有的对被试事先进行训练，使他们在实验中的反应保持稳定——但事实上这一系列措施只能使影响阈限估计的因素保持恒定，并不能真正测量出被试的反应标准，也不能把反应标准和辨别力区分开。如恒定刺激法的三类反应，由于反应的偏好和自信程度不同，所测量到的阈限往往差异较大。因此，如何对感受性和判断标准加以区分，是心理物理实验中有待解决的问题。瑟斯顿（A. S. Thurston，1887—1955）曾提出一个假设：对两个相似刺激的反应是部分重叠的且都呈正态分布，它们的标准差也相等。他虽然考虑到了态度的影响，但没有相应的测量工具。

自 1954 年美国心理学家坦纳尔（W. P. Tanner）和斯韦茨（J. A. Swets）将信号检测论应用于心理学感知觉研究以来，信号检测论在心理物理学中得到了广泛的运用。现阶段使用信号检测论作为研究方法的实际应用仍大量存在，如有研究者运用信号检测论对错误记忆的产生机制进行了探讨（周楚，聂晶，2009），也有研究者结合信号检测论框架探究了情绪效价如何影响老年人的错误记忆机制（肖红蕊，龚先旻，2014），还有研究者根据信号检测论相关指标考察了决策信心校准水平对元认知监控作用的影响（雷威，刘可智，梁雪梅，陈晶，2020）。目前，运用信号检测论测量感知觉的不同方法有有无法、评价法、迫选法等。

二、信号检测论的基本原理

传统心理物理学在研究人的感知觉过程时认为，人的感知觉的生理功能有一点局限性。因此，个体在对感知觉刺激进行感知时，要求刺激必须达到一定的强度，以克服生理功能方面的局限性。但信号检测论认为，人的感知觉并没有生理局限，所谓的障碍主要来源于内部和外部干扰信号：内部干扰信号即神经电冲动和神经化学传导过程中产生的与传递信号无关的干扰信号；外部干扰信号则是与信息传输无关的各种干扰因素，如相似的刺激、噪声、背景光等。所以，信号检测论的基本假设认为，如果没有任何干扰，理论上个体能够感知出现的任何刺激，并以此做出反应或决策。

（一）统计学原理

信号检测论是以概率论和数理统计为理论基础的，即根据概率论与数理统计中的参数估计、统计分布理论、随机现象的统计判断理论等，对信号和噪声进行准确识别与判断。心理学上的信号检测实验一般是在信号和背景不易分清的条件下进行的。

对信号检测起干扰作用的背景称为噪声，这种噪声是相对于信号而言的。例如，在视觉实验中，亮点信号出现时的照度均匀的背景即为噪声。总之，对信号起干扰作用的因素都可称为噪声。一般的心理物理学的辨别实验包含刺激A和刺激B，在这种情况下，可将其中一个刺激视为噪声，另一个刺激视为信号。主试在呈现刺激时，有时只呈现噪声刺激（用N表示），有时同时呈现信号刺激与噪声刺激（用SN表示），让被试对信号刺激做出反应。在刺激呈现之前，主试要先告诉被试N和SN各自出现的概率，这个概率称为先定概率（或先验概率）；同时向被试说明判定结果的奖惩办法，因为先定概率和奖惩办法都将影响被试的判断标准，因此每次实验呈现的N和SN都是随机安排的，主试在呈现刺激之前先要给被试一个预备信号。

在运用信号检测论研究人的感知觉过程时，可能会出现以下四种情况：一是击中，即正确肯定，是指当信号出现时（SN），被试报告“有”，以Y/SN表示，并把这个判定的概率称为击中条件概率，以$P(Y/SN)$表示。二是虚报，又称错误肯定，是指当只有噪声出现时（N），被试报告“有”，以Y/N表示，并把这个判定的概率称为虚报条件概率，以$P(Y/N)$表示。三是漏报，又称错误否定，是指当有信号出现时，被试报告“无”，以N/SN表示，并把这个判定的概率称为漏报条件概率，以$P(N/SN)$表示。四是正确拒绝，又称正确否定，是指当无信号而只有噪声出现时，被试报告“无”，以N/N表示，并把这个判定的概率称为正确拒绝条件概率，以$P(N/N)$表示（见表7-20）。

表 7-20 信号检测过程中的判断

刺激	反应	
	有信号	无信号
有信号	击中（Y/SN）	漏报（N/SN）
无信号	虚报（Y/N）	正确否定（N/N）

资料来源：张学民，舒华，2004.

从表中可以看出，在噪声背景下的信号检测实验中，每种刺激状态下都存在两种可能的反应，其组合就构成一个二选一判决矩阵，其中击中和正确否定是正确反应，虚报和漏报是错误反应。如果用概率表示，则有 $P(\mathrm{Y/SN})+P(\mathrm{N/SN})=1$ 和 $P(\mathrm{Y/N})+P(\mathrm{N/N})=1$。从两式中可见，一个条件概率都是另一个条件概率的补数，即知道其中一个数，就可以求出互补的另一个数。从统计学的观点来看，信号检测就是要检验两个统计假设 H_0（无信号）和 H_1（有信号）的真伪。

（二）最优决策原则

最优决策原则是指个体在确定一个判断标准时，一般按照最优原则进行，即让期望值最高，使收益值最大。具体来讲，关于某一个刺激是信号还是噪声，被试是根据自己的主观感受进行判断的，而这种主观的判断标准主要受到信号或噪声呈现的先验概率和判断结果奖惩措施影响。

（1）信号或噪声呈现的先验概率是指实验前可得知的信号或噪声出现的可能性，一般由主试确定。信号的先验概率以 $P(\mathrm{SN})$ 表示，噪声的先验概率以 $P(\mathrm{N})$ 表示。如果实验中只包括信号和噪声，那么当 $P(\mathrm{SN})/P(\mathrm{N})$ 的值小于 1 时，被试就会倾向于做“无信号”判断，其判断标准定得较高；而当比值大于 1 时，被试就会倾向于做“有信号”判断，其判断标准定得较低；若等于 1，则反应适中。

（2）判断结果奖惩措施被看作反应的价值和代价，也会影响被试对结果的判断。例如，当确定信号和噪声出现的先验概率都为 0.5 时，如果主试对反应结果采取一定的奖惩办法，击中和正确否定奖 1 分，漏报和虚报则罚 1 分，被试就会将自己的判断标准定在两个分布相交的地方，以便得到更高的分数。

三、测量指标及接收者操作特性曲线

（一）信号检测论的测量指标

前面谈到，信号检测论假设，被试对感受性的确定并不是纯粹的感知能力的反映，还会受被试主观期望等个体因素影响。即被试总是会考虑得失或采用策略才做出选择，使结果符合他的最大利益。信号检测论把刺激的判断看成一个对信号的侦察和做出抉择的过程，这样在同一过程中就出现了两个独立的指标：一个是感觉辨别力指数 d'，它表示感知能力，因此又被称为反应敏感性；另一个是反应倾向性，可用似然比 β，也可用报告标准 C 来表示，它涉及利益得失、动机、态度等因素。

1. 感觉辨别力指数

信号检测论的一个最重要的贡献在于它能够对被试的反应偏向和反应敏感性进行区分。一方面，击中概率 $P(Y/SN)$ 可因为检测者持严格的判断标准而降低；另一方面，即使检测者持宽松的判断标准，$P(Y/SN)$ 也可能因为敏感性的降低而降低。

对同一名被试而言，在噪声强度不变的情况下，信号的强度越大，就越容易辨别。此时，信号分布的平均数 M_{SN} 与噪声分布的平均数 M_N 的差越大，这两个分布的重叠部分就越少。如果信号和噪声强度不变，在相同的实验条件下，对于辨别力强的被试而言，M_{SN} 与 M_N 的差就大；反之，辨别力弱的被试，M_{SN} 与 M_N 的差就小（见图 7-4）。从这里可以得知，信号分布平均数和噪声分布平均数的距离可看作被试的辨别力指标，即辨别力指数 d'，d' 是以噪声分布的标准差为单位来表示的：

$$d'=\frac{M_{SN}-M_N}{\sigma_N}$$

信号检测论假设信号分布和噪声分布是两个方差相等的正态分布（见图 7-4）。在此种情况下，辨别力指数可表示为：

$$d'=\frac{M_{SN}}{\sigma}-\frac{M_N}{\sigma}=Z_{SN}-Z_N$$

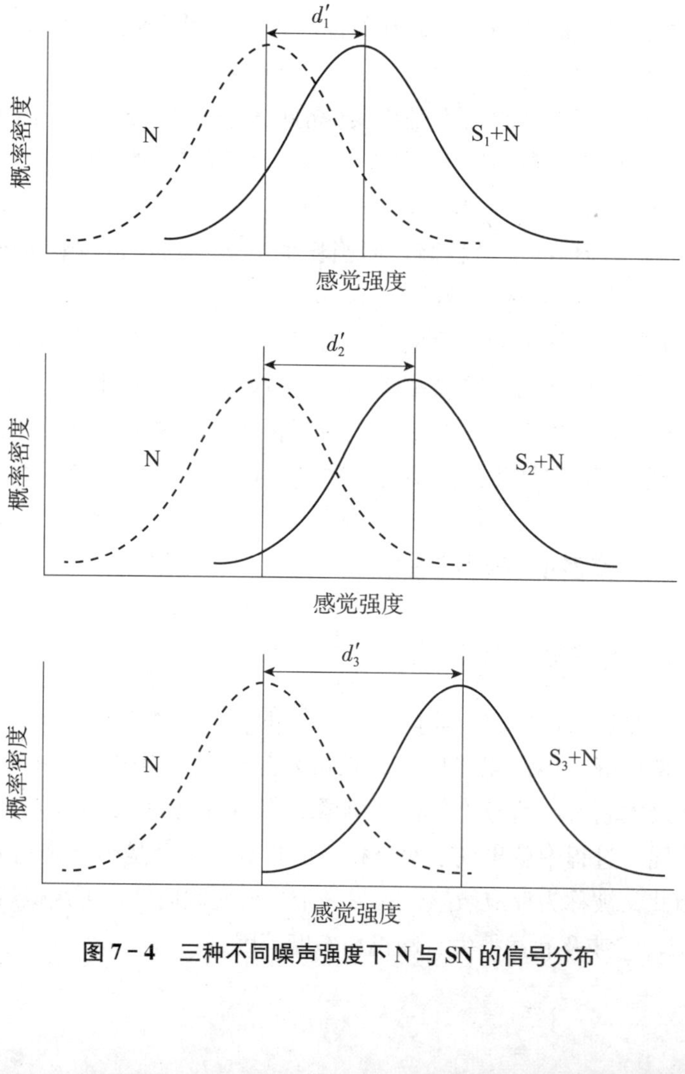

图 7-4　三种不同噪声强度下 N 与 SN 的信号分布

2. 反应倾向性

在信号检测论实验中，反应倾向性一般可用似然比 β 和报告标准 C 来表示。

（1）似然比 β。已有研究者对似然比 β 进行了大量探讨，如有人运用乌勒拉（Z. J. Ulehla）和亚当斯（D. K. Adams）构建的信号检测模式对"人肉搜索"参与者的社会认知辨别力进行研究，发现参与者群体具有一定的社会认知辨别力，即对公权信息和私权信息具有一定的区分能力，且 β 值适中（张珊珊，彭唯，2010）。似然比 β 的数学定义为给定 X_C 水平下信号分布的纵轴值与噪声分布的纵轴值之比，即

$$\beta=\frac{O_{SN}}{O_N}$$

但是，由于心理感受水平 X_C 无法直接掌握，β 只能通过间接方法计算得到。具体来说，可以把 O_{SN} 视为与击中率 $P(Y/SN)$ 对应的纵轴值，把 O_N 视为与虚报率 $P(Y/N)$ 对应的纵轴值。在求得 $P(Y/SN)$ 和 $P(Y/N)$ 后，这两个纵轴值可通过查正态分布表获得，从而计算出 β 值（见图 7-5）。当 $\beta>1$ 时，X_C 位于 x 轴的偏右部分，即判断标准高。当 $\beta<1$ 时，X_C 位于 x 轴的偏左部分，即判断标准低。当 $\beta=1$ 时，X_C 即为两个分布曲线相交处横轴的值，此时，判断标准适中，漏报率与虚报率相等，击中率与正确否定率相等。

另外，由上文可知，似然比 β 是随信号和噪声的先验概率与判断结果奖惩标准的变动而变动的。β 值与先验概率 $P(SN)$、$P(N)$ 及奖惩标准的关系可表示为：

$$\beta=\frac{P(N)}{P(SN)}\times\frac{V(N/N)+V(Y/N)}{V(Y/SN)+V(N/SN)}$$

式中，$V(N/N)$ 表示正确否定的奖励数，$V(Y/N)$ 表示虚报的惩罚数（常是负数），$V(Y/SN)$ 表示击中的奖励数，$V(N/SN)$ 表示漏报的惩罚数（常是负数）。

（2）报告标准 C。报告标准是被试反应倾向性的另一个指标，即感受的经验程度，用 C 表示。C 是横轴上的判断标准位置。在数学上，其单位需转换成刺激量单位，可用公式表示为：

$$C=\frac{I_2-I_1}{d'}\times Z_1+I_1$$

式中，I_2 为高刺激强度，I_1 为低刺激强度，d' 为被试的感受性，Z_1 为低刺激强度时的正确否定概率对应的 Z 值。

在信号检测论中，被试本身具有的辨别能力是稳定的，即辨别力指数 d' 比较稳定，但是其判断标准易受被试的动机、态度等心理因素影响，所以，可从报告标准 C 的变化角度来分析被试的心理因素。

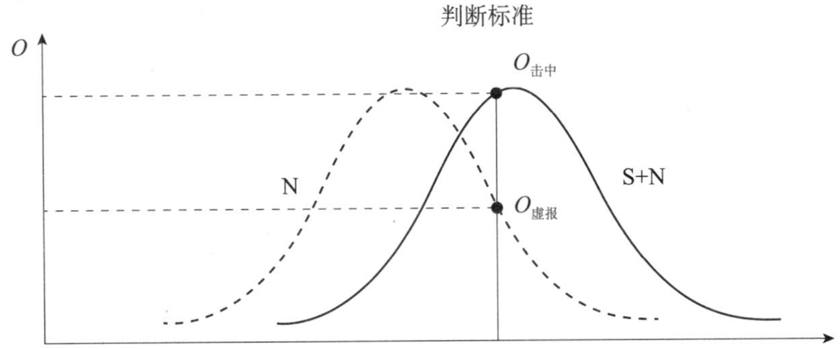

图 7-5　似然比 β 的计算示例

拓展阅读

老年人错误记忆的情绪效价和时间效应

实验目的

探讨情绪效价如何影响老年人的错误记忆，进一步认识情绪效价如何影响老年人辨别力（d'）和判断标准（β）来作用于错误记忆的机制。

实验方法

（一）被试

选取某市多个社区 21 名老年被试（女性 14 名，男性 7 名），平均年龄 62～72 岁，受教育年限 10～15 年。

（二）实验材料与仪器

选择国际情绪图片系统（international affective picture system，IAPS）中的图片作为情绪材料，按照不同的效价参数选出积极、消极和中性图片各 120 张。

每个效价类别有 60 张图片在编码阶段和再认阶段均会出现，记为旧图片。剩余的 60 张图片中，30 张只在短时间隔后再认阶段出现；另外 30 张只在长时间隔后再认阶段出现，记为新图片。

（三）实验设计与程序

本研究采用“新/旧”再认判断范式，考察每种条件下的击中率、漏报率、正确否定率、虚报率、辨别力指数 d'和判断标准 β；本实验操作流程分为编码、短时间隔后再认阶段和长时间隔后再认阶段三个阶段。

结果分析

被试在各条件下的反应率情况如表 7 - 21 所示。

表 7 - 21　各效价下的再认反应结果（$M\pm SD$）

反应指标	积极图片	中性图片	消极图片
击中率			
短时间隔	0.71 ± 0.17	0.70 ± 0.19	0.72 ± 0.20
长时间隔	0.63 ± 0.19	0.55 ± 0.18	0.51 ± 0.19
漏报率			
短时间隔	0.28 ± 0.16	0.30 ± 0.19	0.28 ± 0.20
长时间隔	0.37 ± 0.19	0.45 ± 0.18	0.49 ± 0.19
正确否定率			
短时间隔	0.83 ± 0.17	0.85 ± 0.16	0.79 ± 0.21
击中率			
长时间隔	0.59 ± 0.24	0.75 ± 0.19	0.74 ± 0.17
虚报率			
短时间隔	0.17 ± 0.17	0.14 ± 0.16	0.22 ± 0.20
长时间隔	0.40 ± 0.25	0.25 ± 0.18	0.27 ± 0.16
d'			
短时间隔	1.68 ± 0.73	1.81 ± 0.67	1.61 ± 0.52
长时间隔	0.68 ± 0.26	0.94 ± 0.53	0.69 ± 0.35

续表

反应指标	积极图片	中性图片	消极图片
β			
短时间隔	2.02 ± 1.48	2.18 ± 1.43	1.33 ± 0.79
长时间隔	0.99 ± 0.40	1.57 ± 1.06	1.24 ± 0.39

辨别力指数 d' 是记忆质量的指标。对 d' 进行两因素重复测量的方差分析，结果显示：时间间隔的主效应显著，情绪效价的主效应显著，效价和时间间隔的交互作用不显著。对 β 进行两因素重复测量的方差分析，结果显示：时间间隔的主效应显著，情绪效价的主效应显著，效价和时间间隔的交互作用显著。

虚报率是错误记忆的指标。对虚报率进行两因素重复测量方差分析，结果显示：时间间隔的主效应显著，情绪效价的主效应显著，效价和时间间隔的交互作用显著。

讨论

研究发现，老年人对情绪图片的错误记忆受到辨别力指数 d' 和判断标准 β 两方面因素的影响。同信号检测论的预期一致，总体上讲，辨别力指数 d' 越高，虚报率越低；判断标准 β 越高，虚报率也越低。而且，这种作用受到时间间隔的调节。然而，本研究在情绪效价对辨别力指数 d' 的影响上，并没有发现老年人对积极图片的记忆质量比对消极图片的记忆质量更好。同时发现，情绪效价和时间间隔对错误记忆和判断标准 β 均产生交互作用，具体表现为：在短时间隔的条件下，老年人对消极图片的判断标准 β 最低、虚报率最高；而在长时间隔的条件下，老年人对积极图片的判断标准 β 最低、虚报率最高。

结论

通过探讨情绪效价和时间间隔对老年人错误记忆的交互影响及作用机制，发现老年人的错误记忆受辨别力指数 d' 和判断标准 β 影响。随着时间的推移，老年人的辨别力指数 d' 和判断标准 β 下降，导致错误记忆上升。情绪效价改变的是老年人的反应倾向（判断标准 β），而非记忆质量（辨别力指数 d'），进而影响其错误记忆。

资料来源：肖红蕊，龚先旻，2014.

（二）接收者操作特性曲线

接收者操作特性曲线，简称 ROC 曲线，在心理物理学测量中又称等感受性曲线。也就是说，曲线上的各点对应着相同的感受性，它们都是对同一信号刺激的反应，只不过是在几种不同的判断标准下得到的结果。由于判断标准不同，可得到几组不同的击中率和虚报率。ROC 曲线就是根据由这些击中率和虚报率转化而来的 Z 分数在坐标图上绘制成的，其中虚报率为横轴，击中率为纵轴。

ROC 曲线是根据被试在特定刺激条件下由于采用不同的判断标准而得出的不同结果所绘制的曲线。通过具体分析，可发现：(1) β 值的改变会对击中率 $P(Y/SN)$ 和虚报率 $P(Y/N)$ 产生影响。当 β 越近于无穷大时，击中率和虚报率几乎为 0，信号都被当成了噪声；而当 $\beta=0$ 时，击中率和虚报率几乎为 1，噪声都被当成了信号。因此，最佳的 β

应是一定的$P(Y/SN)$和$P(Y/N)$的比值。(2) 曲线的曲率对应于辨别力指数d'。如在图7-6中，对角直线表示$P(Y/SN)=P(Y/N)$，即被试的辨别力指数d'为0。离这条线越远，d'值越大，即被试的辨别力越强。

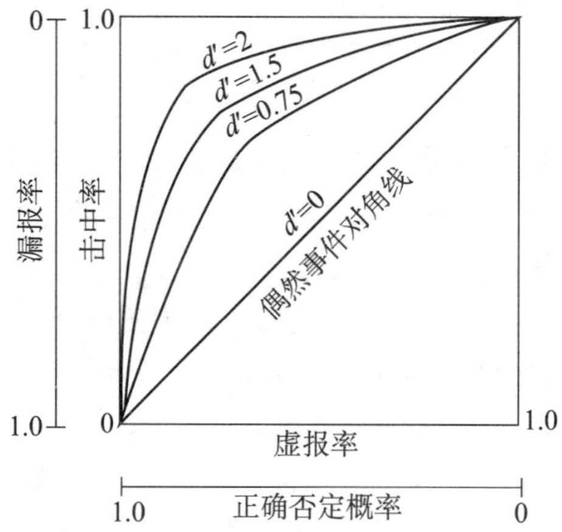

图7-6　不同d'值所对应的ROC曲线

资料来源：杨治良，1998.

拓展阅读

ROC曲线及其在招聘和甄选中的应用

在人员招聘和甄选中，可以根据公司的实际情况寻找最佳的ROC曲线，然后再确定合适的β值。

第一，新招募人事专员的配置与面试官的选择。对于新招募的人事专员，通过实验的方法可以获得他们在特定信号先验概率下的击中率和虚报率，从而绘制出各自的ROC曲线。通过比较这些曲线的位置，就能确定新招募的人事专员的感觉辨别力。

关于ROC曲线的绘制，我们通过下面一个例子来说明：杨治良教授1983年曾做过一个实验，选图画500张，分成5个组，每组100张。各组中作为信号的图画的先验概率分别为0.1、0.3、0.5、0.7和0.9。例如，当先验概率为0.1时，用作信号的图画为10张，用作噪声的图画为90张。然后将它们混合，随机呈现给被试，要求被试立即判断图画是信号还是噪声，并记录下来。根据5种先验概率得到的实验结果就可以计算出击中率和虚报率，然后在坐标中描点连线，就绘成了一条ROC曲线。

假设现有3位新招募的人事专员a，b，c。我们已经通过实验绘出他们各自的ROC曲线，如图7-7所示。通过观察可知，3位人事专员的感觉辨别力从大到小依次为c，b，a。很明显，人事专员c更适合做招聘工作，可作为配置的参考，其他两位可以安排从事薪酬、绩效等其他方面的工作。对于公司内部已有的面试官候选人，则可以根据以往的招聘结果数据计算各自的击中率和虚报率，然后描点连线绘制ROC曲线，从而挑选出感觉辨别力最强的候选人作为面试官。

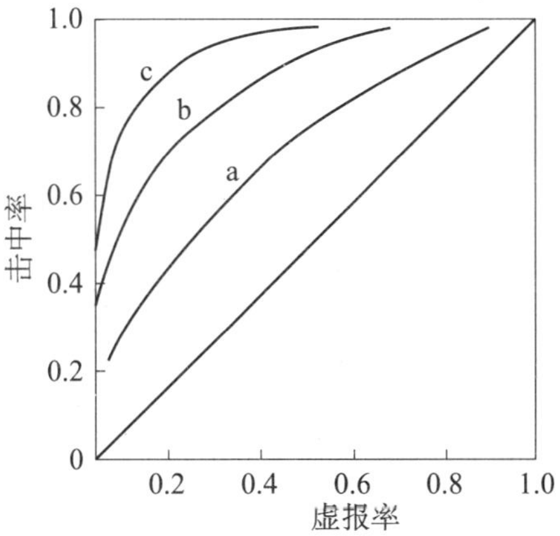

图 7-7 3 位人事专员的 ROC 曲线

第二，不同招聘来源的筛选比例确定。根据公式 $\beta=[P(\mathrm{N})/P(\mathrm{SN})]\times\{[V(\mathrm{N/N})+V(\mathrm{Y/N})]/[V(\mathrm{Y/SN})+V(\mathrm{N/SN})]\}$，可以得到给定信号强度和敏感水平下能够得到的最大收益 β 值，当 $V(\mathrm{N/N})+V(\mathrm{Y/N})=V(\mathrm{Y/SN})+V(\mathrm{N/SN})$ 时，β 由信号和噪声的先验概率决定。确定了面试官之后，还可以根据他的 ROC 曲线来预先确定他的判断标准以提高招聘质量，尽可能降低下一环节的甄选成本。

具体来说，假设公司将在两所大学进行校招，根据数据，公司的业务与 A 大学的专业比较对口，往年在 A 大学招聘的学生非常多，大致为面试 500 人，最终录用 50 人，那么我们可以认为 $P(\mathrm{N})=90\%$，$P(\mathrm{SN})=10\%$，如果初试者按 1∶3 的比率进入复试，那么我们将选择 150 人进入复试；公司的业务与 B 大学专业不是太对口，往年大约面试 500 人，最终录用 10 人，那么我们就认为 $P(\mathrm{N})=98\%$，$P(\mathrm{SN})=2\%$，如果初试者按 1∶3 的比率进入复试，那么我们将选择 30 人进入复试。预先确定筛选比例相当于固定了在这两个大学校招时的判断标准，这样就可以有效提高招聘质量，降低复试的甄选成本，取得最大收益。

资料来源：戴良铁，董利敏，邓鹤泉，2013.

四、信号检测论的主要方法

信号检测论的实验方法主要有三种：有无法、评价法和迫选法。

（一）有无法

有无法是信号检测论常用的实验方法之一。在使用有无法测定被试的辨别力和判断标准时，基本步骤如下：

（1）选定信号（SN）和噪声（N）刺激，二者的差别要足够小，并且规定它们出现的概率。

（2）以随机方式呈现刺激，让被试判断刺激中有无信号，并做口头报告。

（3）根据被试判断结果计算辨别力指数 d' 和似然比 β，并绘制出 ROC 曲线。由上文可知，d'和β的求法如下：

$$d'=Z_{SN}-Z_N$$

$$\beta=\frac{O_{SN}}{O_N}=\frac{\text{击中率的纵坐标值}}{\text{虚报率的纵坐标值}}$$

以下用例子具体说明有无法的整个过程（引自朱滢，2009）。例如，在检测一个纯音信号的实验中，在白噪声的背景下，以随机方式向被试呈现100次信号和100次噪声，总共200次，结果发现，呈现100次信号时被试回答有信号为16次，呈现100次噪声时被试回答有信号为2次。因此，击中和虚报的概率分别为：

$$P(Y/SN)=\frac{16}{100}=0.16$$

$$P(Y/N)=\frac{2}{100}=0.02$$

在信号检测论中，击中率的纵坐标值是与击中率相对应的Z分数上正态曲线的高度。从正态曲线表中可以查到P为0.16时对应的纵坐标值为0.242，P为0.02时对应的纵坐标值为0.048。因此，$\beta=0.242/0.048=5.042$。

根据前文可以得知，辨别力指数d'是信号分布平均数和噪声分布平均数的距离，即击中率P对应的Z分数与虚报率P对应的Z分数之差。通过查正态曲线表，可知P为0.16时的Z分数为1，P为0.02时的Z分数为2，因此，$d'=2-1=1$。

通常人的辨别能力是恒定的，但判断标准却会随人的动机、态度等时刻变化，判断标准的影响因素主要是信号出现的概率P(SN)和对被试回答的奖惩办法。当奖惩办法固定时，信号出现的概率将怎样影响被试的判断标准，可结合表7-22中的数据进行探讨。

表7-22　P(SN)与β的关系

判断标准	P(SN)	结果			
			Y	N	
A	0.20	SN	0.16	0.84	$\beta=5.042$，$d'=1.0$
		N	0.02	0.98	
B	0.50	SN	0.50	0.50	$\beta=1.649$，$d'=1.0$
		N	0.16	0.84	
C	0.80	SN	0.93	0.07	$\beta=0.378$，$d'=1.0$
		N	0.69	0.31	

资料来源：朱滢，2009.

从表7-22中可以看出，当判断标准发生变化时，击中率与虚报率都会发生相应的变化，但辨别力指数保持不变。图7-8则为相应的ROC曲线。

（二）评价法

评价法又称多重决策法或评级量表法，是信号检测论实验中最常用的方法之一。在评价法中，刺激呈现的方式同有无法中一样，信号和噪声的先验概率、反应结果的奖惩办法都随实验要求由主试确定。不同点在于：在有无法的实验中，被试只需要回答是否有信号，而且被试只有一个判断标准；而在评价法的实验里，被试不仅要回答是否有信号，还要给出肯定或否定的程度，即报告有无信号的评价等级。评价法把量表的等级看

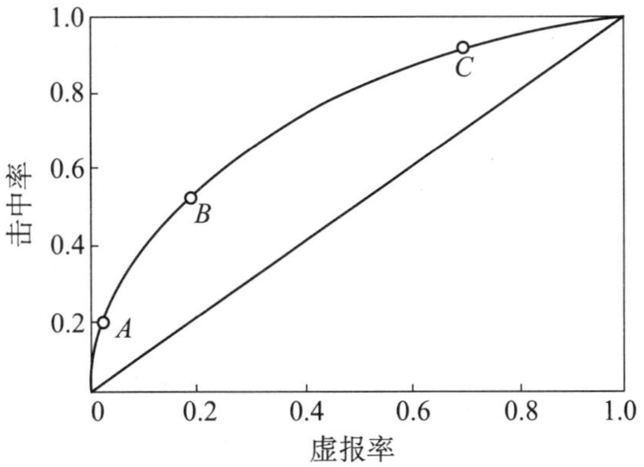

图 7-8　依表 7-22 中数据绘制的 ROC 曲线

资料来源：朱滢，2009.

作多重判断标准。判断标准 C_j 的数目等于评价等级的数目减 1。不同标准下击中率和虚报率的计算方式是，将某一标准以上等级的概率进行累加，即

$$P_{C_j}(Y/SN) = \sum P_j(Y/SN)$$

$$P_{C_j}(Y/N) = \sum P_j(Y/N)$$

式中，$P_j(Y/SN)$ 和 $P_j(Y/N)$ 为某一判断标准以上各等级下的击中率和虚报率，可由实验结果直接计算得到。有了各标准的击中率和虚报率后便可算出 d' 和 β，并画出 ROC 曲线。

通常可把被试作答的肯定程度分为 5 个等级：80%以上肯定是 SN，为肯定是信号；60%～80%肯定是 SN，为可能是信号；40%～60%肯定是 SN，为可能是信号，也可能是噪声；20%～40%肯定是 SN，为可能是噪声；20%以下肯定不是 SN，为肯定是噪声。在实验时，被试实际上同时使用几个判断标准。分别计算每个等级下被试的击中率和虚报率，就可计算出相应的辨别力及判断标准。

在有无法中，只将感觉信号分为有和无两种情况，即被试的反应只是在某临界线以上或以下，具体程度是多少则不得而知。而在评价法中，通过一轮实验就可获得大量有用信息，使我们更能确信被试的实际辨别能力。因而，评价法是一种更为有效的方法。

（三）迫选法

迫选法是信号检测论实验中的又一种方法。用迫选法进行实验时也需要信号（SN）和噪声（N）两类刺激。与有无法、评价法不同，在迫选法中，在让被试进行判断之前，信号与噪声需要连续呈现数次，让被试判断在哪个时间间隔上是信号、哪个时间间隔上是噪声，而不是在刺激呈现时就让其判断是信号还是噪声。用迫选法进行实验需注意以下特点。

1. 刺激呈现方式

一般每次给被试呈现刺激的数目为 2～8 个，其中只有一个是信号，其余的为噪声，这种呈现刺激的方式称为 mAFC 方式（多项迫选法），即每次从呈现的 m 个刺激中选出信号。何时呈现刺激，一般由主试通过一定的方法告诉被试，如在视觉实验中，可将瞬

间的声响作为刺激出现的标志。刺激可同时呈现，也可相继呈现，具体情况根据实验的要求和实验设计而定。

2. 反应方式

当呈现多个刺激后，只要求被试回答哪个是信号。被试回答是信号的依据是他对刺激量差异的感觉，如果感觉到某一刺激与其他刺激有显著差异或与目标信号的感觉量一样，就可将其判断为信号。

3. 辨别力指数的计算

迫选法的实验结果可以用一个矩阵来表示。例如，二项迫选法的结果可表示为：

	R_1	R_2
S_1	f_1（对）	f_2（错）
S_2	f_3（错）	f_4（对）

其中，S_1 表示第一个呈现的是信号，S_2 表示第二个呈现的是信号；R_1 表示判断第一个呈现的是信号，R_2 表示判断第二个呈现的是信号；f_1 是当第一个呈现的是信号时，被试判断正确的次数；f_2 为错误判断的次数；f_3 和 f_4 分别是第二个呈现的是信号时，被试判断正确和错误的次数。

计算辨别力指数 d'时，首先要根据被试正确判断的次数和被试判断的总次数计算出正确判断的百分比 $P(\mathrm{C})$，即

$$P(\mathrm{C}) = \frac{f_1 + f_4}{f_1 + f_2 + f_3 + f_4}$$

$P(\mathrm{C})$ 求出后，根据正态分布表对其进行转换，即可求出 d'。

在其他条件不变的前提下，被试的辨别力和每次呈现的刺激数目有关。通常一次呈现的刺激越多，被试辨别信号的难度就越大；一次呈现的刺激越少，被试辨别信号的难度就越小。此外，在迫选法实验中，被试的判断标准依赖于刺激物理量的差别，被试只要从一组刺激中选择出信号即可，没有必要再确定一个判断标准。因此，在计算时只需计算辨别力指数 d'，而不需要再计算似然比 β。

自信号检测论被引入心理学的感知研究领域以来，心理物理学方法得到了长足的发展。在感受性的测量中，信号检测论将辨别力与主观态度分开，即将被试纯粹的感受性与被试的动机、态度所造成的反应倾向性区分开来。相对于传统心理物理学方法只对信号进行探讨，信号检测论把信号和噪声都看作所需的信息，从而更好地解决了实验中对信息的检测问题。信号检测论从两个独立的方面对真实的感受性和对应的主观态度进行度量，显示出其方法上的优越性。

传统心理物理学方法尽管有一定的局限性，但在探讨心理量与物理量之间的关系时仍是不可或缺的方法。因此，找出传统心理物理学方法与信号检测论方法之间的一致性并予以完善也许是最佳的选择，毕竟在对一般的感受性进行测量时，传统方法是更为直接和有效的。

概念术语

感觉阈限	绝对感受性	绝对感觉阈限	差别感受性
差别感觉阈限	极限法	平均差误法	恒定刺激法
不肯定间距	顺序量表	等距量表	比例量表
感觉比例法	数量估计法	感觉等距法	差别阈限法
对偶比较法	等级排列法	信号检测论	信号
噪声	最优决策原则	辨别力指数	反应倾向性
似然比	接收者操作特性曲线	有无法	评价法
迫选法			

本章要点

心理物理学方法是研究心理感觉量与物理刺激量之间的关系的方法。

感觉是对作用于人体感官的物理刺激的反应，但人体感官只对一定范围内的刺激做出反应。感觉器官对适宜刺激量的感觉能力称为感受性，能引发感觉的最小刺激量称为感觉阈限。

感受性是用感觉阈限的大小来度量的，二者成反比。一般来讲，感受性包括绝对感受性和差别感受性，与此对应的感觉阈限包括绝对感觉阈限和差别感觉阈限。

绝对感觉阈限是指刚刚能引发某种感觉的刺激量；而人体感官对这种最小刺激量的感觉能力，称为绝对感受性。差别感觉阈限是指刚刚能够感觉到两个刺激之间的差别的刺激量差值；而对这种最小刺激量差值的感觉能力，称为差别感受性。

传统心理物理学所要解决的问题主要有两类：一是感觉阈限的测量；二是阈上感觉的测量。测量感受性的方法有三种：极限法、平均差误法和恒定刺激法。

物理刺激的大小可由物理量表来测量，但心理量的大小却不能用物理量表单位来表示。因此，要知道刺激量变化与心理量变化的关系，就需要使用心理量表。

制作心理量表的方法主要有感觉比例法、数量估计法、感觉等距法、差别阈限法、对偶比较法、等级排列法。

信号检测论是人们在对刺激做判断时，对不确定的情况做出某种决定的理论。使用信号检测论对人的感知过程的研究，使心理物理学方法发展到一个新的阶段。信号检测论在心理物理学中得到了广泛的运用，并发展出测量感知觉的不同方法，如有无法、评价法、迫选法等。

推荐阅读

- 武德沃斯，施洛斯贝格．实验心理学．北京：北京大学出版社，2014.
- 史密斯，戴维斯．实验心理学：勘破心理世界的侦探：第6版．北京：机械工业出版社，2017.

- 舒华，张学民，韩在柱．实验心理学的理论、方法与技术．北京：人民教育出版社，2006.
- 朱滢．实验心理学．5 版．北京：北京大学出版社，2022.
- 坎特威茨，罗迪格，埃尔姆斯．实验心理学：理解心理学的研究：第 9 版．上海：华东师范大学出版社，2010.
- 杨治良．心理物理学．兰州：甘肃人民出版社，1988.
- 郭秀艳．实验心理学．2 版．北京：人民教育出版社，2019.

第八章
反应时法

【教学目标】

通过本章学习应实现的目标有：第一，了解反应时研究的历史沿革与测量技术的发展；第二，了解影响反应时的因素，思考在研究设计中如何有效地利用或避免这些因素的影响；第三，掌握反应时新法的基本逻辑；第四，培养学生的科学精神和文化自信。

【学习重点】

反应时研究在心理学研究领域的作用；不同反应时研究方法或范式的基本逻辑思想与应用；序列学习范式、内隐联想测验等方法的应用；E-prime、DMDX 软件系统的应用。同时，理解反应时研究领域科学家的创造精神，以及国内学者在相关领域的积极探索。

第一节　反应时概述

反应时（reaction time，RT）是心理学实验中最常用的反应变量之一。它是指从刺激呈现到反应开始之间的时距（引自朱滢，2022）。根据反射弧的原理，反应时包含三个基本的时间过程：第一，刺激使感受器产生兴奋，其冲动传递到感觉神经元的时间；第二，神经冲动经感觉神经传至大脑皮质的感觉中枢和运动中枢后，经运动神经传递到效应器官的时间；第三，效应器官接收冲动后开始效应活动的时间。因此，反应时实际上是"反应的潜伏期"，而并不是某一行为反应持续的时间（郭秀艳，2004）。

一、反应时研究的兴起

（一）人差方程

反应时研究的起源与"人差方程"（personal equation）概念是分不开的，而人差方程是德国天文学家贝塞尔（F. W. Bessel，1784—1846）的研究成果。早在 1796 年，时年 63 岁的英国皇家格林尼治天文台台长马斯基林多次发现他的助手——24 岁的金内布鲁克观察星体通过子午线的时间比自己慢约半秒钟，因此认为助手工作失职，遂将其解雇。这一事件在当时并没有引起人们的注意。但是，在1820年，细心的德国天文学家贝塞尔比较了自己与另一位天文学家阿格兰德（F. W. A. Argelander，1799—1875）观察同一星体通过望远镜中法线的时间。他们应用当时天文学界普遍采用的“眼耳法”，即观测者先用眼看钟表指针所指的秒数，然后在观察的同时耳听钟摆之音而计秒，以此来确定星体通过望远镜中法线的时间。贝塞尔在比较中发现，自己与其他天文学家观察的反应时也存在着差别，而且这种差别是恒定的，用数学公式可表示为：

$$B-A=1.22(\text{秒})$$

式中，B是贝塞尔的反应时，A是阿格兰德的反应时。这个算式就是著名的“人差方程”。它反映了两个观察者之间在反应时上的个体差异。贝塞尔的研究了结了格林尼治天文台的公案，而且引起许多天文学家对反应时及个体差异的关注和研究兴趣。

（二）神经传导速度的测定

在贝塞尔发现人差方程的27年之后，生理学家赫尔姆霍兹在1850年报告了对神经传递速度的测定研究。他成功测定了蛙的运动神经传导速度（约为26米/秒）（引自郭秀艳，2004）。其后，他又对人的神经传导速度进行了测定。在实验中，他用弱电击刺激人的脚趾和大腿皮肤，并要求被试一旦觉察到电击，就立刻用手反应，从而记录人的反应时。粗略地估计，人的神经传导速度约为60米/秒。

尽管赫尔姆霍兹对神经传导速度的测定结果后来被证明并不是很准确，但是他的研究对科学心理学的发展起到了重要的推动作用。他测量出了在当时被认为无法测量的东西，从而确立了与神经过程不可分离的心理过程是在时间和空间中完成的观点。

（三）反应时概念的提出

19世纪中叶，越来越多的研究者尝试深入探索反应时，比如米切尔（O. M. Mitchel）、赫希（A. Hirsch）等。然而，真正意义上将反应时引入心理学领域的是荷兰生理学家唐德斯（F. Donders，1818－1889）。他假设，如果在一个简单的刺激-反应过程中再增加一个心理过程，反应时也随之增加，那么可以认为增加的反应时对应于增加的心理过程，即反应时的增量其实就是增加的那个心理过程的时间数量。因此，他于1868年设计了分离反应时的实验，确定了三种心理过程的反应时，后被称为唐德斯反应时ABC（Donders ABC of reaction time）或唐德斯三成分。1873年，奥地利生理学家埃克斯纳（S. Exner，1846—1926）首次使用“反应时”（reaction time）这一术语，强调“准备定势”在反应时实验中的重要性。

（四）内省法时代的反应时研究

唐德斯提出反应时ABC之后，“心理学之父”冯特很快就意识到唐德斯指出了实验心理学的一条重要途径，即心理活动的时间测定工作。随后，他带领自己的学生对简单反应时和选择反应时进行了一系列的测量。在冯特早期的学生中，卡特尔（J. M. Cattell，1860—1944）和屈尔佩（O. Külpe，1862—1915）都对反应时的研究有重要贡献。卡特尔曾在莱比锡大学的实验室，开展了一系列试图确定刺激强度与反应时变化之间的关系的实验。他曾使用 Geissler 管产生光刺激，并使用烟熏的方法，改变玻璃的透光性。基于此，他设计了 6 种不同强度的光刺激（其中包括正常的光强度），然后让被试通过望远镜管观察不同强度光刺激的位置，结果发现：光线强度越大，反应时间越短。卡特尔的一系列经典研究深刻影响着之后的反应时探索，其中不少材料至今仍为人们所引用。屈尔佩曾质疑减法反应时的基本假设，因为增加新的任务要求可能会从根本上改变大脑对正在进行的任务的加工（M. E. Young & A. Crumer，2017）。

科学心理学诞生之初，尽管冯特及其学生都非常重视对反应时的探索，但是在那个时代，很多心理学家仍然认为，唐德斯的减数法并不可信，内省法才是人们认识和理解心理加工过程的重要方法 。然而，随着人们对心理现象的研究逐步深入，内省法逐渐淡出人们的视野；相反，唐德斯的方法却为心理学研究和相关理论发展提供了重要的方法支撑，并在之后衍生出“开窗”技术、序列反应时技术、内隐联想测验等一系列的研究范式与技术。

二、反应时的测量

对反应时的测量，一般的有效仪器由刺激呈现设备、反应设备和计时设备三个部分构成。这三部分设备之中任何一个部分的改变都会影响测量的精度。因此，反应时测量技术的发展，事实上就是对刺激呈现设备、反应设备和计时设备三个部分的改良与创造。

（一）刺激呈现设备

因为反应时是从刺激呈现到被试的反应开始之间的时距，所以，要测量反应时，就必须有刺激信号。刺激呈现设备就是用于呈现刺激信号的装置。为了能够精确地测量个体对刺激信号的反应，人们总是希望刺激呈现设备在发出刺激信号的同时，能够激活计时设备，而且刺激呈现设备本身又不得对个体的反应造成任何额外干扰。

（二）反应设备

在刺激信号呈现之后，按照不同的实验任务要求，个体要做出适当的反应。反应设备就是个体在知觉到刺激信号后进行行为操作的装置。但是，因为实验任务不同，要求被试做出的反应也是不同的。因此，在不同的实验中，反应设备是有所差别的，而这又对反应设备的设计提出了更高的要求。一般而言，反应设备一定是敏感的，需要对个体的行为做出快速准确的反应，而且要能够在最短时间内停止计时设备的工作。反应设备如果无法保证其敏感性和快捷性，就会成为反应时实验中误差的重要来源。因此，在反应设备的设计中，至少要考虑影响计时设备激活和终止的相关因素，比如反应键的机械阻力、被试操作的方便性与习惯等。

（三）计时设备

早期的高精度计时器是利用物理学原理的简单机械计时器，此后的发展经历了复杂机械计时器、电子计时设备，一直到今天的以计算机为核心的高精度计时设备。

1. 简单机械计时器

简单机械计时器利用巧妙的设计思想和物理学原理，可以在简陋的条件下完成较高精度的时间测量。其代表有自由落体直尺计时方法和单摆微差计时器。

自由落体直尺计时方法是皮耶隆（H. Pieron，1881—1964）于 1928 年设计的一种简便、无噪声而且相当准确的计时方法。在视觉实验中，主试用拇指将一根米尺笔直地按在墙上，尺的零点朝下，尺的上端与被试平视的位置相一致。被试将拇指放在尺的下端，准备阻止尺自由下落。实验时，主试说“预备”，然后在 1.2 秒之后突然松开拇指，放开直尺，被试一旦接受刺激就立即用拇指再将尺按住。根据直尺下落的距离，就可计算出被试的反应时。计算公式如下：

$$T=\sqrt{\frac{2S}{g}}$$

式中，T 代表以秒为单位的反应时，S 代表尺子下落的距离（以厘米为单位），g 代表地心引力的重力加速度（980 厘米/秒^2）。

早期测量反应时的另一种方法是使用单摆微差计时器。研究者可以通过观察两个摆长不同的摆锤在视觉上的重合来推算人造星体通过的时间。1889 年，桑福德（Sanford，1869—1924）对这种计时方法进行了改进。他通过两摆的视觉重合来测量人的反应时。例如，主试拉动长摆，被试一旦看到主试拉动长摆，要立即拉动短摆。根据单摆振动定律（law of simple pendulum vibration），单摆的振动周期（T）与摆长（L）和重力加速度（g）有以下的关系：

$$T=2n\sqrt{\frac{L}{g}}$$

式中，n 代表两摆的振动周期有一个微小的差别，根据这个微小的差别，便可求得主试与被试的反应时间差。在观察两摆的重合时，常常有三次不易分辨谁先谁后，那么以中间的一次为准。微差计时器实际上仍然是一种“手动”的仪器。其基本原理如图 8－1 所示。

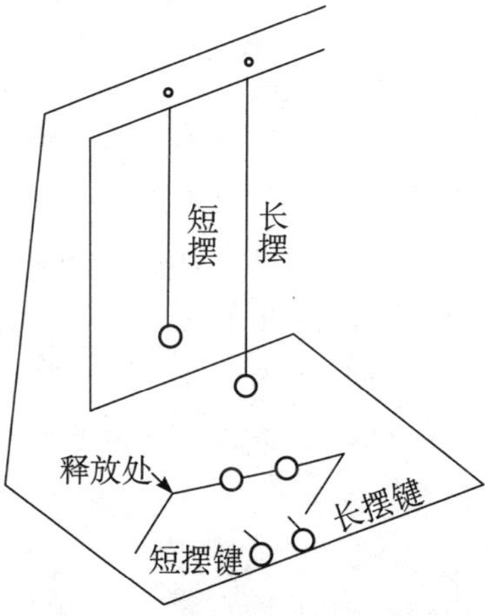

图 8－1　微差计时器原理图

资料来源：杨治良，1998.

2. 复杂机械计时器

复杂机械计时器在本质上仍然是一套机械设备，但是往往具有自己的动力结构，在复杂度和精确度上远高于简单机械计时器，其中时间描记器（chronographic）就是早期心理学研究中常用的计时仪器。

时间描记器又称记纹鼓（kymograph drum），是早期生理心理学研究中常用的仪器。即使是现在，一些精密的生理记录仪也遵循这种时间描记器的工作原理。这种计时设备通过一个等速运动的表面，如记纹鼓或摄影胶片等，来记录刺激和反应的痕迹，并根据两个痕迹间的距离算出反应时。只要控制运动的表面速度不变，同时在运动表面上画出清晰的时间标记，就能简便且准确地计算出反应时。我们一般在每秒振动 100 次的电音叉的臂上安装一支画笔，并用这支笔连续在运动表面（纸带）画出时间标记，然后找出刺激与反应间的振动数，最后据此算出反应时，如图 8-2 所示。

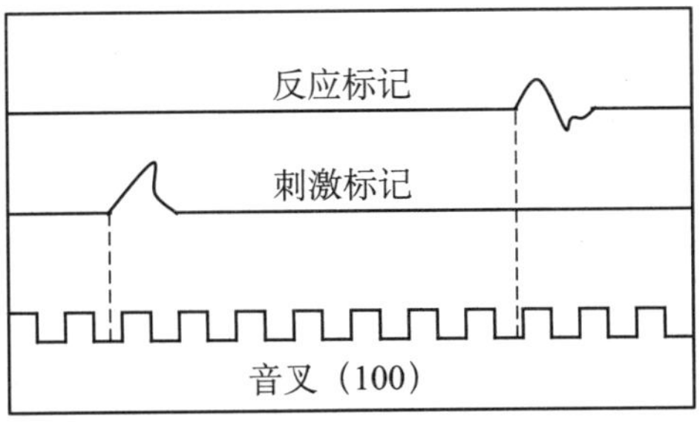

图 8-2 时间描记器记录反应时的图解

资料来源：Woodworth & Schlosberg，1954.

从图 8-2 中可以看到，图中有反应标记、刺激标记，以及每秒振动 100 次的音叉记录。图中的第一条虚线表示刺激呈现的位置，第二条虚线表示做出反应的位置。两条虚线分别对应于音叉记录的不同时间，比较两条虚线之间的距离即可计算出相应的反应时。

3. 电子计时设备

随着电子技术的发展，电子计时设备已经成为现代心理学实验室中经常使用的测时工具。电子计时设备的基本部件一般包括晶振元件、集成电路（积体电路）及荧光数码管（或液晶）时间显示器。其计时的基本原理是：一个频率恒定的脉冲发生器产生时间脉冲，时间脉冲通过一个控制器被输送至电子计数器；控制器在被测事件开始的瞬间接通时间脉冲信号，并将其输送至电子计数器，电子计数器开始计数；最后在被测事件结束的瞬间，切断脉冲发生器与电子计数器的通路，使电子计数器停止计数（引自郭秀艳，2004）。由于脉冲频率固定，因此可根据记录的脉冲数计算出间隔的时间。20 世纪 60 年代中期，甘卉芳（1965）就曾介绍过简易反应时测定装置的基本结构和机制（见图 8-3）。20 世纪 80 年代以来，我国也生产了多种型号的电子计时设备，比如杨治良等研制的 EP202、EP203 简单反应时和选择反应时测定装置等，这些仪器精度高，使用方便，有较好的等时性和抗震性，连续工作时间长，适合心理学研究使用（引自周强，胡瑜，2004）。

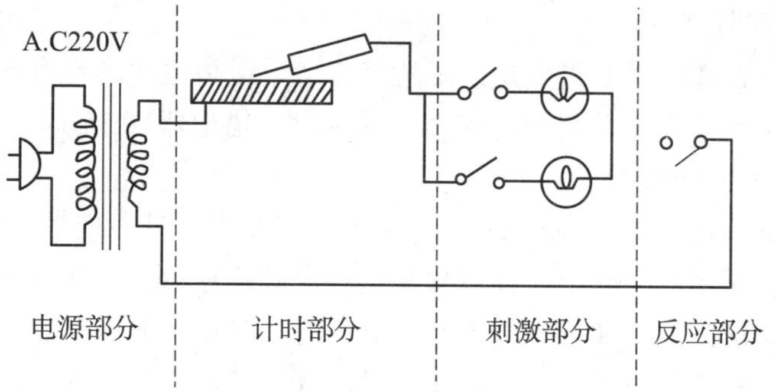

图8-3　反应时测定装置的结构略图

随着电子技术的发展，电子计时设备的设计越来越精细，比如，在刺激信息的感知、反应的感知方面与声音捕捉、图像捕捉等相结合，实现计时触发的自动化和多功能化。另外，电子计时设备的设计也逐渐模块化，换言之，研究者可以结合自己的研究目的选择符合要求的集成电子计时设备，也可以通过编程实现特定的计时功能。

4. 计算机软件计时

计算机内部本身就带有时间脉冲发生器，因此可以通过编程实现对时间的精确记录。其基本的设计思路是，将刺激事件（刺激呈现、接受反应、记录时间）写入计算机程序，通过程序激活计算机的内部计时器，最后基于反应操作中止时间的记录，就可以直观地得到所需要的时间数据。目前，在心理学实验室，E-Prime和DMDX软件系统是研究中较为常用的。

E-Prime是实现心理学实验计算机化的一个可视化编程语言平台，是一个涵盖实验生成到毫秒精度的数据收集分析的应用软件套装。其功能主要在于实验设计、生成、运行，以及数据收集、编辑和预处理分析。呈现的刺激可以是文本、图像和声音（可以同时呈现三者的任意组合）。DMDX是由亚利桑那大学的福斯特（J. Forster）开发的基于Win32平台的刺激呈现软件系统，可用于言语、注意、记忆领域的实验程序的编写。这两个软件系统均能够精确地记录被试的反应时，而且数据的记录、筛选、分析等都比较简单、便捷。对于非专业程序人员而言，这两个软件系统是较为实用的。

图8-4是一个应用E-Prime设计的反应时实验程序的样例。该程序是2（人物：有人物、无人物）×2（场景类型：室内场景、自然场景）混合实验设计，其中人物是组内变量，场景类型是组间变量，实验的目的是考察被试对室内场景和自然场景的知觉是否存在差异，人物信息是否具有注意优先性。

应用E-Prime设计程序时，可以以组间变量为区组（block）。因此，在程序中，可以设计2个区组，即室内场景组（BlockProc1）和自然场景组（BlockProc2）。在每个区组中设计实验试次（TrialProc），包含有人物试次和无人物试次。实验中，要求被试对呈现的图片做出“有人物还是无人物”的判断，其中，“有人物”按键盘“F”键，“无人物”按键盘“J”键。图中最左侧面板是实验控件面板，在设计程序时可以根据需要选择合适的面板，添加在实验序列中。如果完成添加，则会在中间面板和右侧面板显示出添加的控件。

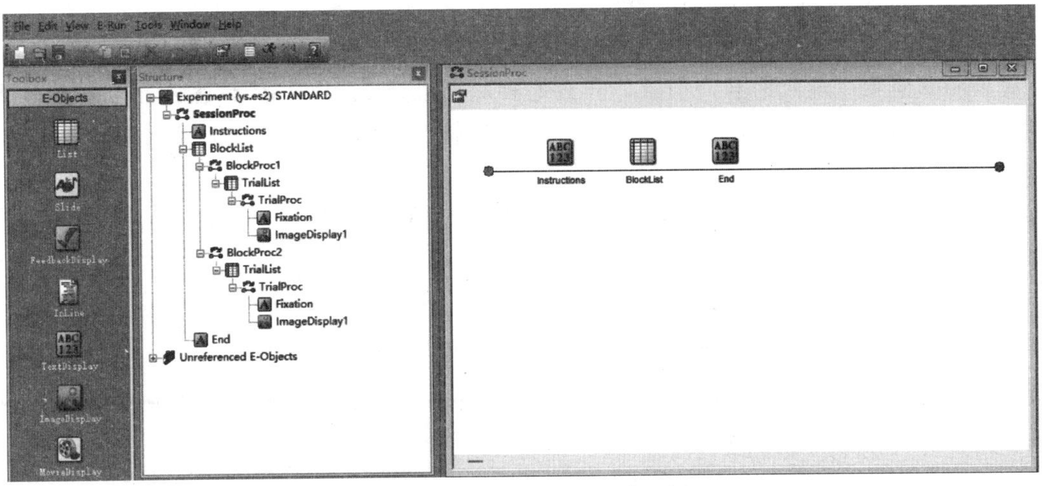

图 8-4　E-Prime 程序设计图例

基本的实验程序包括水平维度：指导语—区组—结束（如图中右侧面板），即被试首先阅读和理解指导语，然后完成区组的实验任务，实验结束；垂直维度：指导语—区组—试次（如图中中间面板），即被试首先阅读和理解指导语，然后进入区组，完成每一个试次的实验任务，实验结束。

在设计试验程序时，指导语、注视点、被试反应和实验结束屏既可以使用文字录入，也可以直接调用图片。在实验中，可以在刺激控件设计被试反应的按键，并记录被试做出按键反应的时间。被试的反应时间＝按键反应时间－刺激呈现时间。

拓展阅读

阈下启动效应与反应时指标的应用

心理活动的时间特征是心理学领域研究者普遍关注的研究问题之一。在日常的生活中，人们会发现：对于同样的事物，有些人做出反应所需要的时间短，另一些人所需的时间长；人们完成一项任务所花的时间短，完成两项任务所花的时间可能会变长……因此，研究者试图通过考察反应时间的变化，探察人们心理活动的变化。

在心理学的研究中，研究者发现这样一种现象：如果给人们呈现一条线索，那么，人们对随后呈现的与之相关的刺激的认知加工就会变得更容易一些，研究者称之为启动效应，而且，即使是在阈下条件下呈现的线索，也会产生启动的作用，即阈下启动效应。姜路遥和李兵兵（2023）为了考察汉语听觉阈下启动效应，在研究中就使用了反应时作为测量指标。那么，反应时又是如何反映阈下启动效应的呢？

在该研究中，研究者设计了 3（启动刺激时间压缩率：40%，50%，60%）×2（启动—目标相关性：相关、不相关）×6（启动类型：真词的重复启动、语素启动、语音启动、语义启动，假词的重复启动、首字启动）的混合实验设计。启动刺激时间压缩率为被试间变量，其余为被试内变量。因变量为被试对目标刺激作词汇判断的反应时。此外，研究者基于主观报告和客观探测结果，将 40%压缩率条件下的启动效应确定为阈下启动，将 60%压缩率条件下的启动效应确定为阈上启动。

实验材料为双字汉语真词和假词的音频，语词的结构为双音节 CV－CV 结构（如“萨合-萨合”或“萨合-萨请”）。实验中，被试需要佩戴头戴式耳机。每一个试次中，首先呈现掩蔽刺激（倒放的启动刺激，音量比目标刺激低 15dB），随后播放启动刺激，最后播放目标刺激（ISI[①]＝0 毫秒）。在播放目标刺激的同时，依次播放另外三个掩蔽刺激。在呈现目标刺激时，要求被试在听到清晰的目标刺激后既快又准确地使用键盘的“F”和“J”键对目标刺激进行真假词判断，然后播放提示音（“滴”），持续 500 毫秒，提示被试即将进入下一试次。

实验结果发现，在时间压缩率为 40％、50％、60％三种条件下，重复启动效应均显著。这种启动效应是依据三种条件下启动-目标的相关性及其在相关和不相关条件下反应时的差异确定的。如果在启动-目标相关条件下的反应时显著短于不相关条件下的反应时，即可确定存在重复启动效应。此外，研究者为了考察阈下启动效应和阈上启动效应的大小，利用启动-目标相关和不相关条件下的反应时之差进行比较，结果发现，阈上重复启动效应（60％压缩率条件）显著大于阈下重复启动效应（40％压缩率条件）。

资料来源：姜路遥，李兵兵，2023.

第二节　反应时的影响因素

一、速度-准确率权衡

在一般情况下，反应越迅速，犯错误的可能性就越大；相反，反应准确率的提高必然会影响个体的反应速度。换言之，在反应过程中，个体有时会以牺牲反应准确率为代价去换取反应速度，有时则会以牺牲反应速度为代价去换取反应准确率。

因此，根据不同的实验要求或不同的实验条件下的要求，被试会确立一个反应速度与反应准确率的标准来指导其所做出的反应，这被称为速度-准确率权衡（speed-accuracy trade-off，SAT）。

（一）熊蜂觅食实验——慢工觅好食

人们常说：慢工出细活。奇特卡等人（Chittka et al.，2003）对此进行了研究。研究者把一个熊蜂的蜂巢连接在一片虚拟的“草原”（100 厘米×70 厘米×70 厘米）上，训练这些熊蜂在“草原”的彩色“花朵”（直径为 25 毫米的彩色圆圈）上“采蜜”。这片虚拟“草原”（70 厘米×70 厘米）是一块半透明的树脂玻璃板，上面开有 46 个直径 5 毫米的小孔，这些小孔组成一个六边形（如图 8－5 所示）。研究者使用计算机控制投影仪，每次随机地选择 8 个小孔，在上面投射蓝色的圆形图案，称为虚拟的“花朵”。虚拟“花朵”所在的 8 个小孔中的 4 个里面装有 10 毫升糖水，颜色设置为：$R=0$，$G=0$，$B=$

① inter-stimulus interval，指两个刺激间的时间间隔，即从前一个刺激消失起到下一个刺激呈现前的时间。

255。另外 4 个小孔中只装有普通水，颜色设置为：$R=0$，$G=70$，$B=255$。有糖和没有糖的“花朵”颜色略有不同，但都属于蓝色调，需要仔细分辨才能区分。

研究者对熊蜂做出正确判断的概率（62%）与做出随机判断的概率（50.0%）进行比较，结果发现二者之间存在显著差异。行为选择的正确率与所需要的时间之间存在显著的正相关（$r=0.963$，$n=10$，$p<0.05$）：熊蜂做出反应花费的时间越长，做出正确选择的次数越多；做出反应花费的时间越短，做出正确选择的次数越少，即犯错误的次数明显增加。

图 8-5 熊蜂觅食图

为了了解反应效价对熊蜂觅食行为的影响，研究者改变了第一个实验中的条件，将 4 个小孔中的普通水换成了 10 毫升含奎宁的、有苦味的水。经过一天的训练之后重新进行实验，结果发现熊蜂反应的正确率有了明显提高，达到 83.0%；同时，它们所花费的时间也明显增加，反应时与正确率之间的相关仍然显著（$r=0.723$，$n=10$，$p<0.05$）。这说明反应的低效价会增加熊蜂在觅食过程中的正确反应次数。在实验二中，改变对反应的惩罚，即把含奎宁的、有苦味的水重新换成普通水之后，熊蜂做出正确选择的概率又出现了回落（61.4%）。因此，可以认为熊蜂的正确反应在很大程度上受到了反应效价的影响。更重要的是，熊蜂在觅食过程中同样存在着速度与反应准确率之间的权衡。

这是科学家第一次发现昆虫做出选择的准确率与其投入时间相关。从行为的表现形式来看，熊蜂的“慢工”可以获得“好食”的回报，而且可以根据反应效价的不同调整觅食策略。

（二）速度-准确率的心理学实验

1. 反应时、反应错误率与刺激呈现概率

泰奥斯（J. Theios，1973）对刺激呈现的概率与反应时之间的关系进行了探索。在实验中，他给被试呈现的是视觉刺激，即每次出现一个数字，要求被试只需对某一特定的数字（例如 8）做出反应，对其他数字则不需要做出反应。研究者操纵的自变量是数字出现的概率，其变化范围在 0.20～0.80。也就是说，要求被试做出反应的特定数字在一系列刺激呈现中出现的概率为 20%～80%。实验结果见图 8-6。

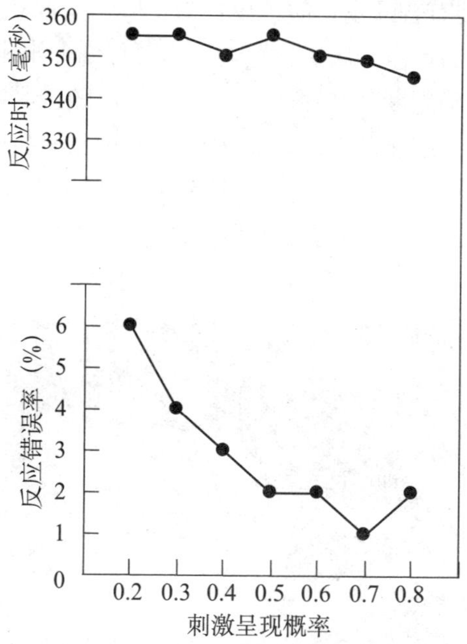

图 8-6 反应时、反应错误率与刺激呈现概率之间的关系

注：当反应时基本恒定时，错误率随刺激呈现概率的升高而降低。

资料来源：坎特威茨，罗伊迪杰，埃尔梅斯，2009.

从图 8-6 可以看出，如果只比较被试对特定数字的反应时，他们的反应时在 340～360 毫秒，并没有随着靶刺激呈现概率的变化而发生明显的变化，这似乎表明刺激呈现概率的变化基本不影响反应时；如果只考察被试反应的错误率，可以发现被试的反应错误率均值大约在 3%，这个值并不算高。但是，如果将被试的反应时和反应错误率结合起来考察，就会发现反应错误率的变化是有规律的，是随着靶刺激呈现概率的变化而变化的。被试在靶刺激呈现概率较低时，反应错误率较高；随着靶刺激呈现概率的升高，被试的反应错误率随之降低。这一结果表明，被试的反应错误率受到了靶刺激呈现概率的影响。那么，为什么靶刺激呈现概率会对被试的反应错误率产生较大的影响，而对反应时的影响并不明显呢？反应错误率的变化和反应时的相对稳定说明，被试要想保持反应速度且使反应错误率降低，靶刺激的呈现概率就必须升高；换言之，当被试被要求以最快的速度反应，并限制反应错误率时，靶刺激的呈现概率就必须升高。帕彻拉（R. G. Pachella，1994）的实验也发现，在刺激呈现概率为 0.2 的条件下，错误率要降低 2%，反应时必须增加 100 毫秒。因此，在面对以固定概率呈现的刺激时，要速度还是要准确率，被试必须做出一种权衡（引自 Kantowitz，Roediger，& Elmes，2009）。

2. 反应时、反应错误率与刺激间隔

奈特和坎特威茨（Knight & Kantowitz，1974）的一项实验更清晰地阐述了速度-准确率权衡的道理。他们给被试呈现两个不同间隔的刺激。因变量有两个：反应时和反应错误率。起初，奈特和坎特威茨发现，不同的刺激间隔不影响反应时，如图 8-7 中的上半部分。但是后来发现，刺激间隔和反应错误率间存在某种关系，即刺激间隔越短，反应错误率就越高，如图 8－7 中的下半部分。

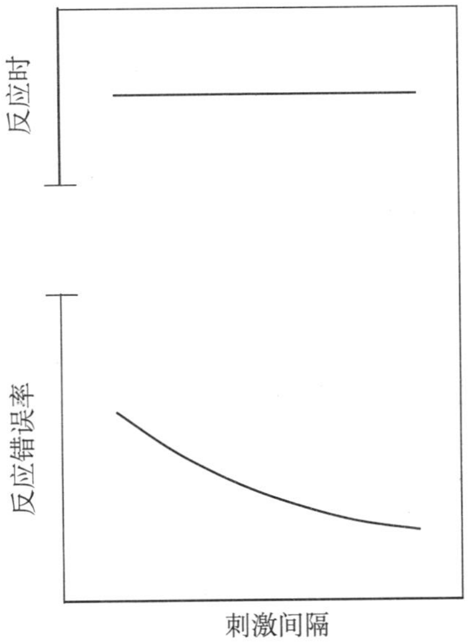

图 8－7 反应时、反应错误率与刺激间隔之间的关系

注：当反应时恒定时，刺激间隔越长，反应错误率越低。

二、刺激变量

（一）刺激类型

人的眼睛、耳朵甚至皮肤等感觉器官都是敏感的刺激感受器，它们接收不同的刺激信息，并且对光、声、触等不同的刺激信息进行特定的加工，因此，不同的感觉信息加工通道对信息的感知加工速度也是不同的。有人研究发现，视觉刺激诱发的反应时更短（Kosinski & Cummings，1999）。之后的一系列研究表明，人们对来自触觉、听觉、视觉、冷觉等感觉通道刺激的反应时也存在差异。从刺激信息的角度来看，这实际上反映了刺激类型对反应时的影响。但是，国内研究者张力为（1994）发现，大学生被试在图形刺激、字词刺激辨认的视觉选择反应时上并不存在显著性差异。黄四林和林崇德（2010）的研究发现，任务刺激类型对被试反应时并不存在显著性影响，结果见表 8－1。

表 8－1 数字与字母任务的平均反应时　　单位：毫秒

刺激类型		全部单向		字母双向		数字双向		全部双向	
		M	*SE*	*M*	*SE*	*M*	*SE*	*M*	*SE*
数字	切换任务	738.28	35.46	790.15	40.31	891.59	59.24	910.10	50.84
	重复任务	678.91	28.26	723.70	27.87	815.80	45.26	864.24	53.85
字母	切换任务	779.14	44.10	924.32	53.98	878.05	52.02	926.86	49.85
	重复任务	715.62	28.58	807.95	38.20	747.63	35.51	900.91	51.82

可以发现，有关刺激类型是否对反应时产生影响，并没有统一的结论。实际上，这主要与研究者的不同研究目的和所使用的研究方法有关。因此，研究者必须根据具体研究的目的和方法，考察刺激类型与反应时之间的关系。

（二）刺激强度

一般情况下，刺激强度很弱时，反应时就长；而当刺激增至中等或较高强度时，反应时便会缩短。绰绰里（R. Chocholle，1940）用强度不等的1 000赫兹纯音做反应时测定，两名熟练被试的平均成绩列于表8－2中（引自杨治良，1998）。分析数据可知，反应时随刺激强度的增加而变短，强度每增加一个对数单位，反应时便有一定的缩短，但达到中等强度后，缩短量逐渐降低。当刺激强度为10个对数单位（即在阈上100个分贝）时，被试的反应时不再可能短于110毫秒，而达到一个极限。

表8－2　对不同强度的1 000赫兹纯音的反应时

单位：毫秒

lg*I*	0	0.2	0.4	0.6	0.8	1	2	3	4	5	6	7	8	9	10
RT	402	316	281	249	218	193	161	148	139	130	124	118	112	111	110

资料来源：赫葆源，等，1983.

黄敏（1996）做了一项有关简单反应时测量方法的研究，以120名运动员为被试，将他们分为A，B，C三个组，其中C组被试在同一个上午进行了20次的听-动简单反应时实验。在实验中，第一种条件为将耳机音量电位器置于最大音量的1/3处，第二种条件为将耳机音量电位器置于最大音量的2/3处。结果发现，在40名被试中，仅有1名被试在两种刺激强度条件下的反应时不存在显著性差异，而其他39名被试（占总人数的97.5%）在不同刺激强度条件下的测试结果具有非常显著的差异，这表明刺激强度对反应时存在显著的影响。

（三）刺激复杂程度

刺激的复杂程度可以从两个方面来分析：（1）刺激数目越多，越复杂；（2）刺激相似程度越低，越复杂。显然，刺激越复杂，反应时必然越长。从可供选择的刺激数目上看，选择的刺激越多，反应时必然越长。默克尔（J. Merkel，1885）要求被试对阿拉伯数字1到5，按次序用右手5个手指做反应，而对罗马数字Ⅰ到Ⅴ则用左手5个手指做反应；每一系列实验所使用的刺激选择数目各不相同。研究者事先让被试了解选择的数目，实验结果如表8－3所示。

表8－3　可供选择的刺激数目对反应时的影响

刺激数目	1	2	3	4	5	6	7	8	9	10
RT（毫秒）	187	316	364	343	487	532	570	603	619	622

资料来源：曹日昌，1979.

另外，刺激信息相似程度越低，反应时越长；相反，刺激信息相似程度越高，反应时越短。沃尔夫等人（Wolfe et al.，2002）在一项探索视觉系统从复杂背景中分离目标刺激的能力的研究中，使用3D场景合成软件Home Designer 3.0设计了三种不同复杂程度的背景桌面，比如，空桌面［见图8－8（a），复杂程度低］、相对整洁的桌面［见图8－8（b），复杂程度中等]、零乱的桌面[见图8-8(c),复杂程度高]。然后,把用斜面磁铁拼成的T字母(目标)和L字母(干扰刺激)放在不同复杂程度的桌面上,要求被试既快又准地找出目标刺激T字母。在研究中,以反应时为因变量指标,结果发现,桌面的复杂程度对反应时具有显著的影响,桌面越复杂,反应时越长。这表明,相对于简单背景条件而言,被试在复杂背景中搜索目标需要更长的时间。

a b c

图8-8 不同复杂程度背景的设计图例

资料来源:沃尔夫,奥利瓦,等,2002.

(四)刺激的新异性

对刺激信息的反应还受到选择性注意的影响。选择性注意是在认知加工过程中,对同时呈现的两种或两种以上的刺激信息中的目标进行选择加工的过程。个体对不同属性刺激物的选择性注意是不同的,因此个体对不同属性的刺激信息的反应也是有差别的。张学民等(2008)在对小学生选择性注意能力发展的研究中,向小学生呈现了两类不同的刺激,一类为非新异目标刺激(黑色卡通图),另一类为新异目标刺激(绿色填充卡通图),并在实验中记录了被试对新异目标的反应时和反应错误率。结果见表8-4。

表8-4 不同年级学生在不同实验条件下的平均反应时 单位:毫秒

年级	线索有效	线索有效	线索无效	线索无效
	非新异目标	新异目标	非新异目标	新异目标
一年级	1 881	1 506	2 014	1 566
三年级	1 347	1 076	1 466	1 118
五年级	1 057	833	1 113	848

通过对数据的比较和分析发现,新异目标刺激有助于加快儿童选择性注意加工的速度,非新异目标刺激则会减慢儿童选择性注意加工的速度。同时,研究者发现,儿童对新异目标刺激的反应不受线索提示和分心任务的影响,保持在一种相对稳定的水平。由此可见,新异目标刺激信息会对儿童产生无意识的吸引力,并使他们对新异目标刺激信息进行自动化加工或者并行加工,因而需要的加工时间相对较短。

三、机体变量

和其他行为反应特征一样,反应时也会受到机体内部状态的影响。影响反应时的机体变量很多,主要有适应水平、准备状态、练习效应、动机和个体差异等。

（一）适应水平

从心理学的角度来看，适应（adaptation）涉及在刺激物的持续作用下感受器发生的变化。感受器的适应水平对反应时有着明显的影响。霍夫兰（C. I. Hovland，1912—1961）让被试看一个直径为 20 毫米的圆块，照度为 250 烛光。要求被试先看不同照度的墙壁，待其眼睛达到一定的适应水平后再测反应时（5 名被试每人在每种条件下的 100 次平均结果），数据如表 8-5 所示。

表 8-5　不同光适应水平条件下的反应时　　单位：毫秒

适应水平	200	150	100	50	0
反应时	154	146	144	140	131

资料来源：孟庆茂，常建华，2001.

数据结果表明，感受器适应会对被试的反应时产生影响。适应水平不同，反应时也存在着差别。朱湘茹和刘昌（2008）在对空间-数字反应编码联合效应的研究中，要求被试判断目标刺激中的数字是奇数还是偶数。实验分为两部分。在第一部分，要求被试按左键对奇数做出反应，按右键对偶数做出反应。在第二部分，则要求被试按左键对偶数做出反应，按右键对奇数做出反应。在实验中，要求被试只对数字的奇偶做出判断，数字大小对于判断任务而言是一种无关信息，被试并不能够意识到数字大小和反应手之间的关系，这样的设计有利于考察冲突效应和冲突适应效应。

实验材料为刺激数字，即 1、2、3、4、6、7、8、9。其中，1、2、3、4 为小数字，6、7、8、9 为大数字。实验分为一致条件和不一致条件。如果被试用左手对小数做反应，或用右手对大数做反应，即为一致条件；相反，如果被试用左手对大数做反应，或用右手对小数做反应，即为不一致条件。在正式实验中，一致的试次和不一致的试次各占一半，而不一致的试次又分为 iI（不一致-不一致，incongruent - incongruent）试次和 cI（一致-不一致，congruent-incongruent）试次，各 80 次。在行为研究中，以反应时为因变量指标。结果发现，一致试次条件下的平均反应时（445 毫秒）显著短于不一致试次条件下的反应时（461 毫秒）。此外，在冲突适应任务中，iI 条件下的反应时显著短于 cI 条件下的反应时。这表明对冲突的适应水平会对反应时产生影响。

（二）准备状态

准备状态（readiness）是指机体在做出某种行为反应之前的心理准备情况。在实验研究中，通常是主试发出指令，要求被试做好准备，之后再呈现刺激材料。从主试发出准备指令到呈现刺激材料这段时间内的准备状态，会对被试的行为反应产生重要影响。林仲贤（1963）在对影响不同方位刺激观察若干因素的初步研究中发现，在刺激出现前，预先给被试准备信号能够大大提高观察反应速度（$t=3.826$，$p<0.05$）。在实验中，主试在每次呈现刺激信息前 2 秒给被试一个蜂鸣器声的准备信号，并在呈现刺激的同时对被试说："刺激出现。"要求被试尽快地进行观察，判断刺激出现的方位，并按键做出反应。实验数据如表 8-6 所示。

表 8-6　在准备状态下对不同方位刺激的观察反应　单位：秒

刺激方位		前区			左右区		后区			总平均
		左下	正中	右上	左正中	右正下	左上	正下	右中	
反应时	无信号	2.07	6.75	4.50	7.70	10.27	9.27	5.88	10.92	7.18
	有信号	3.67	5.52	1.72	3.75	2.35	2.70	4.12	3.20	3.40

分析数据可以看出，无论是在前区不同的方位，还是在左右区、后区的不同方位，凡是在有准备信号的条件下，反应时大多短于无准备信号条件下的反应时。这表明心理的准备状态对反应时具有影响。

心理生理学研究也为揭示准备信号（线索信息）的效应提供了大量的证据。例如，单细胞电生理记录的研究表明，准备信号（线索信息）影响运动皮层和前运动皮层单个神经元的活动水平。20 世纪初，美国生理学家坎农（W. B. Cannon，1871—1945）描述的有关“战斗或逃跑”（fight-or-flight response）反应表明，当人或动物的生存受到威胁时，就会引起神经系统和内分泌系统的变化，这些变化能够帮助人或动物做好反应或撤退的准备。在一项有关体育锻炼对反应时的影响的研究中，罗奇和拉什等人（A. Roach & D. Lash，et al.，2014）使用心率监测器和无液血压计测量被试的基线心率和血压，然后让被试戴上耳机，并使用电脑上的 Biopac 程序记录被试在听到声音刺激之后的行为反应。被试在听到“嘟”的一声时，就使用他的优势手按一下手动按钮。初始测试完成之后，要求被试在固定自行车上进行踩踏锻炼。在心率监测器显示的心率高出基线心率 2 倍之后，测量被试的反应时间，测量的方法与初始测试相同。对运动前后对于听觉刺激的反应时间的配对 t 检验结果显示，运动训练会缩短反应时，这表明，在运动训练之后的生理准备状态对人们的反应能力是有帮助的。

（三）练习效应

很多心理学研究都发现熟练程度会对个体的行为反应产生影响。比如在程序学习过程中，在屏幕的不同位置呈现刺激信息，要求被试根据刺激出现的不同位置尽可能快地做出按键反应。当在相同的位置重复呈现刺激时，研究者就会发现被试的反应显著加快，反应时明显较短，其实这就是练习的作用。朱柯蓓（1997）在对电大学生反应时的测定与分析中，选择了 30 名英语班的学生参加实验，在白、红、绿三种颜色刺激以及声音刺激条件下，要求被试在知觉到刺激信息之后立即按键反应。结果发现，随着刺激呈现的次数以及被试反应次数的增加，被试的反应时越来越短（见表 8-7）。研究者认为，练习影响被试的反应时。一般而言，练习的次数越多，反应越快，但减少量是逐渐降低的，最终达到反应时不再降低的下限。

表 8-7　每 25 次练习反应时的平均数　单位：毫秒

次数	1	2	3	4	5	6	7	8
简单反应时	326.16	308.12	299.52	247.52	227.96	293.32	288.20	267.14

正是由于练习在实验中会影响被试的反应，因此在实验设计，特别是在重复测量的

实验设计中，必须尽可能地控制练习引起的污染。为此，研究者往往会在实验开始之前要求被试进行预实验或者接受练习训练，这样可以了解被试在正式实验之前的反应基线水平，从而有效地控制和分离练习带来的影响。

（四）动机

动机（motive）是由人的某种需要引起的有意识或无意识的行为指向。在反应时实验中，被试易受某种额外动机的影响。白学军和朱昭红（2009）的研究考察了奖惩线索条件下内外倾个体的自主唤醒和行为反应。他们在研究中告诉被试要完成一项有关注意能力的测试。实验中每一个试次开始时，首先会呈现一条表示奖惩意义的线索。当呈现一个红色笑脸时，表示被试在之后的实验任务中反应正确，可以获得1分奖励，否则仅给出错误反馈，不扣分；当呈现一个绿色哭脸时，表示被试在之后的实验任务中反应错误，会扣除1分，正确反应无奖励，仅给出正确反馈；当呈现一个灰色脸时，表示被试在之后的实验任务中无论反应正确与否不得分也不扣分，仅给出正确或错误的反馈。实验结束后，依据被试的注意力得分将被试注意力评为好、中、差三个等级。为了进一步强化被试对研究者事先设定的成绩高低的重视程度，实验结束后按照注意力测试的得分等级分别给予不同类型的奖品。实验中要求被试快速而准确地反应。对不同条件下被试反应时数据的分析发现，奖惩线索的主效应显著，$F(2, 72)=9.75$，$p<0.001$。进一步分析显示，惩罚线索的反应时显著长于中性线索和奖励线索，中性线索和奖励线索之间的差异不显著。这一结果表明，在不同的实验条件下，诱发的行为动机存在差别，进而影响了被试的反应速度。

宋信勇（2000）对体育运动员行为反应的研究也发现，运动员的行为反应受到动机冲突的影响。体育动机冲突由产生到解除需要一个过程，所需时间越长，动作反应越迟缓。在对抗性体育比赛中，运动员的任何动作反应都有一个有效的时机，例如，排球中的扣球与拦网、篮球中的投篮与盖帽等都有一个时机问题，错过时机，可能造成动作失误；而且在某些体育项目的比赛规则中，对起始动作有时间限制，例如，排球的发球和篮球的罚球都有时间限制。为此，运动动机冲突的时间越短，越有利于动作反应前的心理准备或增强动作反应的有效性。

（五）个体差异

在心理学中，个体差异是指人与人之间在心理活动方面的差异（车文博，2001）。它既包括体现在认知、情感和意志活动中的心理品质的差异，又包括能力、气质和性格等个性心理特征方面的差异。在反应时的研究中，个体差异是一个重要的影响因素，其中性别差异是一个很重要的方面。

姚文丽等（2007）在对大学生运动员反应时的跟踪研究中，选择了短跑、中长跑、游泳、篮球等不同的体育运动项目的96名运动员为被试，对选择反应时、声光反应时进行了测定。结果发现，在跟踪研究的三年时间中，运动员反应时存在较大的个体差异。女运动员中反应时最快的为183毫秒，最慢的为244毫秒；男运动员中反应时最快的为183毫秒，最慢的为217毫秒（见表8-8）。

表 8-8 运动反应时的个体差异

性别	人数	测试次数	最慢反应时（毫秒）	最快反应时（毫秒）	平均反应时（毫秒）	标准差
男	34	30±5	217	183	198	±15.5
女	62	34±7	244	183	207	±10.5

除性别方面的个体差异之外，年龄的差异也会表现在反应时方面。因为不同个体的心理发展变化的速度是不同的，所以达到最高水平以及开始衰退的年龄也就有所不同。杜萱和林嘉懿等人（2020）在对儿童和青少年的空间-时间隐喻图式特点的研究中，以小学三年级、六年级学生，初中三年级、高中三年级学生为被试，在“时态-按键”匹配（过去-左，将来-右）和不匹配（将来-左，过去-右）条件下，以 3～5 字构成的 32 个测试短语（练习短语 8 个，正式实验短语 24 个；如“去年冬天”表示过去，“明年夏天”表示将来）为实验材料，分两个模块测试了被试的反应时间。在第一个模块中，有 4 个练习短语和 12 个正式测试短语。第二个模块中有 8 个练习短语（其中 4 个重复第一模块练习短语）和 12 个正式测试短语。短语在模块内按照练习和正式测试分别随机呈现。

实验程序分成两个版本。其中一部分被试完成版本一，要求被试双手分别置于 Z 键和 M 键上，先完成“过去-左，将来-右”的“时态-按键”匹配模块。当短语表示过去时，左手按 Z 键；短语表示将来时，右手按 M 键。接下来完成“将来-左，过去-右”的“时态-按键”匹配模块。即短语表示过去时，右手按 M 键；短语表示将来时，左手按 Z 键。要求被试集中注意力，又快又准确地做出判断。另外一些被试完成版本二。版本二与版本一按键相反——被试先完成“将来-左，过去-右”的“时态-按键”匹配模块，再完成“过去-左，将来-右”的“时态-按键”匹配模块。

实验使用 Eprime 2.0 软件编程。每个试次开始前，屏幕中央出现一个红色“+”，持续 500 毫秒。随后，屏幕中央出现一个短语，被试需按键判断其时间信息。按键后，短语消失。具体实验流程如图 8-9 所示：

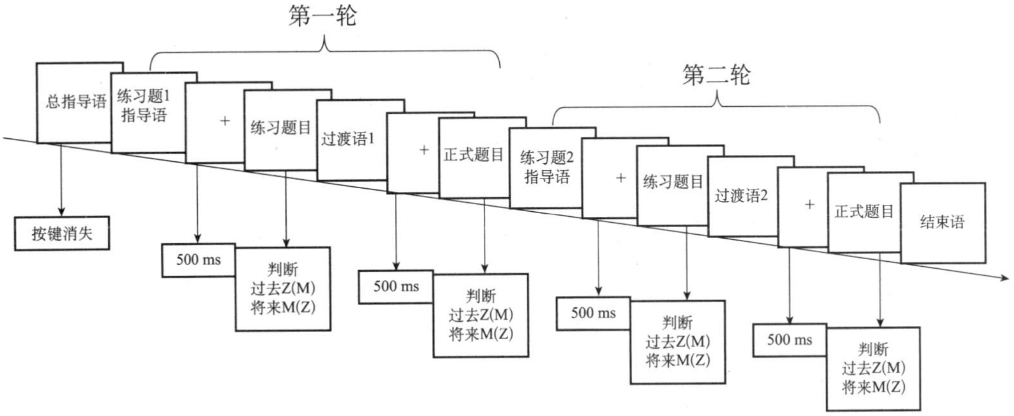

图 8-9 空间-时间隐喻图式研究的实验流程图

资料来源：杜萱，林嘉懿，陈黎静．儿童和青少年的空间——时间隐喻图式．心理发展与教育，2020，36（5）：513-519.

实验结果发现，不同年级被试的反应时存在显著差别，其中，小学三年级的被试反应时显著长于其他三个年级的被试反应时。研究者认为，这可能是因为低年级儿童正在学习相关的时间概念，还不能熟练掌握，因此他们对时间概念的加工和反应速度较慢。

一般认为，进入生理成熟期后，人的感觉-运动和短时记忆功能随着年龄的增长，会有一个逐渐衰退的趋势。尤其是进入老年期后，这两个方面的功能会有较显著的退化。有人在一组年龄为 18～93 岁的成人被试的研究中发现，随着年龄的增长，感觉-运动反应时逐渐延长，但反应时的增加量在相近的年龄组中是很微小的。此外，还有人发现在 25～60岁这个年龄段，反应时的增加极为缓慢，但 60 岁以后反应时的增加就会加快（引自洪炜，梁宝勇，1986）。

拓展阅读

虚拟学习环境中识记项目数量与反应时的关系

随着云计算、大数据、深度学习等新的信息技术的发展，虚拟现实技术（virtual reality，VR）被广泛运用于教育领域，已经成为最具应用前景的技术之一。由于虚拟现实技术具有多感知性、沉浸性、交互性与构想性等特点，所以，它的应用可以为学习者提供更“真实”、更丰富的学习资源。但与此同时，也可能会因为信息呈现形式不当、冗余感知刺激过多等问题，人们在学习的过程中认知负荷过载，从而降低学习效率。因此，如何有效利用虚拟现实技术，创设更合理、更高效的学习环境，成为教育领域的研究者和实践者普遍关心的问题。

研究者为了探索虚拟学习环境中图形加工认知负荷的影响因素，应用心理学的经典研究范式，对刺激数量、加工时间等的影响进行了考察。陈丽君和刘丽敏等人在前人研究的基础上，应用单探测变化觉察和双任务范式，研究了项目数量、呈现时间、文字线索对虚拟图形识记认知负荷的影响。在研究中，他们利用 HTC 人机交互位置光学交互平台（其中包括 HTC 虚拟现实头盔），构建了虚拟场景（一个空房间），并在虚拟场景的中央位置呈现由不同颜色（如红、蓝、黄、橙、绿、紫等）和不同形状（长方体、正方体、十字体、三棱锥等）组成的规则的三维立体图形，要求被试识记不同数量的刺激项目（3 个、4 个、5 个），并在随后的测试中增加干扰项目，考察被试能不能判断测试图形是否学习过。

在对反应时数据的分析中，研究者发现识记项目数量的主效应显著。在项目数量为 3 个的条件下，被试的反应时显著短于项目数量为 4 个、5 个的条件下的反应时，而且，项目数量为 4 个的条件下的反应时也显著短于项目数量为 5 个的条件下的反应时。研究者因此认为，随着识记项目数量的增加，被试主观认知负荷的心理努力也会随之增加。基于此，研究者结合已有研究结论提出建议：在虚拟学习环境中，视觉加工的客体数量不要超过 4 个，否则会造成认知负荷超载。

资料来源：陈丽君，刘丽敏，林岳阳，等，2021.

第三节　反应时研究方法的发展

自从在天文学领域发现了反应时的个体差异以来，关于反应时的研究已经拓展到心理学、生理学等各个领域，反应时的研究方法也逐步成熟，并得到了进一步的发展。其中，减法技术、加法技术、开窗技术，以及之后的序列反应时技术、内隐联想测验技术等，对于探索心理加工过程的特点、揭示心理加工的内在机制等发挥了重要的作用。

一、减法技术

（一）减法技术的基本原理

减数法又称唐德斯反应时 ABC（A、B、C 是指三种不同的反应时任务，具体如下），是一种用相减的方法将反应时分解成各个成分，然后分析内在心理加工过程的方法。它是由唐德斯首先提出的，又称为唐德斯减法。减数法的逻辑是，安排两项反应时任务，其中一项任务包含另一项任务所没有的一个因素，而其他方面均相同。从这两项任务的反应时之差，可以判定该因素所对应的加工阶段花费的时间（王甦，汪安圣，2007）。

唐德斯减法把反应分为 A，B，C 三种类型。A 反应（A-reaction），又称简单反应（simple reaction），即给被试呈现一个刺激，要求其做出反应。比如，给被试呈现一个声音刺激“上”，要求其立即做出按键反应。从声音刺激“上”呈现到被试做出反应的时间间隔即为简单反应时。在唐德斯看来，A 反应是最简单的反应，也是复杂反应的成分或基本要素，是复杂反应的基线水平。

B 反应（B-reaction），又称选择反应（choice reaction），是一种较为复杂的反应。在这类反应任务中，通常有两个或两个以上的刺激，要求被试对相应的刺激做出与之相对应的反应。也就是说，每一个刺激都与特定的反应相对应。例如，在一个听觉实验中，要求被试在听到汉字“上”时按计算机键盘上的“↑”键，听到汉字“下”时按计算机键盘上的“↓”键。在这个实验中，由于不同的声音刺激信息（“上”“下”）对应于不同的行为反应（“↑”“↓”），被试在做出反应之前必须对听到的声音信号做出辨别，同时要对按什么键做出反应进行选择。因此，在 B 反应中，除了 A 反应中的基线操作外，还包括刺激辨认和反应选择的心理加工过程。

C 反应（C-reaction），又称辨别反应（recognition reaction），也是一种形式较为复杂的反应。与 B 反应相同的是，在 C 反应实验任务中，也是有两个或两个以上的刺激；但是，与 B 反应不同的是，C 反应中只要求对一个刺激做出反应，而对其余刺激不要求做出反应。在上述听觉实验中，如果对实验条件做一些调整，比如同样是给被试呈现“上”和“下”两种不同的声音刺激信息，但不是让被试对每一个声音刺激都做出反应，而只是要求被试在听到汉字“下”时，按计算机键盘上的空格键做出反应；听到汉字“上”时，则不需要做出反应。可以发现，这一调整使被试在反应之前要对刺激信息做出辨别，但是并不需要进行行为反应的选择。而在 B 反应任务中既有对刺激的辨别，又有对反应的选择。

这三种不同的反应的区别在于：A 反应仅仅是要求被试在感觉到刺激信息之后做出反应，既不存在对刺激信息的辨别，又不存在对反应方式的选择；C 反应增加了对刺激信息的辨别，但不包含对反应方式的选择；B 反应则既包含对刺激信息的辨别，又包含对反应方式的选择。由此可以发现 A，B，C 三种反应对应三种不同的心理过程。根据减法技术的基本逻辑，可以预期三个反应所需的时间：A 反应时最短，C 反应时次之，B 反应时最长。通过对三种心理过程所需时间进行减法运算，就可以分离出不同心理过程的时间特征（见图 8-10）。

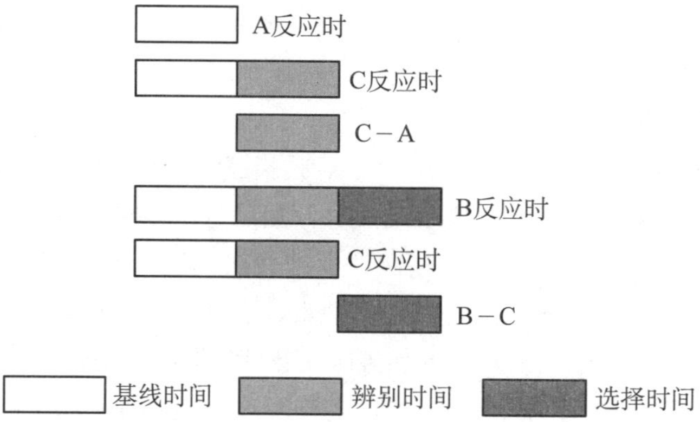

图 8-10 唐德斯减法图解

从唐德斯减法图解可以看出，A 反应时是基线时间，而 C 反应时是刺激辨别时间与基线时间之和。因此，C 反应时减去 A 反应时得到的就是刺激辨别所需的时间，这个时间称为辨别时间（identification time）。类似地，由于 B 反应时是刺激辨别、反应选择和基线时间三者之和，而 C 反应时只包含刺激辨别和基线时间，因此 B 反应时减去 C 反应时得到的就是反应选择时间，这个时间称为选择时间（selection time）。

（二）减法技术的应用

减法技术可以用于探索一系列连续的心理加工阶段。20 世纪 60 年代，波斯纳（M. I. Posner，1967）等为了考察短时记忆信息的表征，进行了一系列有关视觉编码和听觉编码的实验研究。在实验中，研究者给被试并排呈现两个字母。这两个字母可同时呈现，也可相继呈现，要求被试指出这一对字母是否为同一个字母并按键做出反应。实验所用的字母对有两种：一种是读音和书写都一样的，如 AA；另一种是读音相同而书写不同的，如 Aa。在这两种情况下，正确的反应均为“相同”（引自张明，张亚旭，2010）。在每种字母对的两个字母相继呈现的条件下，其时间间隔分为两种情况：实验一是 0.5 秒和 1 秒；实验二是 1 秒和 2 秒。

研究结果显示，两个字母同时呈现时（图中字母间隔时间为 0 秒的条件下），被试对 AA 字母对的反应时短于对 Aa 字母对的反应时；在两个字母继时呈现时（图中字母间隔时间为 0.5 秒和 1 秒，或 1 秒和 2 秒的条件下），随着两个字母间隔时间的增加，被试对 AA 字母对的反应时呈迅速增加趋势，但对 Aa 字母对的反应时变化相对较小，并且 AA 字母对和 Aa 字母对条件下的反应时的差值也在逐渐缩小，如图 8-11 所示。

通过比较和分析字母对的反应时可以发现，被试对 AA 字母对进行匹配判断时可立即进行视觉编码或听觉编码，而对 Aa 字母对的匹配判断只能在听觉编码的基础上进行，并且必须先由视觉编码过渡到听觉编码。因此，对 AA 字母对与对 Aa 字母对的反应时之

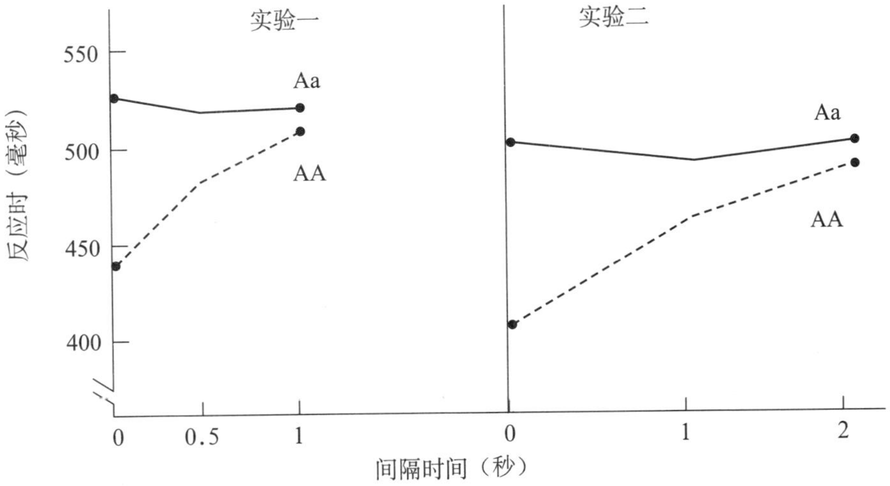

图 8－11　字母间隔和字母对类型对反应时的影响

差反映了被试内部编码过程的差别。由此可以认为，在短时记忆的信息加工过程中，存在着视觉编码和听觉编码两种方式。

二、加法技术

（一）加法技术的基本原理

在唐德斯减法的逻辑基础上，认知心理学家斯腾伯格于 1969 年发展出了相加因素法（additive factors method）。这种方法的基本逻辑是：如果两个因素的效应是相互制约的，即一个因素的效应可以改变另一个因素的效应，那么这两个因素只作用于同一个信息加工阶段；如果两个因素的效应是分别独立的，即可以相加，那么这两个因素各自作用于某一特定的加工阶段。

根据这一逻辑，研究者在进行实验研究时就可以分析，在各种影响反应时的因素中，是否存在着某些独立的因素。如果存在一些影响完成任务所需时间的因素，并在实验中操作这些因素，比如单独地或成对地应用这些因素进行实验，就可以观察到完成任务的时间变化。如果两个实验因素影响两个不同的阶段，它们将对总反应时产生独立的效应。即不管其中一个因素的水平如何变化，另一个因素对反应时的影响都是恒定的（模式见图 8－12）。因此，这两个因素的影响效应是相加的。相加因素法就是这样通过探索有相加效应的因素来区分不同的加工阶段，从而尝试找出某信息加工的所有阶段，以推断整个信息加工过程。可见，相加因素法实验所侧重的，不是区分出每个阶段的加工时间，而是证实不同加工阶段的存在。

实际上，在完成某一项任务时，各个不同心理加工阶段的时间能够相加，则意味着这些心理加工过程是系列的，而非并行的。对于这种观点，目前的研究仍然存在着争论，因为在信息加工的过程中，并不能排除并行加工的可能。另外，帕彻拉曾经指出，两个因素也许能以相加的方式对同一加工阶段起作用，也许能对不同的加工阶段起作用并相

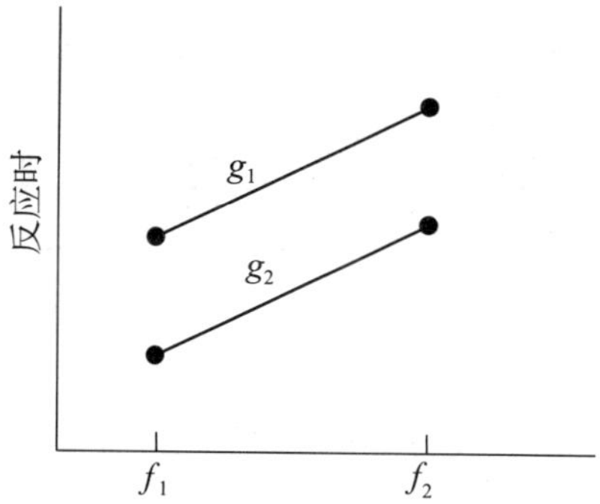

图 8-12　独立因素相加效应的图解

注：g_1，g_2 为 g 因素的两个水平；f_1，f_2 为 f 因素的两个水平。

互产生影响。因此，相加因素法的实验逻辑，即能否应用可相加和相互制约的效应来确认信息加工的阶段，受到了研究者的质疑。尽管如此，相加因素法对于认知心理学的发展还是起到了积极的推动作用，因此并不能因为其受到质疑就否定其价值。

（二）加法技术的应用

斯腾伯格应用加法技术研究了短时记忆信息的提取（引自王甦，汪安圣，2007）。在研究中，研究者先给被试呈现 1～6 个数字作为识记项目，再呈现 1 个数字作为测试项目，要求被试判断该数字是不是刚才识记过的。

通过一系列的实验，斯腾伯格确定了短时记忆信息提取过程中存在着四个相互独立的因素，即测试项目质量、识记项目数量、反应类型（肯定或否定）、反应类型的相对频率，见图 8-13。从图 8-13 中可以看出，在短时记忆信息提取的过程中，被试先对测试项目进行编码，然后将它与识记项目按顺序进行比较，再做出决定，最后进行反应。

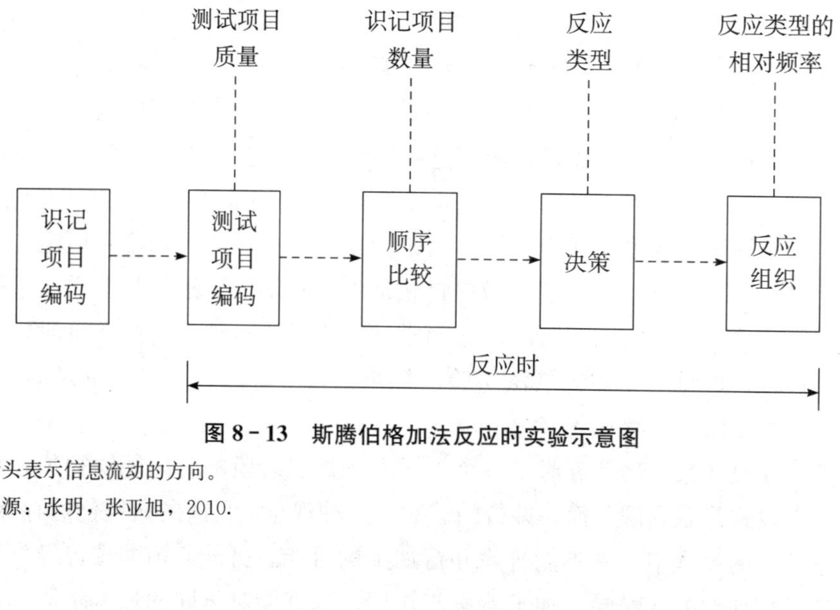

图 8-13　斯腾伯格加法反应时实验示意图

注：箭头表示信息流动的方向。

资料来源：张明，张亚旭，2010.

三、开窗技术

（一）开窗技术的基本原理

无论是减法技术还是加法技术，都不能直接得到某个特定心理加工阶段所需的时间，而要间接地通过两种任务的比较才能得到，并且相应的加工阶段或认知操作也要通过严密的推理才能被确认。研究者试图探索一种实验技术，能够比较直接地测量每个加工阶段的时间，而且能比较明显地看出这些加工阶段。汉米尔顿（Hamilton）等人于 1977 年提出的开窗技术就是这样一种实验技术，它是反应时实验的一种新形式。与减法技术和加法技术相比，开窗技术可以把每一项认知加工所需要的时间比较直接地估计出来。例如，在字母转换实验中，不仅能获知字母的编码、转换以及储存的时间，还可以分离出更细致的加工过程，比如，可能在后一个加工阶段存在着对前一个阶段的复查，储存阶段有可能还包含对前面字母转换结果的提取和整合。

（二）开窗技术的应用

在字母转换实验中，主试给被试呈现 1～4 个英文字母或字母串，并在字母或字母串后面标上一个数字，然后告诉被试，这个数字表示要把该数字之前的字母或字母串中的每个字母都按英文字母表中的位置转换到该数字所指位置上的字母。如果呈现的是一个英文字母加数字，比如“L＋2”，被试的正确回答应该是英文字母表中 L 后边第二个位置的字母，即 N；若呈现的是字母串加数字，如“BHNP＋3”，被试的任务是看到数字“3”后，说出英文字母表中各个字母之后第三个位置的字母，即“EKQS”，四个转换结果要一起说出来，即只做一次反应。被试首次按键就可以看见第一个字母，计时也同时开始，并要求做出声转换，之后再按键看第二个字母，再做转换，如此直到字母全部呈现并做出回答，停止计时。在实验过程中，对出声转换的开始时间和结束时间都要进行记录，具体如图 8－14 所示。

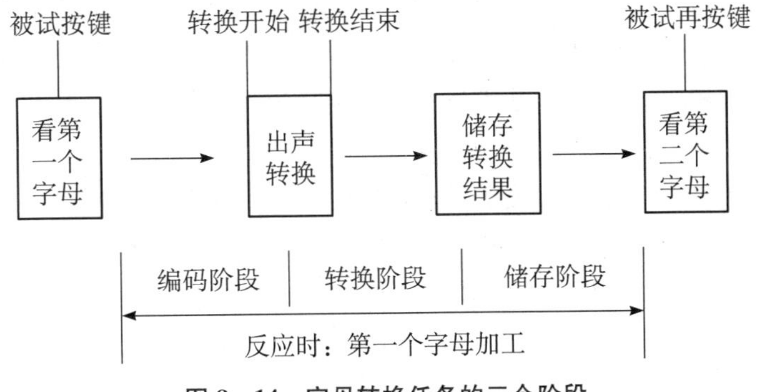

图 8－14　字母转换任务的三个阶段

图 8－14 是对字母转换任务的心理加工过程的分析。根据完成任务的反应时数据，可以直观地看出完成这一任务需要三个阶段的心理加工：一是编码阶段，所需时间为从被试按键看到一个字母到开始出声转换的时间。在这一阶段中，被试要对所看到的字母

进行编码并从记忆中找到该字母在字母表中的位置。二是转换阶段，出声所需时间为转换时间。三是储存阶段，所需时间为从前一个字母转换结束到按键看下一个字母的时间。在这一阶段，被试将转换结果储存在记忆中，并从第二个字母开始还需要将前面的转换结果进行归并和复述。

四、序列反应时技术

（一）序列反应时技术的基本原理

1987 年，尼森（M. J. Nissen）和比勒姆（B. Bullemer）在一项研究中，应用了序列反应时任务对注意在内省记忆（introspective remembering）中的影响。在单一刺激的实验中，显示器屏幕上设置有四个位置（如 A，B，C，D，水平间隔 2.9 厘米），它们都距显示器屏幕的底部有 5.5 厘米的距离。单一的刺激是一个直径为 0.35 厘米的星号，在每一个试次中，这个星号会出现在四个位置中某一位置的中心。实验中要求被试的注视位置距屏幕约 58 厘米，四个位置之间的间隔为 2.87°视角。被试的任务是根据屏幕上呈现的星号的位置，按键盘上 3、5、7、9 键（四个键用白色贴纸标记）中的某一个键做出反应。键盘上的 3、5、7、9 键与屏幕上的四个位置从左到右是相对应的。3 键是星号出现在屏幕最左边位置的正确反应键，5 键是星号出现在屏幕从左到右第二个位置的正确反应键。7 键和 9 键分别对应从左到右的第三个位置、第四个位置。

被试在一个光线充足的房间里接受测试，测试前要求被试将两只手的食指和中指分别放在白色贴纸标记的数字键上。当信号出现在特定的位置时，被试需要在不出现错误的情况下尽可能快地做出按键反应。实验过程中不会提示是否存在重复序列，所有被试完成包含 100 个试次的 8 个区组测试，每个区组之间可以有 1.5～2 分钟的休息。

实验有两种条件——重复条件和随机条件。在重复条件下，10 个试次中星号出现的位置序列为：D－B－C－A－C－D－C－B－A。随机条件下，星号出现的位置完全随机。在每一个区组中不会提示被试是否存在重复，100 个试次实际上是连续呈现的。被试完成 8 个区组的测试之后，会被询问是否注意到星号出现位置的序列，以及他们认为位置序列可能是什么。

在数据分析过程中，研究者比较了重复条件下和随机条件下被试按键反应的平均反应时，结果发现，与随机条件下的反应时相比，随着实验区组的增加，重复条件下的被试的反应时显著减少（见图 8－15）。那么，重复条件下和随机条件下被试的反应时为什么会表现出这种差异呢？研究者认为，这实际上是被试对序列材料进行内隐学习的结果（Nissen & Bullemer，B. 1987；陈玲丽，吴家舵，2004）。而这正是序列反应时技术的基本原理的逻辑体现。

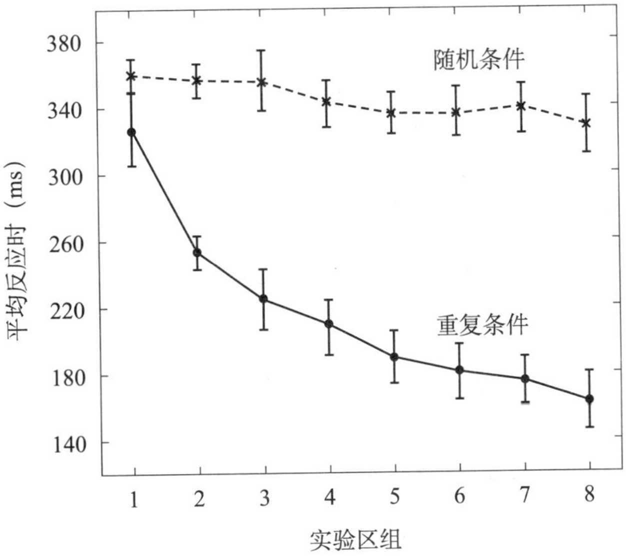

图 8-15　序列反应时任务的数据分析结果图示

资料来源：尼森，比勒姆，1987.

（二）序列反应时技术的应用

在张卫（2000）关于序列位置内隐学习产生机制的实验研究中，在计算机屏幕底部从左至右呈现四个空心矩形，矩形大约 10 毫米宽、21 毫米长，两个矩形的中心相距大约 23 毫米，四个矩形分别对应键盘上的 D、F、J、K 键。实验时，刺激表现为白色迅速填满四个空心矩形中的一个，要求被试按与刺激所在矩形相对应的键做出反应。整个实验进程分为 10 个学习区组。前 8 个区组与第 10 个区组所有被试均学习一个固定的位置序列：414323421312。该序列从头到尾不间断地呈现 9 遍，构成一个区组的学习。为避免位置效应，研究者依据前人的研究，对序列中 1、2、3、4 所对应的矩形位置进行了拉丁方平衡，共形成 4 个平衡序列，各反应-刺激间隔（reaction-stimulus interval，RSI）条件下的 20 名被试分别被随机平均分配到 4 个平衡序列中。在第 9 区组中，实验刺激是按照随机顺序呈现的，但随机序列中任意两个先后相连刺激的呈现位置都不同。在实验过程中，为尽量减少被试学习的非内隐性，每一区组都以 4 个随机刺激起始，紧接着为学习序列，因此，每一区组实际包括 112 个刺激，10 个区组共有1 120个刺激。在实验中，对于正确的反应，计算机自动记录从刺激开始呈现到被试做出反应的时间；若反应错误，则记录错误答案；如果反应时短于 200 毫秒或超过1 200毫秒，则记为无效反应。

为了考察被试对自己操作和学习任务知识的内隐性，要求所有被试在完成上述实验操作后，回答三个与其操作有关且逐步深入的问题：问题一是“对这项任务，你有哪些感受”；问题二是“当白色方块出现时，你有没有注意到某些特殊的地方”；问题三是“你是否注意到白色方块出现的位置有什么规律（a. 根本没注意到；b. 没什么规律；c. 似乎有些规律；d. 很明显有规律）”。如果被试对问题三的回答是c 或d，则要求他们进一步完成一项判别任务，具体做法是在类似正式实验情境的状态下呈现重复序列的刺激，要求被试按自己感受或认为的规律估计和判断下一个白色方块最可能出现的位置。被试回答下一刺激呈现的位置之后，向其呈现该刺激的正确出现位置，并要求被试接着进行判断。如此重复，每一被试要连续对一个序列的刺激进行预估，共12次。在每次判别任务进行时，为让被试的判别有一定的基础，最初4个刺激只让被试观察而不必决断。根据被试对实验后交谈问题的回答和判别任务的预估成绩，区分出内隐和非内隐被试。

为了用减数法逻辑推断内隐学习的发生，研究者还必须尽力控制好实验条件，使得两种实验条件下有差异的心理过程必须而且只能是内隐的。也就是说，在序列反应时实验中，必须使被试在一种条件下不发生任何学习，而在另一种条件下只发生内隐学习，不能发生外显学习（因为如果没有排除外显学习，反应时的差异就不能简单地解释为内隐学习了）。因此，当反应时任务结束后，被试还要接受外显知识测量的任务，通常是生成任务（generate task），即刺激位置仍按固定序列顺序呈现，但被试要根据屏幕上刺激出现的位置预测下一个刺激出现的位置。这项任务的指标是准确度，它反映了被试的外显序列知识。如果序列反应时任务的反应时差异与生成任务的准确度相关很弱，说明发生的是内隐学习。

五、内隐联想测验技术

（一）内隐联想测验技术的基本原理

内隐联想测验（implicit association test，IAT）由格林沃德等（Greenwald，McGhee，& Schwartz，1998）提出，是一种以反应时为指标，通过测量概念词和属性词之间的评价性联系，对个体的内隐态度等内隐社会认知进行间接测量的新方法。它的出现既是内隐社会认知研究的需要，又是反应时范式在社会认知研究中应用发展的结果。其基本过程如下：呈现一个属性词，让被试尽快地进行辨别归类（即归于某一概念词）并按键反应，反应时被自动地记录下来。概念词（如“自我”“他人”）和属性词（如“高奖赏”“低奖赏”）之间有两种可能的关系：相容（如“自我-高奖赏”“他人-低奖赏”）和不相容（或相反）（如“自我-低奖赏”“他人-高奖赏”）。

内隐联想测验需要操作的自变量是概念词和属性词的相容性。所谓相容，指二者的联系与被试的内隐态度一致；换言之，对被试而言二者有着紧密且合理的联系，否则为不相容或相反。当概念词和属性词相容，即其关系与被试的内隐态度一致或二者联系较紧密时，此时的辨别归类在快速条件下更多的是自动化加工，相对容易，因而反应速度快，反应时短；当概念词和属性词不相容，即其关系与被试的内隐态度不一致或二者缺乏紧密联系时，被试往往会出现认知冲突，此时的辨别归类要求进行复杂的意识加工，相对较难，因而反应速度慢，反应时长。不相容条件下与相容条件下的反应时之差即为内隐态度的指标（引自蔡华俭，2003a）。

（二）内隐联想测验技术的应用

内隐联想测验技术的广泛应用，对国内外心理学领域的研究产生了深刻的影响。国内学者应用这一技术对内隐自尊和外显自尊之间的关系、攻击性行为的性别差异，以及广告信息加工中的性别刻板印象、自我信息加工等进行了研究。在此，以广告信息加工中性别刻板印象的内隐效应的研究（孙莲荣，2004）为例，对内隐联想测验技术的操作过程做简单介绍。在研究中，目标刺激图片为男性代言人和女性代言人图片，属性刺激图片为“科学性、生产性、权威性”产品图片和“生活性、消费性、服务性”产品图片，如图 8－16 和图 8－17 所示。

图 8－16　目标刺激图片示例

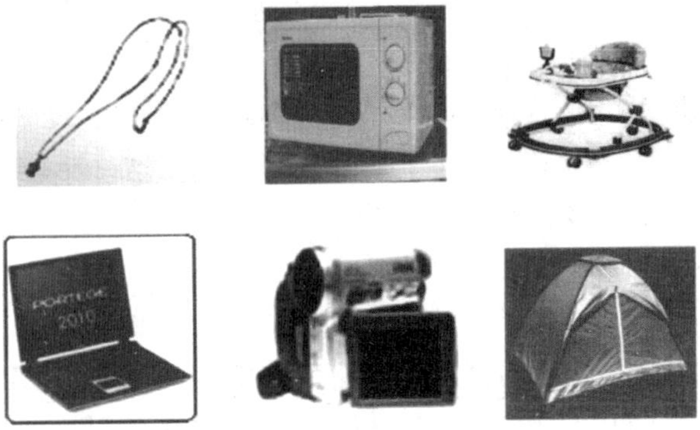

图 8－17　属性刺激图片示例

内隐联想测验的实施主要分为五个基本步骤：第一步，要求对目标刺激图片尽快地进行辨别归类并按键反应，即把属于男性代言人的图片归为一类并按相应的键进行反应（“1”键），把属于女性代言人的图片归为一类并按相应的键进行反应（“5”键）；第二步，要求对属性刺激图片尽快地进行辨别归类并按键反应，即把属于“科学性、生产性、权威性”产品的图片归为一类并按相应的键进行反应（“1”键），把属于“生活性、消费性、服务性”产品的图片归为一类并按相应的键进行反应（“5”键）；在接下来的第三步中，要对前两步中出现的所有刺激图片进行初始联合辨别，即把属于男性代言人和“科学性、生产性、权威性”产品的图片归为一类并按相应的键进行反应（“1”键），把属于女性代言人和“生活性、消费性、服务性”产品的图片归为一类并按相应的键进行反应（“5”键）；第四步是第二步的反转，要求把属于“生活性、消费性、服务性”产品的图片归为一类并按相应的键进行反应（“1”键），把属于“科学性、生产性、权威性”产品的图片归为一类并按相应的键进行反应（“5”键）；第五步是第三步的反转，进行相反联合辨别，即把属于男性代言人和“生活性、消费性、服务性”产品的图片归为一类并按相应的键进行反应（“1”键），把属于女性代言人和“科学性、生产性、权威性”产品的图片归为一类并按相应的键进行反应（“5”键）。其中，第一步、第二步、第四步均为练习部分。练习部分出错时，给予反馈。第三步、第五步分别为相容联合和不相容联合的部分。实验中，相容判断分类的一半试次出现在不相容判断分类前，一半试次出现在其之后，以抵消顺序效应。

在数据分析过程中，先按照格林沃德等提出的方法把少于 300 毫秒的以 300 毫秒计，多于 3 000 毫秒的以 3 000 毫秒计，错误率超过 20%的予以删除。接下来对两组分别计算平均反应时（排除刚开始的两组练习部分）。最后，用不相容组的平均反应时减去相容组的平均反应时，所得到的分数便是相应的内隐联想测验效应。

内隐联想测验的技术也可以应用于考察影响内隐心理加工因素的研究。在一项有关他人重要性对自我心理表征影响的研究（王凌云，王爱君，等，2019）中，研究者使用了内隐联想测验的技术。在研究中设计了两个实验，在实验一中设计了匹配和不匹配的单因素 IAT 任务，基本流程为：

（1）对高/低奖赏进行 40 次分类判断；（2）对自我/陌生人图形（三角形代表自己，椭圆代表陌生人）进行 40 次分类判断；（3）对相容任务进行 80 次分类判断；（4）对自我/陌生人进行 40 次按键反转的分类判断；（5）对不相容任务进行 80 次分类判断。（1）到（5）顺次进行，其中（2）（3）和（4）（5）的顺序在被试间进行平衡（Greenwald et al.，1998）。

对 IAT 任务中相容和不相容任务下反应正确的反应时进行配对样本 t 检验，结果发现，两类任务下的反应时不存在显著差异。研究者认为，这可能是因为 IAT 任务中涉及奖赏分类。在实验过程中，奖赏可能会诱发自我评价，而自我评价受自我与他人对比的影响，而且这种对比的影响与对比对象和自己的亲密程度呈正相关，关系越亲密，对比效应越明显。因此，研究者在实验二中将与自我相区分的他人设置为朋友和陌生人。通过对相容任务条件下和不相容任务条件下反应时的比较，发现二者之间存在显著性差异，其中相容任务条件下的反应时显著短于不相容任务条件下的反应时。这表明，人们在加工自我相关的信息时，自我和高奖赏只是在他人为重要他人（如朋友）条件下的自我-他人分类判断时才具有相似性，而若他人与自己无关（如陌生人），则二者不具有相似性。基于此，研究者认为他人重要性可能会改变自我的心理表征。

拓展阅读

基于反应时范式的内隐社会认知研究方法

方法的革新推动了科学的进步。心理学和其他领域一样，依赖于研究方法的进展。在内隐社会认知研究领域，诸如 Stroop 任务、语义启动、评价性启动、无意识启动、Simon 任务等被用于考察个体知识或评价的自动激活过程。在上述方法的基础上，格林沃德等于 1998 年提出了一种新的研究方法，称为内隐联想测验。该方法以其创新性吸引了研究者的极大关注，他们在此基础上又发展出了 Go/No-Go 联想任务（Go/No-Go association task，

GNAT）和外部情绪性 Simon 任务（extrinsic affective Simon task，EAST）等。

1. GNAT

GNAT 是格林沃德新近提出的测量内隐社会认知的研究方法。GNAT 本身不是对内隐联想测验的否定，而是对内隐联想测验的补充，它考察的是目标类别（如“fruit”）和属性类别（如“good”和“bad”）概念之间的联结强度。

GNAT 包括四个组合判断。在阶段一，被试对积极目标类别（如“fruit”）与积极属性类别（如“good”）做出反应，对消极目标类别（如“bugs”）和消极属性类别（如“bad”）则不做出反应。在阶段二，被试对积极目标类别（如“fruit”）和消极属性类别（如“bad”）做出反应，对消极目标类别（如“bugs”）和积极属性类别（如“good”）则不做出反应。实验中采用 d' 指标，将正确的“Go”反应称为击中，将不正确的“Go”反应视为虚报，将击中率和虚报率转化为 Z 分数后，其差值即为 d' 分数，它可以反映从噪声中区分信号的能力；如果 d' 分数低于 0，表明被试不能从噪声中区分出信号。实验中以两个阶段 d' 分数作为指标，其原理是如果信号中目标类别和属性类别概念联系紧密，那么相比联系不太紧密或者没有联系时，被试会更为敏感，从而更容易从噪声中分辨出信号。

2. EAST

EAST 是德豪厄尔（J. De Houwer）在内隐联想测验和情绪性 Simon 任务基础上发展出来的测量内隐社会认知的实验方法。在情绪性 Simon 任务中，被试在词的非评价性属性基础上做出积极和消极反应。例如，在一项研究中，当代表人的词呈现时，个体报告“good”；当代表动物的词呈现时，被试报告“bad”。实验中代表人的词包括“friend”和“enemy”。结果发现，个体对“friend”的反应要快于对“enemy”的反应，尽管这两个词都从属于人这一概念。而在 EAST 中，个体需要依照所呈现的白色词的评价性属性（积极或消极）做出判断，并分别做出反应，这使得原先中性的按键反应获得了积极或者消极的意义。而对于彩色目标词（如蓝色或绿色），个体则依据其颜色进行区分。此时，由于原先中性的按键被赋予了积极或消极意义，个体对目标刺激的颜色分类反应就会受到影响。这一实验安排由于不需要对目标刺激做出评价性反应，减少了个体对反应过程的有意识控制，因而能够揭示个体的内隐社会认知模式。

在德豪厄尔的典型实验中，他选用 5 个积极或消极彩色名词（绿色或蓝色）以及 5 个积极或消极白色形容词。实验中告知被试，如果词为白色则依照词的意义做出反应：对积极词（如“kind”）按“P”键反应，对消极词（如“hostile”）按“Q”键反应。对于那些彩色词，则依照词的颜色做出反应。实验中安排一半被试当呈现绿色词时按“P”键，呈现蓝色词时按“Q”键；另一半被试当呈现蓝色词时按“P”键，呈现绿色词时按“Q”键。实验后记录被试对不同颜色词的反应时，但不记录对白色词的反应时。通过上述实验可以知道，EAST 中被试在评价性基础上对白色词（形容词）进行反应，在颜色基础上对彩色词（目标名词）进行区分。如果彩色词和白色词性质一致，且个体对这两类词的按键反应方式也一致，个体的反应时较短，我们就可以推断出个体对彩色目标词的内隐联想模式。

资料来源：梁宁建，吴明证，高旭成，2003.

概念术语

反应时	人差方程	速度-准确率权衡	适应
准备状态	练习效应	个体差异	减数法
简单反应时	选择反应时	辨别反应时	相加因素法
开窗技术	序列反应时	内隐联想测验	

本章要点

反应时是指从刺激呈现到反应开始之间的时距。它是心理学实验中最常用的反应变量之一。

反应时包含三个基本的时间过程：第一，刺激使感受器产生兴奋，其冲动传递到感觉神经元的时间；第二，神经冲动经感觉神经传至大脑皮质的感觉中枢和运动中枢后，经运动神经传递到效应器官的时间；第三，效应器官接受冲动后开始效应活动的时间。

对反应时的测量，一般的有效仪器由刺激呈现设备、反应设备和计时设备三个部分构成。

反应时的影响因素主要包括速度-准确率权衡、刺激变量，以及机体变量。速度-准确率权衡使个体能根据不同的实验要求或在不同的实验条件下，建立一个反应速度与反应准确率的标准来指导他的反应。

减数法，又称唐德斯反应时 ABC，是一种用相减的方法将反应时分解成各个成分，然后分析内在心理加工过程的方法。减数法的逻辑是，安排两项反应时任务，其中一项任务包含另一项任务所没有的一个因素，而其他方面均相同。从这两项任务的反应时之差，可以判定与之相应的加工阶段花费的时间。

斯腾伯格提出相加因素法的基本逻辑是：如果两个因素的效应是相互制约的，即一个因素的效应可以改变另一个因素的效应，那么这两个因素只作用于同一个信息加工阶段；如果两个因素的效应是分别独立的，即可以相加，那么这两个因素各自作用于某一特定的加工阶段。

汉米尔顿等于1977年提出的开窗技术，能够比较直接地测量每个加工阶段的时间，而且能比较明显地看出这些加工阶段。

尼森和比勒姆提出的序列反应时技术的基本逻辑是，个体对规则刺激和随机刺激的反应时差异，实际上是对序列材料进行内隐学习的结果。

格林沃德等提出的内隐联想测验技术是一种以反应时为指标，通过测量概念词和属性词之间的评价性联系，对个体的内隐态度等内隐社会认知进行间接测量的新方法。

推荐阅读

● 德沃斯，施洛斯贝格．实验心理学．北京：北京大学出版社，2014.

- 郭秀艳．实验心理学．2版．北京：人民教育出版社，2019.
- 坎特威茨，罗迪格，埃尔姆斯．实验心理学：理解心理学的研究：第9版．上海：华东师范大学出版社，2010.
- 孟庆茂，常建华．实验心理学．北京：北京师范大学出版社，1999.
- 索尔索，麦克林．实验心理学：通过实例入门：第7版．北京：中国轻工业出版社，2004.
- 朱滢．实验心理学．5版．北京：北京大学出版社，2022.
- MYERS A，HANSEN C. Experimental Psychology. 7th edition. Belmont：Wadsworth Publishing，2020.
- 姜路遥，李兵兵．汉语听觉阈下启动效应：来自听觉掩蔽启动范式的证据．心理学报，2023，55（4）．
- WOLFE，J M，OLIVA A，HOROWITZ T S，BUTCHER S J & BOMPAS A. Segmentation of objects from backgrounds in visual search tasks. Vision Research. 2002，42（28）：2985－3004.
- 陈丽君，刘丽敏，林岳阳，等．虚拟学习环境下图形加工的认知负荷研究．心理发展与教育，2021，37（5）．
- NISSEN M J，BULLEMER B. Attentional requirements of learning：evidence from performance measures. Cognitive Psychology，1987，（19）．

第九章

注　　意

【教学目标】

通过本章学习应实现的目标有：第一，掌握注意的操作性定义；第二，掌握注意研究中的自变量、因变量和额外变量；第三，了解注意研究中的实验范式；第四，系统掌握注意研究中各个范式的应用范围、操作过程及数据解释。

【学习重点】

注意的操作性定义；注意研究中的自变量、因变量和额外变量；注意研究的实验范式的应用范围、操作过程及数据解释。

第一节　注意研究中的基本问题

人们每时每刻都处于信息的海洋中。如何处理这些超负荷的信息，就涉及注意的问题。以阅读本书的这一页为例。在某一时刻，我们只集中看一个或两个词语，这页其余部分词语虽然进入了感觉系统，但在这一时刻并没有被激活。实际上，除了这一页的其他词语之外，还存在许多没有意识到的刺激，例如，椅背对背部的压力。当然，如果有人提醒我们注意这种压力，那么我们的注意力就会转移过去，而此刻阅读过程就会短暂地停止。另外，还有一些外部刺激在我们不需要的情形下指向了我们，使我们意识到它们的存在，比如一只蚊子在耳朵周围嗡嗡叫，窗外突然出现刺耳的汽车鸣笛声，等等。这些简单的事例都证明了注意的选择能力。通过这种能力，我们能快速地将注意力从一种刺激转移到另一种刺激上，因为在同一时刻我们不可能同时注意两种以上的刺激。

自科学心理学诞生以来，注意就一直是心理学家重点关注的心理现象之一。詹姆斯（W. James，1842—1910）有一句著名的话："每个人都知道什么是注意。"在日常生活中，注意使我们能对某一事物保持较长时间的警觉。在人们与世界互动的过程中，注意扮演着非常活跃的角色。

一、注意的操作性定义

关于什么是注意，不同的心理学家给出了不同的答案。19 世纪末，詹姆斯认为，注意是心灵以清晰而又生动的形式对同时存在的若干对象中的部分或连续思维的一种占有。它的本质是意识的聚焦和集中。20 世纪初，冯特（W. Wundt，1832—1920）也曾经指出，注意是伴随着一种心理内容的清晰领会的状态。20 世纪 60 年代，随着认知心理学的兴起与发展，人们越来越认识到注意的重要性。认知心理学家认为，人们通常是选择性地感知外面的世界，并且仅对一部分的外界信息做出反应，这种心理和神经机制调节选择性感知的过程就称为注意。

在实际的实验研究中，由于注意是一个比较抽象的概念，研究者就需要对其进行操作性定义，即将抽象的注意变成可以具体测量和量化的指标。在注意研究中，研究任务不同，对注意的操作性定义就不同，较为常见的注意的操作性定义包括任务定义注意、持续性注意和加工定向注意。

（一）任务定义注意

任务定义注意（task-defined attention）涉及是否正确地执行了某项任务。如果被试正确地执行了某项任务，那么不管他运用了哪种内部心理机制，他都会被认为注意了某个刺激而非其他刺激。更确切地说，任务定义注意是指在实验控制条件下，被试对某些刺激或刺激维度而非其他刺激或刺激维度进行了反应。当注意以任务来定义时，只要被试根据任务规则对一定的刺激做出了反应，就认为被试注意了这个刺激。

在那些关注注意的结果而非注意本身的实验中，研究者经常根据任务来定义注意。例如，在图形特征判断实验中，如果被试正确地判断出图形的颜色，研究者就可以认为被试注意了这个图形。以一个具体实验为例。在一项关于幼儿颜色判断的研究中，屏幕上每次呈现一个图形，图形包括圆形和正方形两种，且每个图形分别有红、绿两种颜色，要求幼儿对红色图形进行反应。结果发现，无论是红色圆形还是红色正方形，幼儿的判断准确率均较高，如图 9-1 所示。在这项研究中，幼儿对红色图形的注意，就是任务定义注意。也就是说，如果幼儿正确地执行了任务，那么就可以说该幼儿正在注意某个刺激而不是其他刺激。因此，无论运用什么内部机制来正确完成任务，仅根据任务的准确执行情况就可以推断出是否存在注意加工。

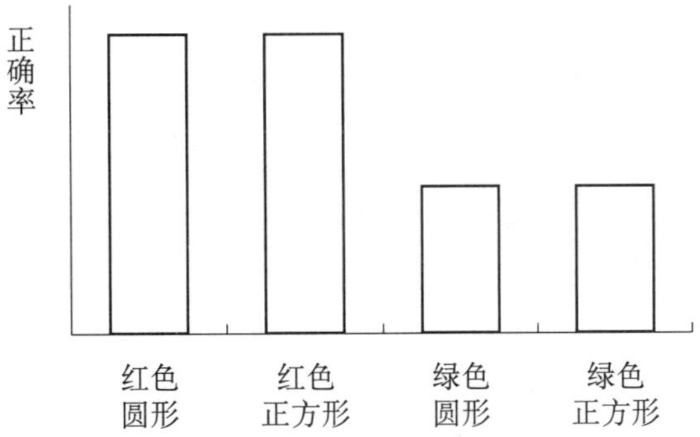

图 9-1 幼儿在不同图形条件下的判断正确率

任务定义注意通常用于探讨那些需要注意参与的心理过程或任务，而不是探讨注意本身的加工过程。例如，在一个典型的记忆实验中，研究者通过屏幕向被试呈现一组单词，并要求他们完成两种任务，一种是对词语进行语义判断，另一种是对词语进行字母大小写判断。在语义判断任务中，被试需要将注意力聚焦到词语的语义上；在字母大小写判断任务中，被试需要将注意力聚焦到词语的书写特征上。这种通过清晰的任务要求对注意的操纵，就是任务定义注意。

（二）持续性注意

与任务定义注意不同的是，持续性注意（maintaining attention）涉及注意的保持过程，即在同一对象或同一任务上保持一段时间。采用这种方法定义注意时，区分引起注意的过程和保持注意的过程非常重要，因为这两个过程可能完全不同。

还是以上述幼儿进行颜色判断的实验为例。大多数孩子可以完成连续性的实验任务，但有些孩子会在一两分钟后开始犯错误或完全停止反应，很少有孩子可以执行这样的任务超过20～30分钟。如果一个孩子在一分钟后就开始在这项任务上经常犯错误，那么就很容易判断出这个孩子可能存在注意力缺陷障碍。也就是说，即使这个孩子暂时将注意力集中在红色上，这个孩子也很难长时间保持对任务的注意。这个孩子的持续性注意能力低。

约翰逊等人（Johnson et al.，2007）的一项研究探讨了不同类型儿童的持续性注意特点。被试群体为21个ADHD儿童、21个高功能自闭症（HFA）儿童和18名正常儿童，实验任务是持续性注意反应任务（SART），实验材料为中间有一个十字的简单圆圈。实验过程是先呈现一个数字，然后呈现掩蔽刺激，接着是反应线索，然后又是掩蔽刺激，被试需要在反应线索呈现时按键反应（数字3呈现时不做反应），其中数字呈现分为固定顺序呈现和随机顺序呈现两种方式。实验的结果表明，ADHD组表现出明显的反应抑制和持续性注意缺陷，表现为错按率和漏按率都很高，而HFA组并没有表现出明显的持续性注意缺陷。

在具体的实验操作过程中，区分注意引导过程和注意保持过程至关重要，因为这两个过程可能完全不同。例如，有顶叶病变的中风患者可能难以将注意力引导到空间的对侧，而注意保持的难度相对较小；相比之下，存在注意力缺陷障碍的儿童也许能够正常地引导注意力，但可能无法保持注意。

（三）加工定向注意

加工定向注意（process-oriented attention）涉及把意识集中于多个感觉输入的主动加工过程，目的是提高对某些信息的加工质量。这个操作性定义有两个本质属性：（1）注意被看作从众多选项中做出选择的过程；（2）选择的目的是提升认知加工的效率。换句话说，加工定向注意是指为了提高认知加工的速度或准确性，而把认知加工过程限制并集中在所有当前信息的某个子集上的过程（Luck & Vecera，2002）。根据这个定义，只有当眼前呈现的刺激过多致使个体的认知加工无法高效运转时，注意才是必要的。

以一个具体实验为例。在一项视觉搜索任务中，同时呈现20个红色和绿色字母，并要求被试判断是否存在红色O。在这项任务中，由于人类视觉系统的限制，被试不能同时有效地处理所有20个字母，因此被试将其加工集中在字母的子集上（见图9-2）。

Egeth 等人（1984）进行了一项类似实验，发现被试可以将注意力集中在红色字母上，而忽略绿色字母。因此，反应速度受每个搜索序列中红色字母数量的影响，但不受绿色字母数量的影响（见图 9-3）。也就是说，一些认知过程仅限于红色项目，从而更有效地检测目标。这就是加工定向注意，因为注意在这项任务中的作用是提高认知过程的速度和准确性，否则这些认知过程会受到信息过载的消极影响。

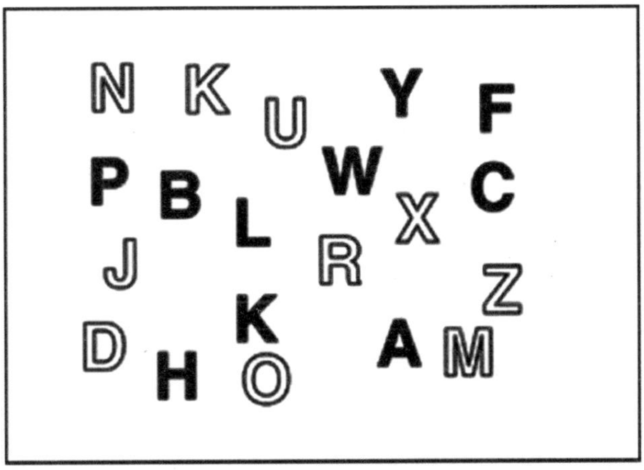

图 9-2 搜索序列示意图

注：实心字母为红色字母，空心字母为绿色字母。

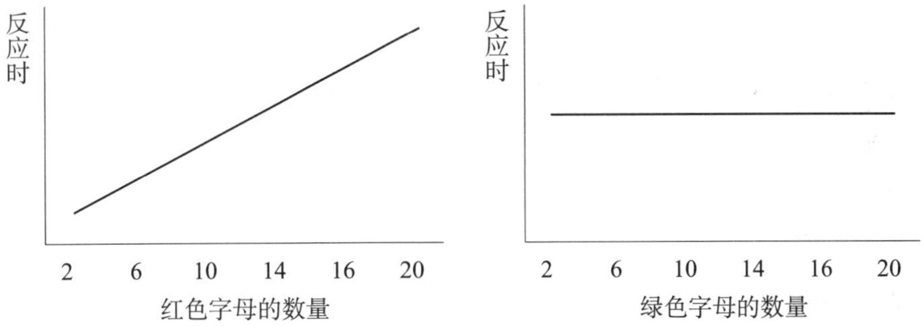

图 9-3 实验结果示意图

这三种操作性定义从不同角度对注意进行了理解：任务定义注意是从行为结果角度来描述注意存在与否，简单易行但没有涉及内部机制；持续性注意看到了注意维持的心理过程，但不能排除其他非注意因素的影响；加工定向注意突出了注意在引导和分配心理资源方面的功能，但不适用于一些简单的任务。因此，这三种定义方式都具有一定的优缺点，在具体的使用过程中，应根据实验目的和要求进行选择。

拓展阅读

生活中的注意

注意持续性又叫注意集中性，指的是当注意指向一定的事物时，个体注意聚焦在该特定事物上的程度。年龄不同，注意持续性不同。一般来说，随着年龄的增大，注意持续性也越来越强。

研究发现，2岁的幼儿注意力能够集中10～12分钟；3～4岁的幼儿注意力能够集中12～15分钟；小学一、二年级的学生注意力能够集中20分钟；小学五、六年级的学生注意力能够集中25～30分钟；青少年的注意力可以集中40分钟左右，基本上接近成人的水平。注意集中性受到年龄、性格、教育经历等多因素的影响，是神经系统兴奋能力和抑制能力共同发展的结果，也是大脑皮层成熟的结果。

古往今来的名人成长故事表明，凡是成就伟大事业的人，其注意集中性品质都比较好。比如，陈毅元帅小时候非常喜欢读书。有一次，他正在看书时，妈妈端来一盘饼和一碗芝麻酱，叫他蘸着吃。陈毅的书桌上有一个大墨盒，因为每天都要用，所以墨盒经常是开着的。陈毅一边看书，一边吃饼，不知不觉中，竟把饼蘸到墨盒里，一口一口吃得还挺香的。妈妈走进屋里，看到他满嘴都是墨，吃惊地叫起来："你在吃什么？"这时，陈毅才发现自己蘸的不是芝麻酱，而是墨水。

青年毛泽东在湖南省立第一师范学校求学期间，常拿着书到离第一师范学校不远的一个叫南门的地方，在嘈杂喧闹的大街边看书，以此考验自己，培养自己随时随地都能集中注意力的能力。经过一段时间，他就能在嘈杂的环境中不受外界干扰地看书学习。

二、注意研究中的基本变量

变量是指以某种方式改变或变化的对象或事件，如刺激类型、刺激呈现时间、搜索序列大小等。自变量是实验过程中研究者根据研究目的有意地加以操纵的因素，因变量是研究者在实验中要观察的现象和要测定的指标。任何一个自变量或因变量都不能单独存在，同时某一确定的自变量或因变量又不能离开具体的实验。某项指标在一个实验中可以作为自变量，而在另一个实验中却可以成为因变量。下面介绍注意研究中常用的一些变量。

（一）自变量

注意研究中的自变量比较多，图形大小、图形颜色、刺激呈现时间、线索位置、线索有效性、被试类型等都可以作为自变量。根据这些自变量的特点，可以将自变量分为刺激变量和被试变量。

1. 刺激变量

根据变量的性质，刺激变量又可以分为定量变化的自变量和定性变化的自变量。

（1）定量变化的自变量。刺激的定量变化指刺激在某个维度或性质上表现出的量的变化，如搜索序列刺激数目的变化、刺激图片颜色饱和度的变化、刺激呈现时间的变化等。在视觉搜索实验中，研究者通常通过操纵搜索序列刺激数目来考察个体的搜索效率及搜索策略。例如，在一项探讨视觉工作记忆内容对视觉搜索效率影响的研究（杨海波等人，2010）中，其中一个自变量就是搜索序列的大小，分为两种水平，一种水平是搜索序列共有4个刺激（1个目标刺激、3个干扰刺激），另一种水平是搜索序列共有8个刺激（1个目标刺激、7个干扰刺激）。结果发现，序列项目数为4时的搜索时间显著短于序列项目数为

8 时的搜索时间。

另外，在麦考利夫和普拉特（McAuliffe & Pratt，2005）的研究中，他们操纵了线索和目标信息之间的 SOA 和 ISI，SOA 分为 50、100、200、400 和 800 毫秒，ISI 分为 0、50、100、150、200、300、350、400、500、600、700 和 750 毫秒。结果发现，线索呈现持续时间、SOA 和 ISI 都会对线索效果产生影响。在这个实验中，SOA 和 ISI 就是定量变化的变量。同样，白学军等人（2011）采用视觉搜索范式，以二维抽象对称图形作为材料，探讨视觉工作记忆内容对自上而下注意控制的影响。研究将 ISI 的长短作为自变量，短 ISI 在 400～600 毫秒区间随机自动选择，长 ISI 在 800～1 000 毫秒区间随机自动选择。结果发现，ISI 的长短与视觉工作记忆的内容存在交互作用。

（2）定性变化的自变量。刺激的定性变化是指刺激性质的变化，如刺激项目颜色的变化、刺激位置的变化等。例如，在一项探讨注意集中性和注意分配性的研究中，自变量为非目标词的类型，分为不恰当、中性和恰当三种类型。又如，在另一项研究中，自变量为线索有效性，分为有效线索、中性线索和无效线索。这两项研究中的自变量都是定性变化的变量。

再如，在杨海波和白学军（2010）采用中央线索范式探讨学优生与学困生自上而下注意控制特点的研究中，线索类型就是定性变化的自变量，分为图形线索和文字线索，图形线索是位于屏幕中央、指示方向的箭头，文字线索是位于屏幕中央、指示方向的汉字。

2. 被试变量

被试变量是指在某一维度标准上存在个体差异的变量，如年龄、性别、智力水平等。例如，在萨托等人（Soto，Humphreys，& Heinke，2006）探讨工作记忆对注意控制影响的研究中，被试类型为自变量，被试分为正常被试和脑损伤患者。又如，弗莱克等人（Fleck et al.，2004）以精神分裂症患者和正常健康群体为被试，探讨了他们选择性注意的特点。这两项注意研究采用的自变量都是被试变量。

另外，被试的特殊性、健康水平也是有意义的自变量，如关于精神分裂症、自闭症、ADHD 患者注意特点的研究中的自变量。这些患者在注意的一些方面会存在不同程度的缺陷和损伤。

（二）因变量

1. 反应时

反应时是指刺激开始呈现到被试做出外部反应之间的时间，它是注意研究中最常用的因变量之一。例如，给被试呈现一系列大小不同、对比度不同的目标刺激，记录他们对目标刺激的反应时。通过对比不同条件下的反应时长短，就可以推断出刺激凸显性对注意的影响。

例如，在一项实验（Theeuwes，1991）中，在颜色特异和强度特异条件下，对干扰类型（无干扰、相同特征干扰、相反特征干扰）反应时进行分析发现，相同或相反干扰条件下的反应时均要比无干扰条件下长。反应时在注意捕获、注意偏向、注意控制等注意研究领域都是重要的检测指标，也是几乎所有实验中都不可或缺的因变量。

2. 正确率

除了反应时之外，正确率也是注意研究中比较常用的指标之一。当一些注意研究不能以反应时为因变量时，正确率就是一个很好的指标。如在布罗德本特的经典双耳分听实验中，因变量指标就是报告正确率。

双耳分听实验中，被试所佩戴的两个耳机同时分别播放不同的信息，它们可以是音节、数字、词语、句子等。例如，两耳机同时播放数字，以 1 秒 1 个的速度呈现，左耳接收到的是 5、8、1，右耳接收到的是 7、4、9，要求被试报告听到的内容，可以以耳朵为单位进行报告，也可以以时间为单位进行报告。统计被试在不同条件下的报告正确率，根据被试的报告正确率，来推断被试的注意加工规律。

3. 眼动指标

在眼动追踪的注意研究中，不同类型的眼动指标都可以作为因变量。例如，在注意捕获研究中，首次眼跳概率就可以作为注意捕获的指标。首次眼跳概率是指被试的首次注视点落在某个客体上的概率。其值越大，表明这个客体捕获的注意资源越多。再如，注视百分比可以作为注意分配的指标。注视百分比是指在规定时间内，被试对视野中不同客体进行注视的比例。其值越大，表明该被试在该客体上分配的注意资源越多。

4. 神经电生理指标

在采用脑电记录技术探讨注意的电生理机制的研究中，各种 ERPs 指标就是因变量。比如，白学军等人（2011）采用 ERPs 技术，探讨了视觉工作记忆内容对自上而下注意控制的影响，研究中的因变量是 ERPs 成分，如 P1、N1、P300。P1 成分主要见于两侧枕区电极，一般于刺激呈现后 60～90 毫秒开始出现，高峰出现于 100～130 毫秒区间。N1 成分会在视听觉中出现，对注意很敏感，多见于刺激呈现后 100～150 毫秒的头前部电极。P300 是晚成分的第三个正波，波幅较大，一般为 5～20 微伏。结果发现，工作记忆内容对枕区 P1 和 N1 的波幅和潜伏期均没有显著影响，而对 P300 有显著影响。

5. 其他指标

在注意研究中，还有其他一些因变量指标。例如，勒克和希利亚德（Luck & Hillyard, 1990）在探讨视觉搜索效率的研究中，采用搜索曲线的斜率作为搜索效率的指标。

拓展阅读

d2 注意力测验及其应用的简介

d2 注意力测验（d2 test of attention）是关于选择性注意的限时测验。该测验对划消测验进行了标准化改进，可测量个体对视觉上相似的刺激进行辨别时的加工速度、对规则的遵守情况以及操作成绩，因此可以用来评估个体的选择性注意和注意集中能力。

该测验有两面，其中一面是记录测验各项目分数的列表和练习样例，另一面是标准化测验，共 14 行，每行 47 个字符，共 658 个字符。测验项目由“d”“p”以及 1～4 条短线组成，这些短线以单个或成对的形式出现在“d”或“p”的上部或下部。测验要求被试仔细观察每一行字符，识别并划消所有带有两条短线的“d”。在测验中，这些项目被称为目标项目。每一行要求被试在20秒内完成。

测验结果用手册计分系统进行计分。该测验包括以下指标：第一，任务完成总量（*TN*），为被试完成的目标项目数和非目标项目数之和，用以衡量加工速度、完成的工作量以及动机。第二，错误数，包括遗漏错误数（E_1）和违规错误数（E_2）。当带有两个短线的目标项目“d”没有被删除时，遗漏错误就会发生。该错误用于评估注意控制、依从规则、视觉扫描的准确度以及作业成绩。如果违背指导语，删除无关的字母，违规错误就会发生。违规错误与抑制控制、遵守规则、视觉扫描的准确度、态度认真程度以及认知的适应性有关。第三，错误率（*E*），即在加工所有的项目时出现错误的概率。错误率越低，被试的准确性越高，作业的质量越高，审慎程度也越高。第四，总成绩（TN_2E）。它等于已加工的项目总数 *TN* 减去错误数（E_1+E_2），可以用来衡量注意控制和抑制控制，以及操作过程中的速度和准确率的关系。第五，集中程度（*CP*）。它等于正确删除的目标项目数减去违规错误数（E_2）。与 TN_2E 不同的是，如果被试偶尔遗漏了测验序列中的字母，或者未经辨认就删除一部分字母，这些都不会影响整个测验的集中程度分数。因而，表面扫描并不会导致 *CP* 的增大。它是衡量作业成绩的速度-准确率权衡的极好指标。第六，波动比率（*FR*），即序列中最大项目数与最小项目数之间的差量。*FR* 可以用来评定操作过程中的稳定性和一致性（也就是暂时的持续性）。在几乎所有的研究中，不管采用什么数据或样本，d2注意力测验的信度系数 *r* 均大于0.90。

有研究者考察了ADHD诊断指标与d2注意力测验成绩之间的关系，结果发现：首先，ADHD儿童的 *TN*、TN_2E、*CP* 均低于对照组，而 E_1、E_2、*E* 均高于对照组。其次，TN_2E、*CP*、*E*、E_2 与DSM-Ⅳ（《精神障碍诊断与统计手册》第4版）中注意涣散症状得分均存在显著相关（$r=-0.44$，-0.37，0.29，0.26；$p<0.01$）；TN_2E、*CP*、*E*、E_2 与多动冲动症状得分也均存在显著相关（$r=-0.36$，-0.38，0.30，0.30；$p<0.01$）。这些都表明，d2注意力测验对于ADHD儿童注意受损情况具有较好的辅助诊断作用。

资料来源：朱昭红，等，2009.

第二节 注意的研究范式

一、线索范式

（一）基本原理

线索范式（cuing paradigm）又叫作提示范式。其基本原理是，用刺激或指导语引导被试去注意一个明确的刺激，然后比较被试对这一刺激的加工和对其他刺激的加工，找出两者之间的加工差异。从本质上看，线索就是对注意指向的引导。这种范式主要用于比较个体对注意到的刺激和未注意到的刺激在加工上的差别。另外，一些探讨注意指向线索化信息过程的研究也采用线索范式。

（二）典型范式

视觉空间线索范式是线索范式的典型代表。这种范式的实验流程是，首先在屏幕中央呈现一个注视点，通常为一个小“+”号，然后在视野左侧或右侧呈现一个线索，接着呈现目标刺激。目标刺激可能出现在线索化位置（当前试次中线索出现的位置），也可能出现在非线索化位置，要求被试尽可能快地对目标做出反应。

（三）线索范式中的自变量

线索范式中常用的自变量主要是线索有效性和线索类型。

1. 线索有效性

线索有效性是指实验中线索化位置与紧随其后的目标刺激位置的吻合程度。当线索出现在某个位置后，这个位置就被线索化，如果随后的目标出现在这个位置，那么这种条件就称为有效线索化（valid cuing），该条件下注意指向目标刺激的可能性较大；当某个位置被线索化以后，如果目标却出现在其他位置，也就是出现在非线索化位置，那么这种条件就称为无效线索化（invalid cuing），该条件下注意指向目标刺激的可能性较小；当线索同时出现在两个位置，没有向被试提供目标可能出现位置的倾向性信息时，这种条件称为中性线索化（neutral cuing），该条件下注意指向目标刺激的可能性介于有效线索化和无效线索化之间（见图 9-4）。

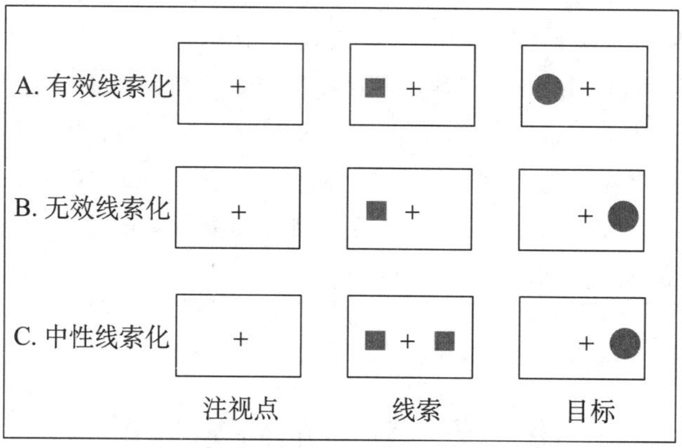

图 9-4 线索有效性操纵示意图

因此，通过线索有效性这个自变量，研究者就可以控制注意指向目标刺激的概率大小。如果以线索有效性为自变量，以反应时为因变量，其典型实验结果是：有效线索化条件下的反应时最短，无效线索化条件下的反应时最长，而中性线索化条件下的反应时介于前两者之间，如图 9-5 所示。

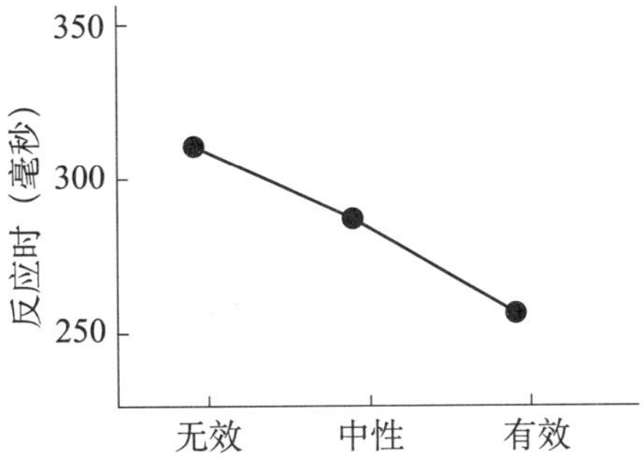

图 9-5 不同线索有效性条件下的反应时

2. 线索类型

线索类型有多种划分方式，常见的是根据线索是否直接出现在目标可能出现的位置，将其分为外围线索（peripheral cue）和中心线索（central cue）。具体见图 9-6 和图 9-7。外围线索指直接出现在目标可能出现的位置的线索；中心线索又称符号线索（symbolic cue），指出现在固定位置（一般是屏幕中央）的线索，此时线索是一个表示目标可能出现位置的符号，如方向箭头。外围线索由于出现在目标可能出现的位置，能自下而上地自动引起注意，所以也称为外源性线索（exogenous cue）；中心线索只是通过符号指出目标可能出现的位置，此时个体需要先对线索进行加工，再将注意力转移到目标可能出现的位置，所以这种线索也称为内源性线索（endogenous cue）。

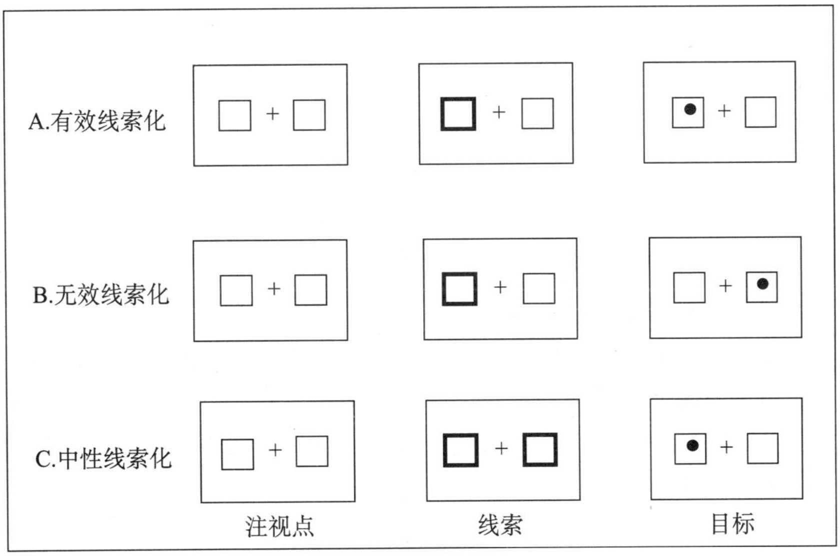

图 9-6 外围线索示意图

另外还有一种较为常用的划分，就是根据整个实验中有效试次和无效试次的比例把线索分为预测性线索（predictive cue）和非预测性线索（non-predictive cue）。预测性线索指在整个实验中有效试次的数量多于无效试次的数量的线索。也就是说，目标出现在线索化位置的概率大于出现在非线索化位置的概率。对整个实验来说，这种线索具有预

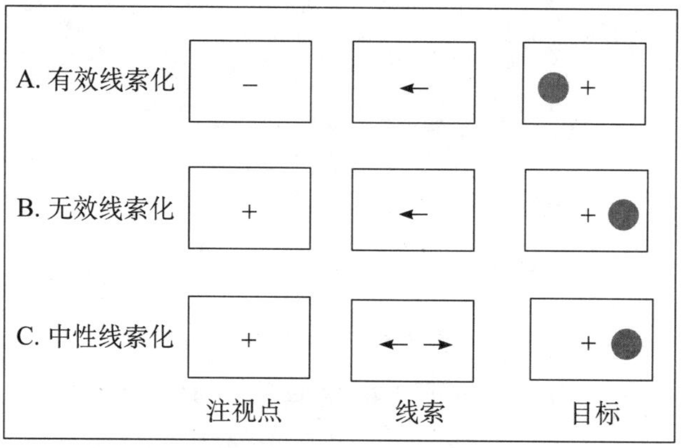

图 9-7 中心线索示意图

测性，并鼓励被试有意地注意线索化位置。非预测性线索指在整个实验中有效试次的数量与无效试次的数量接近的线索。也就是说，目标出现在线索化位置的概率与出现在非线索化位置的概率相当。这样的线索不具有预测性。

可以看出，任何一个具体的线索既可以属于外围线索或中心线索，也可以属于预测性线索或非预测性线索，同时每个线索又可能是有效线索、中性线索或无效线索。所以，研究者可以根据实验目的灵活地使用这些线索变量。

二、搜索范式

（一）基本原理

在搜索范式（search paradigm）中，被试需要寻找一个或多个混杂在干扰刺激序列中的目标刺激，实验时这些刺激可以同时呈现，也可以相继呈现。该范式主要用于考察注意过程中个体如何排除无关刺激的干扰。在大多数视觉搜索实验中，研究者关注的是反应时与序列大小（搜索序列中的项目数）的函数关系，即搜索函数。其中，搜索函数的斜率可以反映搜索过程中搜索效率的高低。

例如，在勒克和希利亚德（1990）的视觉搜索研究中，他们设置了两种条件：在条件一下，目标刺激是普通三角形，非目标刺激是带线条的三角形；在条件二下，目标刺激是带线条的三角形，非目标刺激是普通三角形。具体见图 9-8。同时，每种条件又分为搜索序列中有目标刺激和无目标刺激两种情况。

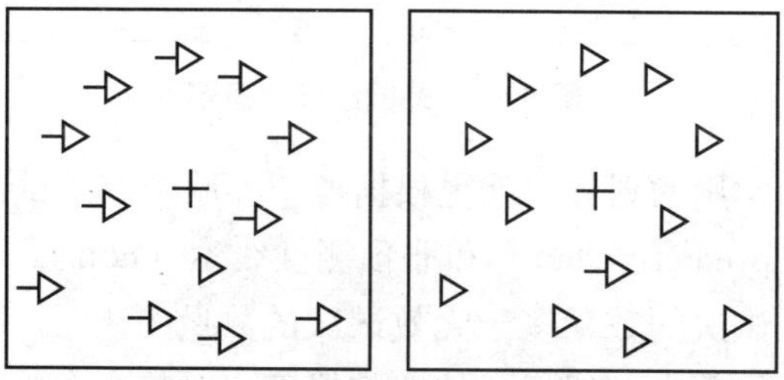

图 9-8 视觉搜索范式示意图

结果发现，在条件一下，随着搜索序列的增大，被试的搜索反应时急剧增加。这意味着当目标被定义为带有缺乏型简单特征（不带线条）时，被试无法独立地判定每个项目是不是目标；而在条件二下，搜索斜率接近于0，表明搜索序列大小不影响被试的搜索时间。这说明当目标被定义为带有增加型简单特征（带线条）时，被试能无干扰地对序列中的每个项目进行判断。

（二）典型范式

1. 奇异刺激范式

在奇异刺激范式下，搜索序列中的某个项目是一个奇异刺激，但这个项目始终不会成为搜索目标。比如，实验任务要求被试在搜索序列中寻找目标刺激，在这个搜索序列中还可能出现一个永远都不会成为目标的形状奇异刺激。具体见图9-9。在图9-9（A）中，目标为垂直方块，带短线的水平方块和圆点均为干扰项，其中圆点就是奇异刺激；在图9-9（B）中，目标为圆形，其中三角形和矩形均为干扰项，其中矩形为奇异刺激。如果被试在形状奇异刺激出现条件下的反应时长于其未出现条件下的反应时，我们就可以推断这个无关的形状奇异刺激影响了被试对目标的搜索。

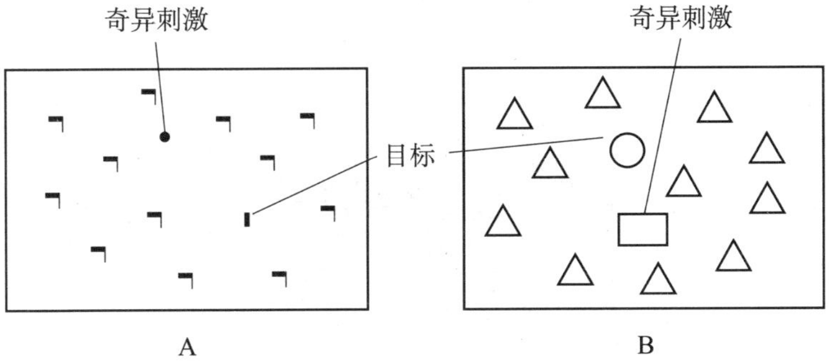

图9-9 奇异刺激范式示意图

2. 无关特征搜索范式

这种范式中的刺激序列与奇异刺激范式中的类似，但不同的是，此时无关特征也可以成为搜索目标。具体见图9-10。图9-10（A）中，奇异刺激为干扰项；图9-10（B）中，奇异刺激为目标；图9-10（C）为奇异刺激缺失条件。

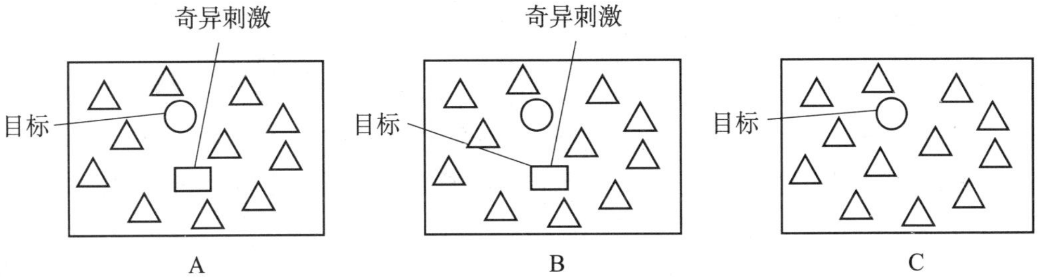

图9-10 无关特征搜索范式示意图

在这种范式下，可用两种方法计算结果。第一，直接计算奇异刺激为干扰项时的反应时与奇异刺激为目标时的反应时之差，比如，计算图9－10（A）和图9－10（B）两种条件下的反应时之差。第二，以搜索序列的项目数为横坐标，以被试的反应时为纵坐标，做几条函数曲线，分别表示奇异刺激为目标时、奇异刺激为干扰项时和奇异刺激不出现时的反应时曲线，比如，绘制图9－10（A）、图9－10（B）、图9－10（C）三种条件下不同搜索序列大小时的反应时曲线。当奇异刺激不出现或者为干扰项时，函数曲线的斜率较大，表明随着序列项目数的增加，反应时也增加，即出现了搜索序列的大小效应；当奇异刺激为目标时，曲线的斜率较小，趋于水平，表明干扰项目的数量不影响被试对奇异刺激的搜索，此时奇异刺激的无关特征自动捕获了注意。

3. 目标-奇异刺激距离范式

在这种范式中，目标和奇异刺激之间的距离是唯一的自变量。比如在一项研究（Turatto & Galfano，2001）中，搜索序列是一些小圆，它们均匀分布在一个假想的圆周上，其中一个小圆的颜色与其他小圆不同，如某一个小圆是红色（P0位置），其余都是绿色（P1、P2、P3、P4位置）。被试的任务是搜索字母T，字母T位于小圆系列中的某一个小圆（P2位置）内。具体如图9－11所示。结果发现，字母T所在的小圆与颜色奇异小圆的距离不同，被试对目标的搜索反应时就会不同。字母T出现在颜色奇异小圆内的反应时最短（比如T出现在P0位置），字母T所在的小圆与颜色奇异小圆的距离（比如图9－11中P2与P0之间的距离）越远，反应时就越长。

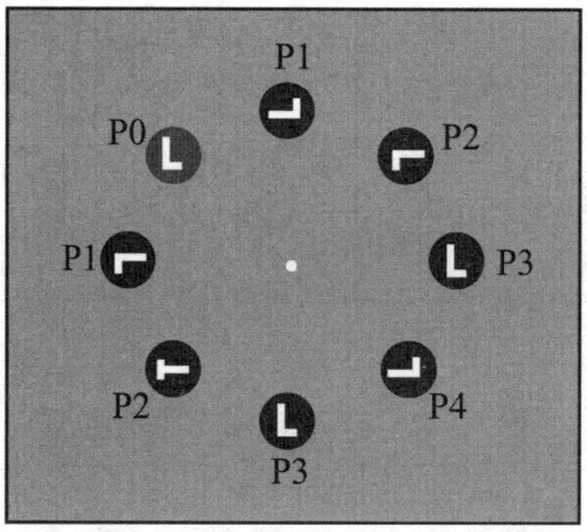

图9－11　图拉托和加尔法诺（2001）研究中的刺激材料示例

三、过滤范式

（一）基本原理

过滤范式（filtering paradigm）的基本原理是，通过一定的操作，使被试的注意指向某一个刺激，而目的是考察那些未被被试注意的刺激的加工过程，以此来探讨注意的加工特征和机制。这种范式主要用于研究注意过程中个体抑制无关信息时的加工特点。

（二）典型范式

经典的过滤范式有双耳分听任务和Stroop任务，常用的有整体-局部范式、侧抑制范式。由于双耳分听任务在第三节还要详细叙述，所以这里仅介绍其他几种范式。

1. Stroop 任务

Stroop 任务是一种典型的过滤范式。在经典的 Stroop 任务中，研究者给被试呈现一些由不同颜色的墨水（如红色、绿色）写成的表示颜色的字（如“红”“绿”）（见图 9-12）。实验有两种条件，一种条件下要求被试报告墨水的颜色，另一种条件下要求被试报告字的名称。当要求被试报告墨水的颜色时，如果墨水颜色与字的名称不一致，反应时就会变长；然而，当要求报告字的名称时，无论墨水颜色与字的名称是否一致，反应时基本没有差异。这个结果表明，个体对字的加工属于自动加工，而对墨水颜色的加工则可能是受控加工。近年来，Stroop 任务被大量用来探讨各种不同类型群体（如儿童、老人、精神病患者等）抑制优势反应的能力。

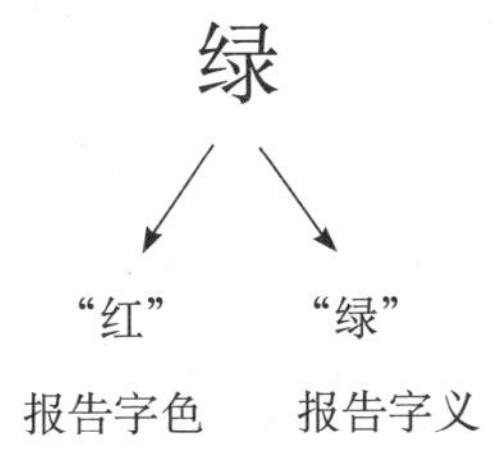

图 9-12 经典 Stroop 任务示意图

2. 整体-局部范式

整体-局部范式（global-local paradigm）由纳冯（Navon，1977）首先使用。在这种范式中，大图形由一组小图形构成。例如在图 9-13 中，整体的“H”是由局部的“S”组成的。实验中的图形有两种情况：一种是大图形与小图形一致，如大 H 由很多小 H 组成；另一种是两者不一致，如大 H 由很多小 S 组成。在这种范式中，自变量为整体与局部的一致性。实验有两种要求，一种是要求被试在图形呈现后报告大图形的名称，另一种是要求被试报告小图形的名称。也就是说，通过实验指导语引导被试要么注意整体信息，要么注意局部信息。

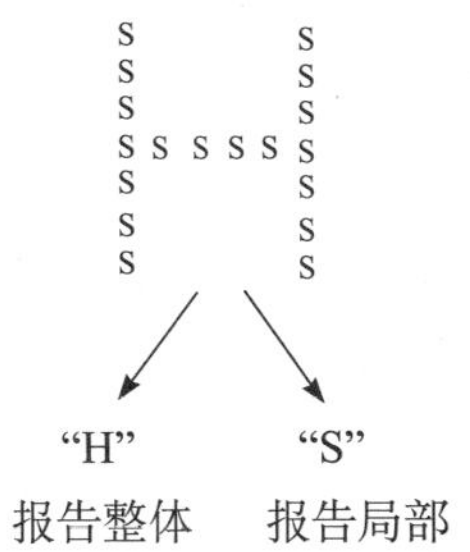

图 9-13 整体-局部范式示意图

纳冯的实验结果表明，当要求被试报告局部字母名称时，局部与整体不一致条件下的反应时显著长于二者一致条件下的反应时；然而当要求被试报告整体字母名称时，无论整体与局部是否一致，两种条件下的反应时几乎没有差异。纳冯总结认为，这种不对称的干扰效应反映出整体加工的优先性。也就是说，整体字母的识别优先于局部字母的识别，整体字母的识别干扰了局部字母的识别。总的来说，整体-局部范式在研究刺激特征（如刺激大小、空间密度）和注意加工之间的相互作用方面具有独特的优势。

3. 侧抑制范式

侧抑制范式（flankers paradigm）主要用来探讨多个独立刺激之间的相互干扰，由埃里克森（Eriksen，1995）最早使用。在侧抑制范式中，屏幕上会呈现一些刺激，其中有些刺激位于屏幕中央，有些刺激则位于中央两侧。实验要求被试报告呈现于屏幕中央的刺激而忽略中央两侧的刺激，即要求被试注意屏幕中央的刺激。

在埃里克森（1995）的实验中，当中央目标是A时，要求被试用左手按键；当中央目标是H时，要求被试用右手按键。在一部分试次中，中央和两侧的字母一致（如中央和两侧都是A）；而在另一部分试次中，中央和两侧的字母不一致（如中央是A而两侧是H，见图9-14）。这种一致与不一致就是一个自变量。另外，字母间的距离也是一个自变量。因变量是被试对中央字母的反应时。结果发现，当中央和两侧的字母一致时，被试的反应时较短；而当中央和两侧的字母不一致时，被试的反应时较长。然而，当两侧字母与中央字母的距离比较大时，这种干扰效应就会变小甚至消失。由于两侧刺激的干扰作用反映出被试对目标的注意集中能力，所以这种范式主要用于研究注意从目标区域分散到临近区域的程度高低。

图9-14 侧抑制范式示意图

4. 负启动范式

负启动效应最早是在20世纪60年代被发现的，但负启动范式（negative priming paradigm）则是由蒂博和克兰斯顿（Tipper & Cranston，1985）首次使用的。负启动效应是指当前一个刺激中的干扰项作为后一个刺激中的目标呈现时出现的抑制作用，表现为当之前显示（启动试次）要求忽略的干扰项成为之后显示（探测试次）中的目标项时，被试对该目标项的反应时变长。在负启动范式中，屏幕上每次呈现两个刺激，一个是需要注意的刺激（目标项目），一个是不需要注意的刺激（干扰项目），要求被试注意其中一个刺激，并对该刺激做出反应。比如，在图9-15中，黑色字母和白色字母重叠呈现，其中白色字母是目标项目，黑色字母是干扰项目，要求被试报告白色字母的名称。当前一个试次中的干扰项目在下一个试次中变成目标项目时，被试的反应时就会变长。这说明干扰字母被识别并记住了。该范式常用来评估在有意忽略一个刺激的情况下，注意能够在多大程度上被自动分配到该刺激上，并影响随后的加工。

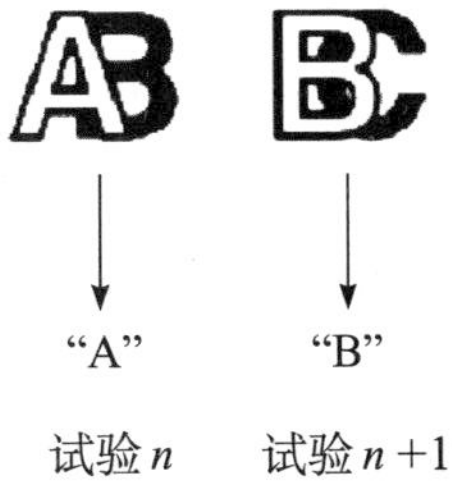

图 9-15　负启动范式示意图

四、双任务范式

（一）基本原理

双任务范式（dual-task paradigm）主要用来探讨注意在多项并行任务间的指向和调节作用。其基本方法是，让被试同时执行两项明显不同的任务，然后评估这两项任务相互影响的程度。

在经典的双任务范式中，要求被试同时执行两项任务，而且规定了他们对每项任务的投入程度。例如，在第一种条件下，要求被试对任务一投入 10%的注意而对任务二投入 90%的注意；在第二种条件下，要求被试对任务一投入 30%的注意而对任务二投入 70%的注意；在第三种条件下，要求被试对两项任务各投入 50%的注意；在第四种条件下，要求被试对任务一投入 70%的注意而对任务二投入 30%的注意；在第五种条件下，要求被试对任务一投入 90%的注意而对任务二投入 10%的注意。最后用作业操作特性函数（把一项任务的成绩定义成另一项任务成绩的函数）描述实验结果，一般会出现三类可能的结果：第一，如果两项任务的认知加工过程相同，那么投入注意多的那项任务的成绩会更好［见图 9-16（A）］；第二，如果两项任务的认知加工过程相对独立，那么同时执行两项任务时的成绩与单独执行每项任务时的成绩会一样好［见图 9-16（B）］；第三，如果两项任务的加工过程存在部分相同，那么一项任务的成绩只会部分地受到另一项任务的影响［见图 9-16（C）］。

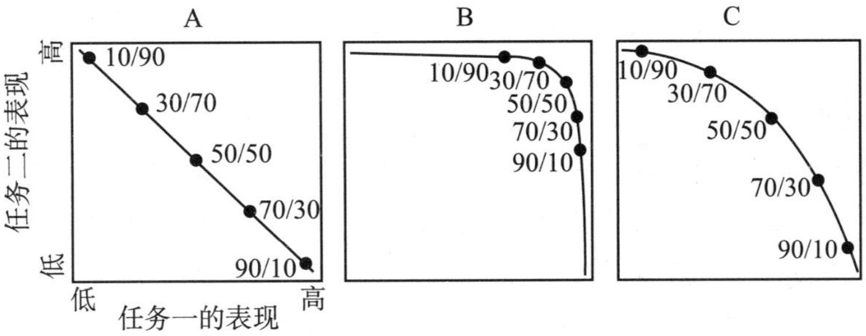

图 9-16　双任务范式可能出现的三种结果

（二）典型范式

经典的双任务范式由于是通过使任务相互竞争来揭示注意的特性的，所以很难确切地揭示两项任务为何相互干扰。近年来，较为常用的双任务范式有心理不应期（psychological refractory period）范式和注意瞬脱（attentional blink）范式。

1. 心理不应期范式

韦尔福德（A. T. Welford）通过实验证明，当相继快速呈现两个信号，而且被试必须对两个信号都做出快速反应时，被试对第二个刺激的反应会受到从第一个刺激开始呈现到第二个刺激开始呈现之间的时间差即 SOA 的影响。与长 SOA 条件下相比，当 SOA 非常短时，被试对第二个刺激的反应时会更长。韦尔福德认为，在这种短 SOA 条件下，被试对第二个刺激反应的延迟是由心理不应期导致的（引自 Luck & Vecera，2002）。

该范式的基本原理是，给被试呈现两项任务，要求他们尽快地做出两种判断。例如，给被试呈现一个纯音和一个字母，要求他们尽可能快地识别字母，并尽快地判断出纯音的高低。如果 SOA 足够长，那么被试会非常准确地完成任务，表示这两项任务互不干扰。但是，当 SOA 很短时，无论哪项任务首先呈现，第二项任务的成绩都会受到影响。出现这种现象的原因是，当 SOA 很短时，加工过程就会发生重叠，只能等第一项任务从系统中消除之后，第二项任务才能得到加工。具体如图 9－17 所示。

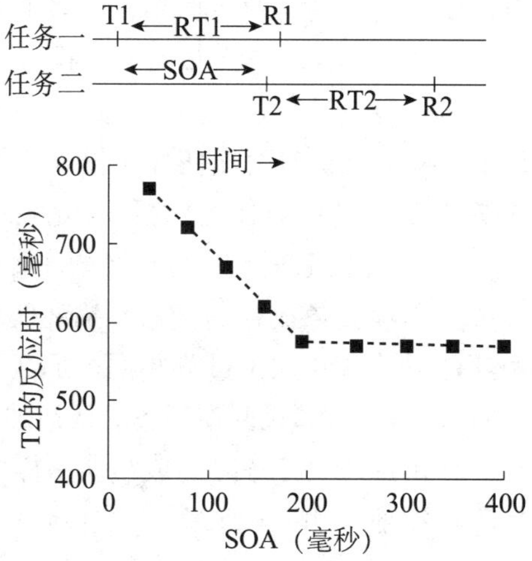

图 9－17 心理不应期范式实验结果示例

注：T—Target，即目标；R—Response，即反应；RT—Reaction Time，即反应时。

2. 注意瞬脱范式

同一任务不同刺激间也存在上述现象。布罗德本特在一项研究中给被试连续序列呈现多个单词，并要求他们辨认。结果发现，在被试对前一个目标词准确辨认后，他们就很难辨认出该单词后约 500 毫秒内呈现的另一个单词，这表明注意加工在时间维度上的有限性。后来，雷蒙特（J. E. Raymond）等采用快速序列视觉呈现（rapid serial visual presentation，RSVP）的方法，将由字母、数字、单词、图形等组成的刺激序列在同一空间位置上以每秒 6～20 个刺激的速度连续呈现给被试，要求他们辨别刺激序列中的目标刺激（T1）和探测刺激（T2，一般在 T1 后的 1～8 个位置上呈现）。T1 是在实验前规定好的刺激，T2 一般是一个固定刺激，刺激序列呈现完后要求被试报告 T1 和 T2。结果发现，如果 T2 在 T1 之后 200～600 毫秒的时间段内呈现，T2 的报告正确率就会大大降低；大约在 T1 呈现之后 300 毫秒时，T2 的报告正确率最低。这种现象被称为注意瞬脱（引自 Luck & Vecera，2002）。注意瞬脱流程见图 9－18。

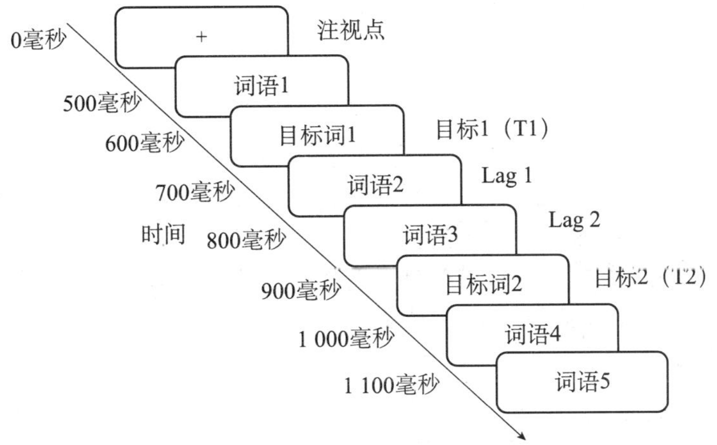

图 9－18　注意瞬脱流程举例

注意瞬脱有两个必要条件：第一，必须是在双任务的情境下，被试必须报告 T1 和 T2，如果仅要求报告 T2，被试的报告正确率会接近 100%。第二，在 T1 和 T2 的前后必须有掩蔽刺激，如果在 T1 或 T2 之后呈现一个空白而不是一个掩蔽刺激，注意瞬脱现象就不会出现。有趣的是，如果 T2 紧跟在 T1 后出现，或者 T2 在 T1 出现 500 毫秒以后的时间段内出现，注意瞬脱现象就不会出现。众多研究认为该现象的认知机制是，在发生注意瞬脱现象的时间区段内的注意资源有限，对 T1 的加工占用了大部分心理资源，只留下少部分资源给 T2，导致 T2 无法得到完全加工。

拓展阅读

不同的注意移动方式对返回抑制的影响

波斯纳与科恩（Y. Cohen）发现，采用突然变亮或变暗的方法，对空间某一位置进行线索化，对紧接着出现在该位置上的靶子刺激的反应就会加快，这种现象称为易化。

然而，当 SOA 超过 300 毫秒时，易化作用会被某种抑制作用取代。此时，被试对出现在线索化位置上的靶子的反应速度会慢于对出现在非线索化位置上的靶子的反应速度。波斯纳与科恩将这种现象称为返回抑制（inhibition of return，IOR）。返回抑制使人的注意离开已经被注意过的位置，并且迅速地朝向新的位置，以利于快速的搜索活动，它对于提高人类视觉搜索效率及扩大视野范围起到了重要的调节作用。

有研究者以 20 名大学生为被试，选取的 SOA 分别为 400 毫秒和 600 毫秒，两次线索化时间比例分配有三个水平，即 3∶1，1∶1，1∶3。这种比例分配直接操纵了注意的运动转移。结果发现，当外侧位置线索化时间长于中心注视点位置线索化时间时，返回抑制值较大，其他情况下返回抑制值较小。这一实验结果表明，不同的注意移动方式会对返回抑制产生影响。

资料来源：钞秋玲，等，2007.

第三节　注意研究中的经典实验

一、双耳分听实验

（一）实验介绍

图 9-19　双耳分听实验示意图

双耳分听实验的本质是让被试的双耳同时听见不同的信息，要求被试重复一只耳朵（追随耳）所听到的信息，而忽略另一只耳朵（非追随耳）所听到的信息。在典型的双耳分听实验中，研究者为被试的两耳呈现不同的信息，要求被试只注意一只耳的信息并对其进行反应（追随耳），同时还要忽略另一只耳的信息（非追随耳）。例如，在布罗德本特设计的一个双耳分听实验（见图 9-19）中，他通过立体声耳机向被试两耳同时呈现三对刺激（具体如表 9-1 所示），呈现速度为每秒两对。实验任务是要求被试报告这些数字。报告的方式有三种：（1）分别报告。即以耳朵为单位，分别报告左右耳所接收到的信息。（2）成对报告。即以双耳同时接收的信息为单位，按顺序成对报告。（3）随意报告。结果发现，分别报告的正确率为 65%，成对报告的正确率为 20%；而随意报告条件下的正确率与分别报告条件下的正确率接近，说明随意报告时被试多采取分别报告策略。

表 9-1　双耳分听实验的材料呈现方式

	左耳（追随耳）	右耳（非追随耳）
第 1 对	6	4
第 2 对	2	9
第 3 对	7	3

布罗德本特解释说，每只耳朵都可以被看成一个通道，每一个通道中的信息都是单独储存的，并且注意机制只允许每个通道的信息单独通过，所以以耳朵为单位的分别报告策略得到优先选择，并且其效果优于通道之间不停转换的成对报告的效果。根据上述双耳分听实验的结果，布罗德本特提出了过滤器模型。

（二）后续实验

在布罗德本特提出过滤器模型之后，不少研究开始验证这个模型。在一些研究支持这个模型的同时，也有一些研究不支持这一模型。例如，在格雷和韦德伯恩（Gray & Wedderburn，1960）的双耳分听实验中，他们向被试呈现一些有意义的材料（见表 9-2），并要求被试回忆听到的信息。

表 9-2 格雷和韦德伯恩（1960）实验中的材料样例

		左耳	右耳
第 1 组	第 1 对	OB	6
	第 2 对	2	JEC
	第 3 对	TIVE	9
第 2 组	第 1 对	DEAR	3
	第 2 对	5	AUNT
	第 3 对	JANE	4

结果发现，被试不是以耳朵为单位报告，而是以意义为单位报告，即将两只耳朵分别接收到的音节组成有意义的词（如“objective”）或有意义的短语（如“dear aunt Jane”），这表明可能不止一个通道的信息通过了过滤器。对此，过滤器模型就无法进行解释。

为了解释这种现象，特瑞斯曼（Treisman，1969）设计了一系列实验。其中一个实验采用了双耳分听的追随耳程序。被试的左耳为追随耳，右耳为非追随耳。实验中，被试的双耳会同时接收到一些拆分后的句子，如：

左耳：There is a house understand the world.

右耳：Knowledge of on a hill.

实验要求被试报告追随耳听到的内容。结果，被试报告的都是“There is a house on a hill”，并表示这是从一只耳朵中听到的信息。这个结果表明，当把有意义的材料拆分开同时呈现给双耳时，被试会在实验过程中不由自主地追随完整的意义。这说明被试其实注意到了两只耳朵中的信息，而非单只追随耳中的信息。

特瑞斯曼的另一项研究发现，当给被试双耳呈现的材料同为英文小说时，非追随耳的信息可以得到一定的识别；但是，当给追随耳呈现英文小说，给非追随耳呈现生物化学文章时，非追随耳的信息则很难被识别。特瑞斯曼据此认为，当追随耳中的信息与非追随耳中的信息相同或相近时，非追随耳的阈限就会降低；当两者完全不同时，非追随耳的阈限就不会降低。特瑞斯曼以英法双语学生为被试的实验也得到了相同的结果。

约翰斯顿和海因兹（Johnston & Heinz，1978）采用双耳分听范式进行了追随目标词实验。他们向被试双耳同时呈现目标词（事先规定好）和干扰词，要求被试追随目标词并将其复述出来。实验共有两个变量，一个是材料的感觉可辨度，分为低感觉可辨度和高感觉可辨度。低感觉可辨度条件下，目标词和干扰词均采用男声呈现；高感觉可辨度条件下，目标词采用男声呈现，干扰词采用女声呈现。另一个变量是语义可辨度，分为低语义可辨度和高语义可辨度。低语义可辨度条件下，目标词和干扰词属于同一个范畴；高语义可辨度条件下，目标词和干扰词属于不同范畴（见表 9-3）。

表 9-3 约翰斯顿和海因兹实验中的实验条件

		感觉可辨度	
		高	低
语义可辨度	高	高语义可辨度、高感觉可辨度	高语义可辨度、低感觉可辨度
	低	低语义可辨度、高感觉可辨度	低语义可辨度、低感觉可辨度

实验者要求被试自由回忆呈现过的干扰词。结果发现，不论语义可辨度是高还是低，被试在低感觉可辨度条件下对干扰词的回忆量均显著多于高感觉可辨度条件下的回忆量。这个结果说明，非注意信息在一定程度上也会得到加工；同时还说明在低感觉可辨度条件下，对干扰词的加工需要较多的资源，加工程度越深，被试对其回忆的数量越多。

二、视觉搜索实验

视觉搜索实验是注意研究中的一种常见范式，通常要求被试从众多刺激中找到一个（或多个）特定刺激（目标）。非目标项目（干扰刺激）通常在单个维度（例如，颜色或方向）上与目标刺激相似。在简单视觉搜索中，目标的特定特征不同于所有干扰刺激（例如，在绿色垂直条中搜索红色垂直条或在红色水平条中搜索红色垂直条）。在联合特征搜索中，目标的所有特征都存在于一些干扰因素中（例如，在绿色垂直条和红色水平条中搜索红色垂直条）。视觉搜索的一个有趣特性是，简单搜索的搜索时间通常很短，不取决于刺激数量；而对于联合搜索，反应时间随搜索序列大小（搜索序列刺激数量的多少）而呈线性增加。

勒克和希利亚德（1990）采用事件相关电位技术，探讨视觉搜索过程中注意的并行加工和序列加工。实验中，要求被试在一个搜索序列中搜索特定的目标刺激，实验材料见图 9－20。

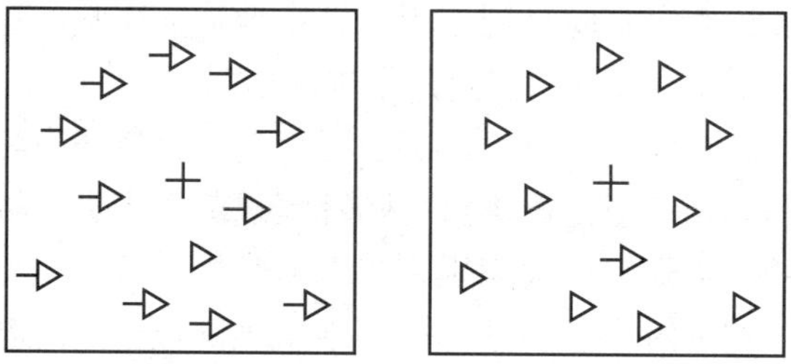

特征缺失条件　　特征呈现条件

图 9－20　勒克和希利亚德（1990）的实验材料举例

实验的基本流程是，屏幕中出现注视点以及多个三角形，要求被试判断这些三角形中有无目标刺激，同时记录被试的脑电。实验操纵的自变量有两个。一个自变量是搜索序列大小，即搜索序列刺激项的数量，分为 3 个水平，分别是 4、8 和 12。另一个自变量是目标刺激类型，分为两个水平：一是特征缺失条件，目标刺激为普通三角形，干扰刺激是左侧带一条横线的三角形；二是特征呈现条件，目标刺激为左侧带一条横线的三角形，干扰刺激为普通三角形。特征缺失条件和特征呈现条件分为不同的区组呈现，单个区组包含 60 个试次，每种搜索序列大小条件各呈现 20 个试次，顺序随机。每个试次的搜索序列中，每个刺激（无论是目标项还是干扰项）的出现位置也是随机的。

实验的因变量分为行为反应指标和脑电指标。行为反应指标包括被试的反应时、击中率、d'和β，脑电指标包括 P1、N1、P2、N2、P3。另外，实验还分析了基于电生理变化的眼动情况。结果发现，在特征缺失条件下，P3 成分的潜伏期和反应时与搜索序列大小的函数斜率基本相同；在特征呈现条件下，P3 成分的波幅随序列大小的增加而增加。具体表现在：如果当前试次包含目标，P3 波的幅度更大；如果当前试次中没有目标，P3 成分的波幅最小。

拓展阅读

视觉工作记忆内容对自上而下注意控制的调节：一项 ERPs 研究

1. 问题的提出

德西蒙与邓肯（Desimone & Duncan，1995）提出视觉注意选择的偏向竞争模型，认为注意控制包括两种方式：(1) 自下而上的加工方式，主要受刺激性质（如刺激的特异性和突现性）影响；(2) 自上而下的加工方式，主要受目标与期待（当前的目标、对刺激位置和出现时间的期待）影响（Yantis，2000；Luck，Vecera，2002）。研究结果表明，注意选择过程中，自上而下注意控制的参与程度更高（Soto，Heinke，Humphreys，& Blanco，2005；Soto，Humphreys，& Heinke，2006）。自上而下注意控制是通过激活储存在记忆中的目标刺激的表征或模板来完成。工作记忆涉及外界信息的加工、暂时性存储和执行控制等认知过程，注意控制则控制了外界信息进入信息加工系统的通道，二者结合在一起构成了信息加工系统的中心环节。而视觉工作记忆主要负责处理视觉信息，例如物体的形状、颜色等。当注意与视觉工作记忆共享某些特征时，视觉工作记忆内容会对注意产生一定的影响。但是，研究者从行为角度对工作记忆是否能自动引导注意选择的研究结果不一致。

本研究采用视觉搜索范式，以二维抽象对称图形为记忆材料，排除语义编码和熟悉性等因素的干扰，纯化视觉工作记忆材料，同时操纵 ISI 的长短控制对材料的加工时程，利用 ERPs 技术来探讨视觉工作记忆内容对自上而下注意控制影响的时间进程和脑机制。

2. 方法

2.1 被试

17 名大学生被试参加实验，平均年龄为 23.7±2.6 岁。所有被试视力或矫正视力正常，无色觉障碍，均为右利手，身体健康，无神经系统疾病，没有脑部损伤史。被试完成实验后均获得少量报酬。ERPs 实验中有 1 名被试因为伪迹过多而被剔除，最后参与统计分析的被试数为 16 名（8 男 8 女）。

2.2 实验材料

实验材料分为三种，均为二维对称图形，颜色为白色（RGB：231），背景色是灰色（RGB：129）。第一种为记忆项目，经过突显性评定后最终选定 12 个不同形状的二维对称几何图形。图形呈现在屏幕中央，图形视角均为 0.7°。第二种为搜索序列，为 12 个图形中的 4 个图形，图形中心分布在一个以屏幕中心为圆点、以 2.6°视角为半径的假想圆周上。四个图形分别呈现在 45°、135°、225°、315°的位置，搜索序列的水平和垂直视角均为 6.0°。每个图形中镶嵌一个黑色箭头，一个图形序列中只有一个图形中的箭头是水平方向的，其余图形中的箭头都是竖直方向的，图形序列呈现在屏幕中央。第三种为记忆探测项目，与记忆项目相同。

2.3 实验设计

实验采用 3（视觉工作记忆内容：有效信息、中性信息、无效信息）×2（ISI：长、短）两因素的被试内设计。

有效信息条件是记忆项目出现在搜索序列中，并且目标箭头嵌入记忆项目中；中性信息条件是记忆项目不出现在搜索序列中，并且目标箭头嵌入非记忆项目中；无效信息条件是记忆项目出现在搜索序列中，但是目标箭头却嵌入非记忆项目中。ISI 指从记忆项目消失到搜索序列呈现的时间间隔，短 ISI 为 400～600 毫秒区间随机，长 ISI 为 800～1 000 毫秒区间随机。

2.4 实验程序

采用 STIM2 软件进行编程，刺激通过 21 英寸 CRT 显示器（分辨率 1 024×768，刷新率 85Hz）呈现。被试坐在一间隔音且灯光昏暗的屏蔽室里，单独进行实验，屏幕距被试双目约 1 米。每个试次的开始，灰色背景屏幕中心呈现一个注视点“+”，呈现时间为 500 毫秒。然后出现记忆项目 1 000 毫秒，要求被试记住整个图形。记忆项目消失后是随机长短 ISI 的灰色空屏，然后是搜索序列，被试的任务是搜索水平方向的箭头，并对箭头方向进行按键反应，按键后序列消失。如果被试在 2 000 毫秒内没有按键，搜索序列消失。然后是灰色空屏 200 毫秒，之后是呈现探测刺激 1 500 毫秒，被试的任务是判断此图形与先前要求记忆的图形是否相同并按键反应。按键后，探测图形消失。最后是灰屏 500 毫秒，然后是下一个试次。实验流程见图 9－21。

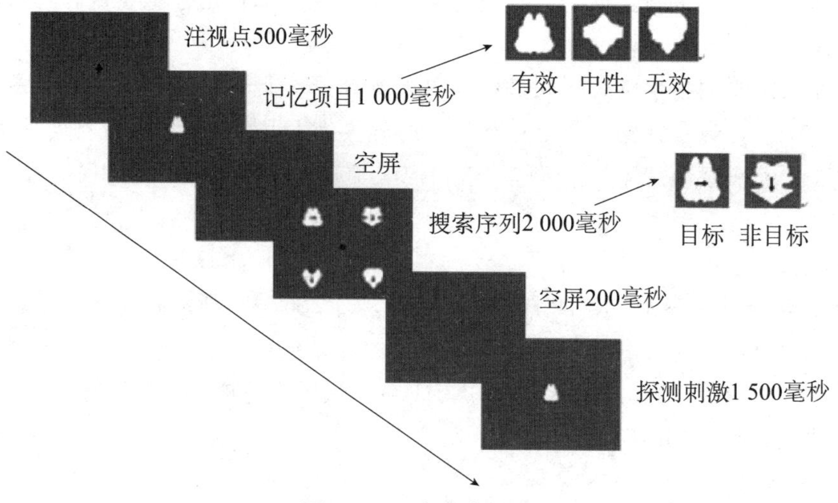

图 9－21 实验流程图

被试先进行 36 个练习，熟悉实验要求并且练习正确率达到 95%后开始正式实验，整个实验共 960 个试次，每种实验条件下 160 个试次，共分为 6 个组块，组块间隔期间被试闭眼休息 5 分钟。左右手按键在被试间进行了平衡，要求被试在确保准确率的前提下尽快反应。

2.5 EEG 记录

使用美国 Neuroscan 公司生产的 ERPs 记录与分析系统，按国际 10－20 系统扩展的 64 导电极帽记录脑电图（EEG），接地点位于 FCz 和 Fz 连线的中点上，双眼外侧安置电极记录水平眼电（HEOG），右眼上下安置电极记录垂直眼电（VEOG）。以左耳乳突为参考电极点，离线（Offline）分析时以左右两耳乳突的平均电位为参考。头皮与电极之间的阻抗小于 5kΩ。滤波带通为 0.05～100Hz，采样频率为 1 000Hz/导。

3. 结果与结论

结果发现，在不同 ISI 条件下，被试在无效信息条件下的反应时显著长于有效和中性信息条件下的反应时。工作记忆对枕区早期的 ERPs 成分（P1、N1）没有显著影响，但是有效信息条件下的额区 P2 波幅显著大于中性信息条件下的。而且 ISI 短时，有效信息条件下的枕区 P300 波幅显著大于无效信息条件下的；ISI 长时，有效信息条件下的枕区 P300 波幅显著小于无效信息条件下的（见图 9－22）。这说明，来自视觉工作记忆内容的激活在注意控制中起到重要作用，与视觉工作记忆内容相匹配的项目在竞争中会优先捕获注意，因为它的特征已经通过记忆表征被激活，支持了偏向竞争模型。

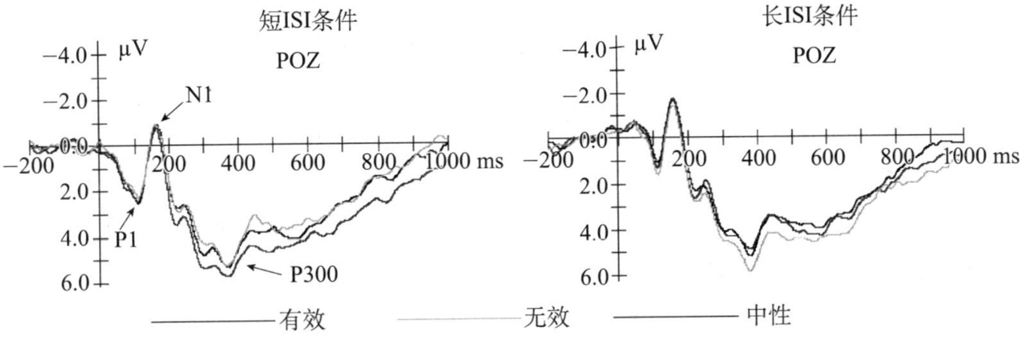

图 9－22 不同实验条件下 P300 结果示意图

资料来源：白学军，尹莎莎，杨海波，等，2011.

《概念术语》

注意　任务定义注意　持续性注意　加工定向注意

线索范式　搜索范式　过滤范式　侧抑制范式

负启动范式　双任务范式　过滤器模型

《本章要点》

注意是心灵以清晰而又生动的形式对同时存在的若干对象中的部分或连续思维的一种占有。它的本质是意识的聚焦和集中。

任务定义注意涉及是否正确地执行了某项任务。如果被试正确地执行了某项任务，那么不管他运用了哪种内部心理机制，他都会被认为注意了某个刺激而非其他刺激。

持续性注意涉及注意的保持过程，即在同一对象或同一任务上保持一段时间。

加工定向注意涉及把意识集中于多个感觉输入的主动加工过程，目的是提高对某些信息的加工质量。

注意研究中的自变量比较多，图形大小、图形颜色、刺激呈现时间、线索位置、线索有效性、被试类型等都可以作为自变量。根据这些自变量的特点，可以将自变量分为刺激变量和被试变量。根据变量的性质，刺激变量又可以分为定量变化的自变量和定性变化的自变量。

注意研究中的因变量包括反应时、正确率、眼动指标、神经电生理指标和其他指标。

注意的研究范式有线索范式、搜索范式、过滤范式和双任务范式。

线索范式又叫作提示范式。其基本原理是，用刺激或指导语引导被试去注意一个明确的刺激，然后比较被试对这一刺激的加工和对其他刺激的加工，找出两者之间的差异。从本质上看，线索就是对注意指向的引导。

搜索范式要求被试寻找一个或多个混杂在干扰刺激序列中的目标刺激，实验时这些刺激可以同时呈现，也可以相继呈现。该范式主要用于考察注意过程中个体如何排除无关刺激的干扰。

过滤范式的基本原理是，通过一定的操作，使被试的注意指向某一个刺激，而目的是考察那些未被被试注意的刺激的加工过程，以此来探讨注意的加工特征和机制。这种范式主要用于研究注意过程中个体抑制无关信息时的加工特点。

双任务范式主要用来探讨注意在多项并行任务间的指向和调节作用。其基本方法是，让被试同时执行两项明显不同的任务，然后评估这两项任务相互影响的程度。常用范式有心理不应期范式和注意瞬脱范式。

推荐阅读

- 罗跃嘉，魏景汉．注意的认知神经科学研究．北京：高等教育出版社，2004.
- LUCK S J，VECERA S P. Attention//Stevens' handbook of experimental psychology. New York：John Wiley & Sons，2002.
- PASHLER H E. The psychology of attention. Cambridge，MA：MIT Press，1997.
- 郭秀艳．实验心理学．北京：人民教育出版社，2004.
- 理查兹．注意的认知神经科学．杭州：浙江教育出版社，2017.
- 郭秀艳．实验心理学．2版．北京：人民教育出版社，2019.
- 杨海波．创伤后应激障碍青少年的注意加工．北京：科学出版社，2022.
- NOBRE A C，KASTNER S. The Oxford handbook of attention. Oxford University Press，2014.
- FAWCETT J，RISKO E，KINGSTONE A. The handbook of attention. The MIT Press，2015.
- 白学军，尹莎莎，杨海波，等．视觉工作记忆内容对自上而下注意控制的影响：一项ERP研究．心理学报，2011（10）.

第十章
记　　忆

【教学目标】

通过本章学习应当达到的目标有：第一，了解不同记忆类型的研究概况，系统掌握各种记忆类型的研究范式及演变发展，明确其实验步骤；第二，明确记忆科学实验中的自变量、因变量和控制变量，并能在设计记忆实验时灵活应用；第三，了解开展记忆研究过程中应注意的若干问题，培养实践操作基本能力。

【学习重点】

感觉记忆、短时记忆与长时记忆的特点，部分报告法的逻辑，短时记忆测查方法；内隐记忆研究中的任务分离程序和过程分离程序及其逻辑和演变；错误记忆研究的联想范式、无意识知觉范式、误导信息干扰范式等；前瞻记忆研究的自然观察法、实验法与情境模拟法；詹金斯关于记忆实验的四面体模型；记忆实验研究中的常见自变量、因变量和控制变量；开展记忆实验研究的注意事项。

第一节　记忆的类型

2005 年 7 月 1 日，在纪念美国《科学》杂志创刊 125 周年之际，科学家们总结出了 125 个人类迄今还不能很好地回答的问题，重中之重的问题有 25 个，有关“记忆如何储存和恢复”就是其中一个。事实上，关于记忆的探索早在几千年前就已经开始，运用实验的方法来研究人类记忆的特点和规律是近 100 多年来科学心理学研究中最活跃的领域之一。

当代著名记忆心理学家图尔文（A. E. Tulving，1927—　）将科学的记忆研究划分为三个阶段。第一阶段开始于艾宾浩斯的研究，约至 1960 年。这一阶段主要以系列的和对偶联合的语词项目为材料，以正常成人为被试，强调实验设计，强调对学习与遗忘的基本现象的精确测量。第二阶段始于 1960 年前后认知心理学兴起之时。这个阶段，信息加工范式逐渐取代对偶语词学习的实验框架，研究者开始更多地采用自由回忆、线索回忆、再认以及各种记忆判断的实验程序。记忆心理学家们将记忆区分为不同的形式，即感觉记忆、短时记忆和长时记忆，注重研究记忆的编码、储存和提取过程。第三阶段则始于1980年前后，为记忆研究的认知神经科学阶段。这一阶段的研究方法与技术、研究问题的选择都进一步拓展，记忆的领域在纵横方向都极大地扩展了。这一阶段，心理学家将短时记忆扩展为工作记忆（working memory），将长时记忆区分为情景记忆（episodic memory）和语义记忆（semantic memory）（引自朱滢，2009）。

记忆一词所涵盖的范畴是很宽泛的，虽然无论哪一种记忆形式都包含编码、保持和提取使用的过程，但各种形式之间却存在很大的差别。

一、感觉记忆、短时记忆与长时记忆

生活中我们也许有这样的经历，例如，参加朋友的聚会，刚走进聚会场所时你同时听到、看到或闻到很多信息，突然发现一位好朋友，于是兴奋地开始聊天，忘记了刚进来时很感兴趣的一个装饰物；你的朋友把其他朋友介绍给你，当你和第三个人握手时你可能已经忘记第一个人的名字了；但是有一位久违的老朋友，虽然小学毕业之后就再未见过面，但是你一下子就能叫出他的名字。上述例子分别反映了记忆的三种类型：感觉记忆、短时记忆和长时记忆。

（一）感觉记忆

感觉记忆指感觉刺激停止之后所保持的瞬间映象。感觉记忆由于作用时间极其短暂，又称瞬时记忆。它是一种原始的感觉形式，是记忆系统在对外界信息进行进一步加工之前的暂时登记。感觉记忆的主要特点是有较大的容量，但保存的时间短暂，为0.5～3秒。斯伯林（Sperling，1960）的一项关于视觉形象储存的经典实验很好地证明了感觉记忆的特点。实验中的呈现材料（卡片）如图10－1所示。刚开始，他以50毫秒每张的速率快速呈现卡片，然后要求被试报告所看到的字母。结果，被试仅能报告4～5个字母，但被试认为12个字母都看见了。斯伯林推测，被试看到的可能比他能报告的多。为了证实这一点，他设计了一种巧妙的方法——部分报告法。

X M R J

C N K P

V F L B

图10－1 斯伯林感觉记忆实验材料示例

与传统方法不同的是，部分报告法并不要求被试报告所有的12个字母，而是在每次刺激呈现完毕后给出随机的声音提示，指定被试报告某一行的字母。例如，如果听到高音，则报告第一行的4个字母，中音则报告第二行的4个字母，低音则报告第三行的4个字母。由于三种音调是随机出现的，所以，如果无论要求报告的是哪一行，被试每次都能正确报告出该行的字母，那就可以推测被试能够看到所有的12个字母；只不过信息保持的时间非常短，在被试说出4个字母之后就消失了。实验结果验证了斯伯林的猜想：

采用部分报告法后，被试的感觉记忆容量平均达到 9.1 个项目。而且鉴于部分报告法中报告过程仍然占用时间，信息消退的影响仍不可避免，实际的感觉记忆容量恐怕还要大得多。在另一项证明视感觉储存的实验中，斯伯林发现，当视野光线充足时，感觉信息只能保持 1 秒，但当视野昏暗时，感觉信息能保持整整 5 秒。

斯伯林的上述实验涉及的是视觉通道上的感觉记忆。那么，听觉通道是否也存在一样或相类似的情况呢？例如，边听讲座边做笔记时，虽然写字或电脑打字的速度跟不上说话的语速，但我们仍然可以利用讲演者的“余音”将一句话写完整，这种“余音”可看作听觉的感觉记忆。有研究者借助类似于斯伯林部分报告法的方法考察了听觉感觉记忆的特点：被试同时听 9 个项目，例如，对其左耳呈现 ADF（音），右耳呈现 XME，左右耳同时呈现 CTL（被试会觉得声音来自中间）。然后要求被试根据左、右、中相应的指示报告他们所听到的项目。实验结果表明，听觉通道的感觉记忆可保存 4.9 个项目（引自朱滢，2009）。

对听觉感觉记忆的一种更为有趣的测量是利用 ERPs 中的失匹配负波，即当出现一个与刚听到的声音在音调或振幅等特征上不同的声音时，ERPs 记录显示在偏差刺激出现 150～200 毫秒后会产生一个负波。在一项研究中，研究者在一个纯音出现之后间隔不同时间向被试呈现另一个纯音。当第二个纯音与第一个不同时，只要两个声音之间的间隔少于 10 秒，一个失匹配负波就会产生。这说明听觉感觉记忆可以持续 10 秒。

（二）短时记忆

感觉记忆中的大量信息很快就会衰退，只有被注意到的部分信息才会进入短时记忆中。短时记忆是信息从感觉记忆到长时记忆之间的一个过渡阶段，这种快速的遗忘与艾宾浩斯所研究的遗忘是不一样的，其主要特点是对信息的保持时间较短，为十几秒到一分钟左右；且容量有限，一般为 7±2 个组块。组块是人们熟悉的一个单元。数字、英文字母、汉字、句子等都可以是组块。例如，如果你第一次见到“8，9，6，7，9，2，5”这组数字，它们对你来说可能是 7 个单元，但如果它们是你家的电话号码，那对你来说它们就是一个组块。

测量短时记忆广度，较为常用的方法有顺背广度法和倒背广度法。顺背广度法，即由主试按一定的速度读一组数字，被试听完后按同样的顺序复述出来。例如，主试读“6，5，2”，被试重复“6，5，2”。重复正确就逐渐增加位数，直到被试不能正确重复为止。倒背广度法，即由主试按一定的速度读一组数字，被试听完后按倒序将数字重复出来。例如，主试读“6，5，2”，被试重复“2，5，6”。重复正确则逐渐增加位数，直到被试不能正确重复为止。最终分数以被试能正确报告的最大数为标准，例如，如果被试通过了 8 位数的测试，但没有通过 9 位数的测试，则其短时记忆广度为 8 位数。多测几次，最后求出的通过的位数的平均数，即为被试最终的短时记忆广度。

那么，短时记忆是如何编码的呢？关于这一问题有大量的实验研究。短时记忆的编码经实验证明可以分为听觉编码和视觉编码。例如，研究者通过考察语音相似性对回忆效果的影响，证实了听觉编码方式的存在：给被试呈现 B，C，P，T，V，F 等辅音字母，要求被试严格按顺序进行回忆。结果发现，在视觉呈现条件下，发音相似的字母（B

和V）容易发生混淆，而形状相似的字母（E和F）很少发生混淆。这就说明了听觉编码是短时记忆的一种主要编码方式。

拓展阅读

短时记忆与工作记忆

工作记忆概念主要是基于对短时记忆系统特征的研究而提出的，用于描述对信息的暂时性的储存与加工过程。

1974年，巴德雷（A. D. Baddeley）和希契（G. J. Hitch）在实验基础上提出了工作记忆的三系统概念，并用“工作记忆”（working memory，WM）替代原来的“短时记忆”（short-term memory，STM）概念。他们认为存在着多种工作记忆系统，并按照感知形态将其区分为不同的子系统。例如，将视觉工作记忆称为视觉空间模板（visuospatial sketchpad），将听觉工作记忆称为语音环路（phonological loop）。巴德雷后来又引入了另一个叫作情景缓冲器（episodic buffer）的子系统，它可以对听觉和视觉两大系统的信息进行储存和整合，是工作记忆和长时记忆之间的连接器。协调各系统活动的是一种注意机制，称为中央执行系统（central executive system），它是工作记忆模型的核心，负责各子系统间及它们与长时记忆的联系，以及注意资源的协调和策略的选择与计划。

巴德雷和希契还用实验证明了工作记忆具有多种成分。实验任务如下：被试对听觉呈现的一系列的数字进行记忆，这些数字从一位数到八位数不等，相当于之前的短时记忆的数字广度测验。不同的是，被试在记忆的同时还需完成一项同步任务，即判断一些简单句子是否正确。例如，屏幕上有“JK”两个字母，其下有一个句子：“J在K的前面”（正确）或“K在J的前面”（错误）。根据之前的短时记忆的理论，同步任务应当会干扰数字广度任务的成绩。但研究发现，对数字的回忆并没有受到同步任务的影响，且被试在数字广度为1和8时完成同步任务的成绩一样好。也就是说，二者之间不存在任何干扰，被试可以同时进行两项任务。这个结果解释了视觉空间模板与语音环路是两个相互独立的系统。语音环路足以承担数字广度测验任务，而视觉空间模板也足以承担阅读和简单的推理任务，因为二者都不需要占用注意机制即中央执行系统的资源，所以两项任务可以相安无事地同时完成。因此，这项研究被作为视觉和听觉工作记忆各自独立运转的证据。

（三）长时记忆

短时记忆中的信息经过复述或经由各种编码策略加工后进入长时记忆。长时记忆是指储存时间在一分钟以上的记忆。它涉及个体对先前所学但不在眼前的内容的记忆提取，主要特点是储存的时间长，容量没有限制。长时记忆中的信息是有组织的知识系统，其编码形式主要有下列几种：（1）按语义类别编码。在记忆一系列语词概念材料时，人们总是倾向于把它们按语义的关系组成一定的系统，并进行归类。（2）以语言的特点为中介进行编码。人们借助语言的某些特点，如语义、发音、字形等，对当前输入的某些信息进行编码，使它们成为便于储存的东西。这种编码方式在无意义音节记忆过程中经常使用。(3) 主观组织。学习无关联的材料时，如果既不能分类也没有联想意义上的联系，个体会倾向于采取主观组织对材料进行加工。

图尔文（Tulving，1972）依据所储存信息的类型，将长时记忆划分为两种类型：情景记忆和语义记忆。情景记忆接收和储存关于个人的特定时间的情景或事件以及这些事件的时间-空间联系的信息，如“我昨天和朋友去看了场电影”；语义记忆是运用语言时所必需的记忆，它接收和储存各种知识，如牛顿定律、乘法交换律等。

拓展阅读

情景记忆与语义记忆的研究证据

图尔文提出语义记忆和情景记忆的区别更多的是出于直觉性的假设，当时只有很少的证据能够证明二者之间的差别。如今，已经有数量庞大的来自行为研究、神经心理和脑成像研究方面的证据支持这一假设。

图尔文于 1985 年设计了 Remember/Know 判断范式（简称 R/K 范式）：如果被试将信息判断为 Remember（记得），即表明他能够提取事件发生时与个人相关的信息，且更多涉及过去的记忆；如果判断为 Know（知道），即表明他认为这一信息是存在于他的记忆中的，更多涉及当下正在发生的记忆。例如，在一项采用 R/K 范式的研究中，研究者设计了两种学习词表的条件：关注词的含义和关注词的颜色。学习结束后，将新词与学过的词混在一起呈现，要求被试做出 R/K 判断。结果发现，在两种学习条件下，被试做出“知道”判断的次数基本相当；但在“关注语义”条件下，被试做出“记得”判断的次数明显多于在“关注颜色”条件下的次数。此外，在学习材料为词或非词的条件下，被试做出“记得”判断的次数无差别，但在非词条件下，被试做出了更多“知道”的判断。这些研究表明，“记得”与“知道”判断应当是受到不同因素的影响。研究者据此认为，“记得”判断更可能与情景事件相关，而“知道”判断更可能与语义知识相关。

图尔文通过对遗忘症病人 KC 的研究找到了情景记忆和语义记忆相对独立的证据。KC 的大脑因为一场车祸受到了严重损伤，但是仍然能够进行语义记忆的提取，他可以列出近十年来斯坦利杯冰球比赛的代表队名称，可以告诉别人汽车的发动机是怎么运转的以及怎样对其进行维修。但是，KC 对情景记忆的提取功能却受损严重，他无法回想起任何关于自己生活的细节，忘记了自己曾经修理过汽车，忘记了当初的车祸，甚至连亲人去世那么悲伤的事情也忘得一干二净了。而且，KC 无法生成新的情景记忆，他的情景记忆编码和储存功能都损坏了。KC 的病情很好地说明了情景记忆和语义记忆是两个不同的系统。

借助神经影像技术，图尔文等还提出了记忆的左右脑编码/提取不对称模型（hemispheric encoding/retrieval asymmetry，HERA），即右脑主要负责情景记忆的提取，而左脑主要负责语义记忆的提取。

二、外显记忆和内隐记忆

对于长时记忆的定义，很多心理学家认为太宽泛了。其中，近年来广受关注的关于外显记忆（explicit memory）和内隐记忆（implicit memory）的研究就是一个证明。外显记忆指个体对生活中的事件或情景的有意识的回忆。比如，要求个体回忆在某时某地所学习的内容，或要求个体在真实情景与虚假干扰之间做出区分。例如，“请你回忆上周六你做了什么事情”“你从实验心理学这门课中学到了什么知识”。一般来说，用于测量短时记忆和长时记忆的实验任务都被划分到外显记忆的范畴，因为个体是被“外显”地告知对过去事件进行回忆的。这些任务包括自由回忆、线索回忆、再认、配对联想学习等。

内隐记忆也涉及个体对过去事件的提取，但不同的是，这种提取不需要个体的意识性努力（Roediger & McDermott，1993）。内隐记忆的产生几乎是自动的，例如，当你弯腰系鞋带时，你无须对自己说：“我该怎么做呢？我是什么时候学系鞋带的？我现在还记得怎么系吗？”你会觉得这是自然而然的事情，而且如果你在系鞋带时停下来想这些问题，只会让你做得很糟糕。当然，内隐的知识肯定也是需要经过先前的学习的，但它与外显记忆的区别关键在于，内隐记忆不需要个体有意识地提取信息。

外显记忆测验要求被试有意识地回忆先前所学的材料，如自由回忆、线索回忆和再认。而对于被试自身无法有意识知晓的记忆，研究者又是如何知晓的呢？当代关于内隐记忆的实验研究可以追溯到 20 世纪六七十年代神经心理学中有关遗忘症患者的研究，它直接引发了对内隐记忆的系列研究。例如，英国神经心理学家沃林顿和韦斯克兰茨（Warrington & Weiskrantz，1970）采用不同的测验形式对遗忘症患者的记忆进行考察，发现虽然重度遗忘症患者在完成再认和自由回忆任务时存在明显的障碍，但在某些间接测验形式下，他们的成绩却与正常人接近。这一研究思路被称为“分离”(dissociation)，其核心是将内隐记忆与外显记忆分别对应两种不同的、可测量的指标，从而达到区分的目的。

采用间接测验的形式进行分离的研究程序称为任务分离（task dissociation）。其逻辑是，如果完成不同的测验任务所需要提取的信息是不同的，那么参与任务的心理加工过程也不相同。这样，用不同的测验任务便可以揭示不同的心理机能。如果同一自变量使不同的测验任务有不一致或类似的结果，我们便可推测认为完成这些不同的测验任务时的心理状态和过程之间存在差异或是类似的（郭秀艳，2004）。内隐记忆的间接测验有很多种类型，但其原理基本相似。例如，残词补全测验（word fragment completion task），它是指将单词抠出几个字母，要求被试将其空缺补充完整，如“ _ l _ p _ a _ t”（elephant）。同时，该测验要求被试尽快地将所想到的合适的词填上，但并不提示被试有些词在实验的前一阶段已经学过。残词补全任务是具有一定难度的。一般而言，如果在近期或实验前期阶段未见过这些词，被试只能完成其中的 20%～35%（相当于基线水平）。进行这类测验时，一般都以基线作为控制条件，然后将其与先前见过的单词的补全任务的成绩进行比较。值得注意的是，测验时研究者并不提示被试采用之前学过的词来补全。

因此，我们可以说这其中包含了对记忆的“内隐”测试，因为即便未提示被试回忆先前所学单词以完成这一测验，他们的测验成绩还是“自动”得到了提高。这种测验成绩的提高被称为启动（priming）。为测查“启动”，研究者从被试先前所学的词中抽出一些来制成残词（旧残词），同时找一些新词制成残词（新残词），将二者混合后作为测验材料，然后对被试进行测验（被试内设计）。最后分别计算被试在“旧残词”和“新残词”上的成绩，将二者相减，即可得出启动水平。例如，假设被试先学了10个单词，最后的残词测验则包含10个以已学单词为基准的残词（A）和10个以新词为基准的残词（B），并将二者随机混合。如果被试在A上完成了5个，而在B上完成了2个，则可得启动水平为0.5－0.2＝0.3。测验时，为了确保二者间的差异不是由于已学单词的残词（A）较为容易学习造成的，应将用作A和B的单词顺序进行平衡抵消。即一部分被试学习其中1/2的单词，另一部分被试学习另外1/2的单词。这样，每一个单词作为旧词和作为新词的概率是相同的。

任务分离程序成功地揭示了内隐记忆和外显记忆在机能、特征上的诸多差异，在许多内隐记忆研究中都得到应用。但也有研究者指出其存在逻辑方面的缺陷。例如，任务分离程序首先假设内隐记忆的存在，再假设直接测验的结果代表的是外显的记忆过程，间接测验的结果代表的是内隐的记忆过程，其间不但存在循环论证问题，而且直接或间接测验本身很难保证测验任务的纯净性，因为无法确定直接测验是否完全排除了内隐记忆的参与。基于这些问题，雅可比（Jacoby，1991）提出了过程分离（process dissociation）程序，其思路转向如何分离在一项记忆任务中可直接观察到的意识与无意识成分的贡献，从而分离出记忆的外显成分和内隐成分。

过程分离程序依赖于以下基本假设：（1）意识性提取和自动提取是彼此独立的加工过程，这一假设是过程分离程序的核心；（2）意识性提取和自动提取在包含和排除测验中的性质是一样的；（3）意识性提取的操作表现为全或无（要么能再认，要么不能再认，不存在出错的情况），自动提取则是有对错之分的。也就是说，那些通过意识性提取获得的信息不但能被主动地报告出来，而且能被主动地排除掉。过程分离程序包含两种测试条件：一种是包含条件，此条件下意识成分和无意识成分共同促进作业成绩，二者间为协同关系；另一种是排除条件，此条件下意识成分和无意识成分对作业成绩的影响相反，二者间为对抗关系。相应地，有两类测验形式：一类是包含测验（inclusion test），要求被试首先考虑用先前学习过的信息（如果回忆失败，也可用其他任何合适的信息）来完成测验。在包含测验中，被试利用有意识提取和无意识熟悉两种加工机制来完成任务。另一类是排除测验（exclusion test），要求被试选用首先进入意识但又不能是先前学习过的信息来完成测验。排除测验中包含这样一种测验逻辑，即无意识加工提高测验成绩而意识加工起相反作用。例如，如果一名被试在排除测验中使用一个他曾经学习过的项目来完成测验（尽管有意识地避免这样做），则说明无意识加工在起作用。排除测验可以反映排除意识加工之后的无意识熟悉的作用。结合这两个测验，就可以分离出意识和无意识加工各自的贡献（杨治良，郭力平，1997）。过程分离程序把意识加工与无意识加工看作两个相互独立的加工过程，摆脱了任务分离程序所面临的如何区分意识加工与无意识加工相互作用等问题。

拓展阅读

过程分离程序的操作特点

雅可比（1991）在一个实验中将被试学习分为两个阶段：在第一阶段呈现一些单词并要求被试阅读，以及呈现一些变位词（单词的第二个和第四个字母顺序是正确的，其余字母的位置错乱），并要求被试重新排列其余字母以组合成单词。在第二阶段以听觉形式呈现一组单词，要求被试在听到单词后大声读出来，并努力记住以备以后的再认测验。再认测验材料包含学习阶段的变位词、视觉呈现词、听觉呈现词以及新词。雅可比根据测验指导语设计了包含测验和排除测验。包含测验要求被试对学习阶段的变位词、视觉呈现词、听觉呈现词均进行"新"和"旧"再认判断；排除测验要求被试只对听觉呈现词进行积极的再认判断，即在这种条件下，要求被试将变位词和视觉呈现词作为没有学习的项目加以排除（即判断为"新"）。

雅可比认为，意识性提取和自动提取是相互独立的加工过程，因而记忆任务的操作如果是基于意识性提取，那么其贡献为 $R(1-A)$，其中 R 表示被试利用意识性提取完成测验的概率，A 表示被试利用自动提取完成测验的概率。如果是基于自动提取，那么其贡献为 $A(1-R)$。如果是基于意识性提取和自动提取的共同作用，那么其贡献为 RA。在包含测验中，被试利用意识性提取和自动提取两种记忆提取机制来完成对变位词和视觉呈现词的再认判断任务，因而在此种条件下将变位词和视觉呈现词判断为"旧"的概率 P（"旧" | 包含）$=R+A(1-R)$。在排除测验中包含这样一种测验逻辑，即测验指导语对自动提取是不起作用的，但被试仍旧将变位词和视觉呈现词判断为"旧"，因而它的作用将提高再认测验成绩（将变位词和视觉呈现词判断为"旧"的得分）；意识性提取加工则起相反作用，即该加工机制根据指导语将变位词和视觉呈现词判断为"新"。因而在此条件下，指导语使意识性提取和自动提取对变位词和视觉呈现词的再认作用对立起来：意识性提取导致对这些项目做"新"判断，而自动提取导致对这些项目做"旧"判断。此种条件下对变位词和视觉呈现词再认判断为"旧"的概率 P（"旧" | 排除）$=A(1-R)$。由此，即可计算出意识性提取和自动提取的各自贡献，具体如下：

P("旧" | 包含) $=R+A(1-R)$

P("旧" | 排除) $=A(1-R)$

$R=P$("旧" | 包含) $-P$("旧" | 排除)

$A=P$("旧" | 排除) $/(1-R)$

资料来源：杨治良，等，1999.

我国研究者（杨海波，刘电芝，2016）使用过程分离范式验证了片段再认任务在内隐序列学习研究中的有效性。实验模拟"敌情信号警戒游戏"，初始状态4个指示灯均为绿色，指示灯从左到右分别对应4个按键。当指示灯变成红色时，表示该方向有敌情，此时要求被试既快又准地按下相应键。反应阶段，高参与下，前一个红灯出现的位置决定了下一个红灯可能出现的两个位置；低参与下，被试看到红色指示灯亮，只要按下空格键即可。其中，包含测验指被试有意识或无意识地把符合规则的序列当作符合规则进行判断，结合信号检测论原理，将其视为击中——意识和无意识共同促进作业，$P_{击中}=R+A(1-R)$；而排除测验是指被试把不符合规则的序列当作符合规则进行判断而无觉察，即虚报——纯

无意识促进作业，$P_{虚报}=A(1-R)$。结果发现，在片段再认任务中，无意识在高参与中的贡献大，而意识在低参与中的贡献大；但是在序列生成任务中，无论是高参与还是低参与，无意识的贡献均大于意识，支持片段再认任务敏感性高于序列生成任务。

三、真实记忆和错误记忆

根据提取的准确性，可将记忆划分为真实记忆和错误记忆。真实记忆指正确地报告呈现过的词或发生过的事。错误记忆则指错误地声明一个以前未呈现过的词或从未发生过的事曾经呈现或发生。从记忆的科学研究开始，研究者的研究思路更多地偏向于个体记忆的正确性、保持量，例如，记忆实验往往考察被试最终能正确回忆词表中的多少个单词。相对而言，对个体记忆过程中的歪曲、错误等现象及其产生原因的关注则较少，虽然早在 1932 年，巴特莱特运用再生法发现个体记忆过程中的重构性，已部分地触及错误记忆的概念。

错误记忆的研究范式主要有联想范式、无意识知觉范式、误导信息干扰范式等。所有这些研究范式可以归为两大类，其中联想范式和无意识知觉范式主要用于考察人们对单词的错误记忆，误导信息干扰范式则用于考察人们对事件的错误记忆。它们分别从不同侧面揭示了错误记忆产生的原因和机制。

罗迪格等人（Roediger，McDermott，& Robinson，1998）提出的关于错误记忆的 DRM（Deese-Roediger-McDermott）实验范式是联想范式的主要代表，引发了大量相关实验研究。经典的 DRM 范式中，被试学习 36 个词表，每个词表包含一个未呈现的目标词，也被称作关键诱饵（critical lure），如“寒冷”，另外还包括与它相联系的 15 个学习项目（如“冬天”“冰雪”“感冒”等），结果发现被试往往在即时回忆测验中以很高的概率错误地报告那些高关联词。由于经典范式是使词表中每个项目均与一个未呈现过的关键诱饵产生联想，因而其被称为集中联想范式。

雅可比和怀特豪斯（K. Whitehouse）利用特定的实验程序观察到了在无意识知觉影响下发生的错误再认现象。在实验中先向被试呈现由一系列单词组成的学习词表，并告知随后将进行再认测验。在词表再认测验阶段，在每个测验词呈现之前先以短暂的时间闪现一个背景词，并在视觉上对它进行掩蔽以防止被试看到。背景词与测验词之间的关系有三种：（1）匹配，即背景词与测验词完全相同；（2）不匹配，即背景词与测验词完全不同；（3）基线，即没有背景词。此外，还区分了两种呈现时间条件：有意识知觉和无意识知觉。结果发现，背景词对测验词的影响依赖于背景词的呈现时间。当背景词的呈现时间较短时，一个没学过的测验词在匹配背景下比在不匹配背景下更有可能被给出“旧的”反应；而当背景词的呈现时间较长时，则出现相反的效应。也就是说，无意识知觉影响了再认记忆判断（引自周楚，杨治良，2004）。

洛夫特斯和帕尔默（Loftus & Palmer，1974）提出了误导信息干扰范式（misinformation effect paradigm），该范式的标准程序为：先让被试观看关于某事件的录像或幻灯片，然后向实验组被试提供含有误导信息的关于该事件的其他描述或问题，控制组被试则不提供误导信息。有些情况下还会在一段时间间隔后，要求被试根据记忆回答一些问题，最后对被试回答的准确性和自信水平进行分析。研究发现，关于事件的不同描述会导致被试对事件产生不同的回忆。

拓展阅读

记忆报告受事件后信息的影响

在一个实验中，研究者给被试播放一段办公室遭行窃的录像，同时，录音带播放一位女性对该事件结果的描述。录像放完后，马上让被试听一遍录音。但是，录音带的事后叙述里有错误的信息。例如，被试在录像里看见的是一种杂志，录音里提到的杂志却是另一种。48小时后，研究者对被试关于录像的记忆情况进行测验，并且明确告诉他们，这些问题的正确答案不在录音带的事后叙述中。因此，如果被试能够清楚地分辨自己记得的信息是来源于原事件（录像带放的）还是来源于事后的叙述（录音带放的），他们的回忆情况就不会受到事后叙述的影响。然而情况并非如此，尽管研究者直接做了强调，但被试经常回忆出误传的信息而非事件的真实情况。

资料来源：格里格，津巴多，2001/2003.

四、回溯记忆和前瞻记忆

根据记忆内容在时间轴上的指向，可以将记忆分为回溯记忆（retrospective memory）和前瞻记忆（prospective memory）。回溯记忆指的是对于已发生事件的记忆，例如，记得小学时背诵过的古诗，记得旅游时看过的风景，等等。前瞻记忆是对未来要执行的行为的记忆，例如，记得与朋友在约定时间的座谈，记得要去超市购买第二天出行需要的物品等。尽管当前关于回溯记忆和前瞻记忆是否在内部过程上不同、二者是否属于不同的记忆系统存在争议，但不可否认的是，自洛夫特斯于1971年开展前瞻记忆的第一个认知心理学实验以来，前瞻记忆及其影响因素已成为记忆研究领域的热点。

前瞻记忆的研究有不同的方法和范式，但它们之间存在较强的相似性，往往都是在告知被试要在将来的某一时间完成某一任务后，插入一定的时间或其他任务，以考察其在规定的时间到来后是否能记得所要执行的任务。前瞻记忆研究目前常见的方法有自然观察法、实验法以及情境模拟法（杨治良，等，1999）。

（1）自然观察法。该方法可用于研究现实生活中的前瞻记忆。以多博斯（A. R. Dobbs）和鲁尔（B. G. Rule）的研究为例，主试要求被试在特定的时间向主试索要一支红色钢笔，并用它画一个圆圈和一个立方体。研究以被试是否在规定的时间记得向主试索要一支红色钢笔作为前瞻记忆任务是否顺利完成的指标。采用自然观察法所得到的研究结果具有较好的生态学效度，但由于实验过程受各种因素影响，如被试的编码特殊性、加工深度等，其研究结果的准确性将受到一定的影响。

（2）实验法。爱因斯坦（G. O. Einstein）和麦克丹尼尔（M. A. McDaniel）首次采用了实验的方法探索前瞻记忆，该方法的具体程序为：在实验开始时要求被试执行短时记忆任务，即要求被试看完一些词语后将其回忆出来，同时告知被试在其回忆过程中需完成前瞻记忆任务——碰到某一个特定的词语要记得按下反应键。在短时记忆开始执行前，先要求被试完成一些干扰任务，使其产生一定程度的遗忘，避免前瞻记忆任务保存在工作记忆中。因变量为被试的反应正确率，用以评估被试前瞻记忆任务的执行情况。

（3）情境模拟法。该方法在一定程度上既能保证良好的生态学效度，又可对额外变量进行严格控制。例如，要求被试想象自己正在一个房间里，任务是整理房间中的家具和日用品。任务可分为三大类：一类与事件有关，即要记得给5件玻璃制品贴上“易碎”标签；一类与时间有关，即每5分钟按一下电铃让外面的人进来；一类与活动有关，即要关上厨房的门以防止猫进入。最后，对比被试在三项任务上的执行情况，以及其对自己前瞻记忆水平的评估。

第二节　记忆实验中的变量

一、自变量

记忆实验中可操纵的自变量相当丰富。詹金斯（J. J. Jenkins，1923—2012）曾提出关于记忆实验的四面体模型（1979），以立体图的形式说明记忆实验中所涉及的各类变量，如图10－2所示。但在记忆实验中最为常见的自变量是材料的性质，因为当研究者采用某种材料发现某种现象时，他们往往会在其他性质的材料上进一步验证该现象。字母、数字、无意义音节、单词、词组、句子、段落或一篇完整的文章，都是常用的实验材料，而且这些材料本身存在很多可操纵的变量。例如，以词表作为实验材料，词长、词频、词性（具体或抽象）等的差别都有可能导致不同的实验结果。另外，还有一个变量也十分常见，而且对它的操纵往往可以使研究者得到新异的、有价值的发现：材料学习和最终测验之间的时间间隔。

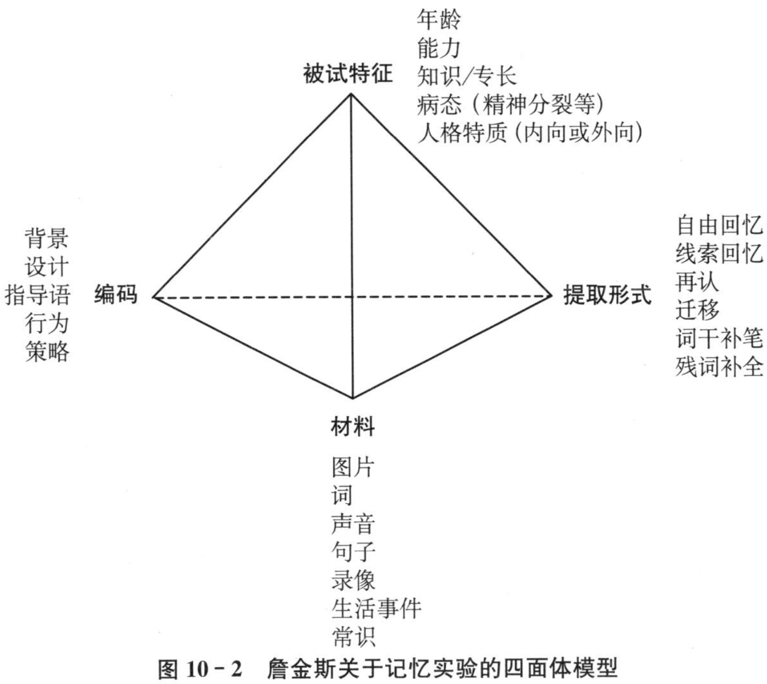

图10－2　詹金斯关于记忆实验的四面体模型

罗迪格和卡匹克（Roediger & Karpicke，2006）也注意到了这一变量对记忆保持的影响，并发现了提取练习对记忆内容长期保持的促进作用，即所谓测试效应（testing effect）。而在此之前，图尔文（1967）也对此问题进行了研究。在实验中，被试被要求在三种条件下学习词表，学习的方式分别为：STST［学词表（study），回忆（test），再学（study），再回忆（test）］，SSST（学习，学习，学习，回忆），STTT（学习，回忆，回忆，回忆）。结果发现，三种学习条件下的被试在最终测试上的成绩几乎是相同的。研究者因此认为，一次测试可相当于一次学习。在图尔文之后的很长一段时间，大多数研究者都仿照图尔文的设计或仅改变一些变量，这些研究在方法上有一个共同之处，即学习时间和测试时间是均等的，且在学习阶段呈现单词的速度都较快，最终测试的时间也都较短：在学习阶段单词呈现速度为每秒 1 个，在测试阶段回忆单词的时间也仅为 36 秒。罗迪格等人认为过短的测试时间可能低估了被试所习得的知识量，从而可能低估了提取练习对记忆的促进作用。因此，卡匹克和罗迪格（Karpicke & Roediger，2008）模仿了图尔文的三种实验条件，但以 3 秒 1 个的速度呈现单词，同时将学习阶段与最终测试的时间间隔分为 5 分钟和一周两种情况。结果发现，当学习与测试之间的间隔为 5 分钟时，研究结果与图尔文（1967）的结果相符。但更重要的是，研究发现，在一周后的测试中，SSST 组的回忆率显著低于 STST 组和 STTT 组，且后两者无显著差异，这就证明了提取对于长时记忆保持的作用。

不同的记忆通道（modality）也是研究者感兴趣的变量。例如，信息通过听觉、视觉被加工对记忆保持是否有不同的影响？这方面的问题在记忆增强、错误记忆领域引起研究者较多关注。个体在记忆过程中采用的策略也是常见的自变量。从记忆的“编码—储存—提取”过程来看，记忆策略研究学习者的不同编码方式对记忆保持的影响。此外，考察被试最终的掌握水平所使用的记忆测验的性质也是一个备受关注的自变量：采用回忆测验与再认测验来衡量是否有所不同？内隐记忆测验与外显记忆测验所测得的成绩是否一致？对这些问题的回答是记忆科学的研究在认知心理学领域丰富多彩的重要原因。

二、因变量

（一）记忆测量方式

对某一内容的记忆的测量有多种方式，大致可划分为回忆（recall）与再认（recognition）。回忆测验要求个体重现材料，再认测验则要求个体判断材料先前是否出现过。回忆测验的三种最为常见的形式是系列回忆（serial recall）、自由回忆（free recall）和配对联想回忆（paired-associate recall）。系列回忆要求个体按学习材料呈现的顺序回忆；自由回忆则对顺序不做要求；配对联想回忆则让个体学习一些词对（例如“主席-舰艇”），回忆阶段呈现其中一个词（“主席-?”），要求回忆另一个词。其中，系列回忆与自由回忆的表现均易受学习项目所处系列位置的影响，即存在系列位置效应。系列位置效应主要表现为首因效应和近因效应，前者是指个体对词表系列中最开始位置的项目记忆得较好，回忆错误率较低；后者是指个体对词表系列中尾端的项目记忆得较好，回忆表现更佳（如图 10－3 所示）。而配对联想回忆对材料的选择和如何配对有很高的要求。以往研究发现，词对内单词的形象性越好，记忆表现越好；单词的相似性越强，记忆表现越差。

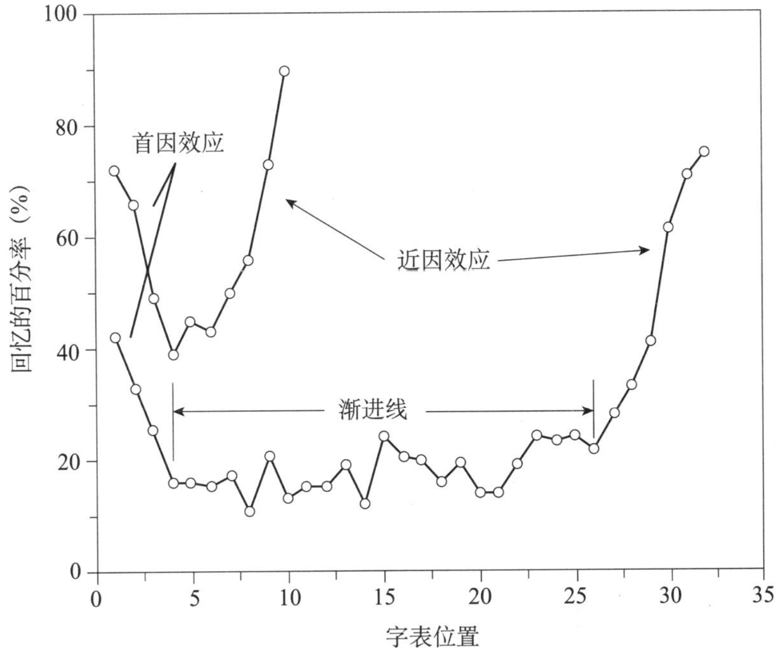

图 10－3 序列位置效应

再认测验一般有两种形式：一种为对错再认测验（yes/no recognition test），测验时呈现原来所学的材料（如词表），但同时加入一些性质相近的新内容（如新词），要求个体对每一个项目做出是否判断，即认为是学过的内容就判断为“是”，认为是新内容则判断为“否”。还有一种是迫选式再认测验（forced-choice recognition test），相当于单项选择题，即呈现多个选项供个体选择，其中仅有一项是正确答案。相对于对错再认测验，迫选式再认测验能防止个体通过猜测得到答案。当然，回忆与再认测验并不是可以截然划分的两种测验，从某种程度上说，它们处于一个连续的统一体之中，只不过在测验中原有信息的呈现量或者说对个体回忆时的提取要求不同而已。例如，先前所学的词表中包含“school”一词，测验的形式为“sch ______”，这是属于回忆还是再认测验？

回忆和再认测验的最终计分形式一般都采用正确率或错误率。有时也会采用其他衍生的形式，如信号检测论中的辨别力指数 d'。还有研究者认为，在再认测验中可将个体的反应时作为考察的因变量。

内隐记忆是近年来认知心理学家研究的热点。内隐记忆虽然不需要个体的意识性提取，但其在测验上的表现却会受到先前学习的影响或“启动”。例如，在先前所学的词表中有“strawberry”一词，测验形式为“s _ r _ w _ e _ r _”，虽然并未外显地要求你背出“strawberry”一词，但你的填词测验成绩却提高了。这些测验与传统的外显测验形式（如回忆、再认等）存在很大的差异。因此相应地，传统的“记忆规律”也就不完全适用了。

（二）记忆测量指标

1. 正确率

这是考察被试记忆水平的最常见的指标。以自由回忆为例，如果被试所有题目都答对，即正确率为 100%，则可认为他完全掌握了相应的信息；相反，正确率低则说明其对所记忆内容的保持效果差。然而，正确率有时并不能反映被试真实的记忆水平。被试未能成功回忆起所记忆材料，并不意味着材料在他的记忆里没有留下任何痕迹，艾宾浩斯采用的“节省分”（saving score）指标很巧妙地说明了这一问题。另外，被试所做出的正确回忆也可能是猜测的结果。

2. 反应时

一般认为，当被试的正确率相对恒定时，反应时可反映其记忆水平：反应越快，记忆程度越高。但也不是绝对，因为有时仅凭猜测也可做出快速反应，而仅根据反应速度判定被试对所学材料的熟悉度会导致得出错误的结论。

3. 神经生理指标

除了反应时和正确率这些传统的记忆测量指标外，当前，记忆心理学研究还越来越受到认知神经科学的影响。认知神经科学是一门考察脑结构和认知功能之间的关系的科学。它有利于我们理解大脑如何编码、储存和提取记忆。大脑中涉及记忆的重要部位包括杏仁核、下丘脑、间脑、颞叶内侧和前额叶区，这些区域的受损会引发不同形式的遗忘症或记忆障碍。电生理和神经影像学技术所提供的指标可以帮助研究者揭示这些区域在记忆加工中是如何活动的。

（1）ERPs 指标。ERPs 技术可以用来探测某个时间脑中认知加工的过程。例如，ERPs 成分中的 P300 已被发现参与人的复杂认知活动（感觉、记忆、理解、推理等）。之所以称为 P300，是因为实验中刺激呈现后，一个特定的波会在 300 毫秒的时候出现，而且它在电压上是一个正性（positive）改变。例如，在一个记忆实验（白学军，尹莎莎，杨海波，等，2011）中，刚开始时呈现的单词都是关于鱼类的，中间突然插入一个城市名称，这时 P300 就会出现。借助 ERPs 技术，研究者可以准确看到 P300 出现的位置，并推测它是如何与人的记忆相关联的，从而能够对大脑如何加工记忆做出假设。

具体而言，在视觉搜索范式中，当先前记忆的客体作为分心物出现在随后搜索的序列中时，可以观察到 P300 波幅的增大，这是因为在搜索序列中，重复出现的客体与需要反应的目标之间出现冲突，使得对目标的选择更加困难，需要个体付出更多的注意资源。因此，P300 波幅与个体在认知加工中所投入的心理资源和任务难度呈正相关。此外，大量研究也表明 P300 与视觉工作记忆的关系非常密切，头皮后部的 P300 与目标事件的自上而下的、内源性的和主动的加工有关。我国学者白学军等人采用 ERPs 技术探讨了视觉工作记忆内容对自上而下注意控制影响的认知过程和脑机制，发现：在短时间间隔条件下，有效信息条件诱发了更大的枕区 P300 波幅；在长时间间隔条件下，无效信息诱发了更大的枕区 P300 波幅。这表明，当目标出现在与记忆内容相匹配的客体中时，激活了工作记忆中的客体表征，以自上而下的方式优先捕获注意；同时，ISI 变化对此过程起着调节作用。研究结果也支持了 P300 波幅与所投入的心理资源和任务难度呈正相关。

（2）fMRI 指标。fMRI 是一种非介入、无辐射暴露危险的成像技术，具有非常高的空间分辨率和相对理想的时间分辨率。目前最为流行的 fMRI 指标是血氧水平依赖（blood oxygen level dependent，BOLD）。利用 fMRI 的空间辨别敏感性，研究者能够以特定区域的 BOLD 水平为因变量来分析与认知过程相关的特定脑区。

例如，陈石等人（2021）运用 fMRI 考察了顿悟促进记忆效果的认知神经机制，发现相对于寻常语义联结条件，新颖语义联结更强地激活了左侧额中回和右侧海马旁回。两个脑区均是各类顿悟（字谜、组块破解和成语谜题）问题解决的典型激活脑区，其中左侧额中回激活可能反映了顿悟问题解决中的定势转移过程，右侧海马旁回则与新颖语义联结形成过程有关。此外，相比失败记忆新颖联结条件，成功记忆新颖联结条件更强地激活了顿悟过程相关脑区，包括海马、杏仁核、额中回、颞上回和颞中回，这说明在学习阶段的顿悟问题解决过程中，对信息的深加工与积极情绪促进了随后的记忆。

拓展阅读

编码与提取时长对提取练习效应的影响

提取练习效应（retrieval practice effect，RPE）或测试效应（testing effect）的实验范式一般包括编码、初始测试（提取练习）、分心干扰和最终测试阶段。有关 RPE 研究的典型结果是，进行测试的实验组在较长时间间隔测试中的表现好于控制组（重复学习组）。张锦坤和张俐娟（2020）的研究考察了编码与提取时长对 RPE 的影响。结果发现，延长编码时间有利于提高即时测试下的记忆成绩及记忆保持率，但这一优势随测试间隔延长而消失；延长提取时间在即时和延迟测试下均导致了更好的记忆成绩和更高的记忆保持率。该研究表明，与短时编码相比，延长编码时间在短期内有利于提高记忆水平，但从长期来看并不能更好地提高学习和记忆的水平；而延长提取时间能有效提高初始测试和最终测试记忆成绩并促进记忆长期保持。该研究揭示了提取时长可能是影响 RPE 的关键因素：个体在长时提取下可能投入了更多提取努力，产生了更精细的加工和更多的情境背景线索。

资料来源：张锦坤，张俐娟，2020.

三、控制变量

记忆实验对额外变量的控制要求是非常严格的，因为某一方面一旦未控制好，就可能成为影响实验结果的干扰变量。常见的需要在各种实验条件间保持恒定的变量有：学习材料的数量、刺激呈现的速率、学习的通道（听或看）。当然，在某些研究条件下，它们也可以是研究者感兴趣的变量。记忆实验设计者应时刻注意的是，当考察材料的某一方面对记忆的影响时，一定要严格控制材料的其他方面。例如，如果想考察具体词和抽象词的记忆效果，在编制材料时就应当注意控制好除了词的具体或抽象之外的其他因素，如词的长度、词频等。

思考一下下列这项简单的研究所应注意的问题，也许你就能更深刻地体会到记忆实验中控制变量的复杂性。对“文章长度对儿童记忆水平的影响”这一研究问题，要想得出科学的结果，要注意哪些问题呢？这一问题所需要控制的因素至少包含：（1）文章本身的特性，如字的平均笔画数、字出现的频率、生字的密度、句子的平均长度、句法的难度、文章主题熟悉性、文章类型等。（2）环境，如环境的安静程度、照明情况、温度等。（3）被试，如性别、年龄、家庭背景、智力水平、动机水平等。

第三节　记忆实验研究中的注意事项

一、记忆测验结果的天花板或地板效应

心理测量学中经常提及两个概念：天花板效应和地板效应。测验题目过于容易，致使大部分个体得分普遍较高的现象，即为天花板效应。测验题目过难，致使大部分个体得分普遍较低的现象，即为地板效应。如果在测验过程中出现了这两种效应，所测得的结果就不能说明问题。在记忆实验中，有时候我们可以通过预实验很容易地判断是否存在这两种效应。例如，如果材料太难或材料呈现时间过短，预实验被试在最终测验中的成绩非常糟糕，以至于各种实验条件下都处于差不多的水平，我们就可以适当地修改实验材料和程序以获取比较合适的反应水平。但有时候，研究者并不是总能意识到这些问题。

斯卡波劳夫（Scarborough，1972）的一项实验试图探讨不同感觉通道的记忆效果是否有差异。被试的任务是记忆36个由3个辅音字母构成的字母串（如“MZQ”），每个字母串的呈现时间为0.7秒。实验采用3（记忆通道）×6（间隔时间）的混合设计。记忆通道指被试记忆材料所涉及的感官，有3种条件即仅听、仅看、听＋看，为被试间变量；间隔时间指从材料呈现结束到要求回忆之间的时间间隔，有6种间隔时间（秒），即0、3、6、9、12、18，为被试内变量。实验的基本过程是这样的：每个字母串呈现前出现提示信号（两个黄灯和一个声音），提醒被试做好准备；字母串消失后，将间隔一定的时间（6种情况）。为了防止被试在间隔期间对材料进行复述，给被试呈现一个三位数（如“678”），要求其大声报告递减3后的结果（间隔时间为0时，则在字母串消失后立即要求其回忆）。间隔时间结束后，出现提示信号（两个绿灯），提醒被试将进入回忆阶段，时间为10秒。实验结果如图10-4所示，仅看组的最终记忆成绩好于仅听组；听＋看组与仅看组的记忆成绩相比，并未表现出更高的记忆水平；在各种时间间隔条件下，两组被试的回忆正确率大致相同。

这一研究结果很有价值，因为它表明通过单一视觉通道获取的记忆保持与通过视听双通道获取的记忆保持是相当的。斯卡波劳夫的研究引发了很多研究者的关注。有些研究者认为，从图10-4的结果中还可再挖掘有价值的信息。例如，图10-4还反映

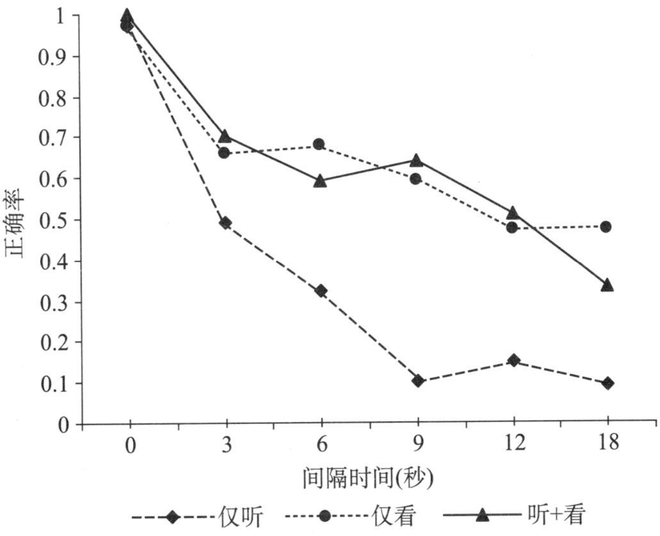

图 10-4 三种记忆通道在不同记忆时间间隔下的记忆水平

了三种记忆方式在遗忘速率上有所不同，通过听觉呈现的项目比通过视觉呈现的项目遗忘得更快。直观来看，当间隔时间为 3 秒或更长时，仅听组被试的记忆成绩确实下降得厉害。但这一推论是否可能存在问题呢？如果你能想到前面提到的天花板效应，你应当会特别注意间隔时间为 0 时被试回忆的正确率——三种记忆情况下的回忆正确率都非常高，几近完美。而如果要比较遗忘的速率，供比较的初始记忆水平就必须得到准确的测量。在该实验中，要准确地考察三种记忆方式的遗忘速率，应当从间隔时间 3 秒开始（坎特威茨，罗迪格，埃尔姆斯，1997/2001）。

那么，在记忆实验中，怎样才能更好地避免天花板效应和地板效应呢？正如前面提到的，一种最简单有效的办法就是，在正式实验之前做预实验。例如，如果在一个记忆实验中被试的记忆成绩太好，接近完美水平，就可以增加呈现的材料以降低作业水平。与此相似，如果被试完成得太糟糕，几乎记不住任何东西，就要通过减少识记材料、放慢呈现速度等方法使任务容易些。设计任务难易水平的指导思想是应使被试的得分分布在中等范围内，这样，操纵自变量时，被试记忆水平的提高或降低都可以被比较敏感地观察到。

二、研究结果的适用范围

研究的外部效度或研究结果的普适性是心理学研究者必须始终考虑的一个问题。从科学本身的特性来说，一个科学结论的得出必须经历不断的证伪，在证伪的过程中不断接近真理。如果从一个实验中得出的结论不能推广到其他情境中，它的意义就相对局限了。关于这方面的批评很多，张春兴（2002）曾指出："现今全世界的心理学知识不但已经美国化，而且全都变成了美国白人大学生的心理学。在此情形下，美国以外不同种族、不同文化的心理学者，在他们的社会里推广心理学知识时，岂不像热带农业学家向寒带地区农民推介水稻种植知识一般，同样缺乏意义？"当然，也有研究者指出，相对于应用研究领域，基础研究或理论导向的研究，其目的主要是验证有关某一心理过程的理论，而不是把研究结果推广到现实中的某一特殊情境中。这些基础研究所涉及的内容是人的最基本的心理过程，其功能组织往往不受样本的人口统计学特征影响。因此，对于此类研究，“美国白人大学生”并不构成问题。

记忆实验研究主要是基础性研究，其所探讨的内容往往具有普适性（如短时记忆的容量）。但当进行研究设计或评价别人的一项研究时，还是应当很谨慎地综合分析研究所涉及的各类变量，以避免得出有偏差的结论。

三、提取本身对记忆过程的影响

记忆实验中经常涉及对被试掌握水平的测评，以了解被试的学习进程，而测试本身并非中立事件，它所包含的提取练习可能对记忆结构产生质的影响。20世纪60年代之前，记忆研究者对遗忘问题做了大量研究。当时，研究者就已发现，在实验过程中，要保证对遗忘量的准确衡量，重复测试或提取是一个需要避免的干扰变量，因为研究发现，一次测试几乎可以防止遗忘，所以，当时一些知名的心理学家都竭力反对在研究记忆过程中的遗忘时采用重复测试设计。如迪斯（Deese，1958）就曾指出：“采用这种设计（重复测试）的实验在首次测试之后将得到‘不纯’的记忆保持水平，而随后的几次测试都将受到相应的污染……”当然，对于遗忘研究来说，确实应当避免测试本身对记忆的影响，以确保实验处理的可比性；但对于前所述及的测试效应研究来说，测试或重复测试正是研究的关键所在。测试效应的有关研究从另一方面说明了提取练习对于记忆的影响。

在记忆实验中，除了应当考虑提取练习对记忆的积极促进作用之外，还应当注意，在特定的实验条件下，提取练习还可能对记忆产生消极影响。

有关提取诱发遗忘（retrieval induced forgetting，RIF）的研究揭示了之前的提取对后来的回忆的抑制作用。罗迪格和索普（Roediger & Thorpe，1978）的一个实验说明了回忆的抑制作用。实验材料为10个类别性词表，每一类包括5个词，实验有4种条件，分别为：不提示类别名称，提示3个、5个或7个类别名称。最终测试要求被试回忆所有的词。结果发现，提示类别名称组的回忆成绩比无提示组好，但当后续要求各组被试在无提示的情况下回忆时，提示组的成绩反而比无提示组差。研究者认为，这是由于提示组被试借助各类别线索进行回忆，限制了在各类别间的储存和提取；而类别名称的提示越多，这种限制就越大。

此外，提取还可能增强错误记忆，因此在错误记忆的研究中，也应充分考虑到这一因素。罗迪格和麦克德莫特（1995）采用DRM范式发现，在无明显误导信息的情况下，测试也将导致错误再认。实验采用被试内设计，被试学习16份词表，每份词表包含15个语义关联词对（如“hill-valley”），每学完一份词表后提示被试回忆词表（回忆测试）或解数学题，5分钟后进行再认测试。结果表明，与学习后解数学题的情况相比，进行初始测试既提高了对已学词的击中率，也提高了对关键诱饵（critical lure，如“mountain”）的虚报率。而且R/K（记得/知道）判断的结果表明，测试还使被试更坚信自己记得关键诱饵呈现时的具体信息。麦克德莫特（1996）对 DRM 范式做了适当变化，即让被试先进行学习或先学习再测试，然后分别在两天后进行自由回忆测试，结果发现：在学习后进行测试的情况下，被试回忆出关键诱饵的可能性是未进行测试情况下的两倍。麦克德莫特（2006）还探讨了不同测试次数对错误记忆的影响，实验中让被试学完每份词表后分别进行 0、1 或 3 次的初始测试，最后进行自由回忆测试。结果发现，测试增加了正确回忆的可能性，但同时增加了错误回忆的可能性，进行 3 次初始测试的被试对已学词的回忆率随着测试次数的增加而下降，但对关键诱饵的回忆率随着测试次数的增加而上升。

概念术语

感觉记忆	部分报告法	短时记忆	工作记忆
长时记忆	情景记忆	语义记忆	外显记忆
内隐记忆	任务分离程序	过程分离程序	错误记忆
前瞻记忆	记忆实验	测试效应	天花板效应
地板效应	提取诱发遗忘	四面体模型	

本章要点

斯伯林采用部分报告法证明了视觉感觉记忆的存在，且具有较大的容量，但保存的时间短暂，为 0.5～3 秒。

短时记忆保存时间为十几秒到一分钟左右，且容量有限，一般为 7±2 个组块。测量短时记忆广度，较为常用的有顺背广度法和倒背广度法。短时记忆的编码可以分为听觉编码和视觉编码。

图尔文依据所储存信息的类型，将长时记忆划分为两种类型：情景记忆和语义记忆。采用 R/K 范式、神经成像技术等的实验研究证明了确实存在这两类长时记忆。

外显记忆指个体对生活中的事件或情景的有意识的回忆，可采用自由回忆、线索回忆、再认、配对联想学习等进行测量。

内隐记忆也涉及个体对过去事件的提取，但这种提取不需要个体的意识性努力。采用间接测验的形式进行分离的研究程序称为任务分离。其逻辑是，用不同的测验任务便可以揭示不同的心理机能。如果同一自变量使不同的测验任务有不一致或类似的结果，我们便可推测认为完成这些不同的测验任务时的心理状态和过程之间存在差异或是类似的。任务分离程序存在逻辑方面的缺陷。

雅可比提出了过程分离程序，过程分离程序采用两种测验形式分离出有意记忆和无意记忆的贡献比：一类是包含测验，要求被试利用有意识提取和无意识熟悉两种加工机制来完成任务；另一类是排除测验，要求被试选用首先进入意识但又不能是先前学习过的信息来完成测验。

错误记忆的研究范式主要有联想范式、无意识知觉范式、误导信息干扰范式等。所有这些范式可以归为两大类，其中联想范式和无意识知觉范式主要用于考察人们对单词的错误记忆，误导信息干扰范式则用于考察人们对事件的错误记忆。

回溯记忆指的是对于已发生事件的记忆，前瞻记忆是对未来要执行的行为的记忆，前瞻记忆目前常见的研究方法有自然观察法、实验法以及情境模拟法。

詹金斯关于记忆实验的四面体模型，以立体图的形式说明了记忆实验中涉及的各类变量。记忆实验中较常见的自变量有材料的性质、材料学习和最终测验之间的时间间隔等。记忆测量主要有回忆、再认、内隐测验等形式，记忆测量指标包含传统的正确率和反应时，以及新兴的神经生理指标（如 ERPs 和 fMRI 指标）。

记忆实验对额外变量的控制要求是非常严格的，常见的需要在各种实验条件间保持恒定的变量主要有：学习材料的数量、刺激呈现的速率、学习的通道（听或看）等。

记忆实验研究中应着重考虑几个问题包括：记忆测验结果的天花板或地板效应、研究结果的适用范围、提取本身对记忆过程的影响。

推荐阅读

- 沈德立，白学军．高效率学习的心理学研究．北京：教育科学出版社，2006.
- 杨治良．记忆心理学．3 版．上海：华东师范大学出版社，2012.
- 艾宾浩斯．记忆心理学：通过实验揭秘记忆规律．北京：中国纺织出版社，2018.
- 布里奇特，罗宾逊．认知心理学．北京：人民邮电出版社，2020.
- The Oxford handbook of memory. Oxford University Press，2005.
- BADDELEY A. & EYSENCK M. W. Memory. 2nd ed. Psychology Press，2014.
- 杨海波，刘电芝．片段再认任务在内隐序列学习研究中的有效性检验．心理学报，2016（3）．
- 张锦坤，张俐娟．编码与提取时长对提取练习效应的影响．心理科学，2020，43（4）．

第十一章 阅读

【教学目标】

通过本章学习应实现的目标有：第一，掌握阅读的定义，了解阅读研究中经常操纵的变量；第二，系统掌握阅读研究中常用的实验方法及范式，特别是阅读的眼动研究中常用的实验范式；第三，理解阅读的眼动研究中的基本问题及经典研究。

【学习重点】

阅读在心理学研究中的含义；阅读研究中经常操纵的变量；阅读研究中常用的实验方法及范式。

第一节 阅读研究中的基本问题

阅读是人们日常学习和生活中一项十分重要的认知活动，是人们获得知识、增长经验的重要手段之一。心理学家对阅读及其相关过程的研究早在 18 世纪末 19 世纪初就已开始。例如，休伊（E. B. Huey）在 1908 年出版了《阅读的心理学和教育学》一书，该书在当时被认为是对阅读过程最具创见性的一部综合研究著作。休伊认为，一位心理学家所能达到的最高成就就是能对阅读进行完整且透彻的探讨，这样做不但可以发掘人类心智活动中许多极端复杂的内在运作，而且可以为揭开人类如何发展出这种最不可思议的成就之谜（指文字的发明和应用及其对人类文明的贡献）提供重要的启示。

阅读活动如此重要，那么如何对阅读过程进行研究呢？有哪些常用的研究方法及实验范式？这是实验心理学家、阅读心理学家和心理语言学家关注的重要问题。本章将对阅读的实验方法进行介绍。首先探讨阅读研究中的基本问题，接着阐述阅读研究中常用的实验方法及范式，最后介绍阅读研究，特别是阅读的眼动研究中的重要问题及经典实验。

一、什么是阅读

对阅读下一个定义，并不是一件容易的事（Rayner & Pollatsek，1989），因为存在各种类型的阅读活动，这些不同的阅读活动又具有各自不同的目的，并且要求不同的加工策略。在阅读心理学中有许多对于阅读的定义。

道宁（J. D. Downing）和莱昂（C. K. Leong）将阅读的定义分为两类：一类强调译码的过程，一类强调意义的获得（引自张必隐，2004）。强调阅读是一种译码过程的心理学家认为，阅读就是按照词的书写形式创造其声音形式，或者将书写符号翻译成声音符号的过程；他们强调的是从视觉信号到听觉信号的一种转变。而强调阅读是一种意义获得的心理学家认为，阅读是读者根据已有的概念去构造新的意义的过程；他们认为阅读不是将视觉信号转变为声音，而是将其转变为意义。然而，事实上，这两种定义并不是完全对立的。强调译码过程的心理学家并不否认意义的获得，强调意义获得的心理学家并不否认译码的过程，两种定义的差别主要在于所强调的阅读加工水平不同。

吉布森（E. J. Gibson）和利文（H. Levin）认为，阅读是从篇章中提取意义的过程。为了能够从篇章中提取意义，读者需要：（1）把书写符号翻译为声音符号；（2）具有相应的心理词典，以便从语义记忆中获得书写词的意义；（3）对这些词的意义进行整合。此外，他们认为“篇章”这个词不仅包括印刷的文字，还包括图画等其他阅读材料。但道宁和莱昂认为，阅读应该包含更为广阔的范围。除了以上提到的文字、图画，司机和行人需要阅读路标或地图，看手相的人需要阅读人手上的掌纹，盲人则需要阅读盲文等（引自张必隐，2004）。

在本章，我们将阅读限定在读者阅读书面文字材料上，主要讨论读者在正常阅读不同文字材料时的心理加工过程。因此，我们把阅读定义为从书面文本中提取视觉信息并理解文本意义的过程。

二、阅读研究中的变量

（一）词汇加工研究中的变量

近些年来的很多研究考察了阅读过程中影响词汇通达的一些变量，包括词内变量、词变量和词间变量。

1. 词内变量

许多研究表明，一个词的最初几个字母在单词识别中起着重要的作用。有研究者进行了如下的实验：单词的前半部分或后半部分被延迟呈现，要求被试识别单词，考察哪种情况下被试受到的干扰大。结果表明，当前半部分被延迟呈现时，被试受到的干扰更大（Lima & Pollatsek，1983）。在中文阅读过程中，闫国利等人（Yan et al.，2012）通过省略汉字开头和结尾的笔画考察不同位置的笔画在汉字识别中的作用。结果发现，省略汉字开头笔画对被试造成的干扰更大。还有研究者选用了词频相同的词，但是这些词的最初两个或三个字母组合的频率是不同的。例如，“dwarf”和“clown”的词频是相同的，但这两个单词开始的三个字母的组合频率是不同的。其中，以“dwa-”开头的单词很少，而以“clo-”开头的单词比较多。结果发现，被试对以组合频率高的三个字母开头的词的注视时间更短（Lima & Inhoff，1985）。

也有研究考察了词素信息（morphological information）在单词识别中的作用。有研究者要求被试阅读一些句子，其中有些单词的词长和词频均是相同的。这些词有些是前缀词如“remind”，有些是假前缀词如“relish”。结果发现，当分别注视这两类词时，前缀词被注视的时间比假前缀词被注视的时间短（Lima，1987）。还有研究者考察了单词最初的词素信息的影响。被试阅读包含以下单词的句子：六个字母组成的复合词（如“cowboy”）、假复合词（如“carpet”）以及控制词（如“mirror”）。尽管这些词的词频是相同的，但对假复合词的注视时间比对复合词的注视时间短（Inhoff，1989）。在中文阅读过程中，闫国利等人（Yan et al.，2006）考察了汉语双字词的首字字频、尾字字频和词频对汉字识别的影响。结果发现，高频词比低频词更容易识别。重要的是，当目标词是高频词时，首字字频对目标词注视时间的影响不大，但是，当目标词是低频词时，首字字频对其注视时间的影响较大。这表明，在心理词典中，高频双字词以整词方式来加工，而低频双字词以部分方式来加工。

拓展阅读

中文书写文本的特点

中文有两种书写形式：简体中文和繁体中文。简体中文主要在中国大陆地区使用，繁体中文主要在中国香港和台湾地区使用。与拼音文字不同，中文作为一种表意文字，有其独特的特点。

第一，中文的基本书写单元是汉字。汉字作为中文的基本书写单元，在视觉复杂性上有很大的差异，主要表现在：每个汉字的笔画数不同，从一笔（如汉字“乙”）到三十多笔不等（如汉字“齉”）；每个汉字包含的部件数不等，有的只包含一个部件，如汉字“火”，有的包含两个，如汉字“炎”，有的则包含三个，如汉字“焱”；部件的组合方式不同会产生不同的汉字，如汉字“部”和汉字“陪”；每个汉字都有一定的结构，概括起来，主要有以下几种结构，即独体结构（如汉字“生”）、上下结构（如汉字“岩”）、左右结构（如汉字“词”）、包容结构（如汉字“国”）和嵌套结构（如汉字“裹”），其中左右结构和上下结构的汉字个数分别占汉字总数的65％和21％。

第二，词长分布不同于拼音文字。拼音文字的词长分布较广，从一个字母（如单词“a”）到二十几个字母（如单词“internationalisation”）不等。与拼音文字不同，中文词由汉字构成，汉字本身既可以作为一个独立的词出现，也可以与其他汉字组成一个新词。这样就构成了不同类型的词：单字词（如“冬”）、双字词（如“冬天”）、三字词（如“冬令营”）、四字词（多数是成语，如“数九寒冬”）和五个及以上的汉字组成的词，其中双字词占绝大多数（80％以上）。

第三，缺少明显的词边界信息。拼音文字读者可以通过词间空格准确获得哪几个字母构成一个单词的信息，即多数拼音文字都有明显的词边界信息。而中文文本由一系列连续的汉字组成，只有用来“表示停顿、语气以及词语的性质和作用”的标点符号，没有明显的词边界信息，词与词之间的空间长度和词内汉字之间的空间长度是相同的。中文读者不能根据视觉特征直接获悉哪些汉字构成一个词，因此，在中文阅读过程中读者需要完成另一项任务：词切分。

第四，词切分方式多样。由于中文文本词边界信息的缺失，对于哪几个汉字构成一个词，不同的读者有不同的意见，甚至语言学专家对词的概念都存在很大的分歧和争议。词切分的不一致性，可能会导致我们对一句话的理解产生分歧。例如，“乒乓球拍卖完了”这句话中，“乒乓球”是一个三字词，但它也可以与第四个汉字构成一个四字词“乒乓球拍”，第四个汉字和第五个汉字还可以构成一个双字词“拍卖”。所以，对这句话就有两种理解方式：(1)“乒乓球　拍卖完了”；(2)“乒乓球拍　卖完了”。在中文文本中还有一种现象，如短语“专科学生”中“专科”是一个词，“学生”是一个词，而第二个字“科”和第三个字“学”又可以组成另外一个词“科学”。

第五，词语类型丰富。一般认为，现代汉语音义结合的最小单位是语素，语素组成了词。由一个语素组成的是单纯词，由两个以上的语素组成的是合成词。单纯词，如“山”“伶俐”“蝴蝶”等。对于合成词，构成它的语素之间存在不同的关系，根据这种关系，可以区分出以下几种结构类型：(1) 并列结构，又叫联合式，由意义相同、相近或相反、相对的语素并列融合而成，语素之间的关系不分主次，如“朋友”。(2) 偏正结构，前一个语素修饰、限制后一个语素，以后一个语素为主，后一个语素是词义的核心，如“牧民”。(3) 支配结构，又称动宾式，前一个语素表示动作或者行为，后一个语素表示动作或者行为所支配的对象，如“担心”。(4) 陈述结构，前一个语素是陈述的对象，后一个语素对前一个语素进行陈述，如“民办”。(5) 补充结构，后一个语素补充说明前一个语素，以前一个语素的意义为主，前一个语素是词义的核心，如“推广”。(6) 附加结构，由实语素和虚语素构成。实语素是核心部分，表示词的意义；虚语素是附加部分，有的在前，有的在后，如“桌子”。

资料来源：孟红霞，2012；Zang, Liversedge, Bai, & Yan, 2011.

2. 词变量

许多研究表明，词频影响对词的注视时间，即高频词被注视的时间短，而低频词被注视的时间长。词频是指词的使用频率。低频词的使用频率低，读者不太熟悉，因而注视时间长。

早期的一些研究发现，低频词一般是长词，长词受到的注视多，这种结果似乎混淆了词长与词频的作用。有研究者控制了词长和词的音节数，甚至控制了单词最初两个和三个字母的组合频率，结果仍然发现存在明显的频率效应（Rayner & Duffy，1986）。同样，有研究者比较读者对单字词、双字词和三字词的加工，严格控制了词频、预测性等各种变量的影响，探讨中文阅读中的词长效应。研究发现，随着词长度增加，注视时间延长，眼跳长度缩短，词被跳读的概率随之降低。这表明，尽管中文词长变异较小，但词长在词汇识别和眼跳目标选择中仍有重要作用（Zang，Fu，Bai，Yan，& Liversedge，2018）。

3. 词间变量

许多研究表明，如果目标词能够通过前面的语境推断出来，或者与文章前面出现的词具有语义上的联系，那么对目标词的注视时间就会比较短。有研究者研究了阅读过程中的单词加工和启动效应。他们运用快速启动（fast priming）范式（在第二节中将举例介绍该范式），即在阅读过程中，当视线落在单词边界左侧时，在目标位置呈现一个随机字母串。当视线移过边界时，一个启动词被短暂地呈现，随后被目标词代替。结果发现，当启动词呈现30毫秒时，在启动词同随后呈现的目标词在语义上有紧密联系的情况下，被试对目标词的注视时间比在语义上没有联系的情况下更短（Sereno & Rayner，1992）。

（二）句子和句法加工研究中的变量

句子是独立表达完整语义的语言结构单位。而句子理解是在字词理解的基础上，通过对组成句子的各成分的句法分析和语义分析，获得句子语义的过程。句法又称“造句法”，是语法学的组成部分之一，涉及词组的构成、句子的构成、句子成分和句子类型等内容。大量的阅读研究表明，读者在阅读时，会对课文进行即时的结构分析，建构句子的语法结构表征。对句法加工的研究主要聚焦于以下三方面：第一，构成语法结构分析原则的本质；第二，对句法复杂性的测量；第三，探讨句法分析中的语义和语用变量。

例如，在句子阅读过程中，读者是如何确定句子结构的。弗雷泽（Frazier，1987）认为，读者是在句法知识的基础上对句子进行最初的分析。一个句子中的词被分析成短语成分，这个过程称为句法分析（parsing）。如果课文有时存在暂时的句法歧义，读者在阅读时可能只进行了一种分析，但是后面的信息又使读者改变了最初的分析，那么这种情形被认为是读者被带进了使之误入歧途的“园径”（garden path）。有研究者对园径效应进行了研究，他们让读者阅读下面的两个句子（Frazier & Rayner，1982）：

We knew John well.（我们十分了解约翰。）

We knew John left.（我们知道约翰离开了。）

两个句子的前三个词是相同的。最小附加原则（minimal attachment，园径理论的原则之一，指将后面的每一个词附加进现存结构中，在句法树中会尽可能少地加进新结点）使读者在最初对“John”分析时，将其看成动词“knew”的宾语，但是这种分析在第一句话中成立，在第二句话中就不成立。在第二句中，“John”是宾语从句的主语，而不是“knew”的宾语。所以当读到“left”时，分析就要重新进行，即读者被带入了“园径”。这种情况可以通过眼动数据分析出来。尽管这两个句子中相对应的词在词长和词频上都是相同的，但是读者对“left”的注视时间明显要比对“well”的注视时间长。

（三）语篇阅读研究中的变量

在理解课文的过程中，读者不仅要将句子中的信息进行综合，还要将句子之间的信息联系起来，从而形成有条理的语篇表征。语篇（discourse）也称语段、篇章、课文、话语等，是由句子和句子组合而成的既与上下文存在联系而又相对独立的一段话或一个片段。研究者通常在语篇中通过操纵语篇类型、语篇结构、主题内容、阅读视角或者语义推理方式等探讨语篇阅读中的心理加工过程。

第二节　阅读的研究方法及实验范式

随着认知心理学的兴起和计算机技术的发展，人们对阅读的研究也不断深入，特别是在过去的二三十年中，相关的技术进步使阅读研究方法不断改善。本节对阅读研究中比较常用的方法及实验范式进行介绍。这些方法大致可分为四类，分别是反应时记录法、阅读时间记录法、生理测量法和计算机模拟法。

一、反应时记录法

反应时是指从刺激到反应之间的时间，即反应的潜伏期。它代表了从刺激输入到中枢加工再到反应输出的全过程所需的时间。反应时记录法是人们研究信息加工的一种基本方法。在阅读研究中，常用的有以下几种。

（一）命名法

命名法（naming）是指大声读出一个字词的发音，或者命名一个字词，或者要求被试阅读一段文章，随后视觉呈现一个目标刺激，要求被试用语言回答（Rayner，2002）。回答的方式有读出该目标词，或用一个词作答，或在 Stroop 测验中命名颜色等。研究者通常用音键开关装置来记录命名的潜伏期。

命名法被用于研究从词水平到课文水平的加工。例如，在词水平上，有研究者（章玉祉，张积家，2014）在实验中向被试呈现双字词和三字词，然后测量从呈现这个词到开始读出这个词之间的时间间隔。结果发现，命名双字词的反应时显著短于命名三字词的反应时。在课文水平上，命名法被成功地用于揭示许多加工过程，如前后照应、精细推理等。

命名法可以用于测定识别一个字词所需要的时间以及影响字词识别的各种因素。字词频率、复杂程度和所在语境都会影响命名时间。符合正常的阅读，是该方法的最大优点。在研究汉字的语音提取和词汇通达问题时，该方法被普遍使用。但用命名法所测定的时间，实际上是被试对字词做出反应的全部时间，而不仅仅是大脑确认字词的时间。而且在命名时，可能出现语音与语义分离的现象。比如，有些脑损伤患者能命名字词和区别词与非词，但对词的意义一无所知。

（二）词汇判断法

词汇判断法（lexical decision）要求被试阅读一串字符，有的是词，有的是非词或假词，要求被试又快又准地判断它是不是一个词（闫国利，2006）。有两个键供被试选择，如当该字符串是一个词时就按 Y 键，不是时按 N 键。被试按键的延迟时间反映了被试对该词的心理加工时间。

有研究者用词汇判断法研究了语境词对单词识别的影响（Gough & Stewart，1970）。

实验中给被试呈现如下的字母串，其中有的是英语单词，有的不是，共有五种情况，例如：

nurse-doctor（两个有意义联系的单词）
bread-doctor（两个无意义联系的单词）
wine-plame（前面一个是单词，后面一个不是）
plame-wine（前面一个不是单词，后面一个是）
pable-reab（两个均不是单词）

每对词连续地呈现，每次只呈现一个，要求被试判断第二个字母串是不是英语单词。实验结果表明，当两个字母串均是英语单词，而且二者之间有意义联系（第一种情况）时，被试对第二个字母串的判断时间要比两个单词之间无意义联系（第二种情况）时平均短 40～50 毫秒。语境词（每对词中的第一个词）也称启动词。语境词的语义使目标词（每对词中的第二个词）的语义表征被快速激活，加快了单词识别的速度。

国内许多学者在研究中也使用了词汇判断法。比如，有研究者用汉字探讨词频对字词识别的影响（引自彭聃龄，谭力海，1991）。给被试呈现一些频率不同的双字词，如“大夫”“矗立”，也呈现一些双字非词，如“退立”，要求被试尽快判断它们是不是词。实验结果表明，对高频词的判断时间短，而对低频词的判断时间长，两者平均相差 94.73 毫秒。

词汇判断法在阅读研究中被广泛地应用，它要求被试处理词的视觉信息和语音信息，并且在心理词典中进行搜索，以确定输入的刺激是不是一个词，因而对探索词汇通达过程有重要作用。在研究词的视觉特征、语音特征和词频对单词识别的影响时，通常使用这种方法。然而，该方法存在一定的缺陷：（1）词汇判断作业不同于正常阅读。在正常阅读过程中，人们不进行真假词判断；而在词汇判断作业中，人们人为地安排了真词与假词。（2）判断字词的真假，不一定以理解字词的意义为基础。被试可能在理解字词的意义之前，已经根据其他的线索判断出词的真假。（3）在该作业中，很难排除策略因素的作用。如假词混入的数量会直接影响被试的判断标准。假词混入的数量少，被试倾向于做出“是”反应，否则被试倾向于做出“否”反应。（4）字词的确认过程与分辨过程混为一体。

（三）再认法

再认法（recognition）是指在被试阅读一段文章的过程中，或者刚读完一段文章后，给他们呈现一个或两个目标词，然后要求被试用按键反应来确认该目标词是否出现过。例如，有研究者使用再认法考察读者在加工课文时是否对可预测的事件进行了推断（McKoon & Ratcliff，1986）。实验中使用了如下的句子：

The director and the cameraman were ready to shoot close-ups when suddenly the actress fell from the 14th storey.（导演和摄影师已经准备好拍摄女演员的特写镜头，这时她突然从 14 层楼上摔了下来。）

给被试呈现上面的一个句子后，让其判断句子中是否出现过“dead”（死）这个词，正确答案为“否”。

在再认法中，被试也可以得到反馈。有时，也告知被试的反应速度。对目标词的再认延迟时间反映了由目标词引起的概念激活速度。课文中没有出现过的词，用于探测被试是否进行了推测；如果进行了推测，反应的延迟时间往往会增加。再认法被广泛地应用于研究阅读过程中的推断、前后照应及各种课文表征等问题。

（四）注意问题

在应用反应时记录法时，要注意反应时与正确率存在权衡关系。被试往往牺牲正确率来保证反应的速度。为此，在实验指导语中，必须要求被试既快又准地做出反应；在分析实验结果时，要全面分析反应时与正确率的关系。只有当正确率很高时，才可以单独分析反应时的结果。

此外，要正确使用掩蔽（masking）技术。在快速呈现刺激时，由刺激引起的映象记忆可能影响到字词的加工。为了消除映象记忆的作用，实验中常采用掩蔽技术。掩蔽分为前掩蔽（forward mask）和后掩蔽（backward mask）两种：在刺激呈现之前出现的掩蔽叫前掩蔽，在刺激呈现之后紧接着出现的掩蔽叫后掩蔽。在英文研究中常用的掩蔽符号有“*”“#”等，在中文研究中常用的掩蔽方式有假字、非字等。

二、阅读时间记录法

反应时记录法常用于研究单个刺激（如单词）。研究者如果对阅读理解的较大单位，如句子、段落或语篇等感兴趣，往往采用阅读时间记录法，目的是通过操纵文本的特性或者文本中单词的特性推断阅读者的理解过程。在这一方法中，研究者往往要求被试阅读一系列句子或者语篇，记录其阅读时间。

对阅读时间的解释主要是基于贾斯特和卡朋特（Just & Carpenter，1980）提出的两个理论假设。第一个是即时加工假说（immediacy assumption），认为被试只有在对所注视的词完成所有的加工后（包括对词的编码、选择词义、确定指代关系、理解词在句子和语段中的作用等），其眼睛才继续向前移动，进行下一步阅读。第二个是眼-脑假说（eye-mind assumption），认为被试对某个词的注视与对该词的心理加工是同时进行的。也就是说，被试所加工的词正是他所注视的那个词。所以，对某个词的总注视时间就是对该词的加工时间。阅读时间记录法主要包括眼动记录法和开窗口法。

（一）眼动记录法

眼动记录法主要是在被试阅读时，通过眼动仪记录他们阅读过程中的眼动轨迹。使用眼动仪可以获得阅读时的许多重要数据，如注视位置、注视时间、注视次数、回视、眼跳等。眼动数据可用于研究从字词水平到课文水平的心理加工问题。该方法具有两个优势：(1) 无干扰，能记录被试在正常阅读过程中的眼动特征；(2) 实时性，能提供与注意加工有关的详细记录。

在阅读的眼动研究中，通常可以采用正常的句子阅读范式，即让被试阅读直接呈现在屏幕中间的句子，眼动仪记录被试在阅读过程中的眼动轨迹。除此之外，由于视觉呈现技术的发展，在眼动研究中研究者开发了一些特有的技术，用来研究阅读过程中的基本问题。以下主要介绍两种技术：呈现随眼动变化技术（eye-movement-contingent display-changes technology）和伴随言语技术（contingent speech technique）。

1. 呈现随眼动变化技术

呈现随眼动变化技术是阅读研究中经常采用的实验技术（McConkie & Rayner，1975）。该技术通过追踪眼动行为来引发呈现内容的变化，从而实现对视觉和语言信息的有效控制。利用该技术可以很方便地确定一个注视点能够提取到多少有效的视觉信息，并且可以精确地确定所提取信息的类型。该技术存在几种具体范式：移动窗口范式（moving window paradigm）、移动掩蔽范式（moving mask paradigm）、边界范式（boundary paradigm）、快速启动范式（rapid priming paradigm）和消失文本范式（disappearing text paradigm）。

（1）移动窗口范式。在移动窗口范式中，研究者在被试的注视点附近设定一个窗口，窗口内的文本内容是可视的，窗口外的内容用其他无关文字或符号（比如“×”）代替。当被试眼睛移动时，新的注视点附近就会出现一个新的窗口。呈现内容的变化发生在注视过程中，所以被试会意识到这种变化。但无论被试看到哪里，都有一个窗口的正常文本可供阅读。利用这种方法可以较为准确地测定读者阅读时的知觉广度。

该范式的实验假设是，当窗口大小比被试的知觉广度小时，被试阅读会受到影响。通过改变窗口大小及位置，研究者就可以确定被试是从文章的哪个区域获得有用信息的。通过改变窗口外区域的信息种类，保持或破坏各种在阅读中可能起作用的信息，研究者就可以分析出被试在视野区域内获得信息的种类。以下是被试在移动窗口条件下连续三个注视点（＊号处）的例子：

陈教授的精彩讲评赢得了与会代表的阵阵掌声（正常句子）

陈教授××××××××××××××××××
　＊

×教授的×××××××××××××××××
　　＊

××授的精××××××××××××××××
　　　＊

（2）移动掩蔽范式。与移动窗口范式刚好相反，在移动掩蔽范式中，正常的文章内容呈现在视觉中央凹外部，而中央凹视觉区的信息完全被掩蔽。视觉掩蔽与读者的眼动是同步的。雷纳和伯特拉（Rayner & Bertera，1979）运用该范式发现，当中央凹视觉区的信息（注视点周围 7 个字符）被掩蔽时，读者仍可以通过副中央凹进行阅读。但当中央凹视觉区和部分副中央凹视觉区信息（注视点周围 11～17 个字符）被掩蔽时，读者就无法进行阅读。以下是被试在移动掩蔽条件下连续三个注视点（＊号处）的例子：

陈教授的精彩讲评赢得了与会代表的阵阵掌声（正常句子）

×××的精彩讲评赢得了与会代表的阵阵掌声

*

陈×××精彩讲评赢得了与会代表的阵阵掌声

*

陈教×××彩讲评赢得了与会代表的阵阵掌声

*

（3）边界范式。在使用边界范式时，首先在句子中确定一个目标词所在的位置，然后在目标位置的左侧设定一个边界位置。被试开始阅读句子时，一个预视词（preview word）出现在目标位置。当被试眼跳经过看不见的边界位置时，目标位置上的词会发生变化（即目标词替代了预视词），这种变化是在被试眼跳的过程中发生的，因此被试一般不会意识到呈现发生了变化，但是这种变化会对后继的加工产生影响。

这种范式的实验逻辑是，如果在目标位置上预视词的特征已经得到副中央凹的加工，那么当被试注视到目标位置上已经发生变化的词（即目标词）时，阅读就会受到影响。与移动窗口范式相比，边界范式可以在副中央凹处对一个词或一个字进行操纵。以下是被试在边界范式条件下连续三个注视点（*号处）的例子（预视字为“秤”，目标字为“评”）：

陈教授的精彩讲评赢得了与会代表的阵阵掌声（正常句子）

陈教授的精彩讲秤赢得了与会代表的阵阵掌声

*　|

陈教授的精彩讲评赢得了与会代表的阵阵掌声

|
*
|

陈教授的精彩讲评赢得了与会代表的阵阵掌声

|　*

（4）快速启动范式。快速启动范式与边界范式有点类似。在该范式中，最初目标位置上出现一个随机符号串，当被试眼跳经过一个看不见的边界位置时，启动词代替了随机符号串，并持续短暂的时间，然后，当被试眼睛已经注视目标位置时，启动词被目标词取代，直到被试完成阅读。被试对目标词阅读时间的长短可以反映出启动词对语言加工的影响。该范式可以用于考察注视过程中信息加工的时间进程。以下是被试在快速启动范式条件下连续三个注视点（*号处）的例子（启动词为“演讲”，目标词为“讲评”）：

陈教授的精彩讲评赢得了与会代表的阵阵掌声（正常句子）

陈教授的精彩××赢得了与会代表的阵阵掌声

*

陈教授的精彩演讲赢得了与会代表的阵阵掌声（持续短暂时间）

|

*
|
陈教授的精彩讲评赢得了与会代表的阵阵掌声
*

（5）消失文本范式。在该范式中，正在注视的单词经过一定的时间如 60 毫秒之后消失，直到被试注视另一个单词时，这个单词才会再次出现。同样，另一个单词出现 60 毫秒之后也会消失。闫国利等人（2015）运用该范式记录儿童和成人阅读消失文本和正常文本时的眼动行为，考察读者获取文本视觉信息速度的发展变化。研究发现，在 40 毫秒及以上呈现时间条件下，儿童和成人阅读理解和时间均不受影响，说明读者可以在短暂的时间内快速获取文本信息。当呈现时间较短（例如 20 毫秒）时，儿童受干扰更大，需要增加阅读时间来保证阅读理解。以下是被试在消失文本范式条件下连续两个注视点（*号处）的例子：

学生应该严格遵守各项课堂纪律（正常句子）

学生应该严格遵守各项课堂纪律（当前注视开始）
*

学生应该　遵守各项课堂纪律（20 毫秒/40 毫秒/60 毫秒/80 毫秒注视以后）
*

学生应该严格遵守各项课堂纪律（下一个注视开始）
*

学生应该严格　各项课堂纪律（20 毫秒/40 毫秒/60 毫秒/80 毫秒注视以后）
*

2. 伴随言语技术

伴随言语技术是指在视觉呈现目标词的同时，伴随听觉形式的呈现（Inhoff，Connine，& Radach，2002）。该听觉刺激的呈现时间有三种：在注视目标词之前、之后或者同时呈现。这种方法可以获取有关工作记忆中语音、语义加工的时间进程的眼动数据，可以记录语篇阅读过程中听觉刺激出现后读者对目标词的注视时间。

（二）开窗口法

在开窗口法中，将文本呈现在计算机屏幕上的一个窗口中，窗口的大小由主试设置。当读者按某一个键时，文章的后继部分就会在窗口中出现。两次按键之间的时间间隔就是阅读时间。窗口内可显示一整篇文章或者单独的几个句子、短语或单词。常用的开窗口法有以下四种。

1. 移动窗口法

移动窗口法（moving window method）是指在计算机屏幕上呈现的一篇文章中，除了窗口内显示的文字是正常的，单词没有变化之外，窗口外文章中的每个字母都由同一字母掩蔽，但保留词间距。被试可以通过按键来使窗口移动到下面的单词。每按一次键，先前看过的词就被掩蔽掉，后面的新词就会出现。新词出现的速度由读者用按键方式控制。

实际上，前文介绍的眼动记录法中的移动窗口范式就是将眼动技术与该方法结合起来创造出的一种更为先进的移动窗口技术（McConkie & Rayner，1975）。具体是将眼动仪与一台计算机连接，计算机同时还与一个阴极射线管（CRT）连接，阴极射线管用以呈现刺激，眼动数据每毫秒记录一次。实验时，在阴极射线管上呈现一篇被掩蔽的文章，当读者注视文章时，注视点周围的一定范围（即窗口，其大小由主试设定）的掩蔽内容被恢复成正常的文本；当被试眼睛移动时，刚才看过的内容又被掩蔽，新的注视点周围又会出现同样范围的正常文本。在后期的移动窗口范式中，窗口的移动是通过眼动来控制的。而在早期的移动窗口法中，窗口的移动是通过鼠标或键盘来控制的。

2. 固定窗口法

固定窗口法（stationary window method）是指在实验中，词在屏幕上某一固定位置（即窗口）处连续地呈现。

3. 累积窗口法

累积窗口法（cumulative window method）与移动窗口法不同，按键后，新词出现，而刚看过的词并不被掩蔽，仍然停留在屏幕上。在这种实验条件下，被试可以进行回视。

4. 指定法

在指定法（pointing method）中，被试使用一个装置，如用鼠标将光标指向计算机屏幕的某一位置，即可以看到这个位置上的词，而其他词部分地被掩蔽（之所以说是部分地被掩蔽，是因为词的长度、形状信息仍然保留着）。被试可以根据自己的需要将光标指向后继内容，也可以指向自己已经看过的内容。在使用指定法时，被试可以进行回视。

开窗口法是阅读时间记录法中的一种重要方法。在一些阅读研究中，用开窗口法与用眼动仪获得的阅读时间模式基本一致，这种一致性说明该方法是有效的。开窗口法通常比用眼动记录法节省费用，并且可以在任何一台计算机上进行。因此，它在阅读研究中具有重要的地位。但开窗口法也有其不足，主要表现在：第一，在正常阅读中，读者会跳读过一些不重要的词，而在移动窗口条件下，被试必须阅读文章中的每一个词；第二，在正常阅读条件下，被试常常出现回视，而在有些开窗口法中，被试通常不能回视；第三，在开窗口的实验条件下，被试用按键启动下一个词以代替眼动，因此按键潜伏期包含手动按键的时间（舒华，等，1996）。上述差异的存在可能导致在开窗口法的实验条件下对词的平均阅读时间加长。在使用该方法时要注意上述问题。

三、生理测量法

在过去的30多年里，研究者已经开发出大量的生理测量技术用来研究认知过程。

这些技术的功能体现在从简单地记录心率到帮助开展更复杂的生理活动，如大脑的活动变化。通过这些技术，研究者试图定位语言加工的脑区或通路，揭示大脑内部认知活动的时间进程（Gazzaniga，2000）。这里，我们只介绍几种常用的脑成像技术。

EEG 可以将头皮电极与脑电记录仪相连，使头皮上的电活动放大 100 万倍，并能排除各种伪迹，如交流电干扰、眼电、肌电等造成的非脑电活动，从而得到不同频率的波形。研究发现，在完成语言任务时，以 α 波（每秒 8～13 次节律）为指标，显示出左半球 α 波有较大阻抑。但该技术反映的是脑觉醒的整体模式，而非对单个刺激呈现的特异反应。此外，该技术的电极位置存在标准化问题。为了弥补 EEG 技术的不足，研究者发展出 ERPs 技术。

ERPs 技术可以对刺激所诱发的电活动进行多次叠加平均，从而得到脑电波图形。该技术在语言认知研究中得到广泛应用。其中，较常用的 ERPs 指标有反映语义加工的 N400 成分和反映句法加工的 P600 成分（王瑞乐，李妮，陈宝国，2010）。N400 成分由库塔斯和希利亚德（Kutas & Hillyard，1980）首先发现，通常被认为与词汇-语义整合有关。实验中向被试逐词呈现句子，当句尾词与句子的意义不能整合时，N400 就会出现。它是指句尾词呈现 400 毫秒左右后，在中后部脑区出现的一个波幅较大的负成分。N400 的波幅与关键词在语境中的可预期性有关，关键词的可预期性越差，N400 的波幅越大。如句子“He spread the warm bread with socks”中的“socks”由于与整个句子的语义情境非常不符，会引发波幅很大的 N400。P600 成分是由奥斯特豪特和霍尔库姆（Osterhout & Holcomb，1992）首先发现的，通常在刺激呈现 600 毫秒左右后出现，会持续几百毫秒，它在头皮上分布较广泛，其中具有最大波幅的 P600 位于中央顶区。P600 效应通常出现在句法加工异常时，因此被认为反映了句法的加工，特别是句法再分析过程。例如，当阅读“园径”句“The broker persuaded to sell the stock was sent to jail”时，人们首先把“persuaded”分析为谓语动词。然而，介词“to”的出现说明这种分析是不合理的，于是加工系统需要进行再次分析，将“persuaded”分析为过去分词做定语修饰前面的名词短语，从而正确理解了句子。研究发现，在上句中的解歧词“to”上会表现出明显的 P600 效应。

在传统 ERPs 的研究中，为了减少眼动伪迹和成分重叠对 EEG 信号的污染，往往采用 RSVP 范式来研究语言加工，即在屏幕中央一次呈现一个单词，呈现时间通常在 400～1 000毫秒。然而，在自然阅读中，熟练读者注视一次的平均注视时间为 200～250 毫秒。这意味着，RSVP 范式下单个词呈现的时间远远超过了自然阅读状态下对单词进行一次注视的时间。RSVP 范式下单个词识别与自然阅读中的词汇识别有很大的差异：孤立呈现单词时，读者无法进行自然的向前或向后的眼跳，无法利用副中央凹视觉获取下一个词的信息或遇到加工困难进行回视；自然阅读中，读者可以自由进行眼跳。基于 ERPs 和眼动技术的优势，有研究者将两者结合起来，为探讨自然阅读过程中的认知加工和神经基础提供新技术（陈庆荣，等，2011；Degno & Liversedge，2020；Sereno & Rayner，2003）。

PET 能够探测脑内氢原子的分布，fMRI 能够探测脑内局部血容积、局部糖代谢、氧代谢和局部血流的变化，从而测出人在进行某种活动时脑内功能的变化。波斯纳等人

（Posner，Peterson，& Raichle，1988）用 PET 技术研究了正常人在单词阅读中脑的活动过程。在一项实验中，他们测量了被试在被动地注视呈现在中央凹的名词时脑血流的变化。与对照组（只呈现注视点）相比，实验组的枕叶出现了 5 个变化较显著的激活区。这说明词的视觉形状是在枕叶发展起来的。王雨函等人（2012）用 fMRI 测量了正常被试在阅读熟悉主题说明文时因果推理过程的脑活动，设置了两种情境，包括推理情境、非推理情境。结果发现，读者在阅读过程中能够自动进行因果推理，主要负责脑区为额叶、顶叶下部及双侧楔前叶等区域。

和反应时技术相比，脑成像技术有两个明显的优点：第一，可以直接看到人在完成某种作业时头脑中正在进行的活动，不像反应时技术那样，主要依靠对外部行为做出的推测；第二，可以研究认知作业的中枢加工，不像反应时技术那样，混入了刺激输入的时间和做出反应的时间。

然而，不同的脑成像技术在阅读研究中都具有一定的局限性。如 ERPs 技术虽然有很高的时间分辨率，但空间分辨率较低，因而在探讨阅读加工的脑功能定位方面不够精确；相反，fMRI 和 PET 具有较高的空间分辨率，但时间分辨率较低，因而难以准确地描述事件发生的时间进程。因此，在具体研究中，可以考虑综合采用多种方法，如眼动与脑电同步技术、眼动与 MEG、fMRI 和 fNIRs 等相结合进行研究，从多个方面揭示阅读过程的实质。

四、计算机模拟法

计算机模拟（computer simulation，CS）是认知科学家经常采用的一种方法。自 20 世纪 80 年代以来，语言加工的计算机模拟得到了迅速发展。例如，麦克利兰和鲁梅尔哈特（McClelland & Rumelhart，1981）提出了语境效应的交互激活模型（interactive activation model of context effect），并模拟了语境对字母识别的影响；塞顿博格和麦克利兰（Seidenberg & McClelland，1981）提出了单词识别与命名的分布、发展模型（distributed，developmental model of word recognition and naming），并模拟了人类操作的许多方面，如词频与语音规则性的交互作用、词汇判断与命名作业的差异、读者阅读技能的差异等。

在阅读的眼动研究中，研究者在大量实验数据的基础上，试图使用计算机去模拟人类的阅读行为，并提出各种不同的计算模型，例如当前最有影响力的认知模型：E-Z 读者模型（Reichle，2011）、SWIFT 模型（Engbert & Kliegl，2011）、OB1-Reader 模型（Snell，van Leipsig，Grainger，& Meeter，2018）以及中文阅读的 CRM 模型（Li & Pollatsek，2020）。每种模型都试图在词汇加工的不同水平（字母水平或汉字水平、词水平）上模拟眼动的行为特点，并阐述决定眼动的时间特性和空间特性的因素，即哪些因素会影响读者何时（when）进行眼跳以及下一次眼跳指向何处（where）。这些眼动模型的建构为理解阅读中词汇识别、视觉加工、注意和眼动控制这几个方面对眼动的时间和空间特性的交互影响提供了理论框架。随着阅读中眼动研究的深入，每个模型都在不断地细化并修改自身的假设和计算模式，力图对阅读中的各种现象做出更充分的解释。

总之，计算机模拟法不但能验证人类认知的实验结果，对结果提出合理的解释，而且能预测某些现象的发生，指导进一步的实验研究。计算机模拟法为研究人类的信息加工提供了一种有效手段。但计算机模拟属于功能模拟，人的语言加工不能简单地用人为编制的计算机程序来解释。

以上介绍了阅读研究中的常用方法。那么，有没有研究阅读的最好方法呢？没有。因为研究的问题不同，选择的方法也就会不同，所以只有最合适的方法，没有最好的方法。例如，如果对单词识别过程感兴趣，通常采用单独呈现一个词的范式，要求被试对独立呈现的单词做出某种判断或反应；如果试图了解阅读中实时的认知加工过程，可以采用眼动记录法。当前，研究者往往运用各种不同的范式对同一问题进行研究，但由于有些问题可能受到任务需求的制约，所以在进行深入研究时，要综合考虑并谨慎使用不同的范式，以提高研究的生态学效度。

第三节 阅读中的眼动和知觉过程

在阅读研究中，最普遍使用的方法是在阅读过程中记录读者的眼动，在本节中我们主要讨论运用该方法进行的实验研究。运用眼动记录技术来研究阅读已经有 100 多年的历史。通过眼动研究，研究者可以在比较自然的阅读条件下获得被试对文章进行信息加工时的眼动数据，并将眼动数据与认知过程对应起来。它比阅读研究中的命名法、词汇判断法等具有更高的生态学效度（Rayner，1998，2009）。

当前，眼动记录技术和眼动数据的分析技术都获得了长足的发展，特别是用于阅读研究的眼动仪比以前更加先进。早期阅读研究使用眼动仪时，被试往往需要戴某些装置，如隐形镜片，有的实验甚至需要对有关的部位进行局部麻醉。这既给被试带来了许多不便，又使实验条件与正常的阅读情境相差很远。而近些年来生产的眼动仪使被试在实验时不需要在眼睛上戴任何装置，只需坐在椅子上，注视呈现在屏幕上的阅读材料即可，这种阅读情境更接近自然阅读情境。而且，眼动仪与电子计算机的联合使用，使眼动数据的分析更为快捷。基于此，眼动分析法被更加广泛地应用到阅读研究中。大量的研究结果表明，读者的注视模式与文章中的词汇、语义和句法特征有着十分密切而复杂的关系。

一、阅读中眼动的基本形式

（一）眼跳与注视

眼跳（saccade）是指从一个注视点转到下一个注视点的运动。一旦眼跳开始，眼睛就不能改变运动方向，直到这次眼跳结束为止（见图 11－1）。

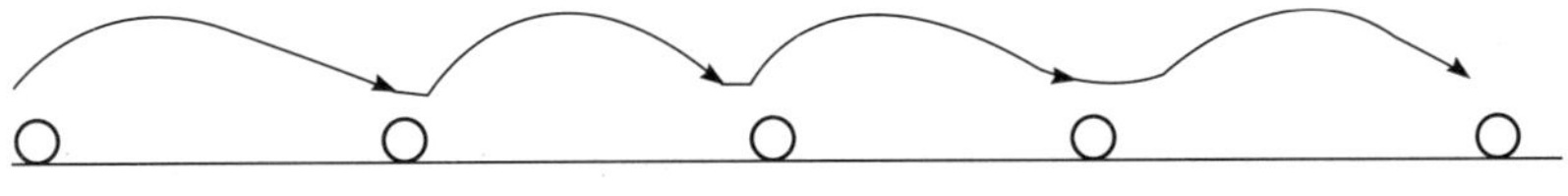

图 11－1 眼跳示意图

眼跳所需时间的长短取决于眼跳的距离，眼跳距离越大，所需时间越长。完成一次眼跳所需的平均时间为20～50毫秒。但眼跳距离存在很强的变异性。研究发现，在阅读英文材料时，默读条件下的平均眼跳距离为8个字符空间，出声朗读条件下的平均眼跳距离为6个字符空间（Rayner，1998）。一般而言，平均眼跳距离为6～9个字符空间。在有些条件下眼跳距离能达到15～20个字符空间，但这种眼跳之后往往伴随一次回视（regression）。

在每一次眼跳之间，眼睛在一段短暂的时间（200～250毫秒）内会保持静止，这被称为注视（fixation）。注视时间也存在很强的变异性。注视时间有时短于100毫秒，有时长于400毫秒。有研究者发现，在阅读英文材料时，默读条件下的平均注视时间为225毫秒，出声朗读条件下的平均注视时间为275毫秒。有人对阅读中英文材料时的眼动特征进行了比较研究。结果发现，中国学生阅读中文的平均注视时间为257毫秒。在阅读过程中，语言文字类型、个体阅读能力、当前任务要求以及文本加工的难度都会影响眼跳距离和注视时间（Sun & Feng，1999）。

拓展阅读

阅读过程中的词跳读

在阅读过程中，眼球的运动不是逐词进行的，而是不断地跳过许多词，这种现象叫词跳读（word skipping）。英文阅读过程中有1/3的词会被跳读，中文阅读过程中至少有40%的字词会被跳读。读者如何决定对下一个词进行跳读还是注视，被跳读的字词是否得到加工、何时得到加工，是当前阅读中眼动控制模型关注的核心问题。

中文书写系统与拼音文字有明显的区别：词间无空格，单位空间内的信息密度更大。这可能会使读者从副中央凹获得更多的信息（导致更多的跳读），也可能加大利用副中央凹切分词汇的难度（导致更少的跳读）。基于这些特点，研究者们运用眼动技术，实时地记录读者在中文自然阅读过程中词跳读时的眼动特点，系统地揭示中文词跳读产生的机制及影响因素。

研究发现，当副中央凹视觉区呈现一个高频的助词“的”时，即使该词与先前的语境不符，读者也倾向于跳过随后呈现的目标词，表明读者更多地依赖于副中央凹处词汇的熟悉性做出跳读的决定（Zang，Zhang，Bai，Yan，Angele，& Liversedge，2018）；这种效应也扩展到其他高频预视词，再次验证读者主要根据副中央凹处词汇的熟悉性进行跳读（Zang，Du，Bai，Yan，& Liversedge，2020）；研究还发现，中央凹加工负荷影响目标词的跳读，但该效应独立于副中央凹预视的效应（Zhang，Liversedge，Bai，Yan，& Zang，2019）。有关中文词跳读的研究结果为建构中文阅读的眼动控制模型提供了启示，为提高不同读者群体的阅读效率提供了参考依据。

（二）回视与回扫

在阅读过程中，大多数眼动是前进式的，即从左向右运动。但也有10%～15%的眼动是从右向左的，这被称为回视（见图11-2）。

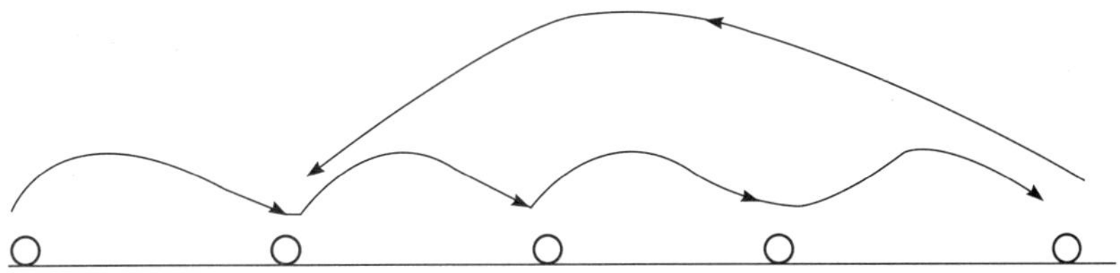

图 11-2 回视示意图

回视是指视线又退回到刚才注视过的内容上。研究发现，在熟练的阅读者中，回视时间只占总阅读时间的 10%～20%。有人对读者进行调查发现，儿童的眼动中有 25%是回视，成人中有 15%是回视（引自闫国利，2004）。回视通常被认为是语言加工困难或者眼球运动错误造成的。例如，研究发现读者在遇到结构复杂的、难以理解的“园径”句子时，往往会产生大量回视。因为这些歧义句容易导致错误的句法分析，所以读者只有回视到产生歧义的地方，才能理解句子（Frazier & Rayner，1982）。阅读能力强的读者一般会非常准确地定位到文章加工困难的地方，而阅读能力弱的读者更多地在文章中进行后退式扫视。

视线从一行的结尾跳到下一行的开始，叫回扫（return sweep）（见图 11-3）。

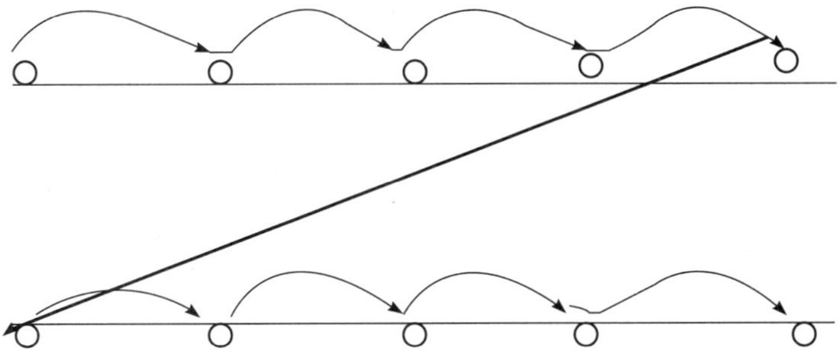

图 11-3 回扫示意图

回扫通常是由于读者没有达到要注视的目标而向左做出的一些微小矫正行动。由于矫正眼跳出现于回扫之后，因此不能假设读者的注视位于一行的开始。相反，在一行中第一次和最后一次注视一般分别位于这一行从两端开始的第 5～7 个字母的位置。因此，大约有 80%的文章内容落在两端的注视点之间。在一行中的第一次注视时间通常比后几次的注视时间长，而最后一次注视时间通常是最短的。

二、阅读中眼动控制的基本问题

在阅读过程中，眼球运动控制系统需要实时地做出两种决定：何时（when）进行眼跳？跳到什么位置（where）？这构成了眼动控制研究的两个基本问题：什么因素影响着“when”和“where”的决定？尽管研究者在这两个问题上还没有完全达成一致意见，但一些证据表明有两个独立的系统分别决定着何时开始移动眼睛和下一次的注视位置。

雷纳和波拉特塞克（Rayner & Pollatsek，1981）最早对下一次眼跳距离和当前注视的持续时间进行了实时测量。实验根据被试的注视随机改变文章的物理特征。实验一采用移动窗口范式，随机改变窗口大小。结果发现：窗口大的时候，眼跳距离也大；窗口小的时候，眼跳距离也小；但注视时间不受影响。实验二操纵当前注视词的呈现时间。当一次注视开始的时候，屏幕中会出现掩蔽刺激以延迟中央凹视觉文本信息出现的时间。结果发现：延迟时间短时，注视时间也短；延迟时间长时，注视时间也长；但眼跳距离不受影响。这表明何时启动眼跳及眼跳落在何处的决定是两个独立的过程。

（一）何时启动眼跳——“when”问题

影响眼睛什么时候移动的主要因素是与单词加工有关的难易度。尽管低水平的非言语因素也影响何时眼跳的决定，例如，单词长度变量对单词的注视持续时间有明显的影响，即随着单词长度的增加，注视持续时间也会增加，但这种效应主要是由于随着单词变长，读者对该单词的再注视率提高导致的。大量证据表明，当单词长度得到控制时，单词的语言特性是影响注视时间的主要因素（Rayner，2009）。

第一，单词的词频对注视时间的影响。与高频词相比，读者对低频词的注视时间更长。与该发现相关的研究成果有：（1）与当前注视的低频词有关的溢出效应（spillover effect），也就是说，如果当前注视词是低频词，那么对下一个单词的注视时间会增加。（2）高频词条件比低频词条件更容易导致跳读，特别是当单词为短词，并且读者的注视点接近于单词的开头时。

第二，单词的预测性对注视时间的影响。与预测性低的词相比，读者对预测性高的词的注视时间更短，跳读率更高。一般来说，预测性效应没有词频效应明显。

（二）眼跳落在何处——“where”问题

在拼音文字的阅读研究中，一些研究者认为单词的词长和单词的边界信息（由单词之间的空格来标记）等低水平的视觉线索是决定下一次眼跳位置的主要因素（Rayner，2009）。

第一，眼跳距离受当前注视词和注视点右侧词的词长影响。有研究发现，单词的词长信息在指导眼跳行为中起着重要的作用。在实验中，注视点右侧词的唯一有用信息是对该词的空间限定（该词左侧空格用字母“X”替换）。注视点右侧词的所有字母在被注视前也是由“X”代替，但当该词较长时，读者也会以较长距离的眼跳，从当前注视词跳到下一个词。

第二，当单词之间的空间信息被去掉后，眼跳距离显著变短，阅读速度显著变慢。马考柯和雷纳（McConkie & Rayner，1975）采用移动窗口范式，操纵窗口内文本的可视性：一种条件下，窗口边界右侧的所有字母用“X”代替，但是保留了边界右侧的一个空格；另一种条件下，这一空格也被“X”代替。结果显示，在前一种条件下，平均眼跳距离稍有缩短；但是在后一种条件下，眼跳距离受到严重影响。雷纳等人（Rayner et al.，1982）发现，当单词之间的空格中加入其他信息时，眼跳距离会显著变短。雷纳等人（Rayner，Fischer，& Pollatsek，1998）还发现，当词间信息缺失时，阅读速度会下降50%。另外，删除空格会导致读者将眼跳在单词上的首次着陆位置（landing position）落在单词的开头。由此，雷纳等人认为，空格不仅能促进单词识别，还有助于眼跳计划。

第三，尽管眼跳在单词上的着陆位置存在一定的变异性，但研究发现读者往往将第一个注视点定位于单词的中心和开头之间的地方，大概在单词开头1/4处的位置。雷纳（Rayner，1979）最初把该位置定义为偏向注视位置（preferred viewing location，PVL）。与此相关的另一个术语是最佳注视位置（optimal viewing position，OVP），该位置接近于单词的中心。当读者第一次的眼跳落在最佳注视位置上时，再注视该单词的可能性最小。如果首次眼跳没有落在单词的最佳注视位置上，对于单独呈现的词，读者往往会进行再注视，而且离最佳注视位置越远，越可能出现对词的再次注视。此外，这可能还会带来加工损失（processing cost），表现为读者的注视每偏离最佳注视位置一个字母，相应的加工损失时间大约为20毫秒。对于文章中的词，虽然再次注视的影响仍然存在，但加工损失的影响大大减弱了，这表明上下文的信息会对这个词注视的位置和注视时间产生影响。

第四，句子语境影响单词跳读，高预测性条件下的词跳读率比低预测性条件下高，但语境限制不影响眼跳落在单词上的位置。

总之，对阅读过程中眼动行为的“when”和“where”决定进行研究，不仅可以帮助研究者了解读者眼动行为的时间和空间信息，推测读者阅读的眼跳策略，还可以帮助研究者建立相关的眼动模型，了解阅读行为背后的认知机制。

三、经典研究

（一）阅读中的知觉广度

如前所述，马考柯和雷纳（McConkie & Rayner，1975）设计并使用了移动窗口技术，这种技术既可以操纵一次注视下呈现的文章的多少，又可以使被试在比较自然的情境下阅读，被试可以随意移动自己的视线看自己想看的地方。

例如，在一项实验的一个条件中，马考柯和雷纳（McConkie & Rayner，1975）将文章中的每个字母均用“X”代替，即保持单词长度的信息和标点符号的信息，但改变单词形状的信息。然而，当被试注视第一行时，屏幕显示发生变化，在一定的区域内（如注视点左侧和右侧各为8个字符空间），该范围的“X”被原始文章的字母代替。当读者进行眼跳时，那些字母又变成了“X”；而在新注视点周围的窗口区域内，“X”又被原始文章中的字母代替。即被试注视哪个区域，哪个区域就会出现该变化。因此，不论被试看哪里，都有一个窗口的正常文章可以阅读。实验所使用的仪器十分精密，在阴极射线管上改变显示时，所用时间不超过5毫秒，速度之快使读者往往觉察不到变化的过程。以下是该实验条件下连续四个注视点的例子：

Graphology means personality diagnosis from hand writing. This is a

（1）Xxxxhology means persxxxxxxx xxxxxxxxx xxxxx xxxx xxxxxxx. Xxxx xx x
*

（2）Xxxxxxxxxx xxxxs personality diaxxxxxx xxxxx xxxx xxxxxxx. Xxxx xx x
*

（3）Xxxxxxxxxx xxxxx xxxxxxxxxxx xxagnosis from hand xxxxxxx. Xxxx xx x
*

（4）Xxxxxxxxxx xxxxx xxxxxxxxxxx xxxxxxxxx from hand writinx. Xxxx xx x
*

实验设置的窗口为 13、17、21、25、31、37、45 和 100 个字符空间（当窗口为 100 个字符空间时，每行的文字几乎全部呈现出来）。如下所示，在窗口为 17 个字符空间时，被试直接注视的那个字母（“d”）所在单词（“diagnosis”）能够完整呈现，且两侧各有 8 个字符位置。

Graphology means personality diagnosis from hand writing. This is a

（1）Xxxxxxxxxx xxxxxx xxxxonality diagnosis xxxxx xxxx xxxxxxx. Xxxx xx x

（2）Xxxxxxxxxxxxxxxxxxxonality diagnosisxxxxxxxxxxxxxxxxxxxxxxxx

（3）Conjkaiazp wsorc jsnconality diagnosis tnaw kori mnlflrz. Ykle le o

（4）Cnojkaiazpewsorcejsnconality diagnosisetnawekoriemnlflrqeeeYkleeleeo

（5）Hbfxwysyvo tifdl xiblonality diagnosis abyt wfdn hbemedv. Awel el f

（6）Hbfxwysyvoetifdlexiblonality diagnosiseabytewfdnehbemedveeeAweleelef

如上所示，文章被破坏的形式有六种。第一种：用 X 代替窗口外单词的字母，保留单词之间的空格。第二种：用 X 代替窗口外单词的字母，不保留单词之间的空格。第三种：用类似的字母代替窗口外的字母，保留单词之间的空格。第四种：用类似的字母代替窗口外的字母，不保留单词之间的空格。第五种：用不同的字母代替窗口外的字母，保留单词之间的空格。第六种：用不同的字母代替窗口外的字母，不保留单词之间的空格。

马考柯和雷纳发现，缩小窗口对阅读速度有较大的影响，但对被试回答关于课文的理解问题却无影响。相比窗口为 100 个字符空间时，当窗口为 13 个字符空间时，阅读速度会下降 60%，但被试仍能正确理解所读的内容。有人发现，只有当窗口为 1 个字符空间时，被试的理解才会受到影响（Rayner & Bertera，1979）。那么，当窗口多大时，被试才能正常地阅读呢？实验结果为 31 个字符空间，即注视点两边各有 15 个字符。当窗口小于 31 个字符空间时，阅读速度就会下降；而大于 31 个字符空间时，阅读速度也不会得到提升。

因此，被试是从离注视点 15 个字符空间的范围内获得某种有用信息的。但是，得到的是什么信息呢？在 31 个字符空间范围内，被试提取的是语义信息，是部分字母信息，还是单词长度的信息（单词长度信息可以帮助被试选择下一次注视的位置）？为此，马考柯和雷纳比较了上述第一种与第二种破坏形式，即一种情况是单词中的所有字母均用“X”代替，但保留单词之间的空格；另一种情况是单词之间的空格用“X”代替。通过比较这两种情况，可以看出离注视点多远距离的单词间空格填充会影响阅读。结果发现，当窗口大小为25个或不足25个字符空间时，保留窗口外单词之间空格时的阅读速度比不保留时的阅读速度快。换言之，当窗口为31个字符空间或更大时，保留与不保留窗口外单词之间的空格时的阅读速度没有差别。因此，在离注视点15个字符空间的范围内，被试可以利用单词之间的空间信息来指导视线移动到下一个注视位置上。

此外，他们也考察了单词和字母信息的使用情况，研究被试在多远的距离可以获得单词和字母形状的信息。他们比较了上述第三种与第五种破坏形式，即一种是将原来单词中的字母用形状类似的字母代替，另一种是用形状不同的字母代替。如果在某种大小的窗口情况下，这两种条件下的阅读效果有差异，就说明被试在该窗口范围外提取了字母或单词形状的信息。研究表明，获得字母形状信息的距离不如获得单词边界信息的距离远，因为被试只能在左右各10个字符空间范围内获得字母形状的信息。

马考柯和雷纳还对阅读知觉广度的左右对称性进行了研究。在1975年的实验中，注视点两侧呈现的正常课文的长度是相同的，所以不可能了解读者从哪一侧获得更多的信息。为此，他们进一步操纵了窗口的左右边界与注视点之间的距离。结果发现，对于英语阅读者来说，知觉广度的左右范围是不对称的，右侧比左侧大。

雷纳等人（Rayner et al.，1982）进一步比较了被试在两种条件下的阅读：一种是注视点右侧靠窗口的区域是用能够看见的字母数量来定义的；另一种是注视点右侧靠窗口的区域是用被注视的单词数量来定义的。在第一种情况下，注视点右侧能看见的单词数量随着注视点的不同而不同，而且经常可以看到单词的全部字母。而在第二种情况下，注视点右侧的单词数量是不变的，但字母的数量随注视点的不同而不同。一般来说，将同等数量的字母分别在上述两种条件下呈现，如果单词的完整性是重要的，那么在第一种情况下的阅读成绩应该好于第二种情况下的；如果单词的完整性是不重要的，则在这两种条件下的阅读成绩应该没有差异。结果证实了后者，即单词的完整性是不重要的（见表11-1）。

雷纳等人研究发现，注视点右侧的有效视野是由能看得到的字母数量决定的，而不依赖于单词的完整性。这说明在阅读中，读者从副中央凹区域获得了不完整的单词信息。随后，雷纳等人进一步提供了读者使用边缘视觉上单词的不完整信息的证据。他们要求被试在下面三种条件下阅读课文：第一，只有被注视的词看得见，而注视点右侧的单词中的字母均被其他字母代替；第二，被注视的单词和注视点右侧的那个单词看得见，而其他单词中的字母均由别的字母代替；第三，被注视的那个词和注视点右侧单词的不完整信息是可见的。在第三种条件下，只让被试看到注视点右侧那个单词中的开始一个、两个或三个字母。结果表明，当注视点右侧单词的开始三个字母可见，而其余字母被外形相似的字母代替时，被试的阅读速度与当注视点右侧的那个单词完全可见时的阅读速度相差不大。这表明被试在阅读中使用了不完整的单词信息，而且对一个单词的加工不是通过一次注视来完成的。结果还表明，读者可以从离注视点9个字符的距离处获得字母信息。

表 11-1 对阅读知觉广度左右对称性的研究结果

窗口大小	句子	阅读速度（字母数/分钟）
控制组	An experiment was conducted in the lab. *	348
0W（3.7）	An experiment xxx xxxxxxxxx xx xxx xxx. *	212
1W（9.6）	An experiment was xxxxxxxxx xx xxx xxx. *	309
2W（15.0）	An experiment was conducted xx xxx xxx. *	339
3W（20.0）	An experiment was conducted in xxx xxx. *	339
3L	An experimxxx xxx xxxxxxxxx xx xxx xxx. *	207
9L	An experiment was xxxxxxxxx xx xxx xxx. *	308
15L	An experiment was conducxxx xx xxx xxx. *	340
21L	An experiment was conducted in txx xxx. *	342

注：*代表注视点，1W 代表注视点右侧有一个单词，3L 代表注视点右侧有 3 个字母，其余类推。括号内的数代表在以单词数定义窗口大小时能够看到的平均字母数。

移动窗口技术证明，在注视点右侧 15 个字符空间范围以外的信息对于正常的阅读是没有用的。雷纳等人采用移动掩蔽技术也证实了这一点。他们发现，当中央凹视觉信息（即注视点周围的 7 个字符）被掩蔽时，读者仍可以通过副中央凹进行阅读，但是阅读速度仅为每分钟 12 个字母。当中央凹和部分副中央凹视觉信息被掩蔽（即掩蔽注视点周围的 11～17 个字符）时，读者几乎无法进行阅读，只知道在中央凹和副中央凹视觉信息之外有一些单词，或至少知道有一些字母串，但无法说出它们是什么。被试能够辨别出短的功能词，如“the”“and”“a”，尤其是当这些功能词在句首或句尾时。这表明被试除了通过副中央凹获取字母形状和单词长度信息外，还能获取单词开始字母的信息（有时是结尾字母的信息），并且试图利用所获得的信息来建构句子的含义。

自移动窗口技术提出以来，人们还使用该技术研究了其他语言阅读中的知觉广度。例如，闫国利、熊建萍和白学军（2008）利用该技术考察了小学五年级学生的汉语阅读知觉广度。他们从一所普通小学的五年级学生中，随机选取了 16 名学生作为被试，并从小学生课外读物中选择句子作为实验材料。实验采用无关汉字作为掩蔽材料，掩蔽汉字与原文中汉字的笔画数相匹配，且掩蔽汉字与原文汉字的前后两个字没有任何语义联系。例如：

动物通过学习能够做许多比较复杂的工作（实验句）
曲岛耿至枣亿笔基甜后朱牛硕泉讲忠下系（掩蔽材料）

研究共设定 8 种可视窗口条件。在无预视窗口条件下，每次注视中只有当前被直接注视的汉字可见，由此产生一种汉字可视的窗口条件。窗口外的其他汉字都由匹配好的掩蔽汉字替代。分别在注视汉字右侧呈现 1～4 个汉字，分别产生 2 个、3 个、4 个和 5 个汉字可视窗口条件，分别表示为 R1、R2、R3、R4，这四种为右侧窗口条件，目的是确定知觉广度的右侧范围。还有两种左侧窗口条件，目的是确定知觉广度的左侧范围。在该条件下，注视汉字、注视汉字右侧 4 个汉字和左侧 1 个或 2 个汉字在每次注视中呈现在可视窗口内，即窗口内分别有 6 个和 7 个汉字可见，分别表示为 L1R4 和 L2R4。最后一个窗口条件为控制条件，即在每次注视中，整行句子全部呈现，即窗口大小为整句的句长。以下是这 8 种可视窗口条件的例子（* 代表注视点）：

动物通过学习能够做许多比较复杂的工作（整行条件）

*

曲岛耿至枣亿笔基**做**后朱牛硕泉讲忠下系（无预视条件）

*

曲岛耿至枣亿笔基**做许**朱牛硕泉讲忠下系（R1 条件）

*

曲岛耿至枣亿笔基**做许多**牛硕泉讲忠下系（R2 条件）

*

曲岛耿至枣亿笔基**做许多比**硕泉讲忠下系（R3 条件）

*

曲岛耿至枣亿笔基**做许多比较**泉讲忠下系（R4 条件）

*

曲岛耿至枣亿笔**够做许多比较**泉讲忠下系（L1R4 条件）

*

曲岛耿至枣亿**能够做许多比较**泉讲忠下系（L2R4 条件）

*

实验结果表明，小学五年级学生的阅读知觉广度大约为注视点左侧 1 个汉字到注视点右侧 2 个或 3 个汉字的空间，并且阅读知觉广度具有不对称性。

（二）不同水平词汇特性对句子阅读的影响

1. 词边界信息

大量研究表明，词边界信息（单词之间的空格）在书面英文阅读理解中起着重要作用。然而在中文中，词之间并没有空格。那么，在这种书写系统中，读者怎样计划眼跳和识别单词呢？白学军等人(Bai et al.，2008) 探讨了中文阅读中词之间空格对眼动行为的影响，具体研究了两个问题：第一，在无空格的中文文本中插入空格是否会促进阅读；第二，在中文阅读中，基本的信息单位是字还是词。

实验一以句子为实验材料，设置四种不同的空间呈现条件，如下：

科学技术的飞速发展给社会带来了巨大的变化。

(正常的无空格条件)

科 学 技 术 的 飞 速 发 展 给 社 会 带 来 了 巨 大 的 变 化。

(字间空格条件)

科学 技术 的 飞速 发展 给 社会 带来 了 巨大的 变化。
（词间空格条件）
科 学技 术的飞 速发 展给 社 会带来 了巨 大的 变 化。
（非词空格条件）

(1) 控制条件或正常的无空格条件。句子以正常的无空格的形式呈现，每一个字与其相邻的字紧密相连。(2) 字间空格条件。在每一个字之间插入空格。(3) 词间空格条件。在每一个词之间插入空格。为确保读者对词划分意见的一致性，由不参加正式实验的被试对句子中词边界的划分进行评定，发现一致率达到95%。因此，读者基本认同实验句子中对词的划分。(4) 非词空格条件。在不同的字之间随机插入空格，使相邻的字形成非词。当然，非词空格条件可能存在一些潜在的问题，如语法分析系统被破坏、局部语义不正确、内在的韵律节奏不正常等。然而，这一条件能够提供有用的基线信息。

实验结果表明，与正常的无空格条件相比，词之间插入空格没有促进阅读，也没有对阅读产生任何程度的干扰。换句话说，词间空格条件下与正常的无空格条件下阅读句子一样容易。相反，相对于正常的无空格条件，字间空格条件和非词空格条件下阅读受到了干扰。当然，在评价正常的无空格条件和词间空格条件下的阅读结果时，还需要考虑其他可能影响结果的因素。文本呈现方式的熟悉性以及哪一个词被空格隔开，可能会影响文本加工的难度。与不熟悉的视觉文本形式相比，被试在阅读较为熟悉的文本时阅读时间更短。同样，词之间由空格隔开，有助于单词识别，因而在阅读词间空格条件下的句子时阅读时间更短；而在正常的无空格文本中，单词识别更为困难。这两个因素将以相反的方向作用于词间空格和正常的无空格条件。即我们对正常的无空格条件下的文本极其熟悉，但由于词之间没有切分，因而单词识别变得更为困难。相反，虽然读者不熟悉词间空格形式的文本，但是由于词之间的良好切分，单词识别变得更为容易。因此，这两种条件下的阅读时间没有差异，且比字间空格和非词空格条件下的阅读时间都短。

实验一的结果十分清晰，但存在一个混淆因素，即不同条件下句子的空间分布不同。也就是说，在每一个字之间插入空格，比没有插入空格时，句子的空间分布更广。为此，实验二使用同样的材料，但采取不同的处理方式，使不同条件下的文本的空间分布保持一致，如下：

科学技术的飞速发展给社会带来了巨大的变化。（正常条件）
科学技术的飞速发展给社会带来了巨大的变化。（字条件）
科学技术的飞速发展给社会带来了巨大的变化。（词条件）
科学技术的飞速发展给社会带来了巨大的变化。（非词条件）

两个实验的主要区别在于边界信息的操纵。实验二使用灰条标记，产生四种条件：正常文本（正常条件）；使用灰条标记每一个字（字条件）；使用灰条标记每一个词（词条件）；使用灰条标记不同的字以形成非词（非词条件）。其他方面相同。结果发现，词条件与正常条件下的阅读没有差异，而且与字条件和非词条件相比，被试在词条件和正常条件下的阅读速度更快。需要指出的是，虽然读者没有阅读采用灰条标记词的经验，但他们在词条件下与正常条件下的阅读仍然一样好。这表明，实验一的结果不能用空间分布的差异来解释。

2. 笔画数

在拼音文字中，已有的研究发现了显著的词长效应，即对长词的注视时间更长，加工更困难（Pollatsek et al.，2008）。而在汉语中，汉字的视觉复杂性通常以汉字笔画的多少来表示。贾斯特和卡朋特通过记录读者在阅读中文时的眼动情况，发现注视时间与笔画数有关：汉字从 1 画增加到 24 画，注视时间平均增加了 106 毫秒（平均每增加 1 画，注视时间增加 4.6 毫秒）（引自闫国利，白学军，2007）。

杨和马考柯（Yang & McConkie，1999）通过操纵首字和尾字的复杂性和词频考察了双字词的复杂性和词频对阅读的影响（复杂性以笔画数为指标）。在研究中，被试为 13 名中国学生。共 20 套材料，每一套材料由 5 个双字词组成，这 5 个双字词可以替换同一个句子中的同一个位置上的词，替换以后，句法和语法规则没有被破坏；而这些词的词频（高-低）和复杂性（结构简单-结构复杂）不同。每组中的 5 个双字词具有如下特征：

第一种，H-LL。H 代表该词是高频词（每 88 万个词中出现次数多于 300 次）。LL 代表组成这个词的第一个汉字和第二个汉字都是结构简单的汉字（汉字的笔画少于 10 画）。

第二种，L-LL。第一个 L 代表该词是低频词（每 88 万个词中出现次数少于 300 次），组成这个词的两个汉字都是结构简单的汉字。

第三种，L-HH。L 代表该词是低频词，HH 代表组成这个词的两个汉字都是结构复杂的汉字（每个汉字的笔画多于 13 画）。

第四种，L-HL。第一个 L 代表该词是低频词，组成这个词的第一个汉字是结构复杂的汉字，第二个是结构简单的汉字。

第五种，L-LH。第一个 L 代表该词是低频词，组成这个词的第一个汉字是结构简单的汉字，而第二个汉字是结构复杂的汉字。

每一套材料均配有 5 个句子，每个句子中都有一个可以替换这 5 种词的位置，所以每个词都有对应的 5 个句子。基本句子有 100 个，替换单词以后共有 500 个。

结果表明，字和词的复杂性都会影响跳读率、回视率及凝视时间：高复杂词不易被跳读，有更多的回视，而且需要花更多的时间来识别。研究者认为，读者识别高复杂词时需要花更多的时间去分析字的结构，这些字的结构在进入语义识别系统时较为困难，而且它们在副中央凹处不能被有效地加工。此外，研究还发现词频效应不仅发生在词汇识别的早期加工阶段（低频词比高频词的凝视时间更长），在后期阶段仍很明显（低频词比高频词更易受到回视）。

闫国利等人（Yan et al.，2012）通过省略句子中汉字开头和结尾的笔画（笔画省略率包括 15%、30%和 50%），考察了句子阅读中笔画在汉字识别中的地位。实验材料如图 11 - 4 所示。实验在阅读时间、注视次数和回视指标上都发现，省略 15%笔画的汉字与正常汉字一样容易识别。当省略 30%或更多的笔画时，那些保留结构框架的汉字最容易识别，省略开头部分的字最难识别，省略结尾的次之。这意味着字的所有笔画在汉字识别中的作用并非完全相同，在读者的认知过程中存在一个灵活的笔画编码系统。

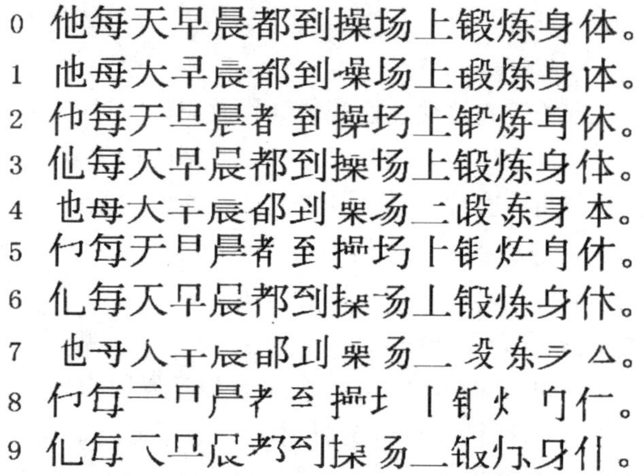

图 11-4 汉字开头和结尾笔画省略句子材料示例

注：0=控制条件；1～9是笔画省略条件。1=省15%开头；2=省15%结尾；3=省15%笔画但汉字框架保留；4=省30%开头；5=省30%结尾；6=省30%笔画但汉字框架保留；7=省50%开头；8=省50%结尾；9=省50%笔画但汉字框架保留。

3. 词频

大量研究表明，对低频词的加工比对高频词的加工更困难，需要的时间更长。该效应的可靠性在不同语言文字系统中都得到了验证。贾斯特等人发现，对一个词的注视时间与该词的词频对数的相关系数为0.71，对构成词的字的注视时间与这些字的字频总和对数的相关系数为0.50（引自闫国利，白学军，2007）。陈凌育、赵信珍和孙复川（1999）在考察汉字识别的眼动特性时也发现识别汉字时的注视次数和识别时间与字频有关：识别时间随字频降低而增加，识别次数随字频降低而增多。

为了明确字频和词频在复合词中的作用，闫国利等人（Yan et al.，2006）考察了双字词的首字字频、尾字字频和词频对汉字识别的影响。实验采用2（词频：高频、低频）×2（首字字频：高频、低频）×2（尾字字频：高频、低频）被试内设计。因变量为关键词区的首次注视时间、第一遍加工时间、单一注视时间、总注视时间，同时控制了刺激材料呈现的字体、背景颜色等变量。实验结果发现了目标词的词频效应，同时字频影响对目标词的注视时间。与尾字字频相比，首字字频对目标词注视时间的影响更大，但这种影响的程度受目标词词频调节：高频目标词的首字字频对目标词注视时间的影响很微弱；低频目标词的首字字频对目标词注视时间的影响非常明显。闫国利等人认为，对于双字词而言，在读者的心理词典中，高频词常以一种整体的形式进行储存，低频词则以单个汉字的形式进行储存。

王文静（2007）使用消失文本范式对词频效应进行了研究。实验一选取12名大学生作为被试，其中男5名、女7名。实验材料为90个简单句子。采用单因素（延迟时间：40毫秒、60毫秒、80毫秒、100毫秒、120毫秒、控制条件）被试内设计，6种延迟条件采用拉丁方排列，呈现顺序在被试间平衡。消失窗口为1个词。在阅读过程中，当被试注视某个双字词时，不论注视点落在该词的首字还是尾字上，该词都会在被试注视特定时间后消失，直到被试进行眼跳。在控制条件下，词并不消失，与正常阅读相同。具体如下：

垃圾通道需要及时清理。(注视开始)

*

通道需要及时清理。(注视 40、60、100 或 120 毫秒之后)

*

垃圾通道需要及时清理。(下一个注视开始)

*

垃圾通道　　及时清理。(注视 40、60、80、100 或 120 毫秒之后)

*

实验结果发现，随着延迟时间的增加，平均注视时间不断减少。当延迟时间增至 80 毫秒时，延迟条件下的平均注视时间与控制条件没有显著差异，各延迟条件之间也没有显著差异。另外，对于平均注视次数、总注视时间和平均阅读速度这三个指标，延迟条件和控制条件之间没有显著差异，即实验材料呈现 80 毫秒后消失并不影响读者的正常阅读。

实验二试图考察在消失文本条件下是否存在词频效应。选取 16 名大学生作为被试，其中男 4 名、女 12 名。根据《现代汉语频率词典》和《现代汉语分类词典》挑选词义相近、笔画数匹配但词频差异较大的名词词对。以筛选后得到的名词为关键词（一组近义词）造一个句子，共造 40 个句子。这些句子由双字词组成，包含 6 或 7 个双字词，因此句长为 12 或 14 个字。关键词处于句子的中间，以避免首尾效应。如“专家预测石油/原油价格将会持续上涨”，其中“石油”或“原油”为关键词，词义相近，但前者为高频词（245 次/百万），后者为低频词（23 次/百万）。实验采用 2（呈现条件：正常文本、消失文本）×2（词频：高频、低频）重复测量设计，呈现条件和词频均为被试内因素。4 种实验条件采用拉丁方排列，呈现顺序在被试间平衡。

结果分析发现，对于首次注视时间，词频主效应显著，高频词的首次注视时间显著短于低频词，呈现方式主效应不显著，读者在正常阅读条件下的首次注视时间与在延迟 80 毫秒的消失文本条件下不存在显著差异。词频和呈现条件的交互作用不显著。因此，不论是正常阅读条件还是消失文本条件，高频词的首次注视时间、凝视时间和总注视时间均显著短于低频词，说明即使是在消失文本条件下，也存在显著的词频效应。

4. 预测性

预测性指在阅读过程中，读者根据前文能预测后面某个字或词出现的概率，它是影响读者注视情况的重要变量。研究表明，与低预测性词相比，高预测性词更容易识别，所需的注视时间更短，且被跳读的概率更大。

雷纳等人（Rayner et al.，2005）考察了汉语中词的预测性对词汇识别的影响。目标词在句子语境中的可预测性分别为高、中、低。结果发现，读者对高、中预测性词的注视时间短于对低预测性词的注视时间，高预测性词的注视时间短于中预测性词；与高、中预测性词相比，低预测性词更易被注视。此外，有研究者在考察预测性效应时发现，在首次注视时间、凝视时间上预测性效应显著，表明预测性在词汇加工的早期阶段就开始发挥作用；同时在总注视时间上也发现了预测性效应，说明预测性信息同样影响着词汇加工的后期阶段（Wang et al.，2010）。

5. 歧义

陈向阳（2000）在这方面进行过初步的研究。研究主要考察了不同年级学生阅读理解歧义句子时的即时加工过程。所探讨的问题为：一是不同年级学生阅读理解句子的成绩和眼动模式是否存在差异；二是在阅读理解句子时，语义信息对句法分析是否存在即时影响。

实验采用2（语义合理性：合理、不合理）×3（年级：小学五年级、初中二年级、大学生）被试间设计。每个年龄组的被试有30名，并被随机分为两组，每组15人。实验材料为成对的句子。每一对句子除主语（两个句子的主语在长度和词频上是匹配的）不同外，其他词完全相同，如下：

师长提拔了团长器重的士兵。
连长提拔了团长器重的士兵。

每个实验句都包含暂时的结构歧义。如在动词“提拔”之后的名词“团长”在做句法分析时既可以被解释为宾语，又可以被解释为宾语的修饰成分，这个名词为结构歧义词。歧义词之后的“器重的士兵”是解歧区，它能消除歧义，表明“团长”一词只能作为宾语的修饰成分。第一句的主语使得歧义词作为宾语在语义上是合理的，如“师长提拔了团长”在语义上是合理的，研究者将其称为“语义合理句”；而第二句的主语使得将歧义词作为宾语在语义上是不合理的，如“连长提拔了团长”在语义上是不合理的，研究者将其称为“语义不合理句”。每一个实验句的句型都和上述例句的句型相同。实验句前半部分（师长/连长提拔了团长）的语义合理与否，用五点式量表请35名大学生（没有参加正式实验）进行了评定，“语义合理句”的等级为4.17（5为非常合理），“语义不合理句”的等级为1.34（1为非常不合理）。研究发现，中文句子的早期加工不是单纯的句法分析，还包含语义加工，语义信息对句法结构的构建存在即时的作用。

（三）语篇阅读

白学军等人以眼动为指标，考察了不同年龄阶段的学生在语篇（具体为记叙文）阅读中的眼动情况，取得了一定的成果（白学军，闫国利，1993；白学军，沈德立，1995，1996）。研究考察了如下几个问题：第一，在记叙文阅读过程中，学生的眼动模式随年级升高的变化情况；第二，学生的眼动模式随记叙文内容的重要性变化的情况；第三，学生阅读记叙文有几种不同的方式；第四，心理加工紧张性随阅读内容的不同而变化的情况。

研究中，被试为大学生、高中生、初中生、小学五年级和三年级学生。所有被试在参加实验之前，都要完成瑞文推理测验。通过对测验结果的分析，未发现有智力低下者。实验仪器是美国应用科学实验室（Applied Science Laboratory，ASL）生产的3200R型眼动仪。阅读材料是依据故事语法编写的描述日常生活事件的记叙文，共6篇。每篇记叙文由6句话组成（每句话的字数基本相等），并且在每篇文章后附有3个依据句子验证技术（sentence verification technology）编写的问题。

记叙文的例子如下：

李丽娜周日在家做家务活，
她想用洗衣机洗五件衣服。
她找出衣服并放入洗衣机，
然后她往里注水并通了电，
最后她是用手把衣服洗完，
洗完衣服后她休息了一会。

问题如下：

李丽娜是洗了四件衣服？（记忆类问题）（不，是五件）
李丽娜打算用手洗衣服？（理解类问题）（不，打算用洗衣机洗）
李丽娜的洗衣机可能坏了？（推理类问题）（对，可能坏了）

实验分析的眼动指标包括阅读速度、阅读效率、注视次数、注视点持续时间、眼跳距离、兴趣区和回视。

研究发现：第一，学生在实际阅读记叙文过程中，其阅读速度和效率随年级升高而不断提高。第二，随着年级的升高，学生阅读记叙文的注视时间、注视次数不断减少。第三，随着年级的升高，学生的注视频率提高，注视点持续时间减少，注视广度增大。第四，从回视次数上看，随着年龄的增长，学生回视次数减少。第五，从回视方式上看，随着年级的增长，学生回视的目的性逐渐提高。

另外，井世洁和缪小春（2004）对不同阅读能力学生在记叙文阅读中的连贯推理特点进行了探讨。他们从初二和高一两个年级分别选出了高阅读能力组（H 组）和低阅读能力组（L 组），记录了不同组被试在阅读推理条件（需要进行连贯推理）和控制条件（不需要进行连贯推理）下对记叙文语篇的阅读时间、在推理项上的反应时与正确率以及在记忆项上的正确率。实验采用自定步速移动窗口技术，由被试自定步速按键逐句进行阅读。

实验材料示例：

吴里是一个足球迷，/喜欢看足球比赛，/尤其是世界杯比赛，更是场场必看。/星期天，/他早早做完作业，/就坐在电视机前，/收看意大利对巴西队的比赛。/（引入主题区）妈妈要上街买菜去，嘱咐吴里烧一壶开水。/他跑到厨房里灌满一壶水，放在炉子上，/马上回到房间继续看球。（潜在原因区）/在后面的比赛中，/吴里手舞足蹈，兴奋极了。/一会儿为进球喝彩，/一会儿为失去进球机会而遗憾，/还对裁判的行为表示不满。（主题变换区）/比赛结束了，/（1）他发现他的房间里充满了水蒸气。（2）他打电话询问同学对球赛的看法。（结果区）

其中（1）为推理组条件（IC）下的句子，（2）为控制条件（CC）下的句子。

判断题示例：

吴里忘记了厨房里还烧着水呢。（答案：对）

选择题示例：

星期天吴里收看的是哪两个队的比赛？（答案：A）

A. 意大利和巴西　　　　　　B. 意大利和法国

数据分析显示：一方面，高阅读能力被试在推理项上的反应正确率显著高于低阅读能力被试，这说明低阅读能力被试所建构的语篇表征的精细程度较低、准确性较差。另一方面，虽然低阅读能力被试对结果区和推理项的阅读时间模式与高阅读能力被试相同，但是低阅读能力被试阅读结果区的时间和回答推理项问题的时间明显长于高阅读能力被试，这说明低阅读能力被试在进行实时连贯推理及回答推理项问题时出现了加工困难。另外，两组被试在记忆项上的回答正确率都较高，这说明语篇表征质量低不是记忆能力低所造成的，而是由低阅读能力被试对语篇进行综合和推理加工时存在困难所导致的。总的来说，个体进行连贯推理的速度和准确度随年龄增加有所提高。

（四）快速阅读

什么是快速阅读？快速阅读是阅读能力中的一个重要组成部分，它是指读者能够在短时间内迅速理解阅读材料中的主要信息的能力。快速阅读包含两个主要成分：第一，具有较快的速度；第二，保证对阅读内容的准确理解。因此，快速阅读完全不是表面性的浏览，而是一种积极主动的、创造性的阅读理解过程。

拓展阅读

哪种动态文本呈现方式更利于阅读？

随着科技的发展，人们的阅读载体逐渐从以印刷文字为主转向以电子文本为主。而大量信息往往需要在一个有限的窗口内呈现，如车站电子公告牌、影视屏幕、手机、掌上电脑等。动态文本呈现的常见方式有平滑滚动引导式（smooth scrolled leading format）和快速序列呈现式两种。平滑滚动引导式是指将文本按一定时间间隔在屏幕上自右向左滚动地呈现。快速序列呈现式是指在屏幕中央依次呈现多个字符，间隔一定时间后，用相同字数的后续文本覆盖前一次呈现的文本的显示方式。在一项实验中，研究者以25名大学生为被试，采用EyelinkⅡ型头盔式眼动仪记录其眼动过程。实验采用2（呈现方式：平滑滚动引导式、快速系列呈现式）×5（呈现速度：120字/分、240字/分、360字/分、480字/分、600字/分）×3（窗口大小：5字、10字、15字）多因素混合设计。其中，呈现方式和呈现速度为被试内因素，窗口大小为被试间因素。以阅读理解的正确率、主观评定以及平均注视时间、平均眼跳距离和注视次数为因变量。结果表明，在动态文本阅读过程中，平滑滚动引导式优于快速序列呈现式，360字/分的呈现速度有利于动态文本阅读，10字窗口大小似乎更适于阅读理解。

资料来源：臧传丽，等，2007.

贾斯特等人（Just，Carpenter，& Masson，1982）对速读者进行了严格的实验研究。被试为刚参加过速读训练课程的11名学生和未经过速读训练的24名学生。被试被分为三个组：一部分未经过眼动训练的被试被要求按平常的速度阅读，这组被试被称为正常阅读组；另一部分人被要求进行跳读，并被要求以两倍于自己正常速度的速度进行跳读，这组被试被称为跳读组；第三组被试是经过训练的速读组。实验是让他们阅读

《读者文摘》(*Reader's Digest*) 和《科学美国人》(*Scientific American*) 杂志上节选的文章，每段均由 2 000 字组成。在练习时，告知跳读组被试的阅读速度。阅读结束后，要求被试回答 20 个问题，其中 10 个问题涉及文章中比较重要的信息，另外 10 个问题则涉及文章中的细节。结果发现：第一，跳读组和速读组的阅读速度均比较快，但理解成绩比正常阅读组差。第二，当以同样的速度阅读从《读者文摘》上节选的容易文章时，与跳读组相比，速读组对有关重要信息的问题的理解成绩更好；但是，当阅读从《科学美国人》上节选的比较难的文章时，速读组的理解成绩并不比跳读组好。第三，正常阅读组被试几乎注视每一个实义词，注视时间的变化范围较大；而速读组被试平均注视的字数只是正常阅读组被试的一半，他们在阅读时，不仅跳过了功能词，还跳过了一些实义词。第四，阅读速度的差异不同。正常阅读组被试在阅读一整段文章时，其阅读速度变化很小。相反，速读组和跳读组的阅读速度则存在较大的变化。他们在阅读一段文章时，阅读速度的差异可达到每分钟 250 个字，这可能是因为他们在自己认为重要的地方花费了较长时间。速读组被试在阅读时跳过了许多字词，那么，他们是否用边缘视觉看到并且理解了这些字词，因而不必直接注视它们？事实并非如此。当研究者考察被试没有直接注视过的内容时，被试往往不能回答出有关的问题。

闫国利、吕勇和刘金明（2000）考察了快速阅读训练对中国小学生眼动模式的影响，试图从眼动行为指标上揭示快速阅读训练的有效性。

研究采用 ASL 生产的 4200R 型眼动仪。实验材料包括训练材料和测试材料（这两类材料均为记叙文）。每一类材料都包括阅读文章和相应的问题，是根据被试的阅读能力，由研究者与小学语文教师共同挑选、拟定的。训练材料供被试进行快速阅读训练时使用，包括 36 篇阅读文章。测试材料包括两篇文章，供眼动测试时使用。文章显示在 29 英寸计算机监视器上。训练材料和测试材料中的问题都为单项选择题，每篇文章配有 4 个问题。

被试为天津市某小学五年级的两个教学班学生，实验班 50 人，对照班 52 人。实验班、对照班学生在开始训练前的语文考试成绩没有显著差异，试卷中阅读理解部分的得分也没有显著差异，故认为两个班学生的阅读能力基本相同。在眼动实验中，实验班选取 17 人，对照班选取 18 人。

每周由任课的语文教师主持进行两次快速阅读训练，持续 18 周，共 36 次，每次训练 15 分钟左右。训练时将阅读材料和阅读后要回答的问题一起发给学生，但在阅读结束以前不允许学生翻看问题部分。每次训练的开始和结束时间由教师统一掌握。训练时注意纠正被试不良的阅读习惯（逐字阅读、出声阅读、频繁回视等），使其掌握正确的快速阅读技巧。

18 周的训练结束后，请参加过快速阅读训练的部分被试和未参加训练的部分被试阅读呈现在 29 英寸监视器上的两篇文章，阅读完毕后回答问题（文章和问题分别呈现）。在阅读过程中记录被试的眼动轨迹，并对阅读两篇文章时的眼动记录结果进行统计。

结果发现，实验组和对照组被试之间的阅读成绩没有显著差异；实验组被试的阅读速度比对照组被试快一倍，有显著差异；实验组和对照组被试在阅读总注视次数上存在显著差异；实验组被试的注视频率明显要比对照组被试高，而且差异达到显著水平；相比对照组被试，实验组被试的回视次数明显要少，而且差异达到显著水平。该研究表明，快速阅读训练可以显著地提高小学生的阅读速度而不影响其阅读成绩；快速阅读训练可以有效地减少阅读时间、注视次数和回视次数，提高阅读效率。

概念术语

阅读	句子	句法	句法分析
语篇	园径效应	反应时	命名法
词汇判断法	再认法	前掩蔽和后掩蔽	即时加工假说
眼-脑假说	眼动记录法	移动窗口范式	移动掩蔽范式
边界范式	快速启动范式	消失文本范式	开窗口法
固定窗口法	累积窗口技法	指定法	脑成像技术
眼跳	注视	回视	回扫
知觉广度	预测性	快速阅读	

本章要点

阅读是指从书面文本中提取视觉信息并理解文本意义的过程。很多研究考察了阅读过程中影响词汇通达的一些变量，包括词内变量、词变量和词间变量。

句子是独立表达完整语义的语言结构单位。而句子理解是在字词理解的基础上，通过对组成句子的各成分的句法分析和语义分析，获得句子语义的过程。句法又称“造句法”，是语法学的组成部分之一，涉及词组的构成、句子的构成、句子成分和句子类型等内容。

对句法加工的研究主要聚焦于以下三方面：第一，构成语法结构分析原则的本质；第二，对句法复杂性的测量；第三，探讨句法分析中的语义和语用变量。

语篇也称语段、篇章、课文、话语等，是由句子和句子组合而成的既与上下文存在联系而又相对独立的一段话或一个片段。

反应时记录法是人们研究信息加工的一种基本方法。阅读研究中常用的方法有命名法、词汇判断法和再认法。在应用反应时记录法时，要注意反应时与正确率存在权衡关系。被试往往牺牲正确率来保证反应的速度。

反应时记录法常用于研究单个刺激（如单词）。研究者如果对阅读理解的较大单位，如句子、段落或语篇等感兴趣，往往采用阅读时间记录法。

眼动记录法主要是在被试阅读时，通过眼动仪记录他们阅读过程中的眼动轨迹。使用眼动仪可以获得阅读时的许多重要数据，如注视位置、注视时间、注视次数、回视、眼跳等。

计算机模拟法为研究人类的信息加工提供了一种有效手段。但计算机模拟属于功能模拟，人的语言加工不能简单地用人为编制的计算机程序来解释。

在阅读研究中，最普遍使用的方法是在阅读过程中记录读者的眼动。

大量的研究结果表明，读者的注视模式与文章中的词汇、语义和句法特征有着十分密切而复杂的关系。

快速阅读包含两个主要成分：第一，具有较快的速度；第二，保证对阅读内容的准确理解。

推荐阅读

- 白学军，闫国利．阅读心理学．上海：华东师范大学出版社，2017.
- 彭聃龄．汉语认知研究．北京：北京师范大学出版社，2006.
- 闫国利，白学军．眼动分析技术的基础与应用．北京：北京师范大学出版社，2018.
- 闫国利，白学军．眼动研究心理学导论．北京：科学出版社，2012.
- LIVERSEDGE S P，GILCHRIST I D，EVERLING S. The Oxford handbook of eye movements. Oxford：Oxford University Press，2011.
- POLLATSEK A，TREIMAN R. The Oxford handbook of reading. Oxford：Oxford University Press，2015.
- SNOWLING M，HULME C，NATION K. The science of reading：A handbook. 2nd edition. Wiley Blackwell，2022.

参考文献

Anderson，M. C.，Bjork，E. L，& Bjork，R. A.（1994）. Remembering can cause forgetting：Retrieval dynamics in long-term memory. Journal of Experimental Psychology：Learning，Memory，and Cognition，20 (5)，1063－1087.

Atkinson，R. C，& Shiffrin，R. C.（1968）. Human memory：A proposed system and its control processes. In K. W. Spence & J. T. Spence（Eds.），The psychology of learning and motivation（Vol. 2，pp. 89－195）. New York：Academic Press.

Bai，X.，Yan，G.，Liversedge，S. P.，Zang，C.，& Rayner，K.（2008）. Reading spaced and unspaced Chinese text：Evidence from eye movements. Journal of Experimental Psychology：Human Perception and Performance，34(5)，1277－1287.

Baron，R. A.，Russell，G. W.，& Arms，R. L.（1985）. Negative ions and behavior：Impact on mood，memory，and aggression among Type A and Type B persons. Journal of Personality and Social Psychology，48(3)，746－754.

Bornstein，M. H.，Kessen，W.，& Weiskopf，S.（1976）. Color vision and hue categorization in young human infants. Journal of Experimental Psychology：Human Perception and Performance，2 (1)，115－129.

Broadbent，D. E.（1958）. Perception and communication，New York：Retgamon.

Burke，D. M.，Locantore，J.，Austin，A.，& Chae，B.（2004）. Cherry pit primes Brad Pitt：Homophone priming effects on young and older adults' production of proper names. Psychological Science，15 (3)，164－170.

Chittka，L.，Dyer，A. G.，Bock，F.，& Dornhaus，A.（2003）. Bees trade off foraging speed for accuracy. Nature，424(6947)，388.

Craik，F. I. M.，& Watkins，M. J.（1973）. The role of rehearsal in short-term memory. Journal of Verbal Learning and Verbal Behavior，12(6)，599－607.

Crowne，D. P.，& Marlowe，D.（1964）. The approval motive：Studies in evaluative dependence. New York：Wiley.

Deese, J. (1958). The psychology of learning. New York: McGraw-Hill.

Degno, F., & Liversedge, S. P. (2020). Eye movements and fixation-related potentials in reading: a review. Vision, 4 (1), 1-37.

Egeth, H. E., Virzi, R. A., & Garbart, H. (1984). Searching for conjunctively defined targets. Journal of Experimental Psychology: Human Perception and Performance, 10 (1), 32-39.

Engbert, R., & Kliegl, R. (2011). Parallel graded attention models of reading. S. P. In Liversedge, I. D. Gilchrist, & S. Everling. (Eds.), The handbook on eye movements (pp. 787 - 800). Oxford: Oxford University Press.

Epstein, S. (1980). The stability of behavior: II. Implications for psychological research. American Psychologist, 35 (9), 790-806.

Eriksen, C. W. (1995). The flankers task and response competition: a useful tool for investigating a variety of cognitive problems. Visual Cognition, 2 (2-3), 101-118.

Fleck, D. E., DelBello, M. P., Zimmerman,, M. E., Getz, G. E., Shear, P. K., & Strakowski, S. M. (2004). Selective attention in schizoaffective disorder: pilot data. Schizophrenia research, 68 (1), 109-110.

Frazier, L. (1987). Sentence processing: A tutorial review. In M. Coltheart (Ed.), Attention and performance: The psychology of reading(pp. 559-586). Hillsdale, New Jersey: Erlbaum.

Frazier, L., & Rayner, K. (1982). Making and correcting errors during sentence comprehension: Eye movements in the analysis of structurally ambiguous sentences. Cognitive Psychology, 14 (2), 178-210.

Gazzaniga, M. S. (2000). Cognitive neuroscience: A reader. Oxford: Blackwell.

Gough, P. B., & Stewart, W. C. (1970). Word vs. non-word discrimination latency. Paper presented at Midwestern Psychological Association.

Gray, J. A., & Wedderburn, A. A. I. (1960). Grouping strategies with simultaneous stimuli. The Quarterly Journal of Experimental Psychology, (12), 180-184.

Gray, J. A., & Wedderburn, A. A. I. (1960). Shorter articles and notes grouping strategies with simultaneous stimuli. Quarterly Journal of Experimental Psychology, 12(3), 180-184.

Greenwald, A. G., McGhee, D. E., & Schwartz, J. L. K. (1998). Measuring individual differences in implicit cognition: The Implicit Association Test. Journal of Personality and Social Psychology, 74(6), 1464-1480.

Huey, E. B. (1908). The psychology and pedagogy of reading. New York: Mcmillan.

Inhoff, A. W. (1989). Lexical access during eye fixations in reading: Are word access codes used to integrate lexical information across interword fixations?. Journal of Memory and Language, 28(4), 444-461.

Inhoff, A. W., Connine, C., & Radach, R. A. (2002). A contingent speech technique in eye movement research on reading. Behavior Research Methods Instruments and Computer, 34(4), 471-480.

Jacoby, L. L. (1991). A process dissociation framework: Separating automatic from intentional uses of memory. Journal of Memory and Language, 30(5), 513-541.

Jenkins, J. (1979). Four points to remember: A tetrahedral model of memory experiments. In L. S. Cermak & F. I. M. Craik (Eds.), Levels of processing in human memory (pp. 429 - 446). Hillsdale, NJ: Erlbaum.

Johnson, K. A., Robertson, I. H., Kely, S. P., Silk, T. J., Bary, E., Dibhis, A., & Gil, M. (2007). Dissociation in performance of children with ADHD and high-functioning autism on a task of sustained attention. Neuropsychologia, 45 (10), 232 - 245.

Johnston, W. A., & Heinz, S. P. (1978). Flexibility and capacity demands of attention. Journal of Experimental Psychology: General, 107 (4), 420 - 435.

Just, M. A., & Carpenter, P. A. (1980). A theory of reading: From eye fixation to comprehension. Psychological Review, 87(4), 329 - 354.

Just, M. A., Carpenter, P. A., & Masson, M. E. J. (1982). What eye fixations tell us about speed reading and skimming(Tech. Rep. March 1982). Pittsburgh, PA: Carnegie-Mellon University.

Just, M. A., Carpenter, P. A., Keller, T. A., Eddy, W. F., & Thulborm, K. R. (1996). Brain activation modulated by sentence comprehension. Science, 274(5284), 114 - 116.

Kahneman, D. (1973). Attention and effort. New Jersey: Prentice Hall.

Kantowitz, B. H., Roediger, H. L., & Elmes, D. G. (2009). Experimental psychology. 9th ed. Belmont, CA: Wadsworth.

Karpicke, J. D., & Roediger, H. L. (2008). The critical importance of retrieval for learning. Science, 319(5865), 966 - 968.

Knight, J. L., & Kantowitz, B. H. (1974). Speed-accuracy tradeoff in double stimulation: Effects on the first response. Memory and Cognition, 3 (2), 522 - 532.

Kosinski, B., & Cummings, J. (1999). The scientific method: An introduction using reaction time. In M. A. O'Donnell (Ed.), Tested studies for laboratory teaching, 25, 219 - 234.

Kunar, M. A., Flusberg, S. J., & Wolfe, J. M. (2008). Time to guide: Evidence for delayed attentional guidance in contextual cueing. Visual Cognition, 16 (6), 804 - 825.

Kutas, M., & Hillyard, S. A. (1980). Reading senseless sentences: Brain potentials reflect semantic incongruity. Science, 207(4427), 203 - 205.

Li, X., & Pollatsek, A. (2020). An integrated model of word processing and eye-movement control during Chinese reading. Psychological Review. Advance online publication, 7 (16), 1 - 24.

Lima, S. D. (1987). Morphological analysis in reading. Journal of Memory and Language, 26(1), 84 - 89.

Lima, S. D., & Pollatsek, A. (1983). Lexical access via an orthographic code? The Basic Orthographic Syllable Structure(BOSS) reconsidered. Journal of Verbal Learning and Verbal Behavior, 22(3), 310 - 332.

Lima. S. D., & Inhoff, A. W. (1985). Lexical access during eye fixations in reading: Effects of word-initial letter sequence, Journal of Experimental psychology: Human perception and performance, 11(3), 272 - 285.

Loftus, E. F., & Palmer, J. C. (1974). Reconstruction of automobile destruction: An example of the interaction between language and memory. Journal of Verbal Learning and Verbal Behavior, 13(5), 585 - 589.

Luck, S. J., & Hillyard, S. A. (1990). Electrophysiological evidence for parallel and serial processing during visual search. Perception & Psychophysics, 48 (6), 603 - 617.

Luck, S. J., & Vecera, S. P. (2002). Attention. In H. Pashler & S. Yantis (Eds.), Steven's handbook of experimental psychology: Sensation and perception. John Wiley & Sons Inc.

Luck, S. J., & Vecera, S. P. (2002). Attention. In Stevens' handbook of experimental psychology (pp. 235 - 286). New York: John Wiley & Sons.

McAuliffe, J., & Pratt, J. (2005). The role of temporal and spatial factors in the covert orienting of visual attention tasks. Psychological research, 69 (4), 285 - 291.

McClelland, J. L., & Rumelhart, D. E. (1981). An interactive activation model of context effect in letter perception: Ⅰ. An account of basic findings. Psychological Review, 88(5), 375 -407.

McConkie, G. W., & Rayner, K. (1975). The span of the effective stimulus during a fixation in reading. Perception and Psychophysics, 17(6), 578 - 586.

McConkie, G. W., & Rayner, K. (1976). Asymmetry of the perceptual span in reading. Bulletin of the Psychonomic Society, 8(5), 365 - 368.

McDermott, K. B. (2006). Paradoxical effects of testing: Repeated retrieval attempts enhance the likelihood of later accurate and false recall. Memory and Cognition, 34(2), 261 - 267.

McDermott, K. B. (1996). The persistence of false memories in list recall. Journal of Memory and Language, 35(2), 212 - 230.

McKoon, G., & Ratcliff, R. (1986). Inferences about predictable events. Journal of Experimental Psychology: Learning, Memory and Cognition, 12(1), 82 - 91.

Meyer, D. E., & Schvaneveldt, R. W. (1971). Facilitation in recognizing pairs of words: Evidence of a dependence between retrieval operations. Journal of Experimental Psychology, 90(2), 227 -234.

Miller, D. (1977). Roles of naturalistic observation in comparative psychology. American Psychologist, 32(3), 211 - 219.

Myers. A., & Hansen, C. (2005). Experimental psychology. 6th ed. Australia: Thomson & Wadsworth.

Navon, D. (1977). Forest before trees: the precedence of global features in visual perception. Cognitive Psychology, 9 (3), 353 - 383.

Norman, D. A., & Bobrow, D. G. (1975). On data-limited and resource-limited process. Cognitive Psychology, 7(1), 44 - 64.

Osterhout, L., & Holcomb, P. J. (1992). Event-related potentials elicited by syntactic anomaly. Journal of Memory and Language, 31(6), 785 - 806.

Pashler, H. E. (1998). The psychology of attention. Cambridge: MIT press.

Pliner, P., & Chaiken, S. (1990). Eating, social motives, and self-presentation in women and men. Journal of Experimental Social Psychology, 26(3), 240 - 254.

Pollatsek, A., Juhasz, B. J., Reichle, E. D., Machacek, D., & Rayner, K. (2008). Immediate and delayed effects of word frequency and word length on eye movements in reading: A reversed delayed effect of word length. Journal of Experimental Psychology: Human Perception and Performance, 34(3), 726 - 750.

Posner, M. I., Peterson, S. E., Fox, P. T., & Raichle, M. E. (1988). Localization of cognitive operation in the human brain. Science, 240(4859), 1627 - 1631.

Raymond, J. E., Shapiro, K. L. & Arnell, K. M. (1992). Temporary suppression of visual processing in an RSVP task: an attentional blink? . Journal of Experimental Psychology: Human Perception and Performance, 18 (3), 849 - 860.

Rayner, K. (1979). Eye guidance in reading: fixation locations within words. Perception, 8(1), 21 - 30.

Rayner, K. (1998). Eye movements in reading and information processing: 20 years of research. Psychological Bulletin, 124(3), 372 - 422.

Rayner, K. (2002). Language processing. In Stevens' handbook of experimental psychology. New York: John Wiley & Sons.

Rayner, K., & Bertera, J. H. (1979). Reading without a fovea. Science, 206(4417), 468 - 469.

Rayner, K., & Duffy, S. A. (1986). Lexical complexity and fixation times in reading: Effects of word frequency, verb complexity, and lexical ambiguity. Memory and Cognition, 14(3), 191 - 201.

Rayner, K., & Pollatsek, A. (1989). The psychology of reading, Hillsdale, New Jersey: Lawrence Erlbaum Associates.

Rayner, K., Li, X. S., Juhasz, B. J, & Guo, L. Y. (2005). The effect of word predictability on the eye movements of Chinese readers. Psychonomic Bulletin and Review, 12(6), 1089–1093.

Rayner, K., Liversedge, S. P., & White, S. J. (2006). Eye movements when reading disappearing text: The importance of the word to the right of fixation. Visual Research, 46(3), 310–323.

Rayner, K., & Pollatsek, A. (1981). Eye movement control during reading: Evidence for direct control. Quarterly Journal of Experimental Psychology, 33(4), 351–373.

Rayner, K., Fischer, M. H., & Pollatsek, A. (1998). Unspaced text interferes with both word identification and eye movement control. Vision Research, 38(8), 1129–1144.

Rayner, K., Well, A. D., Pollatsek, A., & Bertera, J. H. (1982). The availability of useful information to the right of fixation in reading. Perception and Psychophysics, 31(6), 537–550.

Rayner K. (2009). Eye movements and attention in reading, scene perception, and visual search. Quarterly Journal of Experimental Psychology, 62(8), 1457–1506.

Reichle, E. D. (2011). Serial-attention models of reading. In S. P. Liversedge, I. D. Gilchrist, & S. Everling(Eds.), The handbook on eye movements (pp. 767–786). Oxford: Oxford University Press.

Roediger, H. L., & Karpicke, J. D. (2006). Test enhanced learning: Taking memory tests improves long-term retention. Psychological Science, 17(3), 249–255.

Roediger, H. L., & McDermott, K. B. (1995). Creating false memories: Remembering words not presented in lists. Journal of Experimental Psychology: Learning, Memory, and Cognition, 21(4), 803–814.

Roediger, H. L., & McDermott, K. B. (1993). Implicit memory in normal human subjects. In F. Boller & J. Grafman(Eds.), Handbook of neuropsychology(Vol. 8, pp. 63–131). Amsterdam: Elsevier.

Roediger, H. L., & Thorpe, L. A. (1978). The role of recall time in producing hypermnesia. Memory and Cognition, 6(3), 296–305.

Roediger, H. L., McDermott, K. B., & Robinson, K. J. (1998). The role of associative processes in producing false remembering. In M. A. Conway, S. Gathercole, & C. Cornoldi (Eds.), Theories of memory Ⅱ (pp. 187–245). Hove, Sussex: Psychological Press.

Rosenthal, R., & Fode, K. L. (1963). The effect of experimenter bias on the performance of the albino rat. Systems Research and Behavioral Science, 8(3), 183–189.

Scarborough, K. L. (1972). Stimulus modality effects on forgetting in short term memory. Journal of Experimental Psychology, 95(2), 285–289.

Seidenberg, M. S., & McClelland, J. L. (1981). A distributed, developmental model of word recognition and naming. Psychological Review, 96(4), 523–568.

Sereno, S. C., & Rayner, K. (1992). Fast priming during eye fixations in reading. Journal of Experimental Psychology: Human Perception and performance, 18(1), 173–184.

Sereno, S. C., & Rayner, K. (2003). Measuring word recognition in reading: eye movements and event-related potentials. Trends in Cognitive Sciences, 7 (11), 489–493.

Shallice, T., & Warrington, E. K. (1970). Independent functioning of verbal memory store: A neuropsychological study. Quarterly Journal of Experimental Psychology, 22(2), 261–273.

Shiffrin, R. M., & Schneider, W. (1977). Controlled and automatic human information processing: Ⅱ

Perceptual learning, automatic attending and general theory. Psychological Review, 84(2), 127 - 190.

Smyth, M. M. , & Scholey, K. A. (1994). Interference in immediate spatial memory. Memory and Cognition, 22(1), 1 - 13.

Snell, J. , van Leipsig, S. , Grainger, J. , & Meeter, M. (2018). OB1 - reader: A model of word recognition and eye movements in text reading, *Psychological Review*, 125 (6), 969 - 984.

Soto, D. , Heinke, D. , Humphreys, G. W. , & Blanco, M. J. (2005). Early, Involuntary top-down guidance of attention from working memory. Journal of Experimental Psychology: Human Perception and Performance, 31 (2), 248 - 261.

Soto, D. , Humphreys, G. W. , & Heinke, D. (2006). Working memory can guide pop-out search. Vision Research, 46 (6 7), 1010 - 1018.

Sperling, G. (1960). The information available in brief visual presentations. Psychological Monographs, 74(11), 1 - 29.

Sternberg. (2004). Reaction-time experimentation. Proseminar in Psychological Methods, Spring Semester.

Stevens, S. S. , & Volkmann, J. (1940). The relation of pitch to frequency: A revised scale. American Journal of Psychology, 55(3), 329 - 353.

Stewart, M. L. , James, C. T. , & Gough, P. B. (1969). Word recognition latency as a function of word length. Paper presented at Midwestern Psychological Association.

Stewart, R. B. , Mobley, L. A. , Van Tuyl, S. S. , & Salvador, L. A. (1987). The firstborn's adjustment to the birth of a sibling: A longitudinal assessment. Child Development, 58(2), 341 -355.

Sun, F. , & Feng, D. (1999). Eye movements in reading Chinese and English text. In J. Wang, H. C. Chen, R. Radach, & A. W. Inhoff (Eds.), Reading Chinese script: A cognitive analysis(pp. 189 - 204). Mahwah, NJ: Lawrence Erlbaum.

Theeuwes, J. (1991). Cross-dimensional perceptual selectivity. Attention, Perception and Psychophysics, 50 (2), 184 - 193.

Tipper, S. P. , & Cranston, M. (1985). Selective attention and priming: inhibitory and facilitatory effects of ignored primes. The Quarterly Journal of Experimental Psychology: A Human Experimental Psychology, 37 (4), 591 - 611.

Treisman, A. (1969). Strategies and models of selective attention. Psychological Review, 76 (3), 282 - 299.

Treisman, A. , & Gelade, G. (1980). A feature-integration theory of attention. Cognitive Psychology, 12(1), 97 - 136.

Treisman, A. M. (1969). Strategies and models of selective attention. Psychological Review, 76 (3), 282 - 299.

Tulving, E. (1972). Episodic and semantic memory. In E. Tulving & W. Donaldson(Eds.), Organization of memory(pp. 381 - 402). New York: Academic Press.

Tulving, E. (1967). The effects of presentation and recall of material in free-recall learning. Journal of Verbal Learning and Verbal Behavior, 6(2), 175 - 184.

Turatto, M. , & Galfano, G. (2001). Attentional capture by color without any relevant attentional set. Perception & psychophysics, 63 (2), 286 - 297.

Underwood, B. J. (1957). Interference and forgetting. Psychological Review, 64(1), 49 - 60.

Wang, H. , Pomplun, M. , Chen, M. , Ko, H. , & Rayner, K. (2010). Estimating the effect of word predictability on eye movements in Chinese reading using latent semantic analysis and transitional probability. Quarterly Journal of Experimental Psychology, 63(7), 1374 - 1386.

Warrington, E. K., & Weiskrantz, L. (1970). Amnesic syndrome: Consolidation or retrieval?. Nature, 228(5272), 628 - 630.

Wei, P., & Zhou, X. (2006). Processing multidimensional objects under different perceptual loads: The priority of bottom-up perceptual saliency. Brain Research, 1114(1), 113 - 124.

Wolfe, J. M., Oliva, A., Horowitz, T. S., Butcher, S. J, & Bompas, A. (2002). Segmentation of objects from backgrounds in visual search tasks. Vision Research, 42(28), 2985 - 3004.

Wontorra, H. M. (2012). Early apparatus-based experimental psychology, primarily at Wilhelm Wundt's Leipzig institute. In C. Pléh, L. Gurova, & L. Rapolyi(Eds.), New perspectives on the history of cognitive science. Budapest: Akademiai Kiado.

Woodworth, R. S., & Schlosberg, H. (1954). Experimental psychology. New York: Holt.

Yan, G. L., Bai, X. J., Zang, C. L., Bian, Q., Cui, L., Qi, W., ... & Liversedge, S. P. (2012). Using stroke removal to investigate Chinese character identification during reading: Evidence from eye movements. Reading and Writing, 25(5), 951 - 979.

Yan, G. L., Tian, H., Bai, X., & Rayner, K. (2006). The effect of word and character frequency on the eye movements of Chinese readers. British Journal of Psychology, 97(2), 259 - 268.

Yang, H. M., & McConkie, G. W. (1999). Reading Chinese: Some basic eye movement characteristics. In J. Wang, H. C. Chen, R. Radach, & A. W. Inhoff(Eds.), Reading Chinese script: A cognitive analysis (pp. 207 - 220). Mahwah, NJ: Lawrence Erlbaum.

Yantis, S. (2000). Goal-directed and stimulus-driven determinants of attentional control. In S. Monsell & J. Driver (Eds.), Attention and performance(Vol. 18, pp. 73 - 103). Cambridge, MA: MIT Press.

Zang, C., Du, H., Bai, X., Yan, G., & Liversedge, S. P. (2020). Word skipping in Chinese reading: the role of high-frequency preview and syntactic felicity. Journal of Experimental Psychology: Learning, Memory and Cognition, 46 (4), 603 - 620.

Zang, C., Fu, Y., Bai, X., Yan, G., & Liversedge, S. P. (2018). Investigating word length effects in Chinese reading. Journal of Experimental Psychology: Human Perception and Performance, 44 (12), 1831 - 1841.

Zang, C., Liversedge, S. P., Bai, X, & Yan, G. (2011). Eye movements during Chinese reading. In S. P. Liversedge, I. D. Gilchrist, & S. Everling (Eds). The Oxford Handbook on Eye Movements (pp. 961 - 978). New York, NY: Oxford University Press.

Zang, C., Zhang, M., Bai, X, Yan, G., Angele, B., & Liversedge, S. P. (2018). Skipping of the very high frequency structural particle de in Chinese reading. The Quarterly Journal of Experimental Psychology, 71 (1), 152 - 160.

Zhang, M., Liversedge, S. P., Bai, X, Yan, G., & Zang, C. (2019). The influence of foveal lexical processing load on parafoveal preview and saccadic targeting during Chinese reading. Journal of Experimental Psychology: Human Perception and Performance, 45 (6), 812 - 825.

艾森克.(2000). 心理学：一条整合的途径. 上海：华东师范大学出版社.

艾森克，基恩.(2004). 认知心理学：上册：第4版. 上海：华东师范大学出版社.

安德伍德，肖内西.(2005). 心理学实验研究法. 台北：远流出版事业股份有限公司.

白学军，郭志英，顾俊娟，曹玉肖，闫国利.(2011). 词切分对日-汉双语者汉语阅读影响的眼动研究. 心理学报，43 (11)，1273 - 1282.

白学军，刘丽萍，闫国利.(2008). 阅读句子过程中词跳读的眼动研究. 心理科学，31 (5)，1045 - 1048.

白学军，刘旭.(2014). 项目强度与测试顺序对提取诱发遗忘的影响. 心理科学，37 (5)，1140 - 1147.

白学军，沈德立.(1996). 不同年级学生读课文时眼睛注视方式的研究. 心理科学，(1)，6 - 10.

白学军，沈德立.(1995). 初学阅读者和熟练阅读者阅读课文时眼动特征的比较研究. 心理发展与教育，(2)，1 - 7.

白学军，闫国利.(1993). 儿童理解课文时眼动过程的研究. 天津师范大学学报（自然科学版），(6)，12 - 18.

白学军，杨海波，沈德立.(2004). 材料性质对有意遗忘影响的实验研究. 应用心理学，10 (4)，8 - 12.

白学军，尹莎莎，杨海波，吕勇，胡伟，罗跃嘉.(2011). 视觉工作记忆内容对自上而下注意控制的影响：一项 ERP 研究. 心理学报，43 (10)，1103 - 1113.

白学军，张兴利，闫国利.(2005). 动词隐含因果关系在代词解决中时间进程的眼动研究. 心理学探新，25 (3)，19 - 23.

白学军，朱昭红.(2009). 奖惩线索条件下内外倾个体的自主唤醒和行为反应. 心理学报，41 (6)，492 - 500.

波林.(1981). 实验心理学史. 北京：商务印书馆.

博登斯，阿伯特.(2008). 研究设计与方法：第 6 版. 上海：上海人民出版社.

蔡华俭.(2003a). Greenwald 提出的内隐联想测验介绍. 心理科学进展，11 (3)，339 - 344.

蔡华俭.(2003b). 内隐自尊效应及内隐自尊与外显自尊的关系. 心理学报，35 (6)，776 - 780.

曹日昌.(1979). 普通心理学. 北京：人民教育出版社.

查子秀.(1989). 儿童心理研究方法. 北京：团结出版社.

钞秋铃，白学军，沈德立，徐富明.(2007). 不同的注意方式对返回抵制的影响. 中国临床心理学杂志，15 (4)，363 - 365.

车文博.(2001). 当代西方心理学新词典. 长春：吉林人民出版社.

陈玲丽，吴家舵.(2004). 序列学习是否是内隐学习?. 心理科学进展，12 (4)，500 - 504.

陈凌育，赵信珍，孙复川.(1999). 汉字识别的眼动特征：字频效应及信道容量. 生物物理学报，15 (1)，91 - 97.

陈容，汤天趵，赵忠诚，白春玉，张迪.(2003). 沈阳市儿童青少年视觉简单反应时测定分析. 中国学校卫生，24 (4)，339 - 340.

陈石，梁正，李香兰，陈嫣然，赵庆柏，于全磊，李松清，周治金，刘丽中.(2021). 新颖语义联结在顿悟促进记忆效果中的作用. 心理学报，53 (8)，837 - 846.

陈向阳.(2000). 不同年级学生阅读课文和句子的眼动过程研究 [博士学位论文]. 天津：天津师范大学.

戴良铁，董利敏，邓鹤泉.(2013). 信号检测论在招聘和甄选中的应用探析. 中国人力资源开发，(13)，62 - 66.

邓雅菱，刘宛灵，周仁来.(2013). Zöllner 错觉的阈限测定. 心理科学，36 (2)，290 - 295.

邓铸.(2006). 应用实验心理学. 上海：上海教育出版社.

甘卉芳.(1965). 简易反应时测定装置. 心理学报，9 (1)，99 - 100.

高觉敷.(1982). 西方近代心理学史. 北京：人民教育出版社.

格里格，津巴多.(2003). 心理学与生活：第 16 版. 北京：人民邮电出版社.

郭秀艳.(2004). 实验心理学. 北京：人民教育出版社.

郭滢，龚先旻，王大华.(2021). 错误记忆产生的认知与神经机制：信息加工视角. 心理科学进展，(1)，79 - 92.

哈里斯.(2009). 心理学实验的设计与报告：第 2 版. 北京：人民邮电出版社.

赫葆源等．(1983)．实验心理学．北京：北京大学出版社．
洪炜，梁宝勇．(1986)．感觉运动反应时间与短时记忆的年龄变化．心理科学通讯，(1)，43－45.
黄敏．(1996)．简单反应时测量方法的研究．福建体育科技，(2)，48－52.
黄四林，林崇德．(2010)．任务刺激的类型对任务切换的影响．心理科学，33 (6)，1334－1337.
黄一宁．(1998)．实验心理学：原理、设计与数据处理．西安：陕西人民教育出版社．
霍克．(2010)．改变心理学的40项研究：第5版．北京：中国邮电出版社．
霍瑟萨尔．(2015)．心理学家的故事．北京：商务印书馆．
加扎尼加．(1998)．认知神经科学．上海：上海教育出版社．
蒋小波，姒刚彦．(2006)．单被试实验设计在应用运动心理学中的应用//第8届全国运动心理学学术会议论文汇编．
金洪源，李晓溪，魏晓旭．(2009)．研究生失眠的临床技术干预与效果分析．中国健康心理学杂志，17 (9)，1076－1079.
金志成，何艳茹．(2005)．心理实验设计及其数据处理．广州：广东高等教育出版社．
井世洁，缪小春．(2004)．不同语言理解能力中学生的语篇连贯推理．心理科学，27 (2)，301－303.
坎特威茨，罗迪格，埃尔姆斯．(2001)．实验心理学：掌握心理学的研究．上海：华东师范大学出版社．
克里克．(1998)．惊人的假说：灵魂的科学探索．长沙：湖南科学技术出版社．
拉瑟斯，瓦伦蒂诺．(2006)．当代心理学导引．西安：陕西师范大学出版社．
雷莉，樊春雷，王詠，马谋超．(2004)．反应时技术在品牌联想测查中的应用．心理学报，36 (5)，608－613.
雷威，刘可智，梁雪梅，陈晶．(2020)．决策信心校准水平对元认知监控作用的影响．心理发展与教育，36 (3)，289－295.
李利，张扬，李璇，郭红婷，伍丽梅，王瑞明．(2016)．三语者语义通达中的跨语言重复启动效应．心理学报，48 (11)，1401－1409.
李清，王晓辰，程利国，郑日昌．(2008)．幼儿攻击性行为装扮游戏矫正的多基线实验研究．中国心理卫生杂志，22 (3)，175－178.
李甜甜，吕勇．(2015)．面部表情觉知阈限的测量及其年龄和性别差异．心理与行为研究，13 (6)，771－777.
梁宁建，吴明证，高旭成．(2003)．基于反应时范式的内隐社会认知研究方法．心理科学，26 (2)，208－211.
林仲贤．(1963)．影响不同方位刺激观察的若干因素的初步研究．心理学报，7 (2)，113－120.
刘金平，王金娥．(2005)．心理学研究的单一被试设计评价．河南大学学报（哲学社会科学版），45 (1)，138－141.
刘玉丽，张智君．(2004)．准备状态对反应抑制的影响．应用心理学，10 (4)，33－38.
鲁尼恩，哈伯，科尔曼．(2010)．心理统计导论．北京：人民邮电出版社．
迈尔斯，汉森．(2006)．实验心理学：第5版．南京：江苏教育出版社．
孟红霞．(2012)．中国阅读中注视位置效应研究［硕士学位论文］．天津：天津师范大学．
孟庆茂，常建华．(1999)．实验心理学．北京：北京师范大学出版社．
米勒．(2004)．发展的研究方法：第2版．上海：华东师范大学出版社．
墨菲，柯瓦奇．(1980)．近代心理学历史导引．北京：商务印书馆．
纽曼 B M，纽曼 P R．(2005)．发展心理学：第8版．西安：陕西师范大学出版社．
彭聃龄．(2004)．普通心理学．修订版．北京：北京师范大学出版社．
彭聃龄，谭力海．(1991)．语言心理学．北京：北京师范大学出版社．

沈德立.(1984). 关于儿童心理实验中控制因素的问题//全国高校儿童心理学教学研究会. 当前儿童心理学的进展. 北京：北京师范大学出版社.
沈德立.(2001). 学生汉语阅读过程的眼动研究. 北京：教育科学出版社.
沈德立，白学军.(2004). 实验儿童心理学. 合肥：安徽教育出版社.
沈德立，王敬欣.(2003). 分心抑制与年龄关系的位置负启动效应实验研究. 心理与行为研究，(1)，19－22.
时东陆.(2007). 关于科学的定义. 科学，59 (3)，4－9.
史密斯，戴维斯.(2006). 实验心理学教程：勘破心理世界的侦探：第3版. 北京：中国轻工业出版社.
舒尔茨.(1981). 现代心理学史. 北京：人民教育出版社.
舒华.(2016). 心理与教育研究中的多因素实验设计.2版. 北京：北京师范大学出版社.
舒华，储齐人，孙燕，李翔.(1996). 移动窗口条件下阅读过程中字词识别特点的研究. 心理科学，(2)，79－83.
舒华，张学民，韩在柱.(2006). 实验心理学的理论、方法与技术. 北京：人民教育出版社.
宋信勇.(2000). 体育动机冲突对运动员动作反应的影响. 山东体育学院学报，(3)，30－32.
孙连荣.(2004). 广告信息加工中性别刻板印象的实验研究 [硕士学位论文]. 兰州：西北师范大学.
索尔索，麦克林.(2017). 实验心理学：通过实例入门：第8版. 北京：中国轻工业出版社.
王东宇.(2002). 单被试实验设计的特点与作用. 福建师范大学福清分校学报，(2)，76－78.
王健，邵志芳.(2008). 电子地图汉字大小辨认阈限和合理字间距. 应用心理科学，16 (1)，60－65.
王瑞乐，李妮，陈宝国.(2010). 句子加工中的语义P600效应. 心理科学进展，18 (4)，545－552.
王甦，汪安圣.(2007). 认知心理学. 重排版. 北京：北京大学出版社.
王文静.(2007). 中文阅读过程中信息提取时间及词频效应的眼动研究 [硕士学位论文]. 天津：天津师范大学.
王优，邵志芳.(2009). 笔画频率和字体对汉字大小辨认阈限的影响. 心理科学，32 (1)，134－136.
王锃，鲁忠义.(2013). 道德概念的垂直空间隐喻及其对认知的影响. 心理学报，45 (5)，538－545.
王振宏，刘萍.(2000). 动机因素、学习策略、智力水平对学生学业成就的影响. 心理学报，32 (1)，65－69.
维尔斯曼.(1997). 教育研究方法导论：第6版. 北京：教育科学出版社.
魏景汉.(1998). 中文阅读的认知历程//彭聃龄. 汉语认知研究. 北京：北京师范大学出版社.
魏景汉，罗跃嘉.(2002). 认知事件相关脑电位教程. 北京：经济日报出版社.
吴晓丹.(2008). 单被试惊恐障碍治疗的实验研究设计. 保健医学研究与实践，5 (2)，24－26.
肖红蕊，龚先旻，王大华. (2014). 老年人错误记忆的情绪效价和时间效应. 心理学报，46 (7)：922－930.
肖内西，泽克迈斯特E B，泽克迈斯特J S.(2010). 心理学研究方法：第7版. 北京：人民邮电出版社.
谢佛，麦伦斯.(2007). 普通心理学研究故事：第2版. 北京：世界图书出版公司.
徐德淼，唐日新，解军.(2007). 外显和内隐攻击性表现方式的性别差异实验研究. 心理科学，30 (6)，1342－1344.
许淑莲.(1989). 医学心理学研究方法. 北京：团结出版社.
闫国利.(2004). 眼动分析法在心理学研究中的应用. 修订版. 天津：天津教育出版社.
闫国利.(2006). 阅读发展心理学. 合肥：安徽教育出版社.
闫国利，白学军.(2007). 汉语阅读的眼动研究. 心理与行为研究，5 (3)，229－234.
闫国利，吕勇，刘金明.(2004). 小学生快速阅读训练的眼动研究. 天津师范大学学报（社会科学版），(4)，27－30.
闫国利，熊建萍，白学军.(2008). 小学五年级学生阅读知觉广度的眼动研究. 心理发展与教育，24

（1），72－77.
杨海波，白学军．(2010)．学优生与学困生自上而下注意控制能力研究．天津师范大学学报（社会科学版），(4)，77－80.
杨海波，刘电芝．(2016)．片段再认任务在内隐序列学习研究中的有效性检验．心理学报（3)：230－237.
杨海波，尹莎莎，白学军．(2010)．视觉工作记忆内容对视觉搜索的影响．心理与行为研究，8（2），150－154.
杨念恩，李世昌，黄文英，董圣鸿．(2014)．本体感觉差异性特点及其神经机制研究．体育科学，34（4），41－48.
杨治良．(2011)．漫谈人类记忆的研究．心理科学，34（1），249－250.
杨治良．(1998)．实验心理学．杭州：浙江教育出版社．
杨治良，郭力平．(1997)．加工分离说的发展述评．心理科学，(5)，441－445.
杨治良等．(1999)．记忆心理学．2 版．上海：华东师范大学出版社．
姚海锋，李光，吴萍建，刘世龙．(2004)．基于强迫选择法的一种阈限算法及其实现．应用心理学，10（2），29－32.
姚文丽，卢雯，李欣，王斌．(2007)．大学生运动员反应时跟踪实验及评定方法研究．北京教育学院学报（自然科学版），2（3），30－34.
游旭群．(2005)．实验心理学．北京：中国医药科技出版社．
袁汝兵，郭春彦，方平．(2003)．内隐序列学习的研究进展．心理科学进展，11（1），22－27.
臧传丽，白学军，闫国利，王正光．(2007)．动态文本最优化呈现的眼动研究．心理与行为研究，5（1），53－59.
张必隐．(2004)．阅读心理学．北京：北京师范大学出版社．
张春兴．(2002)．论心理学发展的困境与出路．心理科学，25（5），591－596.
张锦坤，张俐娟．(2020)．编码与提取时长对提取练习效应的影响．心理科学，43（4)：785－792.
张力为．(1994)．字词辨认与图形辨认对视觉选择反应时的影响．北京体育大学学报，17（4），86－89.
张萌，张积家，张全信．(2000)．呈现方式、自我效能感和成就动机对 FOK 判断影响的研究．心理学报，32（4），387－392.
张明，张亚旭．(2010)．实验心理学．北京：高等教育出版社．
张倩，郭念锋．(1999)．攻击行为儿童大脑半球某些认知特点的研究．心理学报，31（1），104－110.
张珊珊，彭唯．(2010)．信号检测论在测定“人肉搜索”参与者社会认知辨别力中的应用．应用心理学，16（2），187－192.
张述祖，沈德立．(1995)．基础心理学增编．北京：教育科学出版社．
张卫．(2000)．序列位置内隐学习产生机制的实验研究．心理学报，32（4），374－380.
张学民，申继亮，林崇德，王萍萍，刘帅．(2008)．小学生选择性注意能力发展的研究．心理发展与教育，24（1），19－24.
张学民，舒华．(2004)．实验心理学纲要．修订版．北京：北京师范大学出版社．
张雪莲，杨继平．(2005)．发展心理学研究的生态化运动．当代教育论坛，(13)，137－138.
张莹，黄希庭．(2008)．关于安慰剂效应的研究．心理科学，31（1），214－217.
张之光，禤宇明，傅小兰．(2003)．不同 ISI 下异同判断的同反应启动效应．心理学报，35（3），317－322.
赵风杰，孟子厚，盛胜我．(2008)．民族器乐主观混响感差别阈限的测量．声学学报，33（6），498－503.
钟毅平，李琎，占友龙，范伟，杨子鹿．(2016)．自我面孔识别的 ERPs 研究．心理学报，48（11），1379－1389.
周楚，聂晶．(2009)．错误再认的双加工机制：兼作信号检测论的分析．心理科学，32（2），334－337.

周楚，杨治良 .（2004）. 错误记忆研究范式评介 . 心理科学，27（4），909 - 912.
周谦 .（1994）. 心理科学方法学 . 北京：中国科学技术出版社 .
周强，胡瑜 .（2004）. 反应时方法的新进展 . 心理科学，27（2），505 - 506.
朱柯蓓 .（1997）. 电大学生反应时的测定及分析 . 曲靖师专学报，16（6），56 - 59.
朱湘茹，刘昌 .（2008）. 空间-数字反应编码联合效应下冲突适应过程的 ERP 研究 . 心理学报，40（3），283 - 290.
朱滢 .（2009）. 实验心理学 . 2 版. 北京：北京大学出版社 .
朱滢 .（2016）. 实验心理学 . 4 版 . 北京：北京大学出版社 .
朱滢 .（2000）. 实验心理学 . 北京：北京大学出版社 .
朱昭红，白学军，郝立峰，王勇慧，严芳，汪萍 .（2009）. 注意力测验和 DSM-Ⅳ 中注意缺陷多动障碍诊断指标之间的关系 . 中国心理卫生杂志，23（5），335 - 339.

图书在版编目（CIP）数据

实验心理学 / 白学军等编著. --3版. --北京：
中国人民大学出版社，2024.4
新编21世纪心理学系列教材
ISBN 978-7-300-32539-2

Ⅰ.①实… Ⅱ.①白… Ⅲ.①实验心理学—教材
Ⅳ.①B841.4

中国国家版本馆CIP数据核字（2024）第007704号

本教材第2版曾获首届全国教材建设奖全国优秀教材一等奖
“十二五”普通高等教育本科国家级规划教材
新编21世纪心理学系列教材
实验心理学（第3版）
白学军 等 编著
Shiyan Xinlixue

出版发行	中国人民大学出版社		
社　　址	北京中关村大街31号	**邮政编码**	100080
电　　话	010－62511242（总编室）		010－62511770（质管部）
	010－82501766（邮购部）		010－62514148（门市部）
	010－62515195（发行公司）		010－62515275（盗版举报）
网　　址	http://www.crup.com.cn		
经　　销	新华书店		
印　　刷	北京密兴印刷有限公司	**版　　次**	2012年9月第1版
开　　本	787 mm×1092 mm　1/16		2024年4月第3版
印　　张	25	**印　　次**	2025年3月第2次印刷
字　　数	567 000	**定　　价**	59.90元

关联课程教材推荐

书号	书名	作者	定价（元）
978-7-300-28095-0	心理学基础	白学军	55.00
978-7-300-32716-7	普通心理学（第3版）	张钦	69.00
978-7-300-32948-2	发展心理学（第5版·数字教材版）	雷雳	59.00
978-7-300-30451-9	认知心理学（第3版）	丁锦红 等	58.00
978-7-300-25882-9	生理心理学（第2版）	隋南	49.90
978-7-300-30715-2	社会心理学（第4版·数字教材版）	乐国安	68.00
978-7-300-25588-0	变态心理学（第3版）	王建平	59.80
978-7-300-27212-2	教育心理学：原理与应用	刘儒德	58.00
978-7-300-32565-1	管理心理学（第2版）	孙健敏	65.00
978-7-300-26659-6	高级心理统计	刘红云	59.80
978-7-300-30702-2	SPSS基础与应用	刘红云	49.00
978-7-300-26721-0	心理与教育论文写作：方法、规则与实践技巧（第2版）	侯杰泰 等	38.00
978-7-300-27971-8	心理学研究方法：从选题到论文发表	王轶楠	45.00
978-7-300-32781-5	行为科学统计精要（第10版）	弗雷德里克·J.格雷维特	139.00

配套教学资源支持

尊敬的老师：

衷心感谢您选择使用人大版教材！相关配套教学资源，请您到人大社网站（http：//www.crup.com.cn）下载，或是随时与我们联系，我们将向您免费提供。

欢迎您随时反馈教材使用过程中的疑问、修订建议，并提供您个人制作的课件。您的课件一经入选，我们将有偿使用。让我们与教材共成长！

联系人信息：

地址：北京海淀区中关村大街31号802室　　翟然 收　　邮编：100080

电子邮件：lgcbfs@crup.com.cn　　电话：010－62511967　　QQ：492788991

如有相关教材的选题计划，也欢迎您与我们联系，我们将竭诚为您服务！

选题联系人：张宏学　电子邮件：zhanghx@crup.com.cn　电话：010－62512127

人大社网站：http：//www.crup.com.cn

心理学专业教师QQ群：259019599

欢迎您登录人大社网站浏览，了解图书信息，共享教学资源

期待您加入专业教师QQ群，开展学术讨论，交流教学心得